建设工程 BIM 造价技术应用

重庆建工集团股份有限公司　组织编写
于海祥　蒋　洪　主　　编

中国建筑工业出版社

图书在版编目（CIP）数据

建设工程 BIM 造价技术应用 / 重庆建工集团股份有限公司组织编写；于海祥，蒋洪主编．—北京：中国建筑工业出版社，2023.11

ISBN 978-7-112-29180-9

Ⅰ．①建…　Ⅱ．①重…　②于…　③蒋…　Ⅲ．①建筑造价管理—应用软件　Ⅳ．①TU723.3-39

中国国家版本馆 CIP 数据核字（2023）第 180912 号

责任编辑：毕凤鸣
责任校对：芦欣甜

建设工程BIM造价技术应用
重庆建工集团股份有限公司　组织编写
于海祥　蒋　洪　主　　编

*

中国建筑工业出版社出版、发行（北京海淀三里河路 9 号）
各地新华书店、建筑书店经销
华之逸品书装设计制版
建工社（河北）印刷有限公司印刷

*

开本：787 毫米 ×1092 毫米　1/16　印张：24　字数：438 千字
2024 年 1 月第一版　　2024 年 1 月第一次印刷
定价：**90.00** 元

ISBN 978-7-112-29180-9
（41905）

本书编委会

主　编：于海祥　蒋　洪

主　审：王　宇　孙家福　李晓倩

编写单位及编委会成员：

重庆建工集团股份有限公司	于海祥　李春涛　黄　雷　向孜凯　张梓秋　赵　屾　朱永琳　梁　松　李晓倩　邓运彬　陈天琦　朱弟军　王钰龙
重庆科度工程科技有限公司	蒋　洪　曹运林
中建三局集团有限公司	赵云鹏　刘　腾
重庆筑信云智建筑科技有限公司	王君峰　鄢德阳
重庆科恒建材集团有限公司	陶海波　陈　欢
中国建筑第八工程局有限公司	谭建国　羊　波
重庆建工住宅建设有限公司	张　意　余　杰
重庆大学建筑规划设计研究总院有限公司	赵小龙　杨程程
渝建实业集团股份有限公司	江世永　陈　杰
重庆电子工程职业学院	边凌涛　祝骎钦
重庆工商职业学院	徐　江　许汝才　贾建平
重庆市筑云科技有限责任公司	王云娜　刘清菊
中机中联工程有限公司	丁　准　颜　超
重庆建工第九建设有限公司	周雪梅　周建元
中冶建工集团有限公司	魏奇科　王振强

具体分工如下：

上篇　编制单位人员名单

第1章	重庆科度工程科技有限公司	蒋　洪　曹运林
第2章	重庆科度工程科技有限公司	蒋　洪　曹运林
第3章	重庆科度工程科技有限公司	蒋　洪　曹运林
第4章	重庆市筑云科技有限责任公司	王云娜　刘清菊
第5章	重庆科恒建材集团有限公司	陶海波　陈　欢
第6章	重庆筑信云智建筑科技有限公司	王君峰　鄢德阳

下篇　编制单位人员名单

第7章	重庆建工集团股份有限公司	朱永琳　梁　松　邓运彬
第8章	重庆建工集团股份有限公司	张梓秋　朱弟军
	重庆大学建筑规划设计研究总院有限公司	赵小龙　杨程程
	中机中联工程有限公司	丁　准　颜　超
第9章	重庆建工集团股份有限公司	向孜凯　王钰龙
	中国建筑第八工程局有限公司	谭建国　羊　波
	重庆电子工程职业学院	边凌涛　祝骎钦
	中建三局集团有限公司	赵云鹏　刘　腾
	重庆工商职业学院	徐　江　许汝才　贾建平
第10章	重庆建工集团股份有限公司	向孜凯　李晓倩
	重庆建工第九建设有限公司	周雪梅　周建元
	中建三局集团有限公司	赵云鹏　刘　腾
	中国建筑第八工程局有限公司	谭建国　羊　波
第11章	重庆建工集团股份有限公司	黄　雷
	重庆建工住宅建设有限公司	张　意　余　杰
	渝建实业集团股份有限公司	江世永　陈　杰
第12章	重庆建工集团股份有限公司	黄　雷
	中建三局集团有限公司	赵云鹏　刘　腾
	中冶建工集团有限公司	魏奇科　王振强
第13章	重庆建工集团股份有限公司	赵　屾　陈天琦
	重庆电子工程职业学院	边凌涛　祝骎钦

前 言

蓬勃兴起的数字化力量正由内而外重塑整个建筑行业生态，以数字化带动业务模式和生产管理的变革，提升效率和质量，让每一个工程项目成功，赋能工程项目“多快好省”，成为建筑行业共同的价值追求。因此，为了充分发挥数字化成效，BIM造价应运而生，总结出一系列具有行业代表性的典型模式与经验。

BIM与造价的融合，为工程建设全流程技术优化创新及阶段交叉成本管控，提供了更为有效的解决方案和基础手段。由于该项新技术跨专业、跨领域性特点突出，且实践尚不充分，加之兼备多样工程建设知识背景，并能将BIM造价技术融入各专业、各阶段的复合型人才缺乏，导致其为实践服务、解决工程建设重难点问题的深度和广度受到极大限制。

《建设工程BIM造价技术应用》，着力于促进建设工程策划、设计和施工领域各专业间正向影响，汇聚信息化数字化成本控制关键要素，为工程建设造价管控提供一套全新的思路和方法，旨在推动BIM造价技术在全行业深入应用，切实落地BIM造价技能人才基础知识学习和能力提升培训。

《建设工程BIM造价技术应用》以建筑模型造价信息集成为基础，模型计量为重点，深化、优化建筑工程技术进行成本控制与创效为核心。全书分上下两篇。上篇为应用基础，阐述BIM造价模型建立及其计量方法原理，共六个章节。第1章简述了造价管理现状、BIM技术在全过程咨询中的应用及BIM工程造价算量；第2～6章以BIM实操软件为载体工具着重讲述了BIM算量模型准备工作、地基基础工程BIM算量、钢筋混凝土结构工程BIM算量、建筑与装饰工程BIM算量、机电安装工程BIM算量的操作流程。下篇为应用提升拓展，示例分析基于建筑工程技术经济性的BIM成控创效应用路径，共七个章节。第7、

8章介绍BIM技术在项目前期策划及设计阶段的应用，第9～12章主要讲述了BIM技术在深化设计阶段、施工组织管理、施工措施管理、复杂形体精确计量中的应用，第13章阐述了工程造价控制信息化发展趋势。本书的知识脉络和工程一线实操流程能较好地吻合，除了可作为BIM工程造价专业技术培训学习和结业考试用书外，也可作为指导实际工程的参考用书。

本书在编写的过程中，参考了大量的专业书籍和文献，汲取了行业专家的宝贵经验，得到了众多单位和同仁们的大力支持及帮助，在此一并感谢！但受限于编者的能力和经验，不妥之处在所难免，敬请广大读者批评指正！

目 录

上篇 BIM算量

上　篇
BIM 算量

第1章　BIM造价技术概述

1.1 工程造价管理现状

工程造价管理是工程建设管理的核心内容之一。从项目立项开始，通过可行性研究、设计、施工到竣工验收，每个阶段都对应着造价管理的不同内容，具有较强的矛盾性和复杂性。本书不再赘述工程造价的基本概念和我国工程造价的历史沿革，而是基于大量工程建设实践，进行归纳和总结，并着重从以下几个方面概述造价管理的现实状况：

1.1.1 工程造价的计价方式现状

中国特色社会主义市场经济，决定了我国工程造价计价方式的特殊性，即定额计价和清单计价长期并存。国有投资项目从国家年度投资计划编制开始，必须要有据可依，这个依据就是国家法定认可层面的定额计价体系。因此，在计算固定资产投资时，工程造价是以货币形式表现的在一定时期内完成的建造和购置固定资产的工作量以及与此有关的费用的总称。若从工程造价构成的角度看，则是固定资产投资的所有花费总和（图1.1.1）。国有投资项目的工程造价通常按照国务院建设主管部门造价管理机构或国务院其他部门的工程造价管理机构编制和修订的工程建设标准定额来执行，而民间投资的项目更多采用市场清单计价方式，虽然在执行层面也参照国标清单或定额组价，但灵活性更大，造价行业更多的人称之为企业清单报价。

定额计价作为我国工程建设造价管理的独特方式，把纷繁复杂的工程项目造价计算变得简化和有条不紊，充分发挥了其独特的作用和价值。但随着市场化程度越来越高，企业技术管理水平更加细化和差异化，定额思想又暴露出一些与之不相适应的地方。例如，定额编制过程的数据来源体现的是社会平均水平，在定额数据采

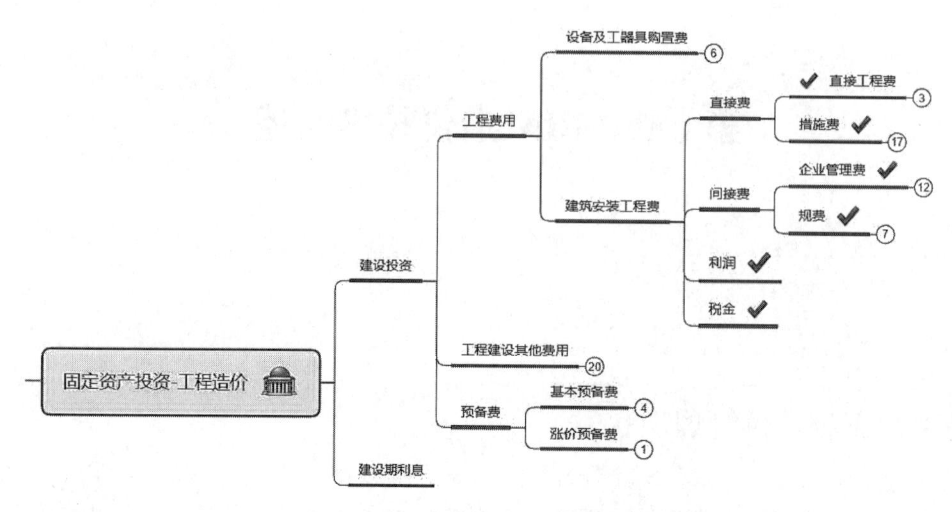

图1.1.1 固定资产投资——工程造价构成

集技术手段还不够先进的背景下，为了简化和提高效率，往往采用“综合考虑”的粗放采集手段。这样采用定额计价而得到的工程造价就脱离了实际，不利于我国建筑企业“走出去”参与全球化建设市场竞争。住房和城乡建设部办公厅《关于印发工程造价改革工作方案的通知》(建办标〔2020〕38号)，就提出下一步改革的目标：建立更加科学合理的计量和计价规则；完善工程计价依据发布机制，逐步停止发布预算定额。尽管如此，定额计价和清单计价并存，一定时期内仍将是我国工程建设造价管理的现状特色。

1.1.2 工程造价软件的现状

造价人员是工程建设技术人员中最早使用工程造价软件的从业者，20世纪90年代末，随着计算机和视窗操作系统的普及，再加上我国造价计价规则统一化的特点，很容易实现计算机程序软件工具化。定额库作为软件的数据库，定额组价作为软件的算法，合并在一起构成了计价软件的核心（图1.1.2）；定额中的计算规则是计算工程量的计算公式和相关规定，早期的算量软件采用表格算式算量，到了后期图形算量，同样也是基于计算机图形学映射计算规则的计算过程，否则不能体现具有可读性的工程量计算表达式，这就是算量软件的现状，本质上也是定额或清单计算规则的程序呈现。在各省统一的计价规则下，工程造价的编审和工程造价管理活动中，造价行业完全实现了非常固定和完善的业务工作流（占据造价主要工作的算量和计价活动）。计价软件开发比较简单，由于我国各省均有本省的定额体系，所以计价软件的种类也很多，全国各省都有当地的计价软件，能够很好满足本地化定额特色。工程量计算软件开发相对复杂，主要分为以下几类：

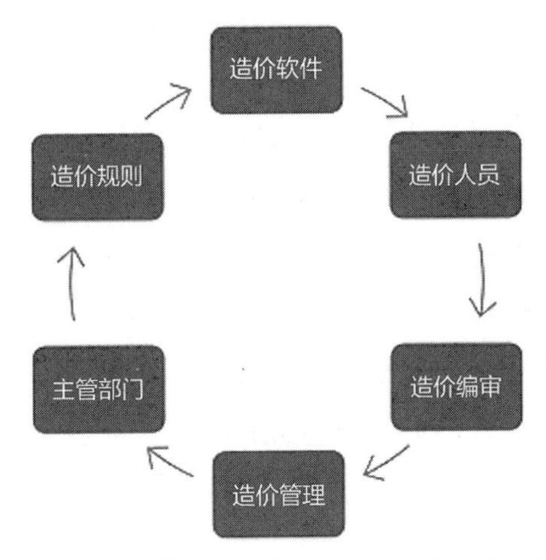

图1.1.2 以造价规则为核心的造价业务流程闭环图

1.以CAD为平台的工程量计算软件

这类算量软件必须安装CAD（Computer Aided Design，简称CAD）软件作为算量基础平台，软件公司在此基础上进行二次开发，将CAD图纸上的线条图元映射为定额计算规则中的建筑构件，然后采用对应的计算方法进行工程量计算，类似设计软件中的天正插件软件。

2.国内自主图形平台工程量计算软件

这类算量软件不需要安装CAD软件作为算量基础平台，国内软件公司自主开发的图形平台具有绘制建筑构件的功能，或者对CAD图纸线条图元进行建筑构件识别，然后采用对应的计算方法进行工程量计算，近年来，由于BIM（Building Information Modeling，简称BIM）技术的兴起，软件公司也将这类算量软件命名为BIM算量软件。

3.表格算量软件

这类算量软件功能接近手工算量习惯的列计算表达式，设备安装专业的造价算量用得比较多，将CAD图纸导入作为底图，采用描图的方式计算CAD线条长度和设备个数。

4.以Revit为平台的工程量计算软件

近年来，以Revit为代表的三维设计软件在工程建设行业广泛使用，我们常说的BIM模型主要是指用Revit创建的建筑三维模型，由于Revit设计软件功能非常强大，具有丰富的信息集成能力，不仅能满足三维可视化要求，还能满足设计出图、施工深化的要求，它本身也具有输出实物工程量的功能，本书下篇章节将主要以此软件作为BIM模型创建工具，在原生BIM模型的基础上进行BIM技术造价应用讲解。

需要说明的是，由于该软件开放了二次开发接口（Revit API），国内一些造价软件公司以Revit为平台进行了算量插件的二次开发，并把这类插件作为专门的基于清单或定额造价规则的工程量计算软件，但是在实际应用中，如果设计师或BIM建模工程师按照造价计算规则要求去建BIM模型，投入建模的精力和成果产出不成正比，即使这样的造价模型建出来，由于实际工程模型数据很大导致软件运算效率很低，所以这种基于Revit二次开发的造价规则算量插件至今也很难得到普及应用。

1.1.3 造价管理现状

1.造价的被动控制和事后的造价确定

工程造价管理是工程建设管理的核心。技术、资源和效益相互制约、缺一不可，追求有机统一，造价管理能在其中体现一个度的把握。长期以来，我国工程造价管理活动更多情况下是一种被动控制和事后造价确定的状态，没有实现主动控制和事前预防的效果，导致了项目管理中工程造价“三超现象”十分严重（结算超预算，预算超概算，概算超估算）。“三超现象”引起的另一个潜在危害就是拉长了建设周期，甚至工程烂尾，使得投资收益受损。尽管都知道预防比治疗更有效，但大家对造价管理的预防（主动控制）的重视和采取的措施还做得很不够，远远不能适应我国新时代高质量发展的要求。客观上，过去缺乏必要的技术手段和管理手段，以BIM为抓手的新一代信息技术为我们实现造价的主动控制和事前控制提供了有力的基础支撑。

2.侧重施工阶段的造价管理

工程造价管理应当包括规划决策、设计、施工、运维以及拆除的全生命周期造价管理，特别是在规划决策和设计阶段对造价的影响最大（图1.1.3-1），同时也是造价管理现状中最薄弱环节。由于全过程咨询有待持续发展成熟，工程建设实践中更侧重在施工阶段的造价管理（图1.1.3-2），这个阶段的工程造价从业人员人数最多，涉及资金量大，他们所掌握的实物知识技能和经验也更多，但在这个阶段往往又不是造价管理的最佳环节和关键重点。

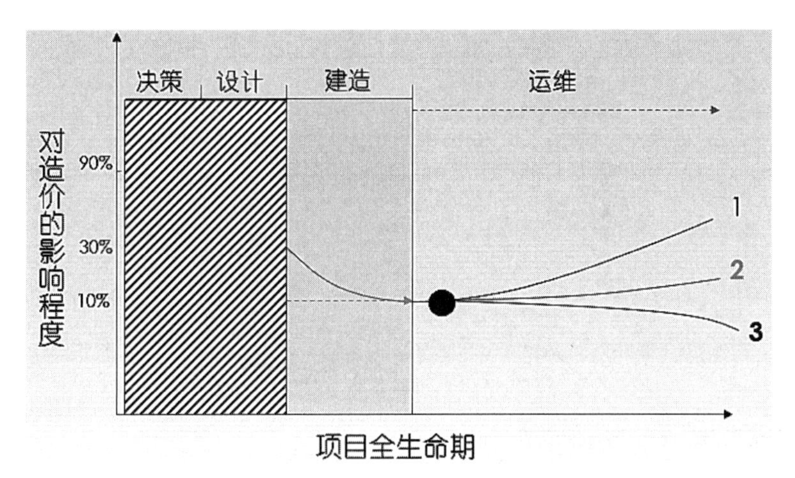

图 1.1.3-1　工程造价在决策和设计阶段的影响

注：1. 在运维阶段对造价的影响显著增加；
2. 在运维阶段对造价的影响不大；
3. 在运维阶段对造价的影响变小。

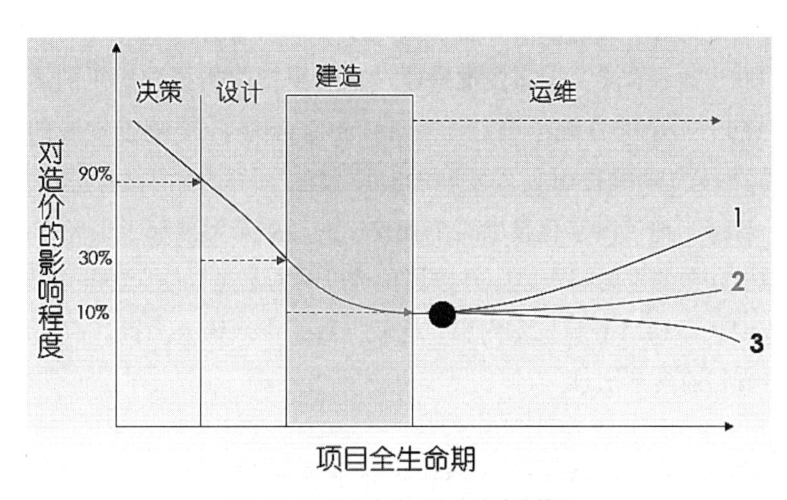

图 1.1.3-2　侧重在施工阶段的造价管理

注：1. 在运维阶段对造价的影响显著增加；
2. 在运维阶段对造价的影响不大；
3. 在运维阶段对造价的影响变小 。

3. 侧重建造成本的造价管理

控制工程建设造价不仅是控制工程项目本身的建造成本，质量安全、资金利息、工期成本、环境保护等要素都会对工程造价产生很大影响，现在工程造价管理侧重在建造成本的管控，对如何有机统一质量安全、资金利息、工期成本、环境保护等全要素造价管理体系并不完善，甚至还存在缺失，工程建设的各个参与方都需要结合自身所处的造价管理环节进行流程再造（图 1.1.3-3）。

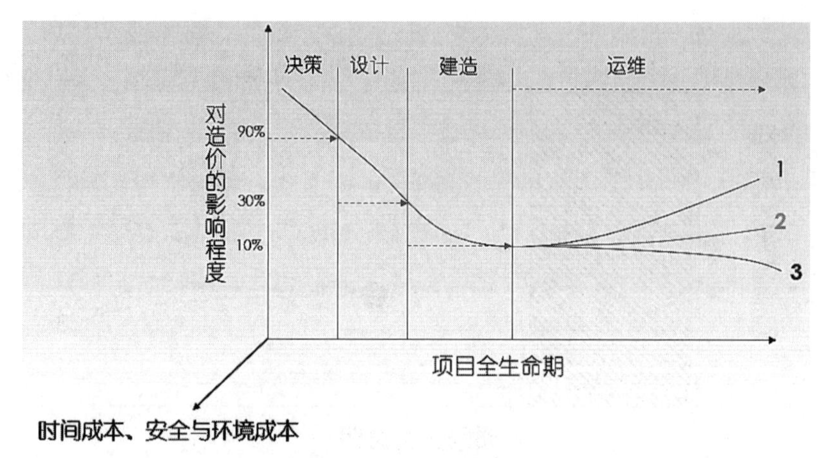

图1.1.3-3　全要素造价管理体系

注：1. 在运维阶段对造价的影响显著增加；
2. 在运维阶段对造价的影响不大；
3. 在运维阶段对造价的影响变小 。

4. 工程造价构成中缺乏BIM等新技术内容

住房和城乡建设部《关于印发推进建筑信息模型应用指导意见的通知》(建质函〔2015〕159号)和国务院办公厅《关于促进建筑业持续健康发展的意见》(国办发〔2017〕19号)明确提出大力发展BIM技术在建筑行业的推广应用。近年来，BIM技术、智慧工地等数字化技术对工程建设的高质量发展起了很大作用。但是，在推广过程中存在的主要问题之一是市场化推进动力不足，一个很重要的原因是工程造价构成中缺乏BIM等新技术内容，这就导致了本来该大力推广应用的新技术，因缺乏资金支持而落地困难。

1.2　BIM造价技术在全过程咨询中的应用

BIM造价是指以BIM为主要技术手段对工程项目整个生命周期各阶段造价进行管理和控制，BIM造价技术应用也可以对工程技术经济性比选、优化提供精确支持。工程建设项目管理采用BIM技术后，为项目决策、设计、施工以及运维管理带来了可视化、数据化、系统化的技术手段和管理手段。BIM技术在工程造价的应用上也突破了原有造价管理局限，把施工阶段的造价控制前移到决策和设计阶段，把造价管理中被动控制改变为事前控制。随着我国固定资产投资项目建设水平逐步提高，为更好地实现投资建设意图，投资者或建设单位在固定资产投资项目决策、工程建设、项目运营过程中，对综合性、跨阶段、一体化的咨询服务需求日益增强。这种需求与现行制度造成的单项服务供给模式之间的矛盾日益突出。国务院办公厅《关于促进建筑业持续健康发展的意见》(国办发〔2017〕19号)提出培育全过程工程咨询，遵循项目周期规律和建设程序的客观要求，在项目决策和建设实施两个阶段，着力破除制度性障碍，全面提升投资效益、工程建设质量和运营效率，推动高质量发展。因此，迫切需要大力开发和利用BIM、大数据、物联网等现代信息技术和资源，努力提高信息化管理与应用水平，为开展全过程工程咨询业务提供保障。

1.2.1 BIM技术在决策阶段的应用

投资决策环节在项目建设程序中具有统领作用，对项目顺利实施、有效控制和高效利用投资至关重要，在项目全生命周期中对工程造价的影响起到了决定性作用。引入BIM技术在决策阶段加以应用来辅助决策，使决策更加科学有效，在本书下篇中将介绍BIM技术在项目前期策划中的应用：投资造价估算和投资方案选择。

1.2.2 BIM技术在设计阶段的应用

传统设计阶段中存在的图纸版本多、错误率高、变更频繁、各专业信息不同步等问题十分突出，设计人员通过BIM技术可以在三维可视化的空间场景下进行思考，及时修改设计方案。在基于统一的BIM设计平台下，建立各自专业的三维设计模型，实时动态地在平台上进行模型整合分析，从而减少现行各专业之间(以及专业内部)由于沟通不畅或沟通不及时导致的错、漏、碰、缺，真正实现所有图纸信息元的唯一性和关联性，通过BIM技术手段真正提高设计质量。BIM技术在设计阶段的应用主要包括：方案比选、协同设计、碰撞检查、性能分析、管线综合、出施工图等。

1.2.3 BIM技术在施工阶段的应用

工程项目的传统建造方式，由于施工图版本变更频繁、各专业图纸出图的先后顺序不同以及施工进场的先后顺序不同，施工人员对图纸的理解偏差等诸多原因，造成很多不必要的返工浪费，使得项目质量和工期得不到保障已成为施工阶段的普遍现象。

在施工阶段通过BIM技术进行场地布置分析优化，建立施工BIM模型进行过程管控，发现图纸存在的错、漏、碰、缺问题以及建造合理性问题，通过BIM技术进行施工深化设计，施工方案模拟、进度模拟，BIM质量与安全管理，避免返工浪费，使项目质量得到提升，工期进展更顺利，另外利用BIM实物工程量对物料采购、租赁和领用进行精准管控，做到更好的成本控制。其主要价值可归纳为：

（1）施工准备阶段场地布置管理，危险性较大的分部分项工程（以下简称危大工程）安全施工方案模拟，模板和脚手架施工方案模拟分析，可视化技术交底等。

（2）通过全专业BIM模型的碰撞检查，查找出图纸错、漏、碰、缺问题和可建造合理性问题，及时反馈业主方和设计方加以决策和解决，减少返工浪费、提前防范错误，从而缩短工期和节约成本。

（3）通过BIM施工深化设计，可以出图指导施工、指导工人班组标准化施工，提高项目质量，提高管理水平。

（4）BIM模型可以输出实物工程量、材料设备明细表为成本造价以及物料采购、租赁提供重要依据。

1.2.4 BIM技术在运维阶段的应用

随着数字时代的来临，数字孪生和智慧城市逐渐兴起，BIM作为智慧运维载体的基础模型数据，在这当中起到了重要作用。竣工模型交付形成的数字资产，为后期建造过程信息追溯、可视化定位、可视化维护检查、空间管理、危机管理、能源控制和监控提供依据，提升了运维管理效率和管理水平。

1.3 工程造价算量

1.3.1 规则量

在工程造价算量中，无论国标清单工程量计算规则还是定额计价工程量计算规则，都不是计算实际物体的数量，我们统称这种算量为造价规则算量，其优点是简便快捷，例如，土建专业中脚手架的算量按照项目的建筑面积计算，混凝土体积小于$0.3m^2$的洞口不予扣减，机电安装专业的管道按照中心线长度不扣减管件所占长度等计算规则约定。其缺点是不能准确体现工程建设物料的真实消耗，从而给成本核算、物料采购与领取以及生产班组工作量结算，带来偏差，制约了项目管理水平的提高。尽管传统的造价规则算量已经有很成熟的算量软件提供了解决方案，但与当下建筑行业业主方、设计以及施工方的BIM应用不在一个技术体系上，设计及施工的BIM模型与造价人员所使用的造价软件不能实现数据共享，虽然市面上也有基于设计和施工BIM模型上二次开发的造价规则算量软件，但由于其学习成本高和运行效率低，同时其准确性缺乏大规模项目数据验证，导致这些BIM模型算量软件没有在造价人员中得到普及，在现有造价规则算量的前提下，造价行业依然保持在原有的业务流程生态系统中，造价从业人员离BIM应用也越来越远。

1.3.2 实物量

随着社会发展和科技进步，以前没有解决的或解决不好的问题，现在具备了条件，行业主管部门也审时度势地出台了政策文件，例如，上文中提到的住房和城乡建设部办公厅《关于印发工程造价改革工作方案的通知》(建办标〔2020〕38号)，建立更加科学合理的计量和计价规则。实物工程量计量是比较科学合理的原则，四川省2021年开始执行的安装定额就体现了实物量计量思想。

BIM实物工程量是BIM模型自带的图元数据，具有真实可见性和协同准确性，它是BIM技术在造价应用上最直接的价值体现，我们称之为原生态BIM实物量模型，它不需要建模工程师花费过多精力就可以得到工程项目主要的实物工程量，这为工程项目的管理各方提供了一个很有实际价值的工程量数据，在项目管理中，很多时候需要实物工程量，例如，材料设备采购计划、班组材料设备耗用管理、班组任务分配与结算、项目内部成本管理等，这些数据用于工程管理比造价规则工程量更有价值。BIM模型算量，是在现有设计模型或施工模型的基础上生成工程量清单的一种方法，相对于传统算量方法，BIM模型算量直接使用设计或施工模型进行算量，其准确性更高，效率也更高。虽然部分构件需要通过建模后才能进行工程量统计，在效率上与传统算量相比优势不大，但由于其可视化的特点，在进行成果复核、资料报审等环节中，可以更直观地检查成果，提高审批效率。

1.4 Revit算量

本书上篇介绍在建筑行业最具代表性的基于Revit建模软件创建的BIM原生模型，如何提取实物工程量。在实际工作中，我们有三种方式得到上游BIM模型：第一种是设计院提供的BIM模型（现在很多省市都要求施工图审图时必须提供BIM模型）；第二种是施工方创建的BIM模型；第三种是BIM咨询公司创建的BIM模型。在已有的上游方BIM模型基础之上，如何做好BIM模型的算量准备工作，以实际工程量清单案例讲解如何提取工程量，对于一些复杂形体的精确计量也是

BIM模型提量的一个优势，本书将在下篇的专门章节“复杂形体精确计量”中进行讲解。

本书下篇还将详细讲解的内容有：BIM技术在前期策划阶段的应用；BIM技术在设计阶段的应用；BIM技术在深化设计中的应用；BIM技术在施工组织中的应用；BIM技术在施工措施管理中的应用；复杂形体精确计量；工程造价控制信息化发展趋势。

1.5 小结

本章主要从建筑工程实践，就工程造价管理现状、BIM造价技术在全过程咨询中的应用、工程造价算量以及Revit算量等方面对BIM造价技术进行概述。基于工程造价成本控制，介绍了BIM造价技术价值点和实用性，为工程建设造价管控提供一套全新的思路和方法。

第2章　BIM算量模型

2.1 概述

随着建筑行业推进大数据智能化技术应用，全面推广建筑信息模型（BIM）技术，全国各地出台了与BIM技术应用相关的政策文件。例如，重庆市人民政府办公厅《关于印发重庆市推进建筑产业现代化促进建筑业高质量发展若干政策措施的通知》（渝府办发〔2020〕107号）中，规定从2021年起，主城都市区中心城区政府投资项目、2万平方米以上的单体公共建筑项目（或包含2万平方米以上规模公共建筑面积的综合体建筑）以及轨道交通工程、道路、桥梁、隧道和三层及以上的立交工程项目，在设计、施工阶段均应采用BIM技术，原则上3万平方米以上的房地产开发项目宜采用BIM技术。在初步设计和施工图设计阶段，重庆地区要求按照设计文件编制技术规定（2022年版）建筑信息模型专篇提供BIM模型，并对建筑信息模型工程量也做了要求。

本篇内容基于设计BIM原生模型基础之上进行模型算量。因此，我们参照《重庆市建筑工程施工图设计文件编制技术规定（2022年版）建筑信息模型专篇》，摘选与算量有关的模型要求如下：

2.1.1 建筑专业（表2.1.1）

建筑专业算量模型要求　　**表2.1.1**

序号	分类	模型表达	模型信息
1	地面、楼面	建筑构造层整体形体建模	（1）构件的规格型号、几何尺寸、主要材质； （2）门窗防火等级、防火墙等消防信息
2	屋面	保温、防水等构造面层整体形体建模	
3	内墙（非承重）	主体砌筑层形体建模	
	外墙（非承重）	保温、面层等与主体砌筑层分别形体建模	

续表

<table>
<tr><th>序号</th><th>分类</th><th>模型表达</th><th>模型信息</th></tr>
<tr><td>4</td><td>楼梯、坡道、栏杆</td><td rowspan="5">（1）样式与二维图纸统一；
（2）构件主要材质或外观材质准确</td><td rowspan="5">（3）隔声性能、可再循环使用材料、可重复使用等绿建信息；
（4）地面、楼面、屋面、墙体、幕墙等必要的建筑构造层次或组成信息说明</td></tr>
<tr><td>5</td><td>电梯井道、设备竖井</td></tr>
<tr><td>6</td><td>内外门窗</td></tr>
<tr><td>7</td><td>阳台</td></tr>
<tr><td>8</td><td>雨篷</td></tr>
<tr><td>9</td><td>电梯、电动扶梯</td><td rowspan="2">构件类别归属正确</td><td rowspan="2">尺寸、主体外观材质、系统类型</td></tr>
<tr><td>10</td><td>卫生器具</td></tr>
<tr><td>11</td><td>外立面特征性造型构件</td><td rowspan="2">主要材质或外观材质准确</td><td>主体外观材质、构造做法</td></tr>
<tr><td>*12</td><td>吊顶、墙面、地面装饰面层与构造层等构件</td><td>主体外观材质、建筑构造层次或组成信息说明</td></tr>
<tr><td>*13</td><td>装配式墙板、整体卫生间、集成厨房等装配式构件</td><td>着色模式下装配式构件的整体外观颜色应明显区别于其他非装配式构件</td><td>装配式构件的分类应有别于其他非装配式构件</td></tr>
</table>

注：*12内容适用于精装修项目，*13内容适用于装配式建筑项目。

2.1.2 结构专业（表2.1.2）

结构专业算量模型要求　　表2.1.2

序号	分类	模型表达	模型信息
1	基础	（1）构件类别正确； （2）基础梁要求同“梁”	混凝土强度等级
2	承重墙	（1）应分层建模； （2）顶部和底部标高应与图纸一致	（1）混凝土强度； （2）钢材牌号（钢结构）
3	柱	（1）应分层建模； （2）顶部和底部高程应与图纸一致	（1）混凝土强度； （2）钢材牌号（钢结构）
4	梁	（1）标高准确； （2）端点位置准确（钢结构）	（1）混凝土强度； （2）钢材牌号（钢结构）
5	楼板	（1）楼板降板范围及高度应准确； （2）应准确表达洞口位置及尺寸； （3）压型钢板组合楼板以常规楼板简化表达，但应在构件名称中注明楼板类型及厚度	混凝土强度
6	构造	应准确表达结构平面图中所示主要结构构造	混凝土强度
7	复杂空间结构构件（桁架、网架等）	（1）几何定位尺寸准确； （2）可不表达节点构造及次要细小构件； （3）应对组合构件进行编组，组名称为图纸构件名称； （4）当构件种类过多时，可采用主要构件截面简化表达	钢材牌号

续表

序号	分类	模型表达	模型信息
8	柱间支撑	要求同“复杂空间结构构件”	钢材牌号
9	屋面支撑	要求同“梁”	钢材牌号
10	檩条	(1)应绘制屋面主要檩条； (2)拉条、隅撑等可不表达	钢材牌号
11	楼梯	(1)应表达梯段、平台板及梯段与平台连接处梁，梯柱与其余梯梁可不表达； (2)钢楼梯可采用“组合楼梯”近似表达，但梯面、踏步尺寸应准确	(1)混凝土强度； (2)钢材牌号(钢结构)
12	结构缝及后浇带	(1)应表达伸缩缝、沉降缝、防震缝、施工后浇带的位置和宽度； (2)不需要实际建模或对模型拆分，仅需用填充区域表示	后浇带材料
*13	预制构件	(1)构件类别正确； (2)构件尺寸准确； (3)应包含预留洞口	(1)混凝土强度； (2)重量

注：*13内容适用于装配式建筑项目。

2.1.3 电气专业(表2.1.3)

电气专业算量模型要求　　　　表2.1.3

序号	分类	模型表达	模型信息
1	变、配、发电系统	(1)应表达高、低压开关柜、变压器、发电机等； (2)主要电气设备的标高与偏移准确	应录入主要电气设备型号、编号、容量等基本信息
2	配电系统	(1)应表达电缆桥架、配电箱、控制箱等； (2)主要电缆桥架、配电设备的标高与偏移准确； (3)电缆桥架系统设置准确	(1)电缆桥架：尺寸、类型名称、类型注释或设备类型； (2)电缆桥架配件：尺寸、类型注释或设备类型； (3)设备：应录入主要配电设备型号、编号、容量等基本信息
3	照明系统	(1)应表达电缆桥架、照明配电箱等； (2)主要电缆桥架、照明配电箱的标高与偏移准确； (3)电缆桥架系统设置准确	(1)电缆桥架：尺寸、类型名称、类型注释或设备类型； (2)电缆桥架配件：尺寸、类型注释或设备类型； (3)设备：应录入主要照明设备型号、编号、容量等基本信息
4	消防系统	(1)应表达消防控制室设备布置。 (2)主要电缆桥架、消防控制室设备的标高与偏移准确； (3)电缆桥架系统设置	(1)电缆桥架：尺寸、类型名称、类型注释或设备类型； (2)电缆桥架配件：尺寸、类型注释或设备类型

续表

序号	分类	模型表达	模型信息
5	智能化系统	(1)应表达电缆桥架、梯架、线槽等; (2)主要电缆桥架的标高与偏移准确; (3)电缆桥架系统设置准确	(1)电缆桥架:尺寸、类型名称、类型注释或设备类型; (2)电缆桥架配件:尺寸、类型注释或设备类型
6	预留预埋	应表达预留孔洞、套管、沟槽等	应录入预埋件材质、用途等信息

注:其他系统参见表中所列系统要求。

2.1.4 给水排水(表2.1.4)

给水排水专业算量模型要求　　表2.1.4

序号	分类	模型表达	模型信息
1	给水系统	(1)应表达管道、管道管件、管道附件(阀门、表计等)、给水系统设备(水泵、水箱、增压设备等); (2)管道系统设置正确; (3)管道连接方式正确	(1)管道:管径、材质、系统类型、管道类别代号; (2)管道附件:尺寸、性能参数; (3)设备:设备尺寸、设备编号、性能参数,如:水泵流量、扬程、效率、功率等
2	排水系统(含雨水系统)	(1)应表达管道、管道管件、排水系统设备(水泵)等; (2)管道系统设置正确; (3)管道连接方式正确	(1)管道:管径、材质、系统类型、管道类别代号; (2)设备:设备尺寸、设备编号、性能参数,如:水泵流量、扬程、效率、功率等
3	消火栓系统	(1)应表达管道、室内消火栓、水泵接合器、报警阀、水流指示器、自动跟踪定位射流灭火装置等; (2)管道系统设置正确; (3)管道连接方式正确	(1)管道:管径、材质、系统类型、管道类别代号; (2)管道附件:尺寸、性能参数; (3)设备:设备尺寸、设备编号、性能参数,如:水泵流量、扬程、效率、功率等
4	自动喷水灭火系统	(1)应表达管道、管道管件、管道附件、自动喷水灭火系统设备等; (2)管道系统设置正确; (3)管道连接方式正确	(1)管道:管径、材质、系统类型、管道类别代号; (2)管道附件:尺寸、性能参数; (3)设备:设备尺寸、设备编号、性能参数,如:水泵流量、扬程、效率、功率等
5	其他系统	(1)应表达管道、管道管件、管道附件、系统设备等; (2)管道系统设置正确	(1)管道:管径、材质、系统类型、管道类别代号; (2)管道附件:尺寸、性能参数; (3)设备:设备尺寸、设备编号、性能参数,如:水泵流量、扬程、效率、功率等
6	预留预埋	应表达预留孔洞、套管等	应录入预埋件材质、用途等信息
*7	卫浴装置附属支管	几何定位准确,几何尺寸准确,系统用色正确	尺寸、性能参数

注:*7内容适用于精装修项目;其他系统参见表中所列系统要求。

2.1.5 暖通专业（表2.1.5）

暖通专业算量模型要求　　表2.1.5

序号	分类	模型表达	模型信息
1	防排烟系统	(1)应表达机械设备(风机)、风管、风管附件(风阀、消声器等)； (2)风管系统设置正确	(1)风管：尺寸、材质、系统类型、风管系统代号； (2)风管附件：尺寸、性能参数； (3)设备：设备尺寸、设备编号、性能参数，如：风量、风压、效率、功率等
2	送风系统（含补风）	(1)应表达机械设备(风机)、风管、风管附件(风阀、消声器等)； (2)风管系统设置正确	(1)风管：尺寸、材质、系统类型、风管系统代号； (2)风管附件：尺寸、性能参数； (3)设备：设备尺寸、设备编号、性能参数，如：风量、风压、效率、功率等
3	排风系统（含除尘）	(1)应表达机械设备(风机)、风管、风管附件(风阀、消声器等)； (2)风管系统设置正确	(1)风管：尺寸、材质、系统类型、风管系统代号； (2)风管附件：尺寸、性能参数； (3)设备：设备尺寸、设备编号、性能参数，如：风量、风压、效率、功率等
4	空调风系统（含空调送、回风）	(1)应表达机械设备(风机、制冷机房和空调机房及热交换站中的设备、冷却塔等)、风管、风管附件(风阀、消声器等)、末端风机盘管、室内机等； (2)风管系统设置正确	(1)风管：尺寸、材质、系统类型、管道类别代号； (2)风管附件：尺寸、性能参数； (3)设备：设备尺寸、设备编号、性能参数，如：风量、风压、效率、功率等
5	空调水系统（含冷媒系统）	(1)应表达空调设备、水管道(冷媒管)、管件、管路附件(阀门、过滤器等附属元件等)的干管及主要支管(可不表达空调末端设备连接支管)； (2)管道系统设置正确	(1)管道：管径、材质、系统类型、管道类别代号； (2)管道附件：尺寸、性能参数； (3)设备：设备尺寸、设备编号、性能参数，如：冷水泵流量、扬程、效率、功率等
6	预留预埋	应表达预留孔洞、套管等	应录入预埋件安装方式、做法等信息
*7	风道末端	应表达风口的布置	尺寸、风口名称及材质说明

注：*7内容适用于精装修项目；其他系统参见表中所列系统要求。

2.2 建模软件及共性原则

本篇选择Revit作为建模工具进行讲解，在BIM工程计量中，使用Revit进行工程算量能够提高效率、降低误差，但是在前期使用Revit建模时需要注意以下几项原则：

1.建模软件的版本一致性原则

在深化设计阶段算量使用的Revit版本应与设计阶段建模时使用的Revit版本一致或更高。由于高版本的Revit可以打开低版本的Revit文件，使用过程中需要特别注意避免出现不同版本的文件混合使用的情况，以免影响后期算量过程中的准确性及便用性。

2.竖向构件的建模原则

建筑竖向构件（柱、墙）应按楼层分层建模，不能从底到顶一次性贯通。如果不按楼层分层建模，则难以在算量时根据楼层进行识别，将会影响计量的准确性。

3.建筑、结构创建原则

建筑和结构应在一个模型文件中创建，不能采用链接方式。虽然Revit支持在不同的Revit文件中建立链接，可以减少大体量工程建模时的电脑压力，但是在进行工程计量时，建立在一个文件中的建筑和结构模型更能保证计量的精度和准确性。

4.族的使用原则

在模型创建过程中，对于各类型的构件应采用与其相对应类型的族进行创建，尽量避免使用非对应类型的族进行绘制，这可以减少计算误差和提高计算效率。

5.模型的准确性原则

除此之外，还需要注意Revit模型的准确性和完整性。在结构构件、装饰构件以及门窗等构件建模时要注意其规格、尺寸是否准确，同时需要保证建模的完整性，防止在建模过程中遗漏导致计量结果不准确。

综上所述，建立准确的Revit模型对于工程计量至关重要。在建模过程中，需要注意软件版本的一致性、竖向构件应按楼层分层建模、建筑和结构在同一文件中创建、避免使用非对应类型的族进行绘制等要点，同时要保证模型的完整性和准确性。只有这样才能保证工程计量的准确性和可靠性。

2.3 对上游模型的承接

2.3.1 图纸接收

在项目算量工作中，图纸的接收是一个非常重要的环节。因为BIM算量工作需要的图纸不仅仅用于模型的检查，还可能影响最后BIM算量的准确性和成本等要素。因此，在图纸接收的过程中，必须要注意以下几个方面：

1. 应保证图纸的准确性和完整性

在接收项目图纸时，应仔细检查图纸的内容和专业是否符合要求。如果发现任何问题，应及时沟通并解决，以确保图纸的正确性和完整性。

2. 应保证图纸的安全性

在BIM算量项目中，图纸往往包含了大量的机密信息，例如，设计思路、施工方案、材料类型清单等。因此，在图纸发送和接收过程中，应保持高度的安全性，确保图纸不会被未经授权的人员窃取或泄露。

3. 应保证图纸的存档和备份

BIM算量项目的工期可能会很长，图纸的修改也是一个持续不断的过程。因此，在接收图纸之后，应及时进行存档和备份。在算量工作过程中，最好采用云服务的方式进行存储和备份，这样可以确保图纸的安全和可靠性。

4. 应保证图纸的及时性

在BIM算量过程中，图纸的及时性至关重要。如果图纸的更新不及时，很容易导致做无用功、算量成果延误等问题。因此，在使用收到的图纸的过程中，应及时检查图纸的更新情况，并在必要的时候尽早向设计单位询问图纸情况，以尽快进行处理。

总的来说，在BIM算量项目中只有当我们认真对待图纸接收过程中的每一个细节，才能够确保算量成果的顺利实施和成功交付。

2.3.2 图纸确认

收到图纸后，应首先确认收到的图纸。图纸接收确认工作的内容应包括以下几个方面的内容：

1. 图纸格式核对

为方便机电工程BIM创建，应接收可编辑的CAD图纸，通常为DWG（Dra Win G，简称DWG，是Auto CAD的图形文件专有文件格式）格式或DGN [是Interactive Graphics Design System（IGDS）CAD程序所支持的文件格式] 格式。有条件的可以要求提供可编辑的CAD图纸的同时要求提供PDF（Portable Document Format，简称PDF）格式图纸，以便于根据已发布的PDF图纸确认CAD图纸中的可用图纸部分。

2. 图纸版本核对

收到工程图纸后，首先，确认图纸的版本、版次；其次，确认图纸的项目名称、建设单位是否与当前项目一致，以及确认当前图纸的图别、日期等信息，可以在图纸的图签中查找到相关的信息。

3.图纸完整性确认

在确认图纸的版本和版次之后，需要进一步确认图纸的完整性。这意味着需要确保所有的图纸都已包含在内，并且没有任何重复或缺失的文件。如果发现图纸不完整，则需要与相应的负责人或设计师联系，以获取缺失或未包含的图纸。

4.图纸是否符合规范

工程项目需要按照一定的标准和规范进行设计和实施。例如，在国内，需要按照电气、给水排水专业相关标准对相应的工程图纸进行规范的设计。在接收到图纸后，应当检查图纸是否符合相应的规定和标准，如果不符合应及时反馈和处理。

5.图纸的逻辑和连贯性

作为算量模型搭建的基础，工程图纸应该具备良好的逻辑性和连贯性，是否能够形成一个完整的、可操作的3D模型。在接收到图纸后，需要仔细检查图纸中的设计是否合理，是否存在逻辑错误或者不连贯的部分。如有问题，应及时沟通并进行调整。

在接收到图纸后，需要对图纸进行仔细检查，以确保图纸的质量和准确性。这些检查过程可以帮助我们获得更加详细的工程信息，及时发现和解决图纸中存在的问题和缺陷，促进整个项目的进展和成功。

2.3.3 模型确认

收到模型后，要对收到的模型文件进行确认，包括但不限于以下几个方面：

1.确认项目是否一致

应确认收到的模型与图纸是否对应同一项目，例如，项目名称是否一致等，若不一致，应进行检查是否错发，并做好记录。

2.确认模型的格式、版本是否正确

Revit平台的模型文件应为“***.rvt”文件，收到模型应打开确认现有的Revit软件版本是否能满足模型要求，若文件格式或版本不支持，应立即反映，重新获取Revit平台的模型，并安装对应版本的Revit。

3.确认模型的各专业完整性

完整的一套模型应包括土建（建筑、结构）、机电（给水排水、暖通、电气）模型，确认模型是否包含所有需要的构件和信息，并且没有丢失的部分，若有遗漏，应及时要求补发。

4.确认模型的可读性

收到的模型文件应能正常打开，且各项参数均能够被读取，如发现无法读取的参数，应及时与上游沟通，确保模型完整可读。

5.确认模型是否为最新版本

设计院将模型交付前，可能已对模型进行过一定的更改，这些更改可能对工程量统计产生影响，所以应该与设计院确认模型是否为最新的模型。

2.4 模型检查

模型文件确认之后，应对模型内容进行整体的检查，应包括以下几个方面：

1.模型完成度

检查模型是否与图纸一致，检查模型是否按照第2.2.1模型要求建模，如模型有未完成或缺少的部分，应及时反馈。

2.图模一致性

检查模型是否与图纸所表示的内容一致，包括但不限于构件类型、构件标高、构件尺寸、系统类型等，若与图纸不一致，应及时修改或记录反馈。

3.扣减关系

由于Revit自有的扣减关系与常用的扣减方式有差异，应在收到模型后检查各类型构件间的扣减关系是否正确，对于大批量的不符合计量行为的扣减方式，应在收到模型之后就进行统一的调整，减少后期出错概率；若只有个别构件扣减不正常，可在算量过程中单独修改。

4.确认模型的精度

模型的精度直接影响到后续工程量、费用预算等环节。确认模型的精度可以从以下几个方面入手：①比对模型与要求的LOD（Level of Detail，简称LOD）精度是否一致；②确认模型中的各项标高、尺寸、材质等数据是否添加并且准确；③检查模型是否有重叠、遮挡等问题，以确保工程量统计准确无误。

5.确认模型中的各项元素是否符合规范

模型中的各项元素（如管道、电线等）应符合设计规范，否则可能会影响到工程量统计的准确性，如有问题，需要及时与设计院沟通并协商解决方法。检查模型中的构件和信息是否与设计文件和规范相符合，并且符合公司或项目的标准。总之，确认收到的模型文件对于工程量统计来说极其重要，必须仔细审核、判断和记录，确保后续的工作能够顺利进行，避免因错误的模型文件导致相关工作偏差。尽量要有一套完整的规范和标准来指导模型的检查工作，以确保检查流程的规范性和一致性，检查工作需要由专业的人员来执行，对模型的各项数据都要进行认真审核，避免遗漏和错误的产生。需要建立模型审核的记录和报告，对模型的审核结果进行归档和管理，并时刻进行更新和完善。

2.5 小结

本章内容首先概述了BIM原生模型算量，以及各专业模型要求。其次，就建模软件及共性原则、对上游模型承接、模型检查等方面进行了介绍和说明。

第3章　地基基础工程BIM算量

3.1 概述

地基基础工程算量按照《房屋建筑与装饰工程计量规范》GB 500854—2013分为：附录A土石方工程；附录B地基处理与边坡支护工程；附录C桩基工程；

本章是基于房屋建筑专业中一个常规的项目BIM模型为例，介绍桩基土石方、桩基混凝土、护壁、独立基础以及承台等构件的BIM算量方法。对于平整场地、土石方平衡、地基处理与深基础以及复杂场地地基基础将在下篇内容进行讲解。在实际中，我们得到的BIM模型是一个Revit模型（注：本篇使用Revit2018版本进行讲解），在模型中地基基础一般只建了一个桩模型。

3.2 BIM模型算量

3.2.1 桩基

1.土石方工程量

桩基土石方工程属于拆除类任务，在BIM模型创建过程中是没有创建的，为此，桩基土石方工程量只能参照桩基模型构件的参数进行代算。从桩基模型上想要获取桩基土石方工程量，可以采用建模法或者计算法。根据桩的开挖方式不同，常见的可以分为人工挖孔桩、机械旋挖桩、机械冲孔桩。

1）工程量计算规则

桩基土石方工程BIM模型算量是基于实物量维度考虑，区别于造价规则（国标清单规则或定额规则）算量，其目的在于得到一个基于BIM模型实体的实际工程量，便于我们进行成本管控。土石方开挖的综合单价理论上应该区分土石类别和开挖深度，但由于地质情况复杂多变，在实际招标投标和结算办理时，往往根据地质报告综合考虑。当然，在BIM模型中如果要考虑土石类别和开挖深度，进行分别模型算量，也可在模型的实例属性中进行标注，下面将分别加以介绍。

2）清单项目设置（见表3.2.1-1，桩基土石方：不区分土石类别和开挖深度）

桩基土石方（不区分土石类别和开挖深度） 表3.2.1-1

编码	名称	项目特征	计算规则	工程量
010101004001	人工挖孔桩土石方	1.土石比：综合考虑； 2.开挖方式：采用风镐及人工开挖； 3.桩设计直径：800mm及以下； 4.挖孔深度：综合考虑	按设计图示尺寸（含护壁）截面积乘以挖孔深度以体积计算（孔顶标高按场地移交标高计），扩大头按图示体积计算	
010101004002	机械旋挖桩土石方	1.土石类别：综合考虑； 2.基础类型：旋挖桩； 3.桩设计直径：1200mm； 4.土石深度：综合考虑； 5.开挖方式：旋挖成孔	成孔深度以米计算（孔顶标高按场地移交标高计）	
010101004003	机械冲孔桩土石方	1.土石类别：综合考虑； 2.基础类型：冲击桩； 3.桩直径：800mm； 4.土石深度：综合考虑； 5.开挖方式：冲击成孔	成孔深度以米计算（孔顶标高按场地移交标高计）	

3）模型检查

首先检查桩族的命名是否按照表3.2.1-1的名称区分，其次是否按照所需的项目特征信息添加相应的模型信息，最后检查桩基长度是否已经按照实际开挖深度收方数据更新模型，桩基类型和桩径参数值是否对应（图3.2.1-1）。

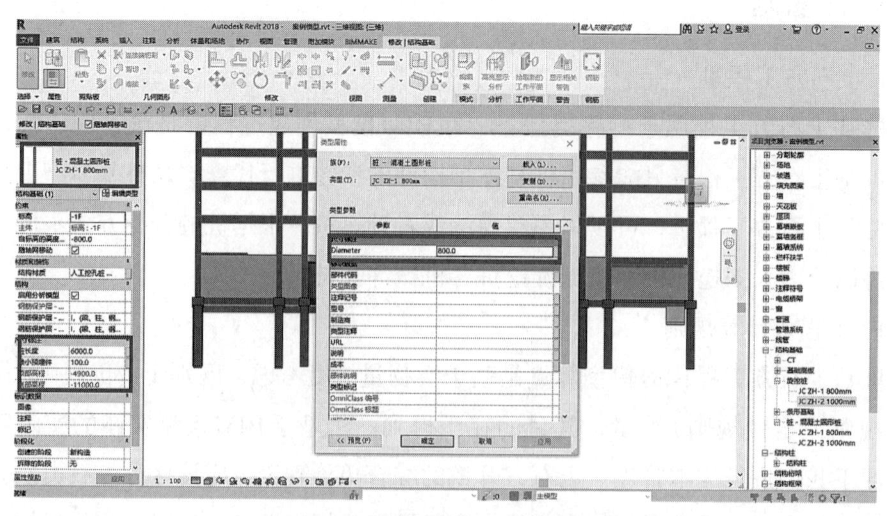

图3.2.1-1 检查桩长度及项目特征信息

4）项目特征添加

根据表3.2.1-1提量要求，将BIM模型信息进行修改。

BIM模型信息修改包括构件造型修改和为工程量统计添加必需的字段参数（例如，本例的“桩基土石方”材质参数和肥槽参数“开挖扩大值”），主要修改信息与工程量明细表需要统计的内容有关，主要包括桩基类型名称、桩径、桩基施工编号、开挖方式和桩基长度等。工程量是我们本教程关注的重要信息，所以我们就工程量统计进行阐述，其他信息与管理相关，根据需要进行设置，此处不作阐述。

工程量与桩基模型的几何形体有关，一个几何体牵涉的数量数据包括长度、宽度、高度、面积、体积和个数等。所以就一个几何体而言，只要能创建出来，BIM软件都对该几何体记录下这些信息。

影响到桩基土石方工程量的数据有桩基长度、桩基半径和开挖是否肥槽及肥槽尺寸，所以为了获得准确的土石方工程量，要核对并修改三个参数值。

此处默认拿到的桩基模型类型、桩径均正确，为了获得开挖土石方工程量，我们需要根据实际情况设置一个肥槽尺寸作为开挖体在桩径基础上的扩大数，依附桩共用桩长数据，实现桩径开挖孔深数据。以下操作流程可以实现桩基土石方工程量获取：

（1）修改桩基础族。通过在原有桩基础族中再复制桩基体创建开挖体（图3.2.1-2）。

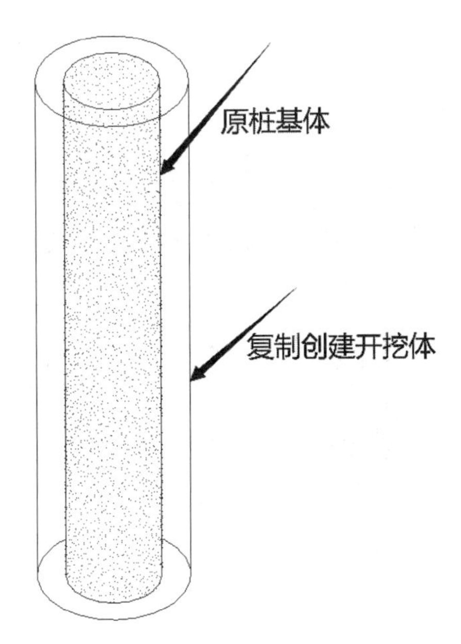

图3.2.1-2　创建桩开挖体

（2）添加肥槽尺寸，并通过公式链接与桩径关联（图3.2.1-3）。

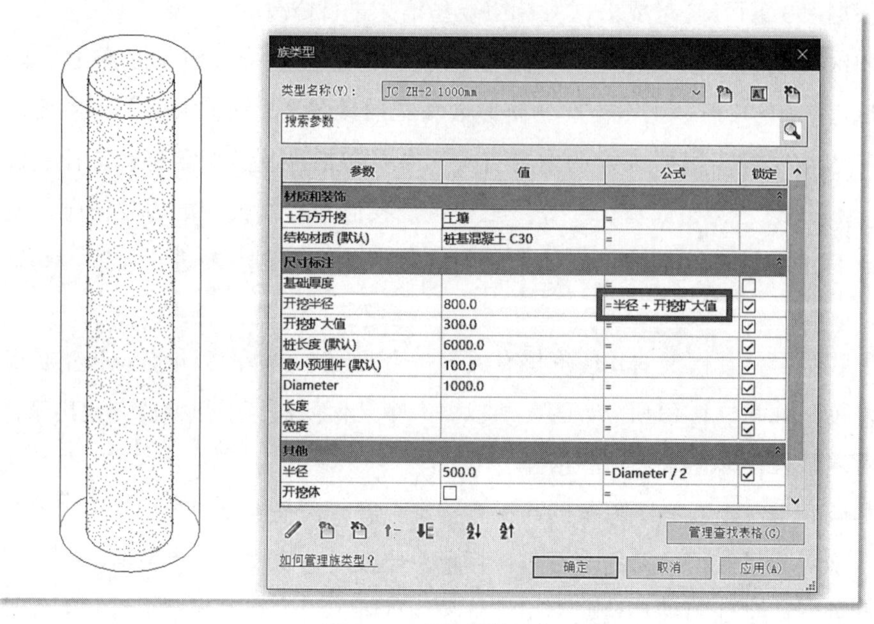

图3.2.1-3　添加肥槽尺寸

（3）为桩基开挖体设置一个独立的材质参数，为明细表进行材质统计做准备（图3.2.1-4）。

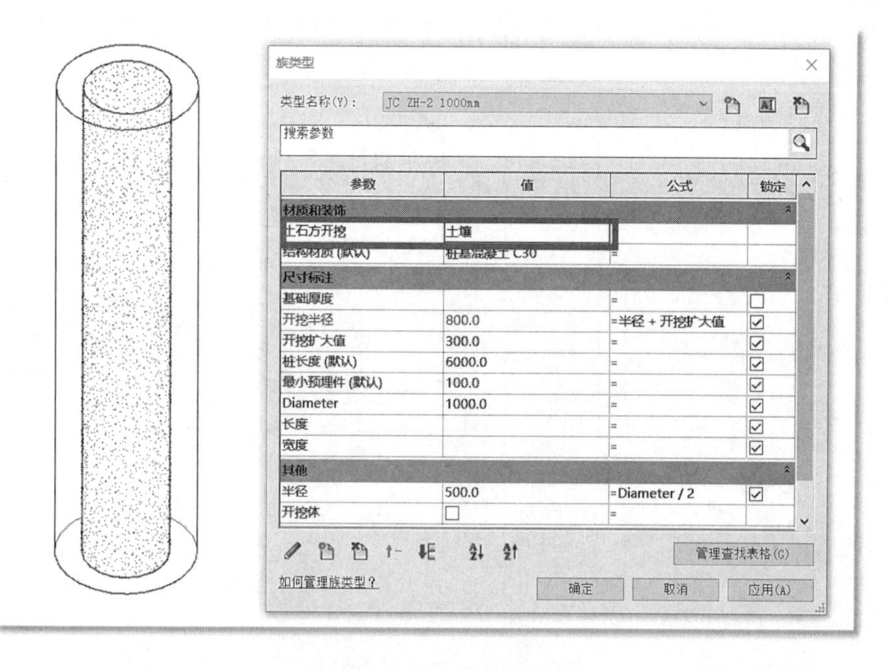

图3.2.1-4　添加肥槽材质

（4）添加其余所需的项目参数，如本构件的“开挖方式”（图3.2.1-5）。

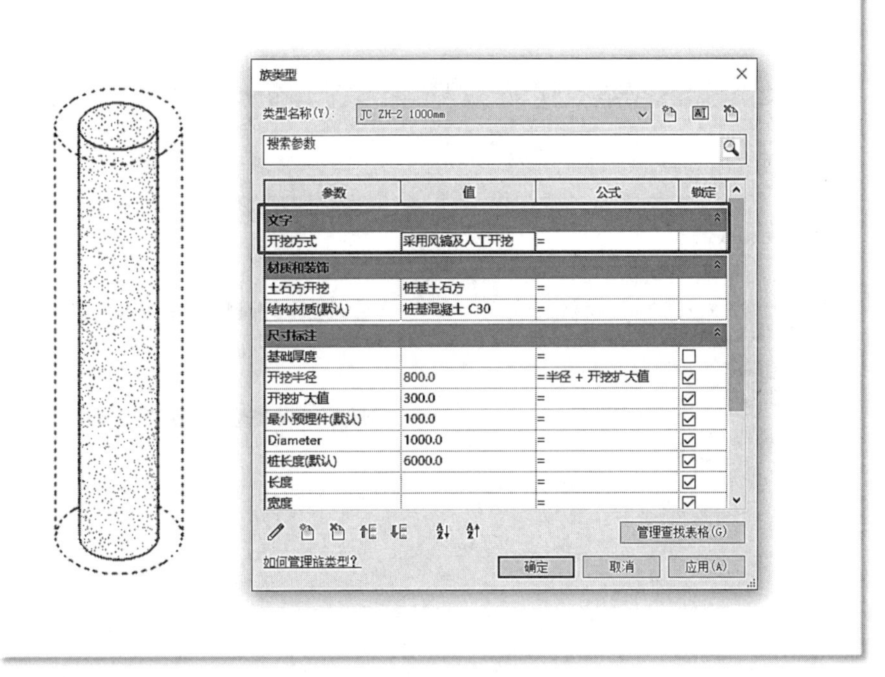

图3.2.1-5　设置“开挖方式”标签

（5）将修改好的族与类型载入到项目中替换类型实例（图3.2.1-6）。

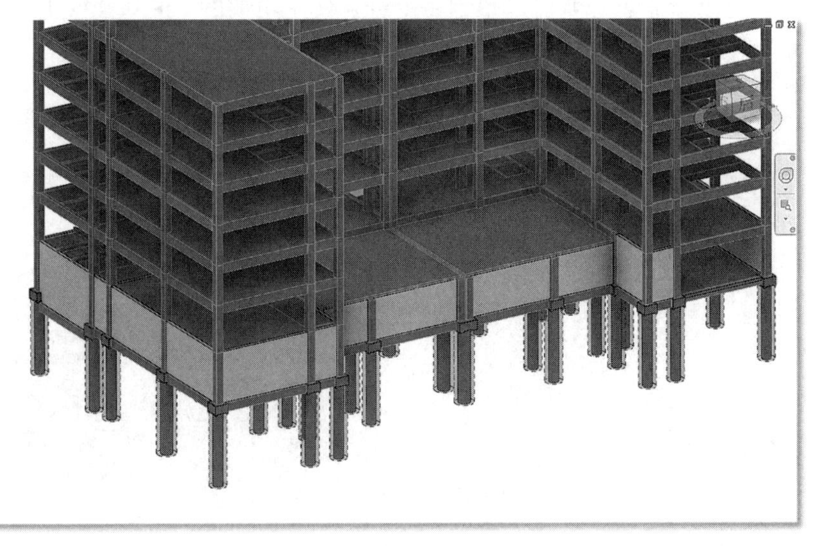

图3.2.1-6　替换类型实例

5）明细表提取工程量

（1）在将桩基构件替换完成后，根据拟在明细表中使用的材质名称为开挖体材质命名（此处被命名为“桩基土石方”）（图3.2.1-7）。

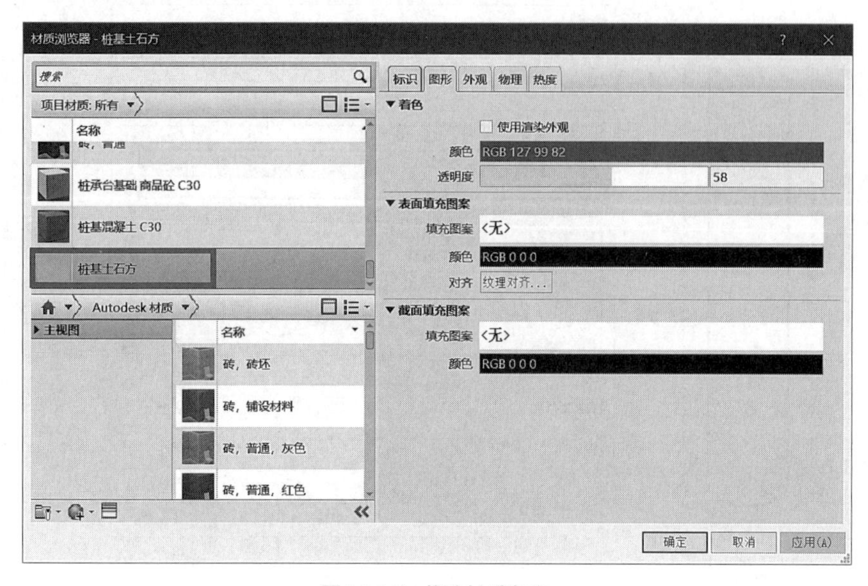

图3.2.1-7　修改材质名称

（2）通过新建材质提取创建《桩基开挖土石方工程量明细表》，选择必要字段“材质：名称”等，设置好过滤方式、成组方式等，将表格标题栏的名称按照工程量标准进行重新命名，就可以得到一个符合使用习惯的《桩基开挖土石方工程量明细表》（图3.2.1-8）。

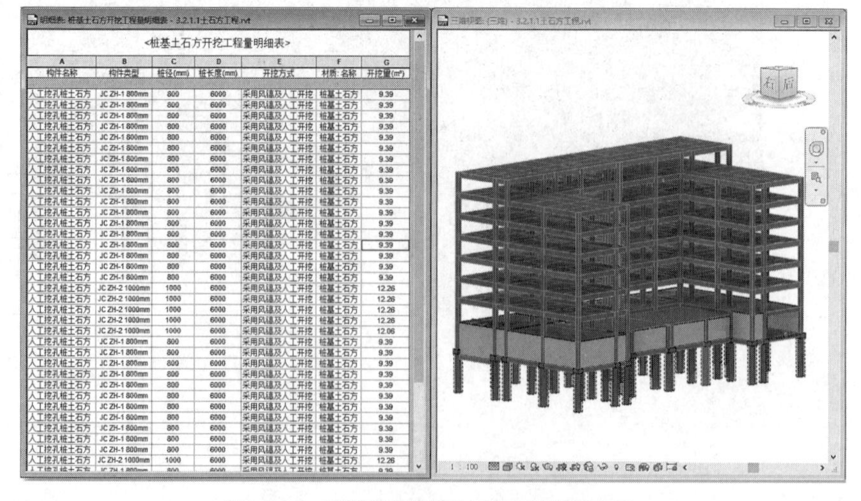

图3.2.1-8　设置桩基开挖土石方工程量明细表

6）清单项目设置（见表3.2.1-2）桩基土石方：区分土石类别和开挖深度

桩基土石方（区分土石类别和开挖深度） 表3.2.1-2

编码	名称	项目特征	计算规则	工程量
010101004001	人工挖孔桩土石方	1.土石比：按实填写； 2.开挖方式：采用风镐及人工开挖； 3.桩设计直径：800mm及以下； 4.挖孔深度：8m以内的	按设计图示尺寸（含护壁）截面积乘以挖孔深度以体积计算（孔顶标高按场地移交标高计），扩大头按图示体积计算	
010101004002	机械旋挖桩土石方	1.土石类别：按实填写； 2.基础类型：旋挖桩； 3.桩设计直径：1200mm； 4.土石深度：8m以内的； 5.开挖方式：旋挖成孔	成孔深度以米计算（孔顶标高按场地移交标高计）	
010101004003	机械冲孔桩土石方	1.土石类别：按实填写； 2.基础类型：冲击桩； 3.桩直径：800mm； 4.土石深度：按实填写； 5.开挖方式：冲击成孔	成孔深度以米计算（孔顶标高按场地移交标高计）	

区分土石类别，我们可以在上述方法中得到一个总的土石方总量后，按照土石比确定一个比例的方式来实现，在此不再赘述。

开挖深度可以在明细表中设置过滤器分别加以提量。

2.人工挖孔桩护壁混凝土工程量

1）工程量计算规则

人工挖孔桩护壁混凝土的算量是基于实际工程量进行考虑的，根据实际的挖孔桩护壁体积，以立方米（m^3）为单位进行计算，在清单工程量中，人工挖孔灌注桩的工作内容已经包括了挖孔桩护壁的工作。

2）清单项目设置（表3.2.1-3）

挖孔桩护壁混凝土 表3.2.1-3

编码	名称	项目特征	计量单位	计算规则	工程量
010302005001	人工挖孔灌注桩护壁	护壁混凝土类别、强度等级	m^3	以立方米计量，按护壁混凝土体积计算	

3）模型检查

在操作之前应对照图纸核实桩基的类型和尺寸等是否有误，此处默认模型参数无误。挖孔桩护壁属于施工过程临时保护措施，在一般的模型中是没有进行创建的，首先要检查模型是否有创建挖孔桩护壁，若没有，则需要我们对护壁进行建模。

4）项目特征添加

由于挖孔桩的模型为圆柱体，而人工挖孔桩护壁为杯形圆柱，所以我们需要自主创建人工挖孔桩模型，为方便对挖孔桩高度进行控制，我们此处采用分段绘制组合的方法，具体操作方法如下：

（1）创建挖孔桩族，在桩的基础上增加护壁几何实体模型（图3.2.1-9）。

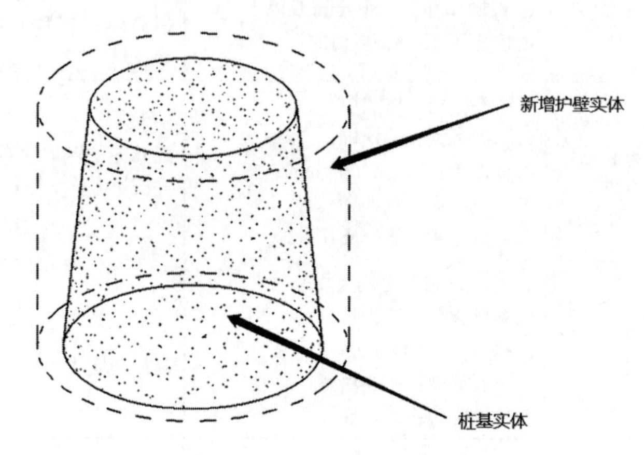

图3.2.1-9　创建挖孔桩单段模型

（2）此处主控参数为护壁的厚度及各段护壁的高度，为方便后续调整整个桩的高度，故主控参数应设置为实例参数，并将各参数与模型关联，如还需其他参数信息可自行添加（图3.2.1-10）。

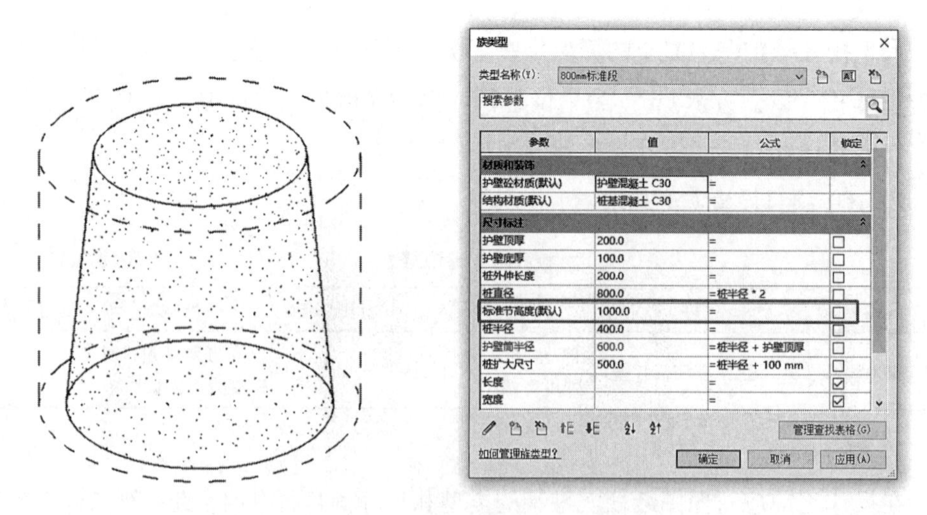

图3.2.1-10　设置护壁相关参数化属性

(3) 对挖孔桩标准段模型进行布置。由于我们的挖孔桩深度、尺寸不一，所以我们采用标准段+非标准段的组合方式对人工挖孔桩模型进行布置。若挖孔桩类型较多、长度不一，可以采用组合的方式，对桩模型进行组合布置，若挖孔桩类型较少，可采用创建为新族的方式对挖孔桩进行布置。此处根据实际情况考虑，方便布置即可。

(4) 将标准段导入项目中，绘制符合图纸的桩基模型，通过复制、阵列的方式，调整到合适的长度进行组合（图3.2.1-11）。

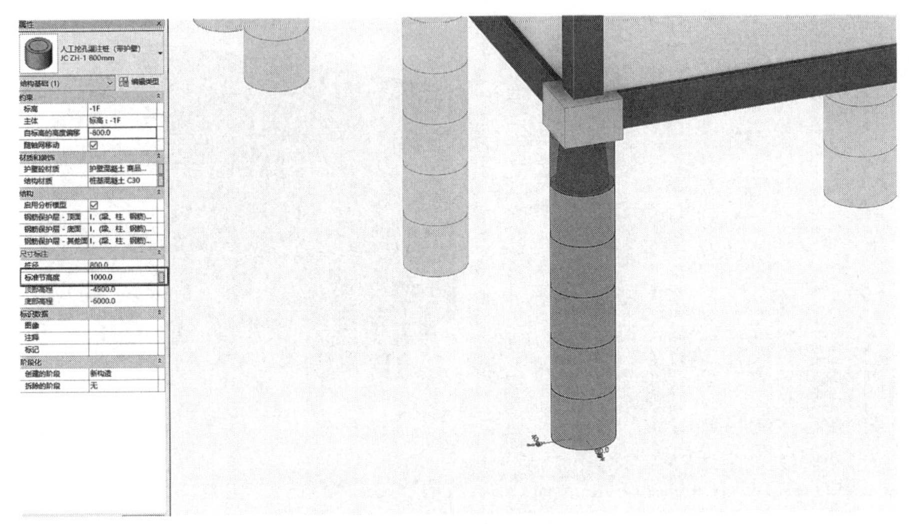

图3.2.1-11 调整单根挖孔桩

(5) 按图纸上的桩型号对挖孔桩模型进行布置或替换（图3.2.1-12）。

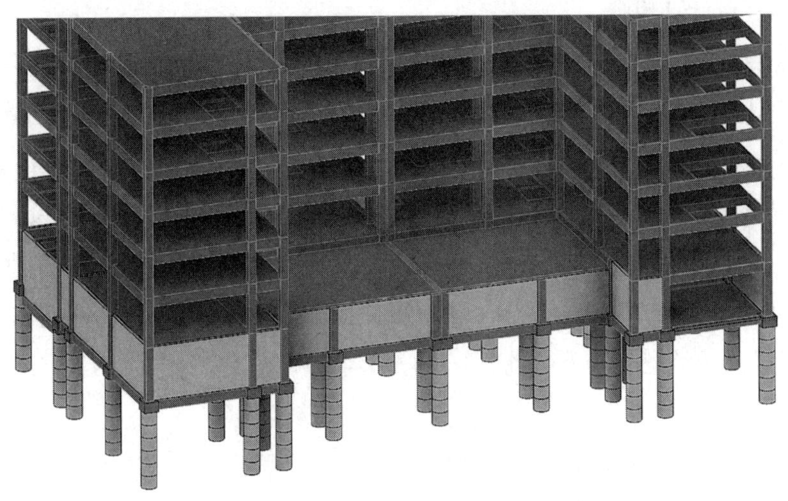

图3.2.1-12 布置其余挖孔桩

5）明细表提取工程量

通过材质提取挖孔桩护壁工程量，对于不同的原材料类型，只需要在明细表设置筛选材质，设置好“类型”“材质”等必要字段并进行筛选后，即得到《桩基护壁工程量明细表》（图3.2.1-13）。

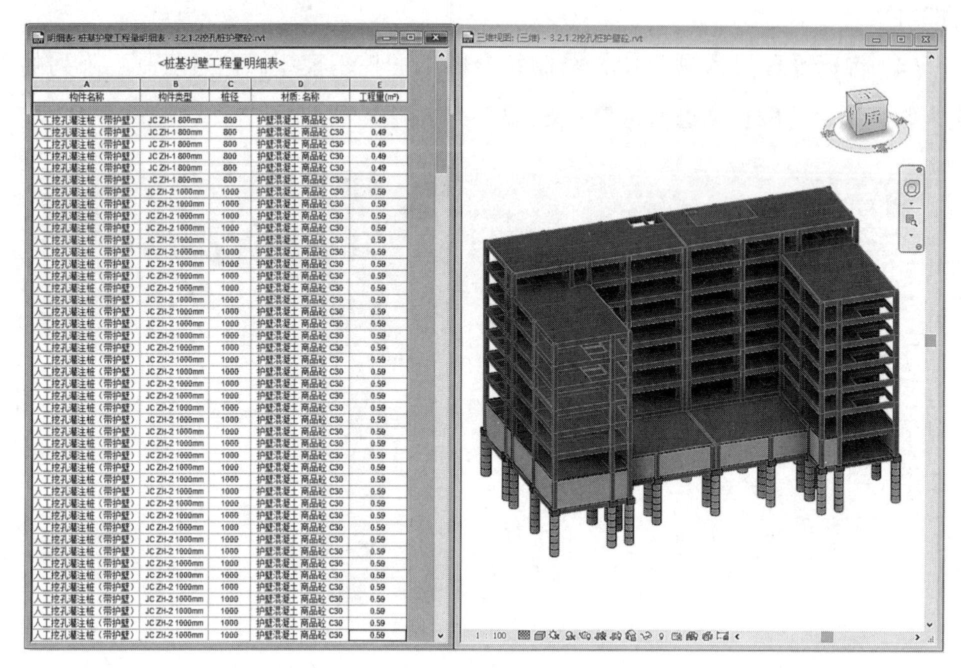

图3.2.1-13　设置桩基护壁工程量明细表

3.桩芯商品混凝土工程量

1）工程量计算规则

桩芯模型属于主体构件，在一般的BIM模型中会进行创建，且模型中的挖孔桩几何模型的尺寸、类型一般是按照设计图纸来建模的，符合我们的算量和提量要求。桩芯的混凝土工程量我们以桩芯体积进行计算，以立方米（m^3）为单位。

2）清单项目设置（机械挖孔桩）

由于人工挖孔桩的桩芯形式与机械挖孔桩的桩芯形式不同，若建模准确，Revit也可以准确计算出人工挖孔桩桩芯的工程量，所以此处我们将机械挖孔桩和人工挖孔桩两种类型分开进行讲解（表3.2.1-4）。

3）模型检查

影响桩工程量的数据有桩的长度、截面大小，我们此处默认桩长及桩径已经按照图纸正确建模。首先，检查构件的命名及所需项目特征是否按要求修改和添加，其次，检查桩模型是否与桩承台分开，若未分开，则需要我们将挖孔桩和承台进行模型分割或者材质区分，以便于工程量的筛选统计（图3.2.1-14）。

机械挖孔桩 **表3.2.1-4**

编码	名称	项目特征	计量单位	计算规则	工程量
010302001001	机械旋挖桩芯	1.混凝土种类：预拌（商品）混凝土； 2.混凝土强度等级：C30； 3.泵送方式：综合各种泵送方式、泵送高度、运输方式	m^3	以立方米计量，按不同截面在桩上范围内以体积计算	
010302001002	机械冲击桩芯				

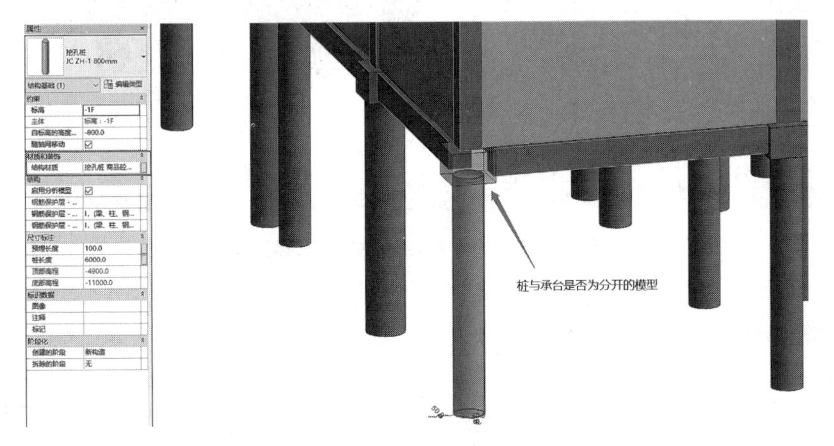

图3.2.1-14　检查承台与桩是否分开

4）明细表提取工程量

通过设置人工挖孔桩工程量明细表，主要是“族名称”“类型”“桩径”“桩长”及“材质”和“体积”，通过对构件进行筛选，对体积进行合计，我们可以直接统计出人工挖孔桩的工程量，若是按照材质进行构件区分，则应设置材质明细表，且明细表主要字段相同（图3.2.1-15）。

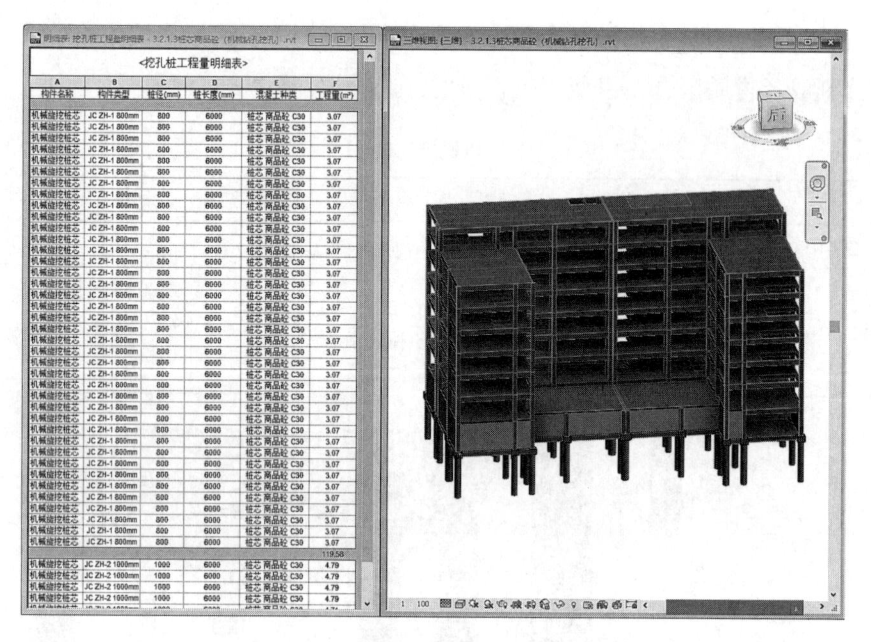

<挖孔桩工程量明细表>
构件名称
构件类型
桩径(mm)
桩长度(mm)
混凝土种类
工程量(m³)

图3.2.1-15 设置人工挖孔桩工程量明细表

5）清单项目设置（表3.2.1-5）

人工挖孔桩 表3.2.1-5

编码	名称	项目特征	计量单位	计算规则	工程量
010302005001	人工挖孔桩桩芯	1.桩芯长度； 2.桩芯混凝土类别、强度等级	m^3	以立方米计量，按桩芯混凝土体积计算	

6）模型修改

由于挖孔桩模型都是按照几何圆柱体进行建模，而人工挖孔桩的桩芯构造是非标准圆柱体，且可能会有扩底，为了能准确地计算人工挖孔桩的工程量，我们采用自主建模的方式对人工挖孔桩进行建模后计量。

（1）创建挖孔桩模型，此处我们采用3.2.1第二节中方法，创建人工挖孔桩的单段模型后再组合，注意对桩芯和护壁的材质进行区分，以方便对工程量的统计，若有其他所需参数，可自行添加（图3.2.1-16）。

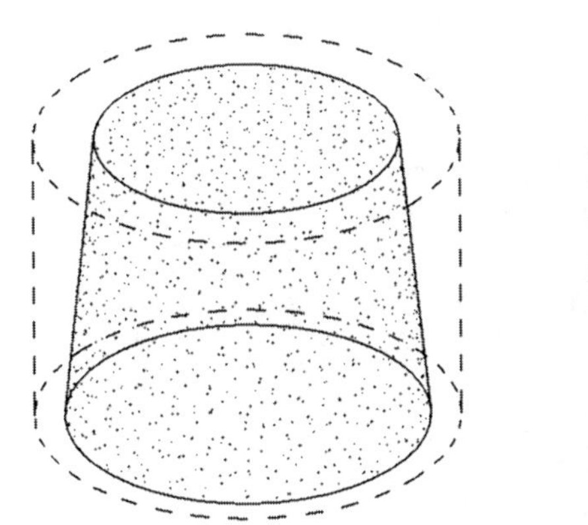

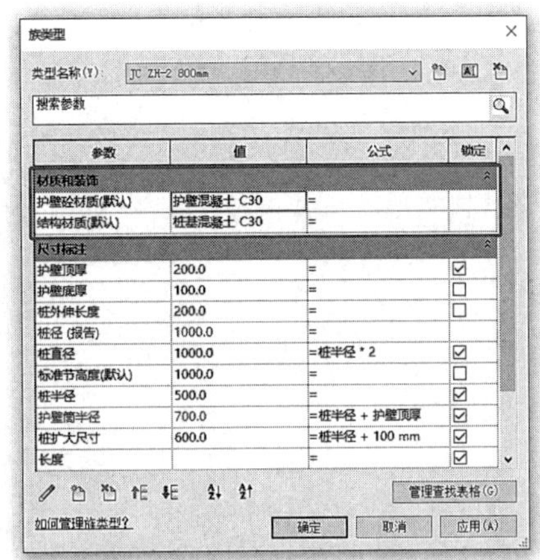

图3.2.1-16　设置人工挖孔桩标准段材质

（2）创建扩大头族，并参数化扩大头各属性，包括直径、扩大直径、高度、冠高等（图3.2.1-17）。

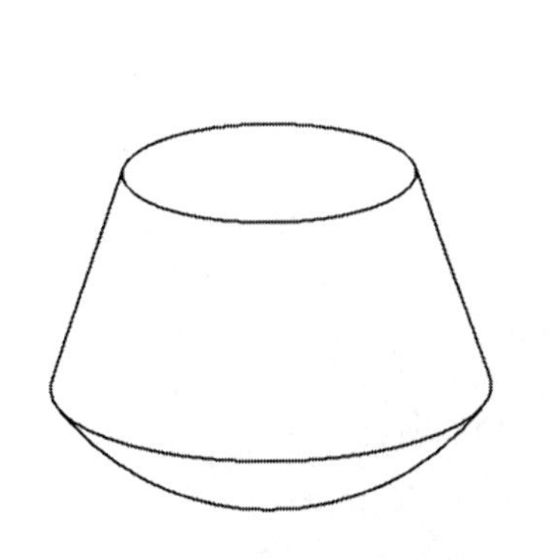

图3.2.1-17　创建人工挖孔桩扩大头模型

（3）布置人工挖孔桩，将人工挖孔桩单段模型及扩大头模型制作出来后，可以采用3.2.1第2条中方法，将人工挖孔桩模型及扩大头模型创建组或者新建为族进行布置，注意桩长、桩径等参数应符合图纸要求，布置完成后应对桩芯及护壁模型进行材质区分，以方便后续工程量统计（图3.2.1-18）。

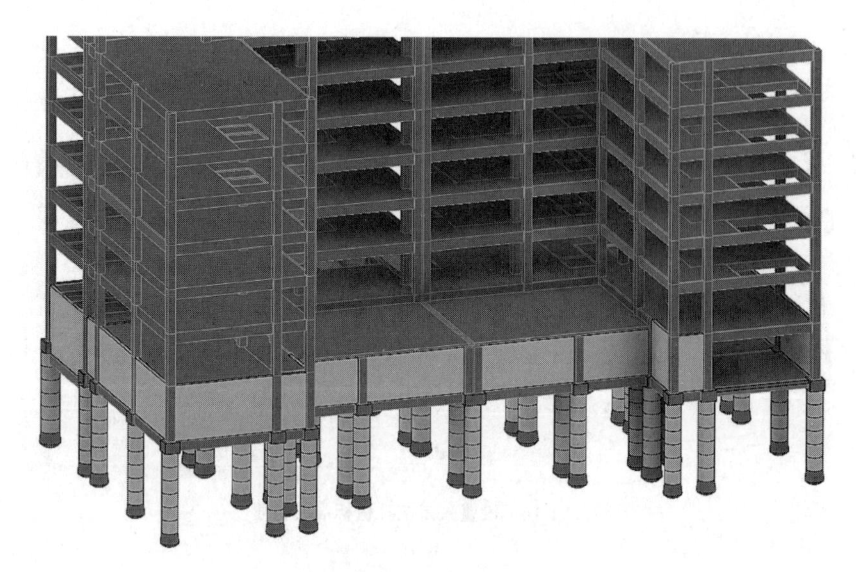

图3.2.1-18　布置人工挖孔桩

7）明细表提取工程量

设置人工挖孔桩桩芯工程量明细表，通过材质筛选人工挖孔桩桩芯的混凝土，对桩芯及扩大头的工程量进行统计。此处主要设置“族”“类型”“桩径”“材质”“体积”等字段进行工程量统计，对体积进行总计计算，即得到我们的人工挖孔桩工程量（图3.2.1-19）。

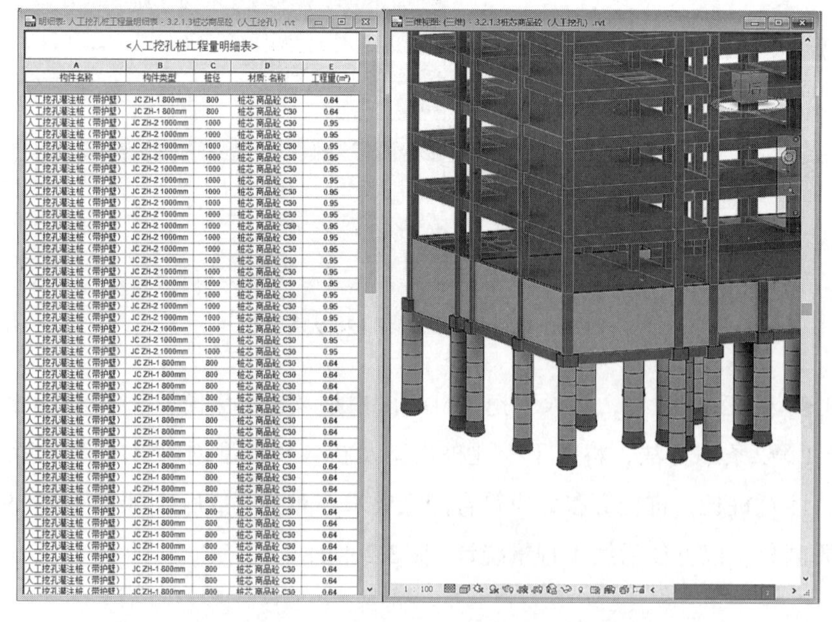

<人工挖孔桩工程量明细表>

A	B	C	D	E
构件名称	构件类型	桩径	材质: 名称	工程量(m³)
人工挖孔灌注桩（带护壁）	JC ZH-1 800mm	800	桩芯 商品砼 C30	0.64
人工挖孔灌注桩（带护壁）	JC ZH-1 800mm	800	桩芯 商品砼 C30	0.64
人工挖孔灌注桩（带护壁）	JC ZH-2 1000mm	1000	桩芯 商品砼 C30	0.95
人工挖孔灌注桩（带护壁）	JC ZH-2 1000mm	1000	桩芯 商品砼 C30	0.95
人工挖孔灌注桩（带护壁）	JC ZH-2 1000mm	1000	桩芯 商品砼 C30	0.95
人工挖孔灌注桩（带护壁）	JC ZH-2 1000mm	1000	桩芯 商品砼 C30	0.95
人工挖孔灌注桩（带护壁）	JC ZH-2 1000mm	1000	桩芯 商品砼 C30	0.95
人工挖孔灌注桩（带护壁）	JC ZH-2 1000mm	1000	桩芯 商品砼 C30	0.95
人工挖孔灌注桩（带护壁）	JC ZH-2 1000mm	1000	桩芯 商品砼 C30	0.95
人工挖孔灌注桩（带护壁）	JC ZH-2 1000mm	1000	桩芯 商品砼 C30	0.95
人工挖孔灌注桩（带护壁）	JC ZH-2 1000mm	1000	桩芯 商品砼 C30	0.95
人工挖孔灌注桩（带护壁）	JC ZH-2 1000mm	1000	桩芯 商品砼 C30	0.95
人工挖孔灌注桩（带护壁）	JC ZH-2 1000mm	1000	桩芯 商品砼 C30	0.95
人工挖孔灌注桩（带护壁）	JC ZH-2 1000mm	1000	桩芯 商品砼 C30	0.95
人工挖孔灌注桩（带护壁）	JC ZH-2 1000mm	1000	桩芯 商品砼 C30	0.95
人工挖孔灌注桩（带护壁）	JC ZH-2 1000mm	1000	桩芯 商品砼 C30	0.95
人工挖孔灌注桩（带护壁）	JC ZH-2 1000mm	1000	桩芯 商品砼 C30	0.95
人工挖孔灌注桩（带护壁）	JC ZH-2 1000mm	1000	桩芯 商品砼 C30	0.95
人工挖孔灌注桩（带护壁）	JC ZH-2 1000mm	1000	桩芯 商品砼 C30	0.95
人工挖孔灌注桩（带护壁）	JC ZH-2 1000mm	1000	桩芯 商品砼 C30	0.95
人工挖孔灌注桩（带护壁）	JC ZH-2 1000mm	1000	桩芯 商品砼 C30	0.95
人工挖孔灌注桩（带护壁）	JC ZH-2 1000mm	1000	桩芯 商品砼 C30	0.95
人工挖孔灌注桩（带护壁）	JC ZH-2 1000mm	1000	桩芯 商品砼 C30	0.95
人工挖孔灌注桩（带护壁）	JC ZH-1 800mm	800	桩芯 商品砼 C30	0.64
人工挖孔灌注桩（带护壁）	JC ZH-1 800mm	800	桩芯 商品砼 C30	0.64
人工挖孔灌注桩（带护壁）	JC ZH-1 800mm	800	桩芯 商品砼 C30	0.64
人工挖孔灌注桩（带护壁）	JC ZH-1 800mm	800	桩芯 商品砼 C30	0.64
人工挖孔灌注桩（带护壁）	JC ZH-1 800mm	800	桩芯 商品砼 C30	0.64
人工挖孔灌注桩（带护壁）	JC ZH-1 800mm	800	桩芯 商品砼 C30	0.64
人工挖孔灌注桩（带护壁）	JC ZH-1 800mm	800	桩芯 商品砼 C30	0.64
人工挖孔灌注桩（带护壁）	JC ZH-1 800mm	800	桩芯 商品砼 C30	0.64
人工挖孔灌注桩（带护壁）	JC ZH-1 800mm	800	桩芯 商品砼 C30	0.64
人工挖孔灌注桩（带护壁）	JC ZH-1 800mm	800	桩芯 商品砼 C30	0.64
人工挖孔灌注桩（带护壁）	JC ZH-1 800mm	800	桩芯 商品砼 C30	0.64
人工挖孔灌注桩（带护壁）	JC ZH-1 800mm	800	桩芯 商品砼 C30	0.64
人工挖孔灌注桩（带护壁）	JC ZH-1 800mm	800	桩芯 商品砼 C30	0.64
人工挖孔灌注桩（带护壁）	JC ZH-1 800mm	800	桩芯 商品砼 C30	0.64
人工挖孔灌注桩（带护壁）	JC ZH-1 800mm	800	桩芯 商品砼 C30	0.64
人工挖孔灌注桩（带护壁）	JC ZH-1 800mm	800	桩芯 商品砼 C30	0.64
人工挖孔灌注桩（带护壁）	JC ZH-1 800mm	800	桩芯 商品砼 C30	0.64
人工挖孔灌注桩（带护壁）	JC ZH-1 800mm	800	桩芯 商品砼 C30	0.64
人工挖孔灌注桩（带护壁）	JC ZH-1 800mm	800	桩芯 商品砼 C30	0.64
人工挖孔灌注桩（带护壁）	JC ZH-1 800mm	800	桩芯 商品砼 C30	0.64
人工挖孔灌注桩（带护壁）	JC ZH-1 800mm	800	桩芯 商品砼 C30	0.64
人工挖孔灌注桩（带护壁）	JC ZH-1 800mm	800	桩芯 商品砼 C30	0.64

图3.2.1-19　设置人工挖孔桩桩芯工程量明细表

4.基础钢筋工程量

1)工程量计算规则

工程量计算按设计图示钢筋长度乘单位理论质量计算。

2)清单项目设置(表3.2.1-6)

基础钢筋 表3.2.1-6

编码	名称	项目特征	计量单位	计算规则	工程量
010515003001	钢筋笼	1.钢筋种类、规格：满足设计及规范要求； 2.连接方式：综合考虑	t	按设计图示钢筋(网)长度(面积)乘单位理论质量计算	
010515003002	护壁钢筋				

3)模型检查

首先，应对模型的几何尺寸进行检查，挖孔桩的类型、桩径、桩长等是否符合图纸要求。此处默认我们拿到的模型，桩长及桩径等几何数据已经符合图纸要求。其次，检查我们的挖孔桩族类型是否为结构族类型，若非结构族类型，则需要在族类型设置里，勾选“可将钢筋附着到主体”(图3.2.1-20)。

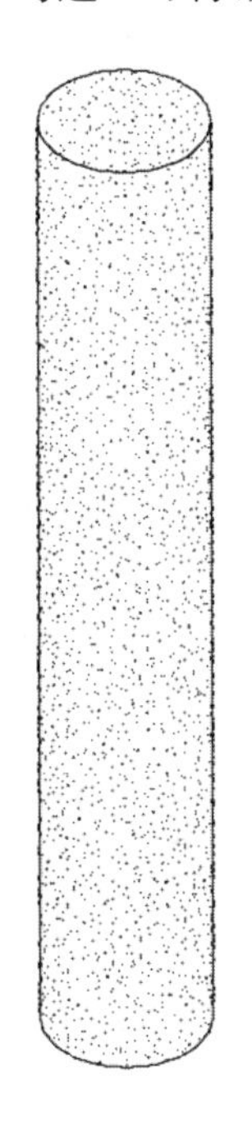

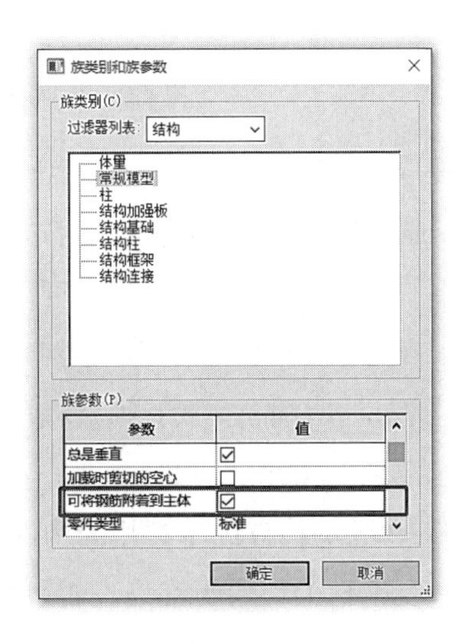

图3.2.1-20 对构件添加钢筋属性

4)项目特征添加

由于钢筋的密度大、数量多，导致钢筋模型的几何面极多。在一般无特殊建模要求的情况下，不会对构件的钢筋进行实体建模。若我们拿到的基础模型没有对钢筋进行建模，则需要我们自行创建钢筋模型。

对挖孔桩布置钢筋笼，可采用Revit自带的钢筋功能，将钢筋形状载入后，选择正确的钢筋级别、直径，以保护层为参照平面，通过平行或垂直于保护层的方向，对挖孔桩的钢筋进行布置，钢筋的布置属于基础操作，此处不进行详细讲解（图3.2.1-21）。

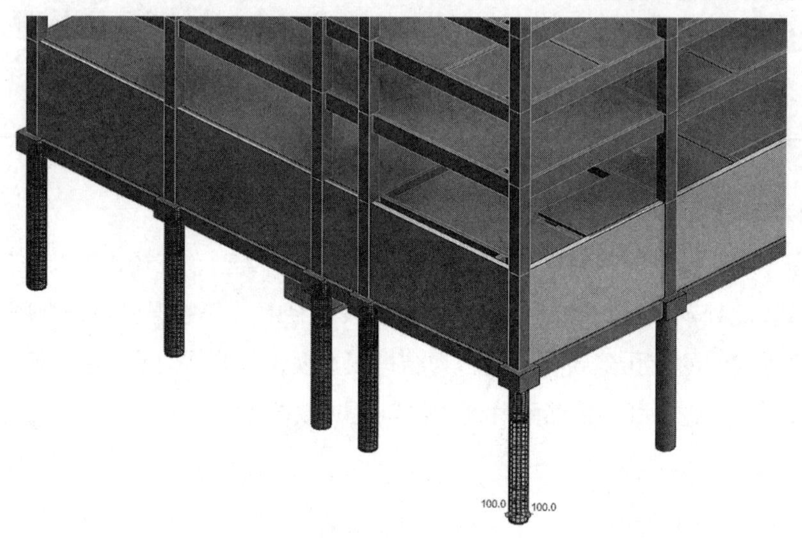

图3.2.1-21 布置钢筋

5）明细表提取工程量

（1）设置基础钢筋工程量明细表，钢筋的主控项目为钢筋的级别、直径，我们通过添加“类型”“钢筋直径”“总钢筋长度”“主体类别”等字段对钢筋进行统计，筛选主体类别为结构基础，避免得到其他构件的钢筋。因不同直径的钢筋单位长度的重量不一致，此处的明细表主要是通过提取各级别钢筋的长度，再通过对长度进行换算得到钢筋的重量（图3.2.1-22）。

（2）若需要对单独的构件或单类型的构件进行工程量统计，可以为主体构件添加相应的标记，在进行工程量明细表设置的时候，除了添加必要的“类型”“钢筋直径”“总钢筋长度”等字段外，再添加一个“主体标记”字段，通过筛选主体的标记，即可将相应标记的构件钢筋进行单独统计（图3.2.1-23）。

对于人工挖孔桩的钢筋笼及护壁钢筋笼，我们可以采用同样的方法，对人工挖孔桩或护壁的模型进行钢筋布置后，通过工程量明细表，得到不同级别、不同直径钢筋的长度。

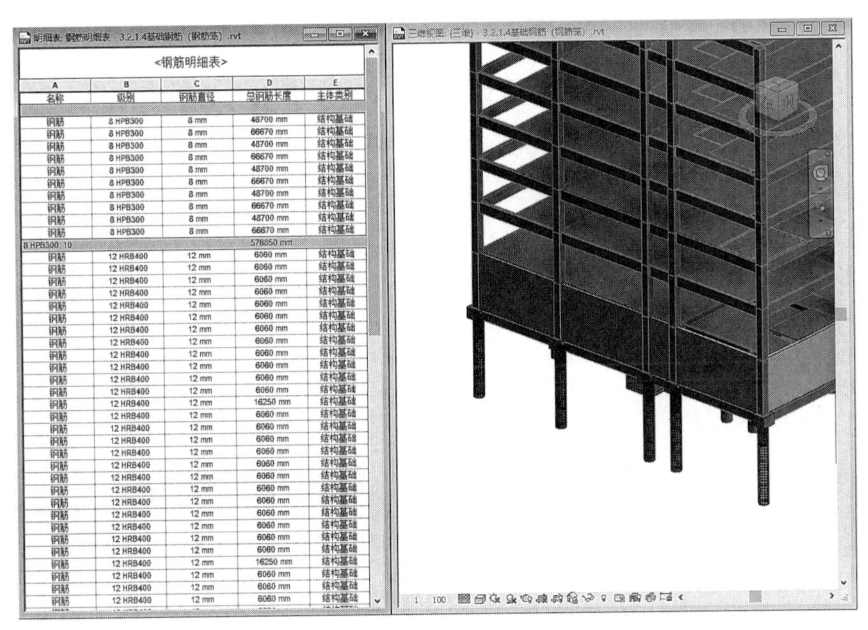

<钢筋明细表>

A	B	C	D	E
名称	级别	钢筋直径	总钢筋长度	主体类别
钢筋	8 HPB300	8 mm	48700 mm	结构基础
钢筋	8 HPB300	8 mm	66670 mm	结构基础
钢筋	8 HPB300	8 mm	48700 mm	结构基础
钢筋	8 HPB300	8 mm	66670 mm	结构基础
钢筋	8 HPB300	8 mm	48700 mm	结构基础
钢筋	8 HPB300	8 mm	66670 mm	结构基础
钢筋	8 HPB300	8 mm	48700 mm	结构基础
钢筋	8 HPB300	8 mm	66670 mm	结构基础
钢筋	8 HPB300	8 mm	48700 mm	结构基础
钢筋	8 HPB300	8 mm	66670 mm	结构基础
8 HPB300: 10			576850 mm	
钢筋	12 HRB400	12 mm	6060 mm	结构基础
钢筋	12 HRB400	12 mm	6060 mm	结构基础
钢筋	12 HRB400	12 mm	6060 mm	结构基础
钢筋	12 HRB400	12 mm	6060 mm	结构基础
钢筋	12 HRB400	12 mm	6060 mm	结构基础
钢筋	12 HRB400	12 mm	6060 mm	结构基础
钢筋	12 HRB400	12 mm	6060 mm	结构基础
钢筋	12 HRB400	12 mm	6060 mm	结构基础
钢筋	12 HRB400	12 mm	6060 mm	结构基础
钢筋	12 HRB400	12 mm	6060 mm	结构基础
钢筋	12 HRB400	12 mm	6060 mm	结构基础
钢筋	12 HRB400	12 mm	6060 mm	结构基础
钢筋	12 HRB400	12 mm	16250 mm	结构基础
钢筋	12 HRB400	12 mm	6060 mm	结构基础
钢筋	12 HRB400	12 mm	6060 mm	结构基础
钢筋	12 HRB400	12 mm	6060 mm	结构基础
钢筋	12 HRB400	12 mm	6060 mm	结构基础
钢筋	12 HRB400	12 mm	6060 mm	结构基础
钢筋	12 HRB400	12 mm	6060 mm	结构基础
钢筋	12 HRB400	12 mm	6060 mm	结构基础
钢筋	12 HRB400	12 mm	6060 mm	结构基础
钢筋	12 HRB400	12 mm	6060 mm	结构基础
钢筋	12 HRB400	12 mm	6060 mm	结构基础
钢筋	12 HRB400	12 mm	6060 mm	结构基础
钢筋	12 HRB400	12 mm	6060 mm	结构基础
钢筋	12 HRB400	12 mm	16250 mm	结构基础
钢筋	12 HRB400	12 mm	6060 mm	结构基础
钢筋	12 HRB400	12 mm	6060 mm	结构基础
钢筋	12 HRB400	12 mm	6060 mm	结构基础

图3.2.1-22　设置钢筋工程量明细表

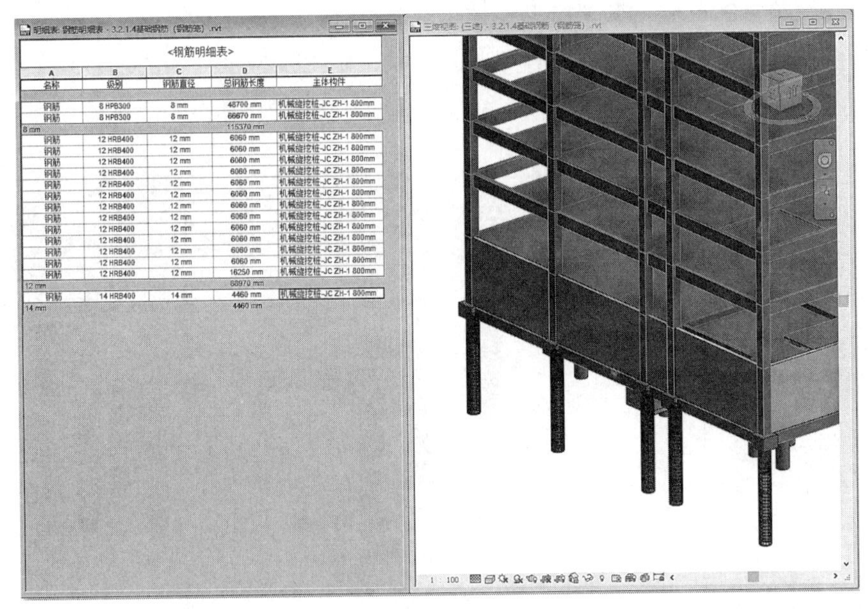

<钢筋明细表>

A	B	C	D	E
名称	级别	钢筋直径	总钢筋长度	主体构件
钢筋	8 HPB300	8 mm	48700 mm	机械旋挖桩-JC ZH-1 800mm
钢筋	8 HPB300	8 mm	66670 mm	机械旋挖桩-JC ZH-1 800mm
8 mm			115370 mm	
钢筋	12 HRB400	12 mm	6060 mm	机械旋挖桩-JC ZH-1 800mm
钢筋	12 HRB400	12 mm	6060 mm	机械旋挖桩-JC ZH-1 800mm
钢筋	12 HRB400	12 mm	6060 mm	机械旋挖桩-JC ZH-1 800mm
钢筋	12 HRB400	12 mm	6060 mm	机械旋挖桩-JC ZH-1 800mm
钢筋	12 HRB400	12 mm	6060 mm	机械旋挖桩-JC ZH-1 800mm
钢筋	12 HRB400	12 mm	6060 mm	机械旋挖桩-JC ZH-1 800mm
钢筋	12 HRB400	12 mm	6060 mm	机械旋挖桩-JC ZH-1 800mm
钢筋	12 HRB400	12 mm	6060 mm	机械旋挖桩-JC ZH-1 800mm
钢筋	12 HRB400	12 mm	6060 mm	机械旋挖桩-JC ZH-1 800mm
钢筋	12 HRB400	12 mm	6060 mm	机械旋挖桩-JC ZH-1 800mm
钢筋	12 HRB400	12 mm	6060 mm	机械旋挖桩-JC ZH-1 800mm
钢筋	12 HRB400	12 mm	6060 mm	机械旋挖桩-JC ZH-1 800mm
钢筋	12 HRB400	12 mm	16250 mm	机械旋挖桩-JC ZH-1 800mm
12 mm			88970 mm	
钢筋	14 HRB400	14 mm	4460 mm	机械旋挖桩-JC ZH-1 800mm
14 mm			4460 mm	

图3.2.1-23　设置单个构件钢筋工程量明细表

如果需要挖孔桩钢护筒的工程量，我们可以采用3.2.1第五条中方法，新建护筒直径的参数，通过桩径+扩大直径的方式得到护筒的直径，再通过周长 × 高度的方法得到钢护筒的面积工程量，最后通过换算不同厚度的钢板质量，得到钢护筒的材料用量。

5.露桩模板工程量

露桩模板工程属于一种拆除类的施工任务，如果无特殊要求，在一般的建模中，不会对模板进行建模，此处我们采用对人工挖孔桩族添加参数的方式，对露桩模板的工程量进行计算。

1）工程量计算规则

露桩模板以面积平方米（m^2）进行计算，此处我们以桩周长 × 露桩长度得到露桩模板的工程量。

2）清单项目设置（表3.2.1-7）

露桩模板　　表3.2.1-7

编码	名称	项目特征	计量单位	计算规则	工程量
011703006001	露桩模板	基础形状	m^2	按模板与现浇混凝土构件的接触面积计算	

3）模型检查

要计算露桩模板的工程量，主要是需要露桩部分的长度及桩周长。首先我们检查人工挖孔桩模型的几何尺寸是否与图纸一致，确定模型桩径和图纸一致后，我们检查人工挖孔桩模型是否有露桩模板相关的参数（图3.2.1-24）。

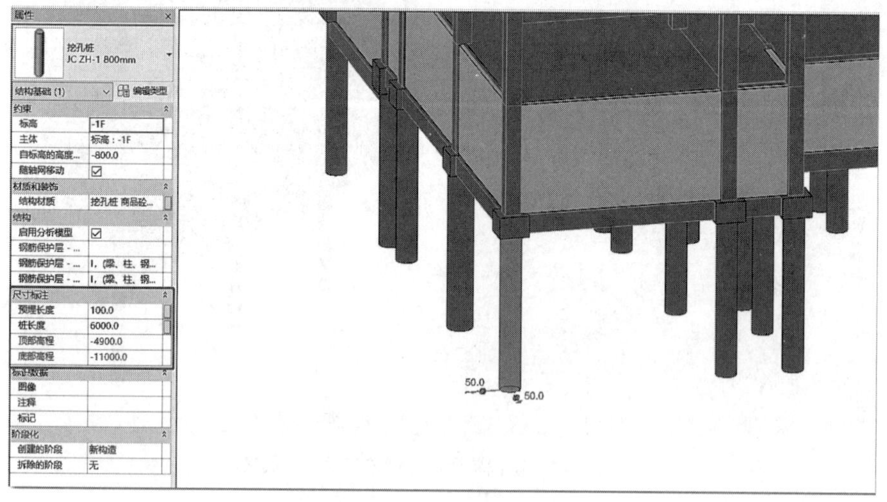

图3.2.1-24　检查模型参数

4）项目特征添加

（1）要想得到露桩模板的工程量，主控数据就是桩周长及露桩的高度，我们在桩族中添加露桩模板相关工程量计算规则，并作为共享实例以便于在明细表中提取信息。其中桩周长按桩径×3.14计算，设置露桩模板高度的实例参数，方便在项目中进行设置，最后添加参数“模板工程量”，以桩周长×露桩模板高度进行计算，得到露桩模板的工程量（图3.2.1-25）。

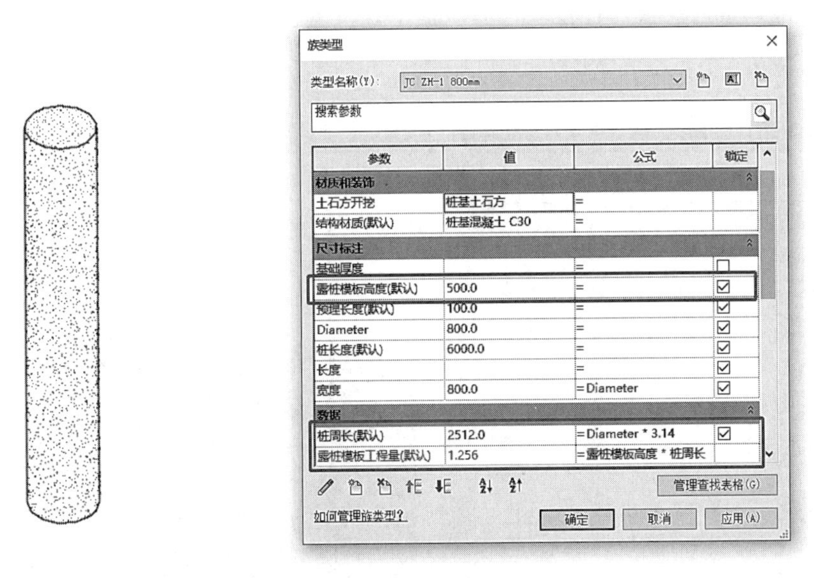

图3.2.1-25 添加模板相关参数标签

（2）将修改后的人工挖孔桩族导入项目中，替换现有的人工挖孔桩族，我们就得到带有露桩模板工程量的族。在项目中，对各人工挖孔桩的露桩高度进行设置，则会自动计算出露桩模板的工程量（图3.2.1-26）。

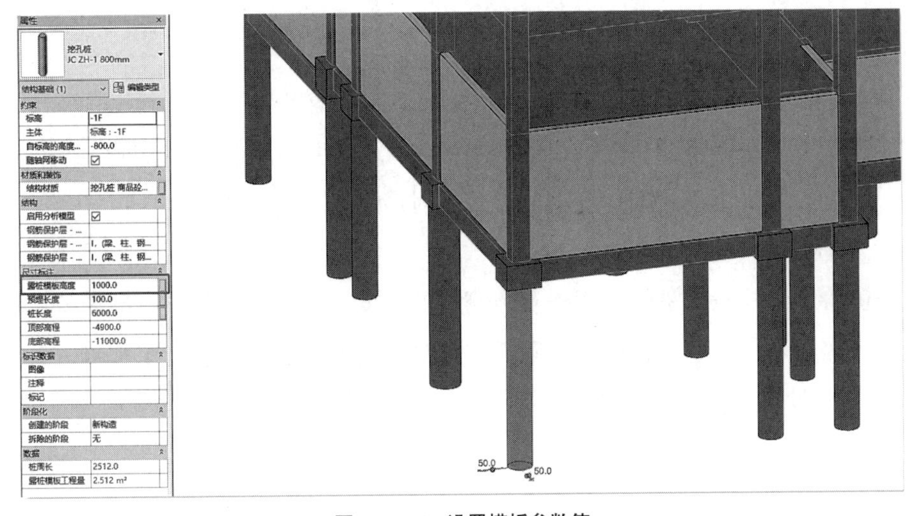

图3.2.1-26 设置模板参数值

5）明细表提取工程量

设置露桩模板工程量明细表，以结构基础明细表为模板，主要字段包含“族”“类型”“桩径”“露桩高度”“模板工程量”，筛选含有“露桩模板工程量”的基础构件，得到露桩模板工程量表，对模板工程量进行计算汇总，即可得到露桩模板的具体工程量（图3.2.1-27）。

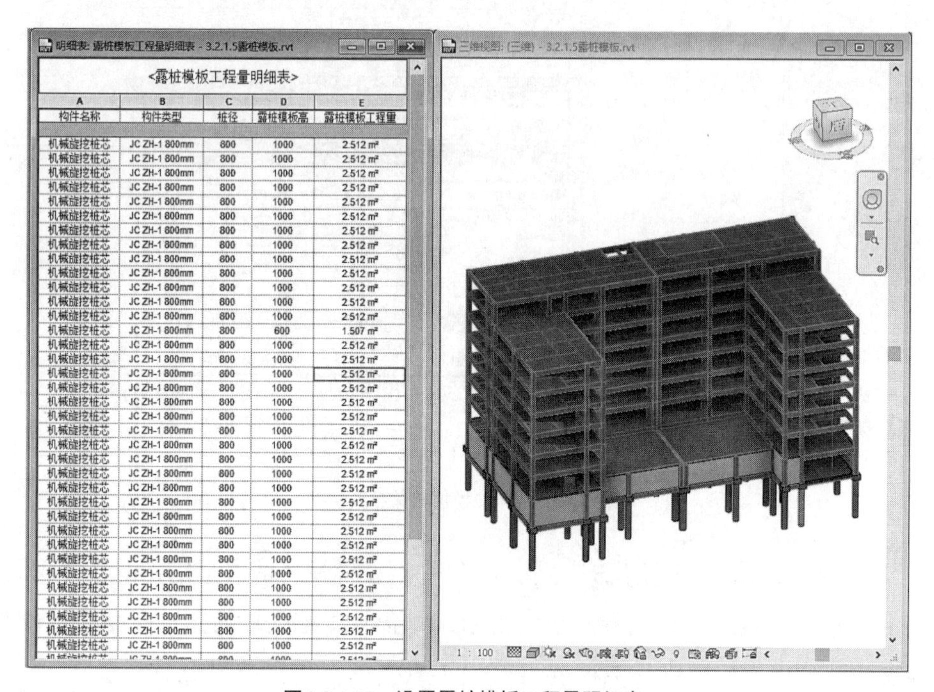

<露桩模板工程量明细表>

A	B	C	D	E
构件名称	构件类型	桩径	露桩模板高	露桩模板工程量
机械旋挖桩芯	JC ZH-1 800mm	800	1000	2.512 m²
机械旋挖桩芯	JC ZH-1 800mm	800	1000	2.512 m²
机械旋挖桩芯	JC ZH-1 800mm	800	1000	2.512 m²
机械旋挖桩芯	JC ZH-1 800mm	800	1000	2.512 m²
机械旋挖桩芯	JC ZH-1 800mm	800	1000	2.512 m²
机械旋挖桩芯	JC ZH-1 800mm	800	1000	2.512 m²
机械旋挖桩芯	JC ZH-1 800mm	800	1000	2.512 m²
机械旋挖桩芯	JC ZH-1 800mm	800	1000	2.512 m²
机械旋挖桩芯	JC ZH-1 800mm	800	1000	2.512 m²
机械旋挖桩芯	JC ZH-1 800mm	800	1000	2.512 m²
机械旋挖桩芯	JC ZH-1 800mm	800	1000	2.512 m²
机械旋挖桩芯	JC ZH-1 800mm	800	1000	2.512 m²
机械旋挖桩芯	JC ZH-1 800mm	800	1000	2.512 m²
机械旋挖桩芯	JC ZH-1 800mm	800	600	1.507 m²
机械旋挖桩芯	JC ZH-1 800mm	800	1000	2.512 m²
机械旋挖桩芯	JC ZH-1 800mm	800	1000	2.512 m²
机械旋挖桩芯	JC ZH-1 800mm	800	1000	2.512 m²
机械旋挖桩芯	JC ZH-1 800mm	800	1000	2.512 m²
机械旋挖桩芯	JC ZH-1 800mm	800	1000	2.512 m²
机械旋挖桩芯	JC ZH-1 800mm	800	1000	2.512 m²
机械旋挖桩芯	JC ZH-1 800mm	800	1000	2.512 m²
机械旋挖桩芯	JC ZH-1 800mm	800	1000	2.512 m²
机械旋挖桩芯	JC ZH-1 800mm	800	1000	2.512 m²
机械旋挖桩芯	JC ZH-1 800mm	800	1000	2.512 m²
机械旋挖桩芯	JC ZH-1 800mm	800	1000	2.512 m²
机械旋挖桩芯	JC ZH-1 800mm	800	1000	2.512 m²
机械旋挖桩芯	JC ZH-1 800mm	800	1000	2.512 m²
机械旋挖桩芯	JC ZH-1 800mm	800	1000	2.512 m²
机械旋挖桩芯	JC ZH-1 800mm	800	1000	2.512 m²
机械旋挖桩芯	JC ZH-1 800mm	800	1000	2.512 m²
机械旋挖桩芯	JC ZH-1 800mm	800	1000	2.512 m²
机械旋挖桩芯	JC ZH-1 800mm	800	1000	2.512 m²
机械旋挖桩芯	JC ZH-1 800mm	800	1000	2.512 m²
机械旋挖桩芯	JC ZH-1 800mm	800	1000	2.512 m²
机械旋挖桩芯	JC ZH-1 800mm	800	1000	2.512 m²
机械旋挖桩芯	JC ZH-1 800mm	800	1000	2.512 m²

图3.2.1-27　设置露桩模板工程量明细表

6.声测管埋设工程量

声测管作为一种施工中的辅助材料，若无特殊要求，在一般的模型中不会进行创建。我们可以采用实体建模或设置标签的方式，对挖孔桩内的声测管工程量进行统计。此处我们采用创建实体模型的方式，对声测管进行建模。

1）工程量计算规则

声测管的主控条件是材质规格及声测管的长度，由于材质规格一般单位工程都会统一型号使用，此处不作区分，我们主要是得到声测管的总长度工程量，单位为米（m）进行计算（表3.2.1-8）。

2）清单项目设置

声测管 **表3.2.1-8**

编码	名称	项目特征	计量单位	计算规则	工程量
01051509001	声测管	1.材质：按实填写； 2.规格型号：按实填写	m	按设计图示尺寸长度进行计算	

3）模型调整

修改挖孔桩的族文件，在桩内添加声测管实体模型，并对“长度”进行实例标签添加，将声测管进行阵列，阵列数量标签添加为“根数”。最后设置挖孔桩的声测管总长度标签，采用声测管长度×根数的方式，得到单根挖孔桩的声测管总长度（图3.2.1-28）。

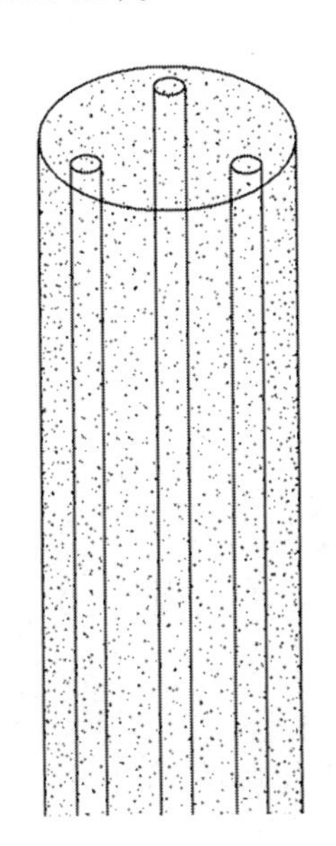

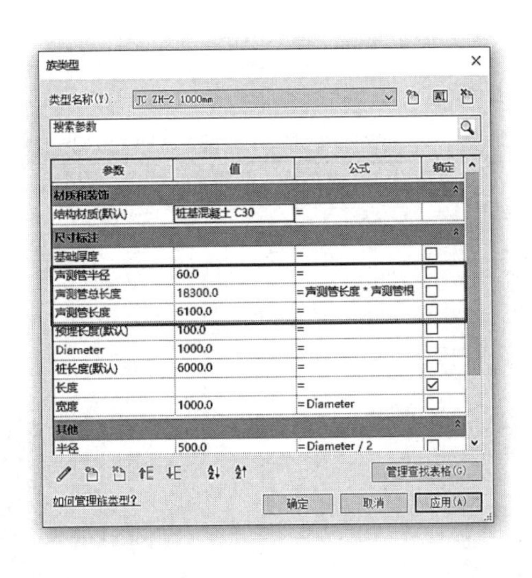

图3.2.1-28 在桩内添加声测管模型

将修改后的人工挖孔桩族导入项目中，替换现有的人工挖孔桩族，人工挖孔桩内则有了声测管实体模型，将不同型号的人工挖孔桩进行筛选，修改声测管的根数符合设计要求，族标签便自动计算出单根挖孔桩的声测管长度（图3.2.1-29）。

4）明细表提取工程量

通过设置声测管工程量明细表，以结构基础构件为统计主体，主要字段包含“类型”“桩径”“声测管根数”“声测管长度”及“声测管总长度”，筛选挖孔桩构件，得到声测管工程量表，对声测管总长度进行计算总数即可得到声测管的具体工程量（图3.2.1-30）。

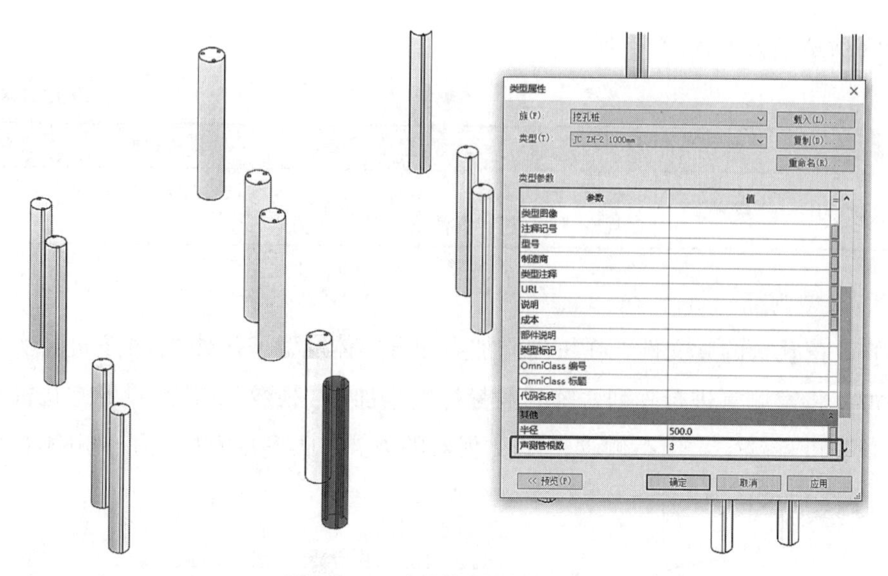

图 3.2.1-29　布置并设置声测管参数

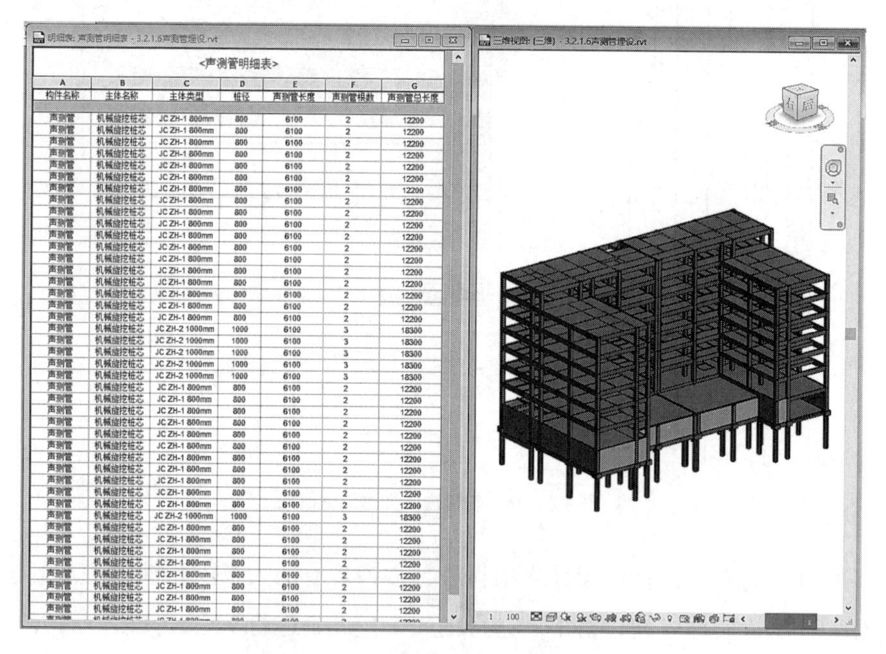

图 3.2.1-30　设置声测管工程量明细表

3.2.2 独立基础、带型基础、地梁及承台基础

1. 垫层工程量

1）工程量计算规则

Revit 可以准确地计算出几何体的工程量，垫层的工程量是按图示尺寸，以体

积计算，单位为立方米（m^3）。我们可以用基础底板族，对垫层进行布置，再通过工程量明细表提取基础底板的工程量，即可得到准确的基础垫层工程量。

2）清单项目设置（表3.2.2-1）

基础垫层 **表3.2.2-1**

编码	名称	项目特征	计量单位	计算规则	工程量
040304001001	基础垫层	1. 混凝土种类； 2. 混凝土强度等级	m^3	按设计图示尺寸以体积进行计算	

3）模型检查

首先检查基础模型及垫层的尺寸、标高等是否准确，若模型中未对垫层进行建模（图3.2.2-1），则需要我们自主对垫层进行建模。

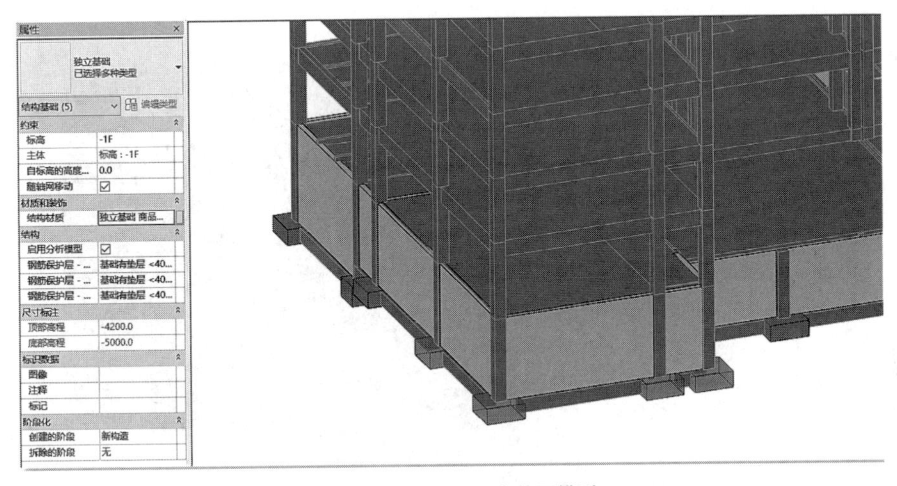

图3.2.2-1　检查是否有垫层模型

4）项目特征添加

若原模型中有基础垫层，可将基础垫层的名称或材质进行规整，方便后期对基础垫层的工程量进行筛选统计。此处我们自行对基础垫层进行建模，用“基础底板”族进行绘制，此处按照四周比基础宽100mm，厚度100mm进行布置，实际项目应按现场实际尺寸进行布置（图3.2.2-2）。

5）明细表提取工程量

创建基础垫层工程量明细表，设置结构基础构件为统计主体，设置“类型”“结构材质”“基础厚度”“体积”等主要字段，通过筛选类型，得到基础垫层工程量明细表，通过进行总计计算，可得到垫层工程量（图3.2.2-3）。

图 3.2.2-2　布置垫层模型

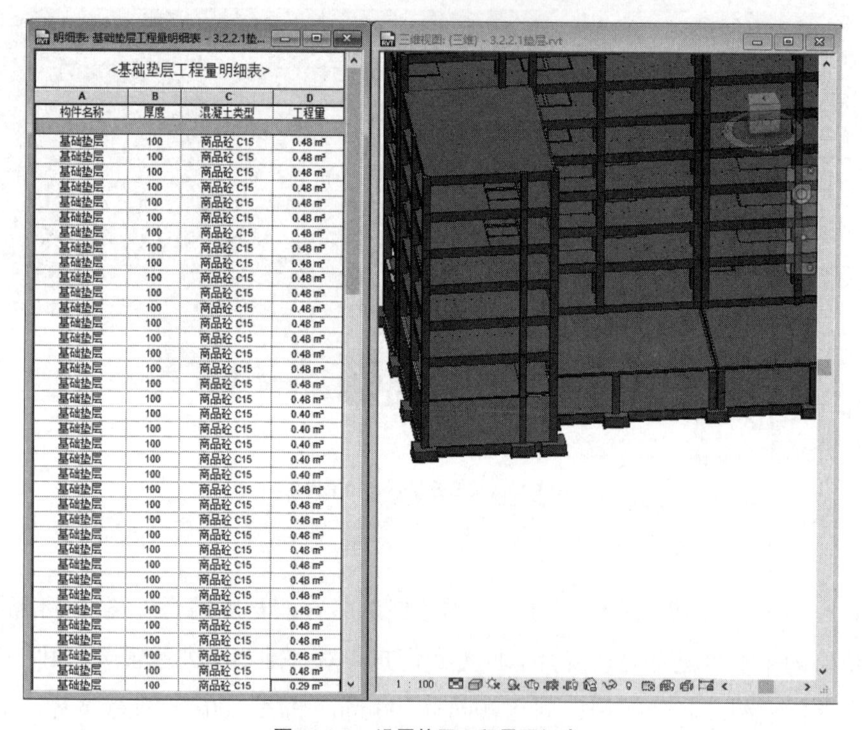

<基础垫层工程量明细表>

A	B	C	D
构件名称	厚度	混凝土类型	工程量
基础垫层	100	商品砼 C15	0.48 m³
基础垫层	100	商品砼 C15	0.48 m³
基础垫层	100	商品砼 C15	0.48 m³
基础垫层	100	商品砼 C15	0.48 m³
基础垫层	100	商品砼 C15	0.48 m³
基础垫层	100	商品砼 C15	0.48 m³
基础垫层	100	商品砼 C15	0.48 m³
基础垫层	100	商品砼 C15	0.48 m³
基础垫层	100	商品砼 C15	0.48 m³
基础垫层	100	商品砼 C15	0.48 m³
基础垫层	100	商品砼 C15	0.48 m³
基础垫层	100	商品砼 C15	0.48 m³
基础垫层	100	商品砼 C15	0.48 m³
基础垫层	100	商品砼 C15	0.48 m³
基础垫层	100	商品砼 C15	0.48 m³
基础垫层	100	商品砼 C15	0.48 m³
基础垫层	100	商品砼 C15	0.48 m³
基础垫层	100	商品砼 C15	0.48 m³
基础垫层	100	商品砼 C15	0.40 m³
基础垫层	100	商品砼 C15	0.40 m³
基础垫层	100	商品砼 C15	0.40 m³
基础垫层	100	商品砼 C15	0.40 m³
基础垫层	100	商品砼 C15	0.40 m³
基础垫层	100	商品砼 C15	0.48 m³
基础垫层	100	商品砼 C15	0.48 m³
基础垫层	100	商品砼 C15	0.48 m³
基础垫层	100	商品砼 C15	0.48 m³
基础垫层	100	商品砼 C15	0.48 m³
基础垫层	100	商品砼 C15	0.48 m³
基础垫层	100	商品砼 C15	0.48 m³
基础垫层	100	商品砼 C15	0.48 m³
基础垫层	100	商品砼 C15	0.48 m³
基础垫层	100	商品砼 C15	0.48 m³
基础垫层	100	商品砼 C15	0.48 m³
基础垫层	100	商品砼 C15	0.48 m³
基础垫层	100	商品砼 C15	0.48 m³
基础垫层	100	商品砼 C15	0.29 m³

图 3.2.2-3　设置垫层工程量明细表

6）添加模板工程量

对于基础垫层的模板工程量，我们只需在基础垫层工程量表的基础上，添加周长参数，设置模板工程量字段（添加计算值字段，周长 × 厚度得到模板面积工程量），对工程量进行合并计算即可得到垫层的模板工程量（图3.2.2-4）。

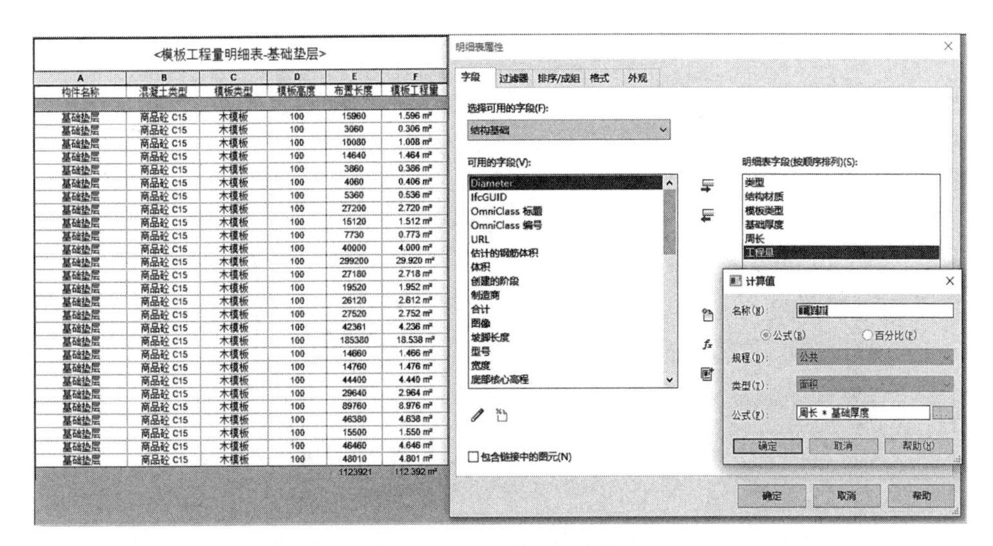

<模板工程量明细表-基础垫层>					
A	B	C	D	E	F
构件名称	混凝土类型	模板类型	模板高度	布置长度	模板工程量
基础垫层	商品砼 C15	木模板	100	15960	1.596 m²
基础垫层	商品砼 C15	木模板	100	3060	0.306 m²
基础垫层	商品砼 C15	木模板	100	10080	1.008 m²
基础垫层	商品砼 C15	木模板	100	14640	1.464 m²
基础垫层	商品砼 C15	木模板	100	3860	0.386 m²
基础垫层	商品砼 C15	木模板	100	4060	0.406 m²
基础垫层	商品砼 C15	木模板	100	5360	0.536 m²
基础垫层	商品砼 C15	木模板	100	27200	2.720 m²
基础垫层	商品砼 C15	木模板	100	15120	1.512 m²
基础垫层	商品砼 C15	木模板	100	7730	0.773 m²
基础垫层	商品砼 C15	木模板	100	40000	4.000 m²
基础垫层	商品砼 C15	木模板	100	299200	29.920 m²
基础垫层	商品砼 C15	木模板	100	27180	2.718 m²
基础垫层	商品砼 C15	木模板	100	19520	1.952 m²
基础垫层	商品砼 C15	木模板	100	26120	2.612 m²
基础垫层	商品砼 C15	木模板	100	27520	2.752 m²
基础垫层	商品砼 C15	木模板	100	42361	4.236 m²
基础垫层	商品砼 C15	木模板	100	185380	18.538 m²
基础垫层	商品砼 C15	木模板	100	14660	1.466 m²
基础垫层	商品砼 C15	木模板	100	14760	1.476 m²
基础垫层	商品砼 C15	木模板	100	44400	4.440 m²
基础垫层	商品砼 C15	木模板	100	29640	2.964 m²
基础垫层	商品砼 C15	木模板	100	89760	8.976 m²
基础垫层	商品砼 C15	木模板	100	46380	4.638 m²
基础垫层	商品砼 C15	木模板	100	15500	1.550 m²
基础垫层	商品砼 C15	木模板	100	46460	4.646 m²
基础垫层	商品砼 C15	木模板	100	48010	4.801 m²
				1123921	112.392 m²

图3.2.2-4　添加模板工程量标签

带型基础、承台基础、基础梁等其他构件的垫层，统计的方法一致，参照独立基础的垫层布置方法及工程量明细表的设置方法即可。

2. 砖胎模工程量

砖胎模属于零星砌筑的一部分，又属于一种施工辅助措施，如果无特殊要求，一般的模型中不会对砖胎模进行建模。

1）工程量计算规则

砖胎模属于砌筑工程内的一部分，砌筑工程我们一般按照图示尺寸以面积或者体积进行计算，在Revit中我们可以采用绘制基本墙的方式对砖胎模进行建模。

2）清单项目设置（表3.2.2-2）

砖胎模　　表3.2.2-2

编码	名称	项目特征	计量单位	计算规则	工程量
010404013001	砖胎模	1. 砌筑部位、名称：基础—砖胎模； 2. 砖品种、规格：按实填写； 3. 强度、配合比：按实填写	m^3	按设计图示尺寸以面积或体积进行计算	

3）项目特征添加

（1）新建砖胎模的墙类型，注意按照构件名称命名，材质名称按照所使用砖的规格进行设置，如要再添加其他项目特征信息，如“砂浆强度”等，可添加用于墙的项目参数（图3.2.2-5）。

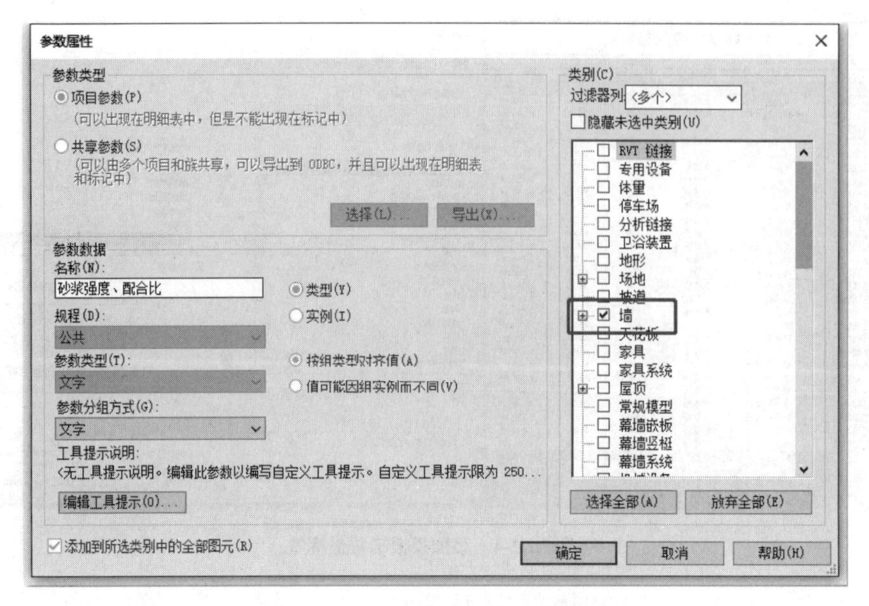

图3.2.2-5　添加砂浆属性参数标签

（2）根据砖胎模的施工布置方法，用绘制墙命令在Revit内布置砖胎模，注意在交接处墙与梁的扣减关系，应是梁扣减墙（图3.2.2-6）。

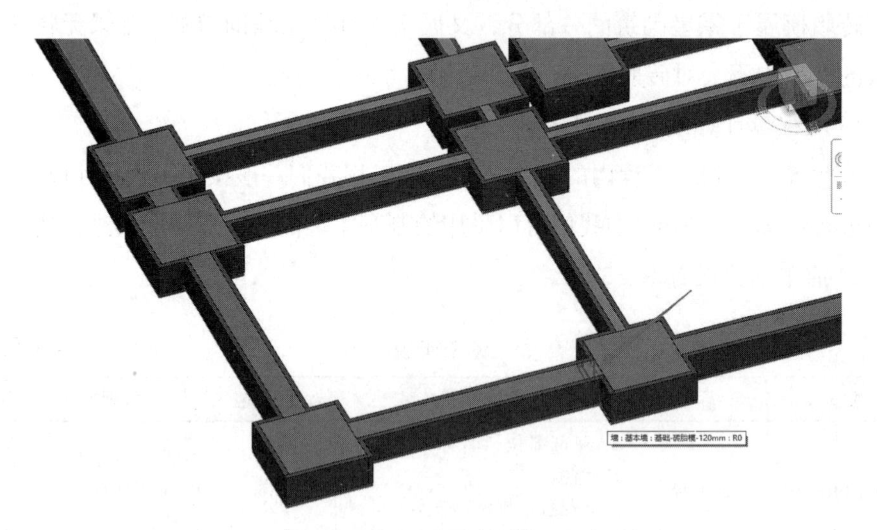

图3.2.2-6　布置砖胎膜

4）明细表提取工程量

创建基础砖胎模工程量明细表，设置墙为统计主体，设置“类型”“结构材质”“砂浆强度”“面积”“体积”等主要字段，通过筛选类型，得到砖胎模的工程量明细表，通过进行总计计算，可得到砖胎模工程量（图3.2.2-7）。

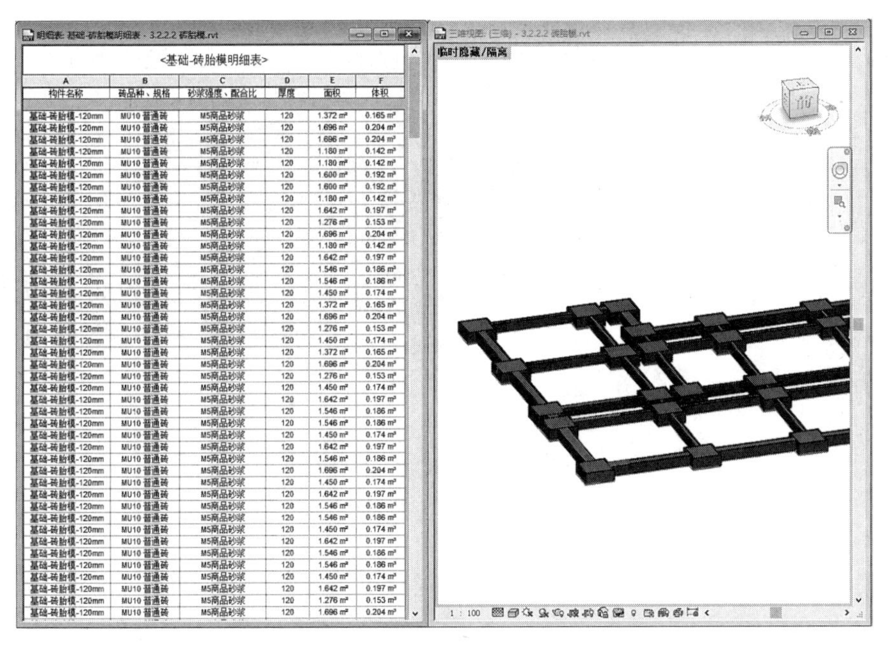

图3.2.2-7 设置基础砖胎模工程量明细表

带型基础、承台基础等其他构件的砖胎模，统计的方法一致，参照独立基础及基础梁的砖胎模布置方法及工程量明细表的设置方法即可。

3.独立基础商品混凝土工程量

独立基础作为主体的一部分，在建模中一般都会对独立基础进行建模，所以我们拿到手的大多数模型都会有完整的基础构件。

1）工程量计算规则

基础的工程量，主要是按图示尺寸，以体积进行计算，单位默认为立方米（m^3）。

2）清单项目设置（表3.2.2-3）

独立基础 表3.2.2-3

编码	名称	项目特征	计量单位	计算规则	工程量
010501003001	独立基础	1.混凝土类别：商品混凝土； 2.混凝土强度等级：C30	m^3	按设计图示尺寸以体积进行计算	

3）模型检查

检查模型中基础的类型、尺寸是否正确，独立基础是否正确命名，我们此处默认模型已经按照图纸和实际进行布置。根据实际设置独立基础的结构材质，可在族内添加所需要的其他项目特征信息项（图3.2.2-8）。

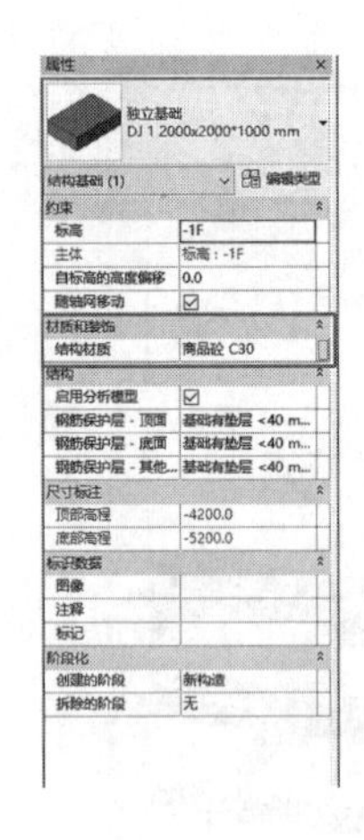

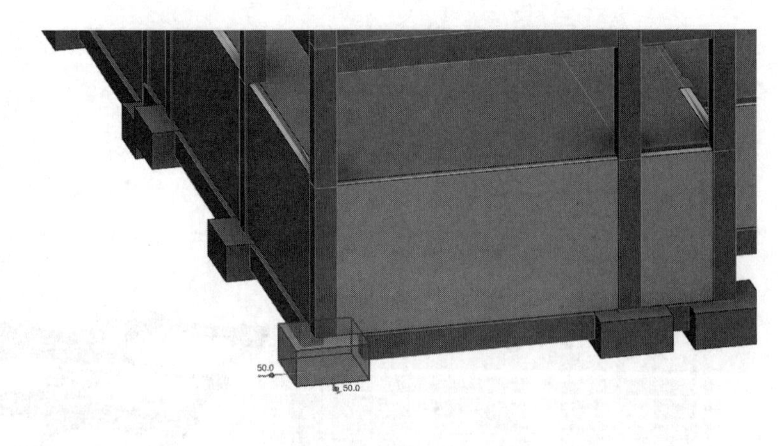

图3.2.2-8　检查独立基础材质属性

4）明细表提取工程量

创建独立基础工程量明细表，设置结构基础为统计主体，设置“族”“类型”“结构材质”“体积”等主要字段，通过筛选类型，得到独立基础的工程量明细表，通过进行总计计算，可得到独立基础的工程量（图3.2.2-9）。

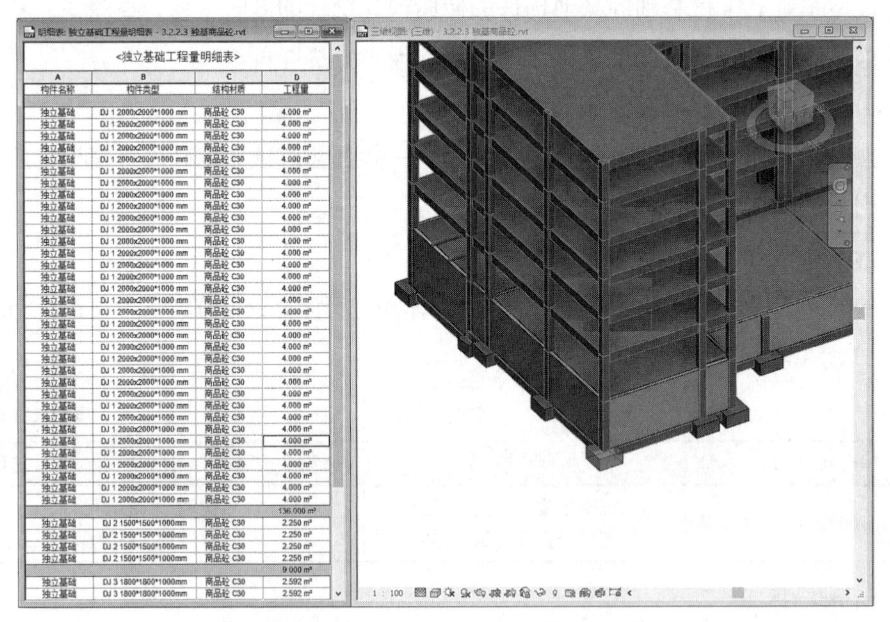
明细表: 独立基础工程量明细表 - 3.2.2.3 独基商品砼.rvt

<独立基础工程量明细表>

A	B	C	D
构件名称	构件类型	结构材质	工程量
独立基础	DJ 1 2000x2000*1000 mm	商品砼 C30	4.000 m³
独立基础	DJ 1 2000x2000*1000 mm	商品砼 C30	4.000 m³
独立基础	DJ 1 2000x2000*1000 mm	商品砼 C30	4.000 m³
独立基础	DJ 1 2000x2000*1000 mm	商品砼 C30	4.000 m³
独立基础	DJ 1 2000x2000*1000 mm	商品砼 C30	4.000 m³
独立基础	DJ 1 2000x2000*1000 mm	商品砼 C30	4.000 m³
独立基础	DJ 1 2000x2000*1000 mm	商品砼 C30	4.000 m³
独立基础	DJ 1 2000x2000*1000 mm	商品砼 C30	4.000 m³
独立基础	DJ 1 2000x2000*1000 mm	商品砼 C30	4.000 m³
独立基础	DJ 1 2000x2000*1000 mm	商品砼 C30	4.000 m³
独立基础	DJ 1 2000x2000*1000 mm	商品砼 C30	4.000 m³
独立基础	DJ 1 2000x2000*1000 mm	商品砼 C30	4.000 m³
独立基础	DJ 1 2000x2000*1000 mm	商品砼 C30	4.000 m³
独立基础	DJ 1 2000x2000*1000 mm	商品砼 C30	4.000 m³
独立基础	DJ 1 2000x2000*1000 mm	商品砼 C30	4.000 m³
独立基础	DJ 1 2000x2000*1000 mm	商品砼 C30	4.000 m³
独立基础	DJ 1 2000x2000*1000 mm	商品砼 C30	4.000 m³
独立基础	DJ 1 2000x2000*1000 mm	商品砼 C30	4.000 m³
独立基础	DJ 1 2000x2000*1000 mm	商品砼 C30	4.000 m³
独立基础	DJ 1 2000x2000*1000 mm	商品砼 C30	4.000 m³
独立基础	DJ 1 2000x2000*1000 mm	商品砼 C30	4.000 m³
独立基础	DJ 1 2000x2000*1000 mm	商品砼 C30	4.000 m³
独立基础	DJ 1 2000x2000*1000 mm	商品砼 C30	4.000 m³
独立基础	DJ 1 2000x2000*1000 mm	商品砼 C30	4.000 m³
独立基础	DJ 1 2000x2000*1000 mm	商品砼 C30	4.000 m³
独立基础	DJ 1 2000x2000*1000 mm	商品砼 C30	4.000 m³
独立基础	DJ 1 2000x2000*1000 mm	商品砼 C30	4.000 m³
独立基础	DJ 1 2000x2000*1000 mm	商品砼 C30	4.000 m³
独立基础	DJ 1 2000x2000*1000 mm	商品砼 C30	4.000 m³
独立基础	DJ 1 2000x2000*1000 mm	商品砼 C30	4.000 m³
独立基础	DJ 1 2000x2000*1000 mm	商品砼 C30	4.000 m³
独立基础	DJ 1 2000x2000*1000 mm	商品砼 C30	4.000 m³
独立基础	DJ 1 2000x2000*1000 mm	商品砼 C30	4.000 m³
独立基础	DJ 1 2000x2000*1000 mm	商品砼 C30	4.000 m³
			136.000 m³
独立基础	DJ 2 1500*1500*1000mm	商品砼 C30	2.250 m³
独立基础	DJ 2 1500*1500*1000mm	商品砼 C30	2.250 m³
独立基础	DJ 2 1500*1500*1000mm	商品砼 C30	2.250 m³
独立基础	DJ 2 1500*1500*1000mm	商品砼 C30	2.250 m³
			9.000 m³
独立基础	DJ 3 1800*1800*1000mm	商品砼 C30	2.592 m³
独立基础	DJ 3 1800*1800*1000mm	商品砼 C30	2.592 m³

图3.2.2-9　设置独立基础工程量明细表

4. 桩承台基础混凝土工程量

1）工程量计算规则

桩承台基础的工程量是按照图示尺寸，以体积进行计算，单位一般为立方米

(m^3)。得益于Revit对几何构件可精确统计工程量的特性，我们在计算桩承台基础的工程量时，可以方便地扣除伸入承台基础的桩头所占体积，从而得到准确的承台基础实际工程量。

2）清单项目设置（表3.2.2-4）

桩承台基础 **表3.2.2-4**

编码	名称	项目特征	计量单位	计算规则	工程量
010501005001	桩承台基础	1.混凝土类别：商品混凝土； 2.混凝土强度等级：C30	m^3	按设计图示尺寸以体积进行计算	

3）模型检查

（1）检查模型中的桩基础构件是否完整，尺寸、类型是否符合图纸及实际，我们此处默认模型已经按照图纸和施工实际进行正确的布置。检查构件命名是否正确，构件结构材质是否按照实际命名，桩承台和桩构件是否为分开的个体（图3.2.2-10），若桩承台及桩为一个整体，则需要将构件进行分割或者对结构材质进行区分，以方便后续进行工程量统计。

图3.2.2-10 检查桩承台与桩构件是否分开

（2）检查桩头是否正确剪切承台，Revit默认设置桩头深入承台的部分会自动剪切承台（图3.2.2-11），若工程量统计的时候，不需要扣除这部分，则可将承台与桩取消连接或取消剪切。

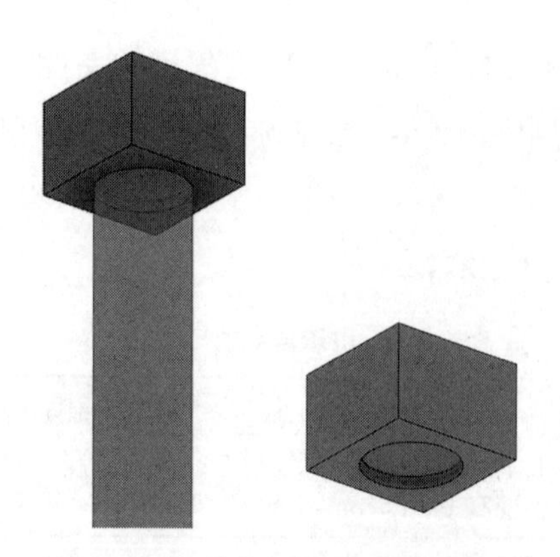

图3.2.2-11　检查承台与桩的剪切关系

4）明细表提取工程量

创建桩承台基础工程量明细表，设置结构基础为统计主体，设置“族”“类型”“结构材质”“体积”等主要字段，得到桩承台的工程量明细表，通过进行总计计算，可得到独立基础的工程量。若基础类型较多，可对基础添加项目参数进行标记，通过筛选标记的方式将桩承台基础单独筛选出来，进行工程量统计（图3.2.2-12）。

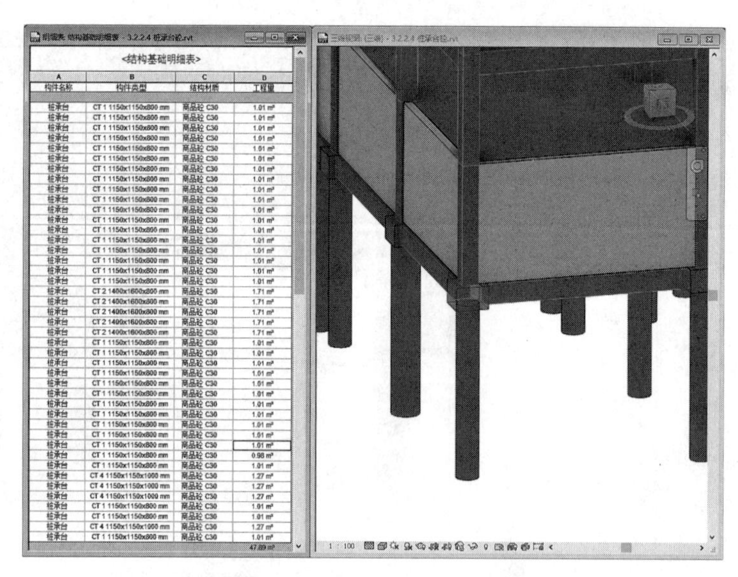

<结构基础明细表>

A	B	C	D
构件名称	构件类型	结构材质	工程量
桩承台	CT 1 1150x1150x800 mm	商品砼 C30	1.01 m^3
桩承台	CT 1 1150x1150x800 mm	商品砼 C30	1.01 m^3
桩承台	CT 1 1150x1150x800 mm	商品砼 C30	1.01 m^3
桩承台	CT 1 1150x1150x800 mm	商品砼 C30	1.01 m^3
桩承台	CT 1 1150x1150x800 mm	商品砼 C30	1.01 m^3
桩承台	CT 1 1150x1150x800 mm	商品砼 C30	1.01 m^3
桩承台	CT 1 1150x1150x800 mm	商品砼 C30	1.01 m^3
桩承台	CT 1 1150x1150x800 mm	商品砼 C30	1.01 m^3
桩承台	CT 1 1150x1150x800 mm	商品砼 C30	1.01 m^3
桩承台	CT 1 1150x1150x800 mm	商品砼 C30	1.01 m^3
桩承台	CT 1 1150x1150x800 mm	商品砼 C30	1.01 m^3
桩承台	CT 1 1150x1150x800 mm	商品砼 C30	1.01 m^3
桩承台	CT 1 1150x1150x800 mm	商品砼 C30	1.01 m^3
桩承台	CT 1 1150x1150x800 mm	商品砼 C30	1.01 m^3
桩承台	CT 1 1150x1150x800 mm	商品砼 C30	1.01 m^3
桩承台	CT 1 1150x1150x800 mm	商品砼 C30	1.01 m^3
桩承台	CT 1 1150x1150x800 mm	商品砼 C30	1.01 m^3
桩承台	CT 1 1150x1150x800 mm	商品砼 C30	1.01 m^3
桩承台	CT 2 1400x1600x800 mm	商品砼 C30	1.71 m^3
桩承台	CT 2 1400x1600x800 mm	商品砼 C30	1.71 m^3
桩承台	CT 2 1400x1600x800 mm	商品砼 C30	1.71 m^3
桩承台	CT 2 1400x1600x800 mm	商品砼 C30	1.71 m^3
桩承台	CT 2 1400x1600x800 mm	商品砼 C30	1.71 m^3
桩承台	CT 1 1150x1150x800 mm	商品砼 C30	1.01 m^3
桩承台	CT 1 1150x1150x800 mm	商品砼 C30	1.01 m^3
桩承台	CT 1 1150x1150x800 mm	商品砼 C30	1.01 m^3
桩承台	CT 1 1150x1150x800 mm	商品砼 C30	1.01 m^3
桩承台	CT 1 1150x1150x800 mm	商品砼 C30	1.01 m^3
桩承台	CT 1 1150x1150x800 mm	商品砼 C30	1.01 m^3
桩承台	CT 1 1150x1150x800 mm	商品砼 C30	1.01 m^3
桩承台	CT 1 1150x1150x800 mm	商品砼 C30	1.01 m^3
桩承台	CT 1 1150x1150x800 mm	商品砼 C30	1.01 m^3
桩承台	CT 1 1150x1150x800 mm	商品砼 C30	1.01 m^3
桩承台	CT 1 1150x1150x800 mm	商品砼 C30	1.01 m^3
桩承台	CT 1 1150x1150x800 mm	商品砼 C30	0.98 m^3
桩承台	CT 1 1150x1150x800 mm	商品砼 C30	1.01 m^3
桩承台	CT 4 1150x1150x1000 mm	商品砼 C30	1.27 m^3
桩承台	CT 4 1150x1150x1000 mm	商品砼 C30	1.27 m^3
桩承台	CT 4 1150x1150x1000 mm	商品砼 C30	1.27 m^3
桩承台	CT 1 1150x1150x800 mm	商品砼 C30	1.01 m^3
桩承台	CT 1 1150x1150x800 mm	商品砼 C30	1.01 m^3
桩承台	CT 4 1150x1150x1000 mm	商品砼 C30	1.27 m^3
桩承台	CT 1 1150x1150x800 mm	商品砼 C30	1.01 m^3
			47.89 m^3

图3.2.2-12　设置桩承台基础工程量明细表

3.3 小结

本章基于房屋建筑专业中一个常规的项目为例，介绍了桩基、独立基础、带型基础、地梁及承台基础的BIM算量方法。

第4章　钢筋混凝土结构工程BIM算量

4.1 概述

钢筋混凝土结构是指用配有钢筋增强的混凝土制成的结构。钢筋承受拉力，混凝土承受压力，包括薄壳结构、大模板现浇结构及使用滑模、升板等建造的钢筋混凝土结构的建筑物，具有坚固、耐久、防火性能好、比钢结构节省钢材和成本低等优点。

钢筋混凝土结构工程算量参考《房屋建筑与装饰工程工程量计算规范》GB 50854—2013中附录E混凝土及钢筋混凝土工程中的规则。在钢筋混凝土结构工程BIM设计模型修改时，应根据施工图预算要求，正确反映图纸设计意图和施工实际，对设计模型进行深化或调整，在模型中补充必要的项目特征进行施工图预算，例如，混凝土种类、混凝土强度等级、钢筋布置信息、模板类型等。如图4.1-1所示为本章结构算量工程模拟模型。（注：本篇使用Revit2018版本进行讲解）。

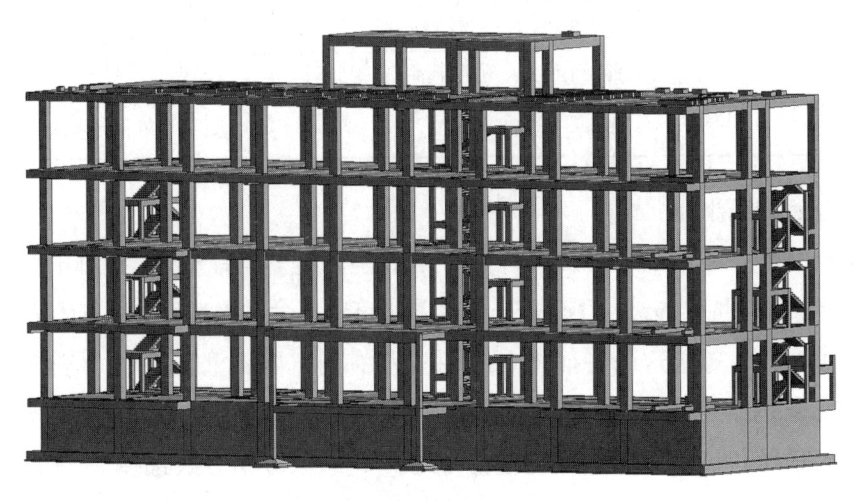

图4.1-1　结构算量工程模拟模型

4.2 BIM模型算量

4.2.1 现浇混凝土墙

1. 现浇混凝土墙工程量

1）工程量计算规则

本章所有构件在通过BIM计算工程量时都是基于实物量维度考虑，虽然混凝土墙的种类不尽相同，但是计算方式都是按照混凝土体积来计算，不扣除构件内钢筋、预埋铁件所占体积，扣除门窗洞口等孔洞所占体积。只要我们将墙体正确创建出来，在Revit软件中即可自动计算出这一数据。

2）模型调整

现浇混凝土墙在设计模型调整时应注意墙体是否被框架柱扣减，门窗洞口布置尺寸是否无误，墙底、墙顶的标高设置是否正确。

3）清单项目设置

现浇混凝土墙，工程量清单项目设置、项目特征描述、计量单位、工程量计算规则可参考表4.2.1执行。若有项目特征或其他信息与管理相关，可根据需要进行设置。

现浇混凝土墙　　表4.2.1

<table>
<tr><th>项目编码</th><th>项目名称</th><th>项目特征</th><th>计量单位</th><th>计算规则</th><th>工程量</th></tr>
<tr><td>010504001001</td><td>直形墙，厚度500mm以内</td><td>1. 混凝土种类：预拌（商品）混凝土；
2. 混凝土强度等级：C35；
3. 抗渗等级：P6</td><td rowspan="2">m^3</td><td rowspan="2">按设计图示尺寸以体积计算。
不扣除构件内钢筋、预埋铁件所占体积，扣除门窗洞口等孔洞所占体积</td><td></td></tr>
<tr><td>010504004001</td><td>地下室挡土墙</td><td>1. 混凝土种类：预拌（商品）混凝土；
2. 混凝土强度等级：C35；
3. 抗渗等级：P8</td><td></td></tr>
</table>

4）项目特征添加

体积工程量确定后需要体现项目特征，现浇混凝土墙需要确定混凝土种类、混凝土强度等级和抗渗等级：①混凝土强度等级可以通过结构材质来进行输入；②混凝土种类和抗渗等级这一特征Revit软件是没有的，需要重新添加；③点击Revit管理选项卡下的项目参数，添加混凝土种类；④在创建参数的时候选择“类型”属性，规程选择“公共”，参数类型选择“文字”，参数分组方式选择“结构”，类别选择结构下的“墙”（图4.2.1-1）。抗渗等级添加方式相同，不再赘述。

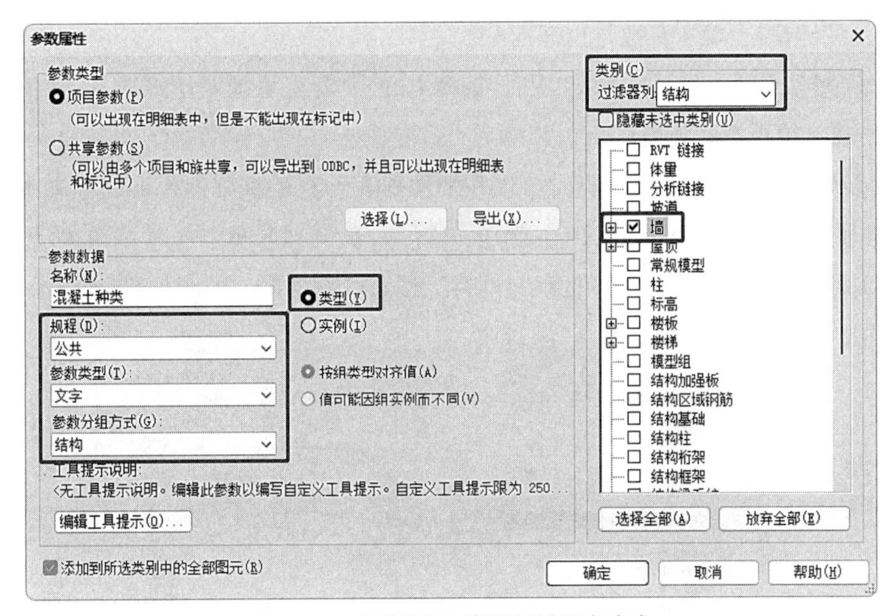

图 4.2.1-1 现浇混凝土墙项目特征添加方式

5）明细表提取工程量

现浇混凝土墙所需的信息都设置完成之后，新建一个墙体明细表，命名为现浇混凝土墙工程量明细表：①将计量所需字段：类型、结构材质、混凝土种类、抗渗等级、体积、合计都添加进明细表；②调整字段的排序/成组，按照类型、结构材质、混凝土种类、抗渗等级依次排序，将下端总计勾选上；③更改格式，选中体积，把计算方式切换为计算总数即可将工程量计算出来（图4.2.1-2）。

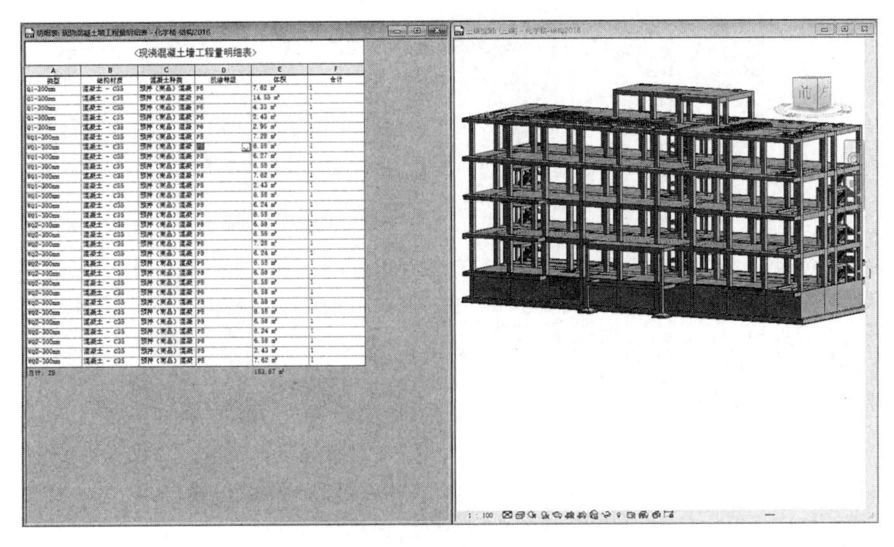

图 4.2.1-2 现浇混凝土墙工程量明细

2.现浇混凝土墙一次性对拉螺栓(片)

采用对拉螺栓(片)不能取出者，按每10m³混凝土增加对拉螺栓(片)消耗量30kg，并入模板消耗量内。

对拉螺栓(片)工程量计算时可以在墙体体积计算的基础上，在明细表中点击fx按钮利用公式：体积/30×10，新建一个“一次性对拉螺栓(片)”的字段，如图4.2.1-3，格式也调整为计算总数即可将工程量计算出来，如图4.2.1-4所示。

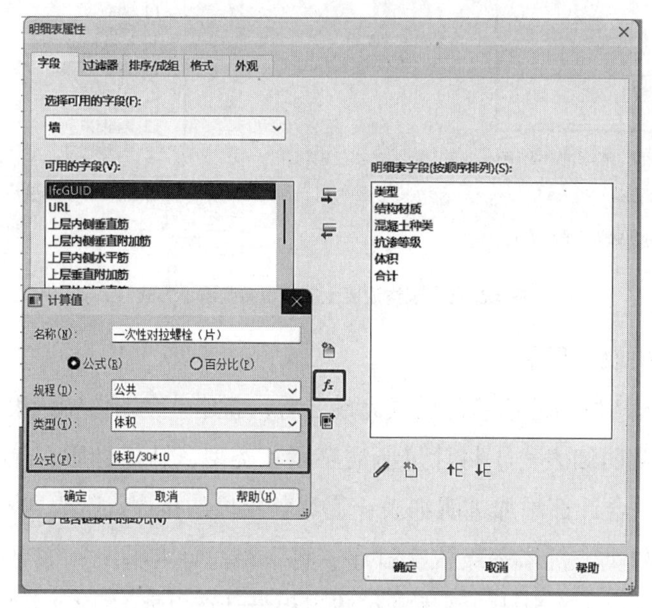

图4.2.1-3 一次性对拉螺栓(片)体积公式添加

A	B	C	D	E	F	G
类型	结构材质	混凝土种类	抗渗等级	体积	一次性对拉螺栓(片)	合计
Q1-300mm	混凝土 - C35	预拌(商品)混凝	P6	7.62 m³	2.541	1
Q1-300mm	混凝土 - C35	预拌(商品)混凝	P6	14.55 m³	4.851	1
Q1-300mm	混凝土 - C35	预拌(商品)混凝	P6	4.33 m³	1.444	1
Q1-300mm	混凝土 - C35	预拌(商品)混凝	P6	2.43 m³	0.809	1
Q1-300mm	混凝土 - C35	预拌(商品)混凝	P6	2.95 m³	0.982	1
WQ1-300mm	混凝土 - C35	预拌(商品)混凝	P8	7.28 m³	2.426	1
WQ1-300mm	混凝土 - C35	预拌(商品)混凝	P8	6.58 m³	2.194	1
WQ1-300mm	混凝土 - C35	预拌(商品)混凝	P8	6.27 m³	2.089	1
WQ1-300mm	混凝土 - C35	预拌(商品)混凝	P8	6.58 m³	2.195	1
WQ1-300mm	混凝土 - C35	预拌(商品)混凝	P8	7.62 m³	2.541	1
WQ1-300mm	混凝土 - C35	预拌(商品)混凝	P8	2.43 m³	0.809	1
WQ1-300mm	混凝土 - C35	预拌(商品)混凝	P8	6.58 m³	2.195	1
WQ1-300mm	混凝土 - C35	预拌(商品)混凝	P8	6.24 m³	2.079	1
WQ1-300mm	混凝土 - C35	预拌(商品)混凝	P8	6.58 m³	2.195	1
WQ2-300mm	混凝土 - C35	预拌(商品)混凝	P8	6.58 m³	2.195	1
WQ2-300mm	混凝土 - C35	预拌(商品)混凝	P8	6.58 m³	2.195	1
WQ2-300mm	混凝土 - C35	预拌(商品)混凝	P8	7.28 m³	2.426	1
WQ2-300mm	混凝土 - C35	预拌(商品)混凝	P8	6.24 m³	2.079	1
WQ2-300mm	混凝土 - C35	预拌(商品)混凝	P8	6.58 m³	2.195	1
WQ2-300mm	混凝土 - C35	预拌(商品)混凝	P8	6.58 m³	2.195	1
WQ2-300mm	混凝土 - C35	预拌(商品)混凝	P8	6.58 m³	2.195	1
WQ2-300mm	混凝土 - C35	预拌(商品)混凝	P8	6.58 m³	2.195	1
WQ2-300mm	混凝土 - C35	预拌(商品)混凝	P8	6.58 m³	2.194	1
WQ2-300mm	混凝土 - C35	预拌(商品)混凝	P8	6.58 m³	2.195	1
WQ2-300mm	混凝土 - C35	预拌(商品)混凝	P8	6.58 m³	2.195	1
WQ2-300mm	混凝土 - C35	预拌(商品)混凝	P8	6.24 m³	2.079	1
WQ2-300mm	混凝土 - C35	预拌(商品)混凝	P8	6.58 m³	2.195	1
WQ2-300mm	混凝土 - C35	预拌(商品)混凝	P8	2.43 m³	0.809	1
WQ2-300mm	混凝土 - C35	预拌(商品)混凝	P8	7.62 m³	2.541	1
总计：29				183.67 m³	61.225	

图4.2.1-4 一次性对拉螺栓(片)工程量明细

4.2.2 现浇混凝土柱

1. 现浇混凝土柱工程量

1）工程量计算规则

现浇混凝土柱在计算工程量时，不管框架柱或是构造柱，皆按柱的混凝土体积计算，不扣除构件内钢筋、预埋铁件所占体积。构造柱按全高计算，嵌接墙体部分（马牙槎）并入柱身体积。在Revit软件中将柱子正确绘制出来即可自动计算出体积这一数据。

2）清单项目设置

现浇混凝土柱，工程量清单项目设置、项目特征描述、计量单位、工程量计算规则可参考表4.2.2执行。若有项目特征或其他信息与管理相关，可根据需要进行设置。

现浇混凝土柱　　表4.2.2

项目编码	项目名称	项目特征	计量单位	计算规则	工程量
010502001001	矩形柱 C35	1.混凝土种类：预拌（商品）混凝土； 2.混凝土强度等级：C35； 3.泵送方式：自行综合考虑	m^3	设计图示尺寸以体积计算。 不扣除构件内钢筋、预埋铁件所占体积。 构造柱按全高计算，嵌接墙体部分（马牙槎）并入柱身体积	
010502003001	构造柱 C35	1.混凝土种类：预拌（商品）混凝土； 2.混凝土强度等级：C35； 3.泵送方式：自行综合考虑			

2. 框架柱工程量

1）模型调整

框架柱在设计模型调整时应注意正确反映图纸设计意图和施工实际，如混凝土柱顶标高要绘制到板顶。

2）项目特征添加

体积工程量确定后需要体现项目特征，框架柱需要确定混凝土种类、混凝土强度等级和泵送方式：①混凝土强度等级可以通过结构材质来进行输入；②混凝土种类在上一节墙体计量中已经添加过，我们可以在项目参数中直接找到，点击修改，在右侧类别中将结构柱也勾选上（图4.2.2-1）；③泵送方式这一特征Revit软件是没有的，需要重新添加，点击Revit管理选项卡下的项目参数，添加泵送方式，在创建参数的时候选择“类型”属性，规程选择“公共”，参数类型选择“文字”，参数分组方式选择“结构”，类别选择结构下的“结构柱”(图4.2.2-2)。

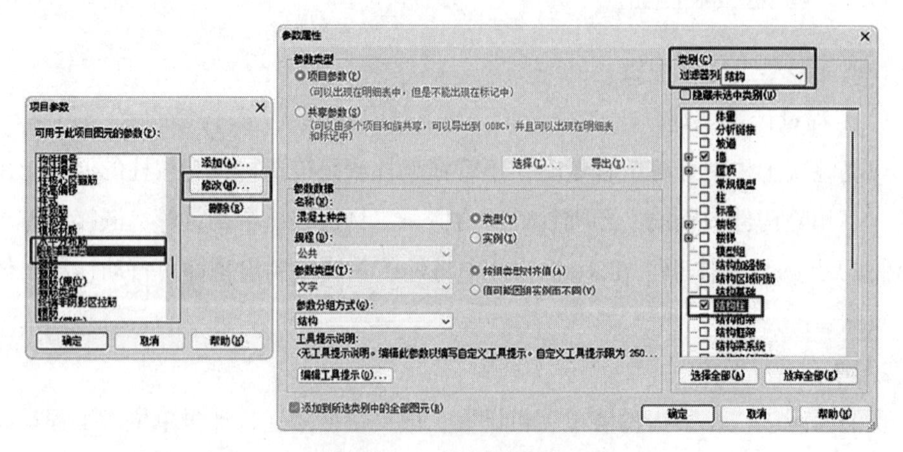

图4.2.2-1 项目参数修改

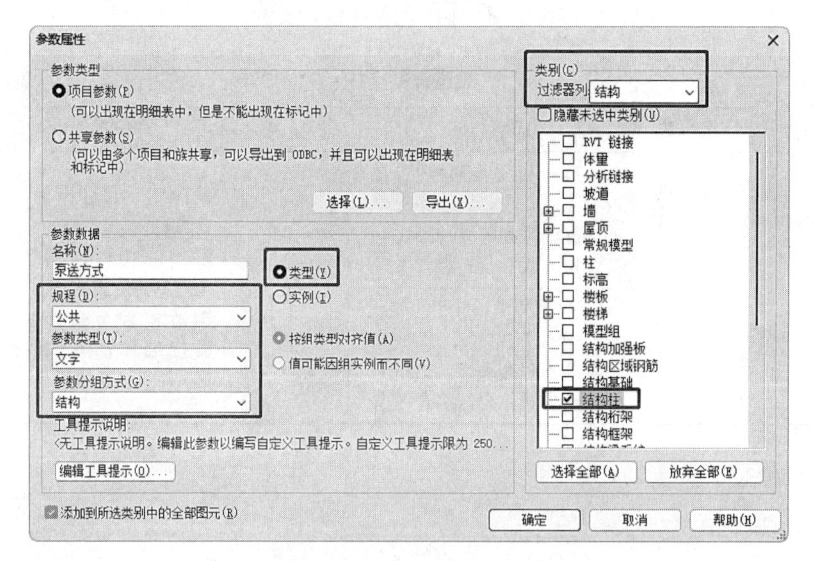

图4.2.2-2 框架柱项目特征添加

3)明细表提取工程量

框架柱所需的信息都设置完成之后，新建一个结构柱明细表，命名为框架柱工程量明细表：①将计量所需字段：类型、结构材质、混凝土种类、泵送方式、体积、合计都添加进明细表；②调整字段的排序/成组，按照类型、结构材质、混凝土种类、泵送方式依次排序，将下端总计勾选上；③更改格式，选中体积，把计算方式切换为计算总数即可将工程量计算出来(图4.2.2-3)。

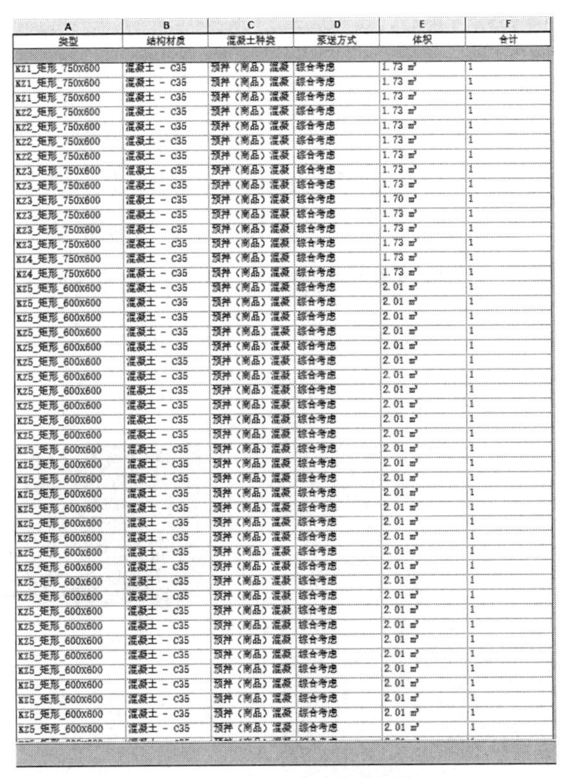

A	B	C	D	E	F
类型	结构材质	混凝土种类	泵送方式	体积	合计
KZ1_矩形_750x600	混凝土 - C35	预拌（商品）混凝	综合考虑	1.73 m³	1
KZ1_矩形_750x600	混凝土 - C35	预拌（商品）混凝	综合考虑	1.73 m³	1
KZ1_矩形_750x600	混凝土 - C35	预拌（商品）混凝	综合考虑	1.73 m³	1
KZ2_矩形_750x600	混凝土 - C35	预拌（商品）混凝	综合考虑	1.73 m³	1
KZ2_矩形_750x600	混凝土 - C35	预拌（商品）混凝	综合考虑	1.73 m³	1
KZ2_矩形_750x600	混凝土 - C35	预拌（商品）混凝	综合考虑	1.73 m³	1
KZ2_矩形_750x600	混凝土 - C35	预拌（商品）混凝	综合考虑	1.73 m³	1
KZ3_矩形_750x600	混凝土 - C35	预拌（商品）混凝	综合考虑	1.73 m³	1
KZ3_矩形_750x600	混凝土 - C35	预拌（商品）混凝	综合考虑	1.73 m³	1
KZ3_矩形_750x600	混凝土 - C35	预拌（商品）混凝	综合考虑	1.70 m³	1
KZ3_矩形_750x600	混凝土 - C35	预拌（商品）混凝	综合考虑	1.73 m³	1
KZ3_矩形_750x600	混凝土 - C35	预拌（商品）混凝	综合考虑	1.73 m³	1
KZ3_矩形_750x600	混凝土 - C35	预拌（商品）混凝	综合考虑	1.73 m³	1
KZ4_矩形_750x600	混凝土 - C35	预拌（商品）混凝	综合考虑	1.73 m³	1
KZ4_矩形_750x600	混凝土 - C35	预拌（商品）混凝	综合考虑	1.73 m³	1
KZ5_矩形_600x600	混凝土 - C35	预拌（商品）混凝	综合考虑	2.01 m³	1
KZ5_矩形_600x600	混凝土 - C35	预拌（商品）混凝	综合考虑	2.01 m³	1
KZ5_矩形_600x600	混凝土 - C35	预拌（商品）混凝	综合考虑	2.01 m³	1
KZ5_矩形_600x600	混凝土 - C35	预拌（商品）混凝	综合考虑	2.01 m³	1
KZ5_矩形_600x600	混凝土 - C35	预拌（商品）混凝	综合考虑	2.01 m³	1
KZ5_矩形_600x600	混凝土 - C35	预拌（商品）混凝	综合考虑	2.01 m³	1
KZ5_矩形_600x600	混凝土 - C35	预拌（商品）混凝	综合考虑	2.01 m³	1
KZ5_矩形_600x600	混凝土 - C35	预拌（商品）混凝	综合考虑	2.01 m³	1
KZ5_矩形_600x600	混凝土 - C35	预拌（商品）混凝	综合考虑	2.01 m³	1
KZ5_矩形_600x600	混凝土 - C35	预拌（商品）混凝	综合考虑	2.01 m³	1
KZ5_矩形_600x600	混凝土 - C35	预拌（商品）混凝	综合考虑	2.01 m³	1
KZ5_矩形_600x600	混凝土 - C35	预拌（商品）混凝	综合考虑	2.01 m³	1
KZ5_矩形_600x600	混凝土 - C35	预拌（商品）混凝	综合考虑	2.01 m³	1
KZ5_矩形_600x600	混凝土 - C35	预拌（商品）混凝	综合考虑	2.01 m³	1
KZ5_矩形_600x600	混凝土 - C35	预拌（商品）混凝	综合考虑	2.01 m³	1
KZ5_矩形_600x600	混凝土 - C35	预拌（商品）混凝	综合考虑	2.01 m³	1
KZ5_矩形_600x600	混凝土 - C35	预拌（商品）混凝	综合考虑	2.01 m³	1
KZ5_矩形_600x600	混凝土 - C35	预拌（商品）混凝	综合考虑	2.01 m³	1
KZ5_矩形_600x600	混凝土 - C35	预拌（商品）混凝	综合考虑	2.01 m³	1
KZ5_矩形_600x600	混凝土 - C35	预拌（商品）混凝	综合考虑	2.01 m³	1
KZ5_矩形_600x600	混凝土 - C35	预拌（商品）混凝	综合考虑	2.01 m³	1
KZ5_矩形_600x600	混凝土 - C35	预拌（商品）混凝	综合考虑	2.01 m³	1
KZ5_矩形_600x600	混凝土 - C35	预拌（商品）混凝	综合考虑	2.01 m³	1
KZ5_矩形_600x600	混凝土 - C35	预拌（商品）混凝	综合考虑	2.01 m³	1
KZ5_矩形_600x600	混凝土 - C35	预拌（商品）混凝	综合考虑	2.01 m³	1
KZ5_矩形_600x600	混凝土 - C35	预拌（商品）混凝	综合考虑	2.01 m³	1
KZ5_矩形_600x600	混凝土 - C35	预拌（商品）混凝	综合考虑	2.01 m³	1
KZ5_矩形_600x600	混凝土 - C35	预拌（商品）混凝	综合考虑	2.01 m³	1
KZ5_矩形_600x600	混凝土 - C35	预拌（商品）混凝	综合考虑	2.01 m³	1
KZ5_矩形_600x600	混凝土 - C35	预拌（商品）混凝	综合考虑	2.01 m³	1
KZ5_矩形_600x600	混凝土 - C35	预拌（商品）混凝	综合考虑	2.01 m³	1

图4.2.2-3　框架柱工程量明细

3.构造柱工程量

1）模型调整

构造柱在设计模型调整时应注意构造柱截面尺寸符合图纸要求；构造柱高度要与砌体墙同高；构造柱遇到门窗处，最好与门窗相切；构造柱遇到门槛处，要建立在门槛上。并且需要注意设计模型中构造柱是使用什么类型的构件来创建的，有没有体积这一自带属性，如果没有体积属性的话，则需要进行修改，可另存一个矩形柱族，然后修改名称为构造柱，重新绘制柱的拉伸形状，注意参数绑定和马牙槎不要出现错误。

2）项目特征添加

体积工程量确定后需要体现项目特征，构造柱需要确定混凝土种类、混凝土强度等级和泵送方式：①混凝土强度等级可以通过结构材质来进行输入；②混凝土种类和泵送方式已经添加到结构柱下，可以直接输入。（注：构造柱需对照建筑图填充墙进行布置，本章模拟模型为结构模型，未布置构造柱，此处计算则以构造柱单独为模型来进行示范讲解。）

3）明细表提取工程量

构造柱所需的信息都设置完成之后，新建一个结构柱明细表，命名为构造柱工程量明细表：①将计量所需字段：类型、结构材质、混凝土种类、泵送方式、体积、合计都添加进明细表；②调整字段的排序/成组，按照类型、结构材质、混凝土种类、泵送方式依次排序，将下端总计勾选上；③调整完之后更改格式，选中体积，把计算方式切换为计算总数即可将工程量计算出来（图4.2.2-4）。

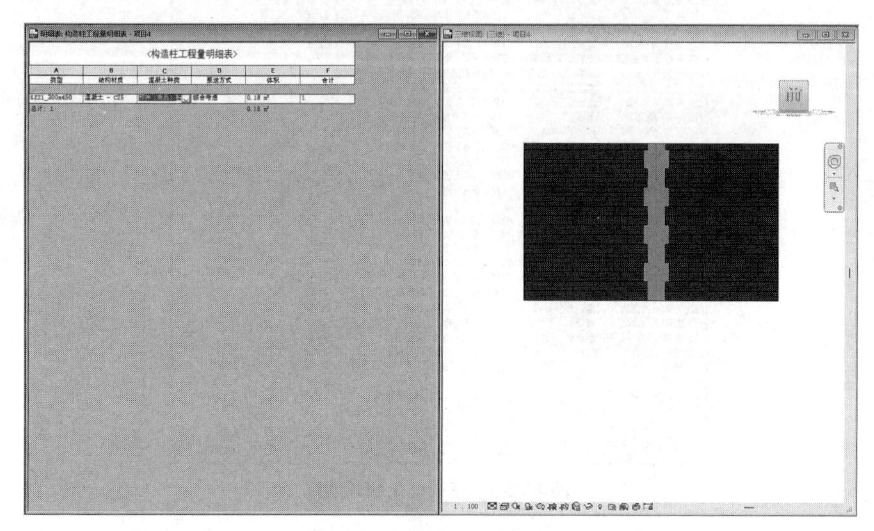

图4.2.2-4　构造柱工程量明细

4.2.3 现浇混凝土梁

1. 现浇混凝土梁工程量

1）工程量计算规则

现浇混凝土梁在计算工程量时，不管框架梁、过梁或是圈梁，皆按梁的混凝土体积计算，不扣除构件内钢筋、预埋铁件所占体积，伸入墙内的梁头、梁垫并入梁体积内。在Revit软件中将梁正确绘制出来即可自动计算出体积这一数据。

2）清单项目设置

现浇混凝土梁，工程量清单项目设置、项目特征描述、计量单位、工程量计算规则可参考表4.2.3执行。若有项目特征或其他信息与管理相关，可根据需要进行设置。

2. 框架梁工程量

1）模型调整

框架梁在设计模型调整时应注意梁是否被框架柱扣减，并且应正确和柱等支座

现浇混凝土梁　　　　表4.2.3

项目编码	项目名称	项目特征	计量单位	计算规则	工程量
010503001001	矩形梁 C35	1.混凝土种类：预拌（商品）混凝土； 2.混凝土强度等级：C35； 3.泵送方式：自行综合考虑	m^3	按设计图示尺寸以体积计算。 不扣除构件内钢筋、预埋铁件所占体积，伸入墙内的梁头、梁垫并入梁体积内	
010503004001	圈梁 C25	1.混凝土种类：预拌（商品）混凝土； 2.混凝土强度等级：C25； 3.泵送方式：自行综合考虑			
010503005001	过梁 C25	1.构件类型：现浇； 2.混凝土种类：预拌（商品）混凝土； 3.混凝土强度等级：C25； 4.砂浆强度等级、配合比：综合考虑			

交接，否则容易出现悬挑等不符合设计意图的情况。需要并入梁内体积的构件（梁头、梁垫）使用梁命令来进行绘制，不要错误选择其他构件导致工程量出现错误。

2）项目特征添加

体积工程量确定后需要体现项目特征，框架梁需要确定混凝土种类、混凝土强度等级和泵送方式：①混凝土强度等级可以通过结构材质来进行输入；②混凝土种类和泵送方式在之前的计量中已经添加过，我们可以在项目参数中直接找到，点击修改，在右侧类别中将结构框架勾选上（图4.2.3-1）。

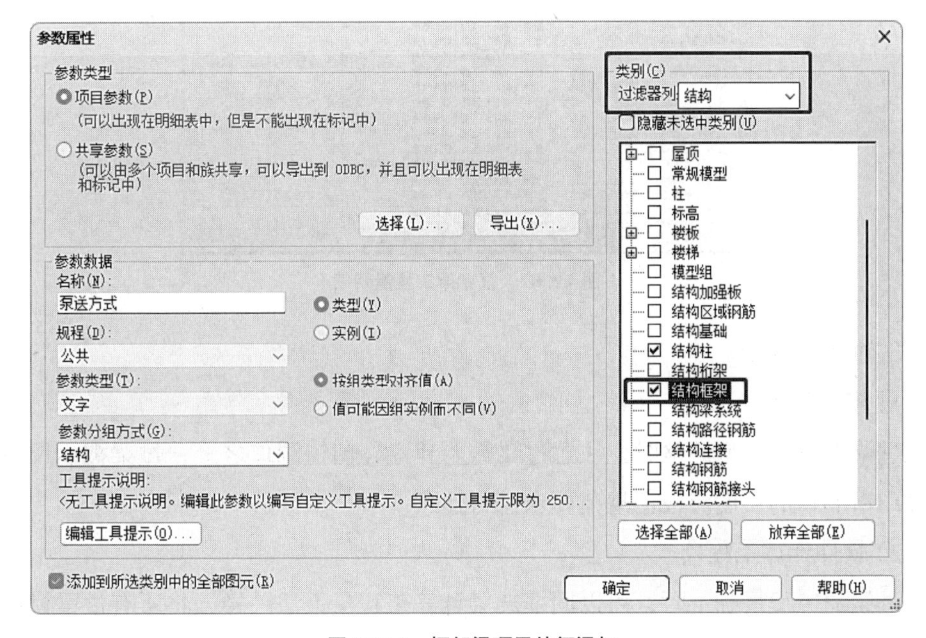

图4.2.3-1　框架梁项目特征添加

3）明细表提取工程量

框架梁所需的信息都设置完成之后，新建一个结构框架梁明细表，命名为框架梁工程量明细表：①将计量所需字段：类型、结构材质、混凝土种类、泵送方式、体积、合计都添加进明细表；②调整字段的排序/成组，按照类型、结构材质、混凝土种类、泵送方式依次排序，将下端总计勾选上；③更改格式，选中体积，把计算方式切换为计算总数即可将工程量计算出来（图4.2.3-2）。

A	B	C	D	E	F
类型	结构材质	混凝土种类	泵送方式	体积	合计
KZ1_矩形_750x600	混凝土 - C35	预拌（商品）混凝	综合考虑	1.73 m³	1
KZ1_矩形_750x600	混凝土 - C35	预拌（商品）混凝	综合考虑	1.73 m³	1
KZ1_矩形_750x600	混凝土 - C35	预拌（商品）混凝	综合考虑	1.73 m³	1
KZ2_矩形_750x600	混凝土 - C35	预拌（商品）混凝	综合考虑	1.73 m³	1
KZ2_矩形_750x600	混凝土 - C35	预拌（商品）混凝	综合考虑	1.73 m³	1
KZ2_矩形_750x600	混凝土 - C35	预拌（商品）混凝	综合考虑	1.73 m³	1
KZ2_矩形_750x600	混凝土 - C35	预拌（商品）混凝	综合考虑	1.73 m³	1
KZ3_矩形_750x600	混凝土 - C35	预拌（商品）混凝	综合考虑	1.73 m³	1
KZ3_矩形_750x600	混凝土 - C35	预拌（商品）混凝	综合考虑	1.73 m³	1
KZ3_矩形_750x600	混凝土 - C35	预拌（商品）混凝	综合考虑	1.70 m³	1
KZ3_矩形_750x600	混凝土 - C35	预拌（商品）混凝	综合考虑	1.73 m³	1
KZ3_矩形_750x600	混凝土 - C35	预拌（商品）混凝	综合考虑	1.73 m³	1
KZ3_矩形_750x600	混凝土 - C35	预拌（商品）混凝	综合考虑	1.73 m³	1
KZ4_矩形_750x600	混凝土 - C35	预拌（商品）混凝	综合考虑	1.73 m³	1
KZ4_矩形_750x600	混凝土 - C35	预拌（商品）混凝	综合考虑	1.73 m³	1
KZ5_矩形_600x600	混凝土 - C35	预拌（商品）混凝	综合考虑	2.01 m³	1
KZ5_矩形_600x600	混凝土 - C35	预拌（商品）混凝	综合考虑	2.01 m³	1
KZ5_矩形_600x600	混凝土 - C35	预拌（商品）混凝	综合考虑	2.01 m³	1
KZ5_矩形_600x600	混凝土 - C35	预拌（商品）混凝	综合考虑	2.01 m³	1
KZ5_矩形_600x600	混凝土 - C35	预拌（商品）混凝	综合考虑	2.01 m³	1
KZ5_矩形_600x600	混凝土 - C35	预拌（商品）混凝	综合考虑	2.01 m³	1
KZ5_矩形_600x600	混凝土 - C35	预拌（商品）混凝	综合考虑	2.01 m³	1
KZ5_矩形_600x600	混凝土 - C35	预拌（商品）混凝	综合考虑	2.01 m³	1
KZ5_矩形_600x600	混凝土 - C35	预拌（商品）混凝	综合考虑	2.01 m³	1
KZ5_矩形_600x600	混凝土 - C35	预拌（商品）混凝	综合考虑	2.01 m³	1
KZ5_矩形_600x600	混凝土 - C35	预拌（商品）混凝	综合考虑	2.01 m³	1
KZ5_矩形_600x600	混凝土 - C35	预拌（商品）混凝	综合考虑	2.01 m³	1
KZ5_矩形_600x600	混凝土 - C35	预拌（商品）混凝	综合考虑	2.01 m³	1
KZ5_矩形_600x600	混凝土 - C35	预拌（商品）混凝	综合考虑	2.01 m³	1
KZ5_矩形_600x600	混凝土 - C35	预拌（商品）混凝	综合考虑	2.01 m³	1
KZ5_矩形_600x600	混凝土 - C35	预拌（商品）混凝	综合考虑	2.01 m³	1
KZ5_矩形_600x600	混凝土 - C35	预拌（商品）混凝	综合考虑	2.01 m³	1
KZ5_矩形_600x600	混凝土 - C35	预拌（商品）混凝	综合考虑	2.01 m³	1
KZ5_矩形_600x600	混凝土 - C35	预拌（商品）混凝	综合考虑	2.01 m³	1
KZ5_矩形_600x600	混凝土 - C35	预拌（商品）混凝	综合考虑	2.01 m³	1
KZ5_矩形_600x600	混凝土 - C35	预拌（商品）混凝	综合考虑	2.01 m³	1
KZ5_矩形_600x600	混凝土 - C35	预拌（商品）混凝	综合考虑	2.01 m³	1
KZ5_矩形_600x600	混凝土 - C35	预拌（商品）混凝	综合考虑	2.01 m³	1
KZ5_矩形_600x600	混凝土 - C35	预拌（商品）混凝	综合考虑	2.01 m³	1
KZ5_矩形_600x600	混凝土 - C35	预拌（商品）混凝	综合考虑	2.01 m³	1
KZ5_矩形_600x600	混凝土 - C35	预拌（商品）混凝	综合考虑	2.01 m³	1
KZ5_矩形_600x600	混凝土 - C35	预拌（商品）混凝	综合考虑	2.01 m³	1
KZ5_矩形_600x600	混凝土 - C35	预拌（商品）混凝	综合考虑	2.01 m³	1
KZ5_矩形_600x600	混凝土 - C35	预拌（商品）混凝	综合考虑	2.01 m³	1
KZ5_矩形_600x600	混凝土 - C35	预拌（商品）混凝	综合考虑	2.01 m³	1
KZ5_矩形_600x600	混凝土 - C35	预拌（商品）混凝	综合考虑	2.01 m³	1

图4.2.3-2　框架梁工程量明细

3.过梁工程量

1）模型调整

过梁在设计模型调整时应注意过梁需要建立在门窗洞口之上；过梁截面尺寸和超过门窗洞口的长度应根据规范要求进行建模。

2）软件计算工程量

过梁的工程量确定时，可以同框架梁计算工程量方法一样，将所有过梁模型都建立出来然后统计工程量，此方法不再赘述。

还有一种方法是不需要建模，只将对应数据输入Revit即可计算出工程量：①添加所需的项目特征：构件类型、混凝土种类、混凝土强度等级、砂浆强度等级配合比；②创建参数的时候选择“类型”属性，规程选择“公共”，参数类型选择“文字”，参数分组方式选择“结构”；③因为过梁是布置在门窗洞口处，所以类别选中建筑下的门和窗。（注：过梁需绘制在建筑模型中，此处计算以对应建筑模型进行示范。）

这种方法计算工程量时还需要再添加过梁高度、过梁宽度（同墙厚）这两个实例参数：①在创建参数的时候选择“实例”属性，规程选择“公共”，参数类型选择“长度”，参数分组方式选择“标识数据”，类别选中建筑下的“门”“窗”（图4.2.3-3）；②添加完成之后在需要布置过梁的门窗处将过梁高度和宽度输入进去，若不需要布置则不输入，默认无工程量。

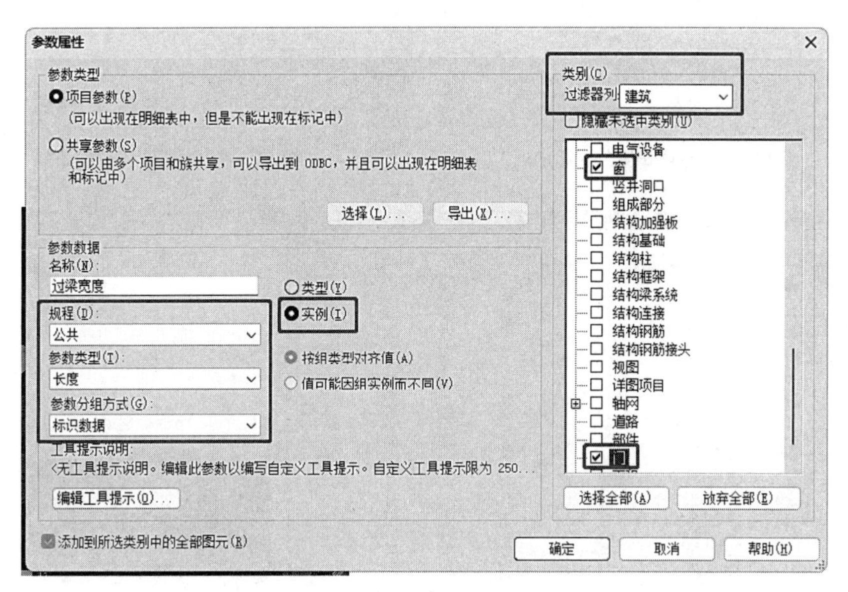

图4.2.3-3　过梁项目特征添加

3）明细表提取工程量

新建门、窗明细表，命名为过梁工程量明细表：①将计量所需字段：类型、构件类型、混凝土种类、混凝土强度等级、砂浆强度等级配合比、过梁宽度、过梁高度、合计都添加进明细表；②基础字段添加好后，再添加一个宽度字段；③点击f_x按钮利用公式：宽度+250×2，新建一个“过梁长度”的字段，如图4.2.3-4（过梁长度在门窗洞口宽度的基础上需增加支座长度，支座具体长度参照《混凝土过梁（2013年合订本）》G322-1）所示；④再次点击f_x按钮利用公式：过梁宽度×

过梁高度 × 过梁长度，新建一个“体积”的字段（图4.2.3-5）；⑤调整字段的排序/成组，按照类型、构件类型、混凝土种类、混凝土强度等级依次排序，将下端总计勾选上；⑥更改格式，选中体积，把计算方式切换为计算总数即可将工程量计算出来（图4.2.3-6）。

图4.2.3-4　过梁长度公式添加

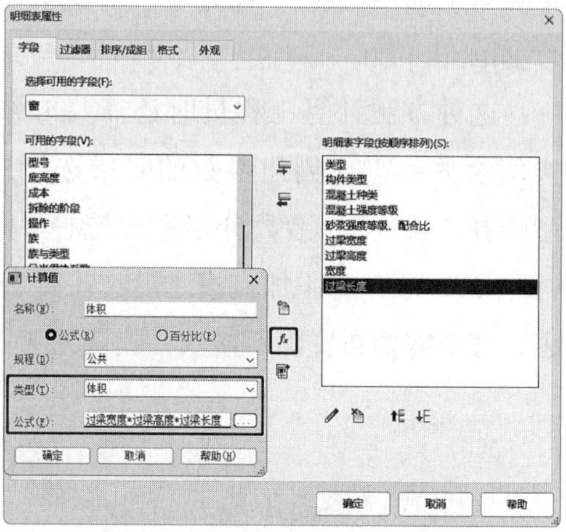

图4.2.3-5　过梁体积公式添加

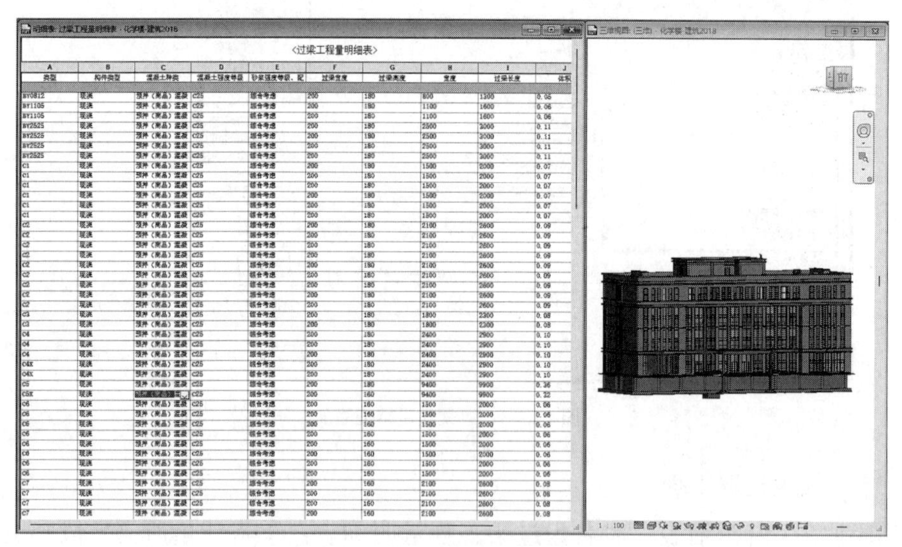

图4.2.3-6　过梁工程量明细表

4. 圈梁工程量

1）模型调整

圈梁在设计模型调整时应注意圈梁截面尺寸需要符合要求；圈梁遇门窗洞口处，需要建立在门窗洞口之上，有过梁处，不需要重复建圈梁。

2）软件计算工程量

在圈梁的体积工程量确定时也有两种方法：一种同框架梁，将所有圈梁模型都建立出来然后统计工程量；另一种方法同过梁，但是因为圈梁是设在砌体墙上，所以需要将参数类别添加到建筑“墙”类别下，同时计算方式不再是门窗洞口的宽度，而是砌体墙长度，进行对应修改后即可统计出圈梁工程量。

4.2.4 现浇混凝土板

1）工程量计算规则

现浇混凝土板工程量计算按照混凝土体积来计算，不扣除构件内钢筋、预埋铁件所占体积，扣除楼梯洞口等孔洞所占体积。在Revit软件中将板正确绘制出来即可自动计算出体积这一数据。

2）模型调整

现浇混凝土板在设计模型调整时应注意板是否被框架柱、墙、梁扣减，板厚、标高不要出现与图纸不一致等情况。

3）清单项目设置

现浇混凝土板，工程量清单项目设置、项目特征描述、计量单位、工程量计算规则可参考表4.2.4执行。若有项目特征或其他信息与管理相关，可根据需要进行设置。

现浇混凝土板　　表4.2.4

<table>
<tr><th>项目编码</th><th>项目名称</th><th>项目特征</th><th>计量单位</th><th>计算规则</th><th>工程量</th></tr>
<tr><td>010505001001</td><td>有梁板 C35</td><td>1.混凝土种类：预拌（商品）混凝土；
2.混凝土强度等级：C35；
3.泵送方式：自行综合考虑</td><td rowspan="3">m^3</td><td rowspan="3">按设计图示尺寸以体积计算。
不扣除构件内钢筋、预埋铁件所占体积，扣除楼梯洞口等孔洞所占体积</td><td></td></tr>
<tr><td>010505002001</td><td>无梁板 C35</td><td>1.混凝土种类：预拌（商品）混凝土；
2.混凝土强度等级：C35；
3.泵送方式：自行综合考虑</td><td></td></tr>
<tr><td>010505003001</td><td>平板 C35</td><td>1.混凝土种类：预拌（商品）混凝土；
2.混凝土强度等级：C35；
3.泵送方式：自行综合考虑</td><td></td></tr>
</table>

4）项目特征添加

体积工程量确定后需要体现项目特征，现浇混凝土板需要确定混凝土种类、混凝土强度等级和泵送方式：①混凝土强度等级可以通过结构材质来进行输入；②混凝土种类和泵送方式在之前的计量中已经添加过，我们可以在项目参数中直接找到，点击修改，在右侧类别中将结构下的楼板勾选上。

5）明细表提取工程量

现浇混凝土板所需的信息都设置完成之后，新建一个楼板明细表，命名为现浇混凝土板工程量明细表：①将计量所需字段：类型、结构材质、混凝土种类、泵送方式、体积、合计都添加进来；②调整字段的排序/成组，按照类型、结构材质、混凝土种类、泵送方式依次排序，将下端总计勾选上；③更改格式，选中体积，把计算方式切换为计算总数即可将工程量计算出来（图4.2.4）。

A	B	C	D	E	F
类型	结构材质	混凝土种类	泵送方式	体积	合计
LB1 - 120	混凝土 - C35	预拌（商品）混凝	综合考虑	0.21 ㎥	1
LB1 - 120	混凝土 - C35	预拌（商品）混凝	综合考虑	0.20 ㎥	1
LB1 - 120	混凝土 - C35	预拌（商品）混凝	综合考虑	1.80 ㎥	1
LB1 - 120	混凝土 - C35	预拌（商品）混凝	综合考虑	1.64 ㎥	1
LB1 - 120	混凝土 - C35	预拌（商品）混凝	综合考虑	1.77 ㎥	1
LB1 - 120	混凝土 - C35	预拌（商品）混凝	综合考虑	1.59 ㎥	1
LB1 - 120	混凝土 - C35	预拌（商品）混凝	综合考虑	1.54 ㎥	1
LB1 - 120	混凝土 - C35	预拌（商品）混凝	综合考虑	1.51 ㎥	1
LB1 - 120	混凝土 - C35	预拌（商品）混凝	综合考虑	1.20 ㎥	1
LB1 - 120	混凝土 - C35	预拌（商品）混凝	综合考虑	0.86 ㎥	1
LB1 - 120	混凝土 - C35	预拌（商品）混凝	综合考虑	0.72 ㎥	1
LB1 - 120	混凝土 - C35	预拌（商品）混凝	综合考虑	0.72 ㎥	1
LB1 - 120	混凝土 - C35	预拌（商品）混凝	综合考虑	0.72 ㎥	1
LB1 - 120	混凝土 - C35	预拌（商品）混凝	综合考虑	0.72 ㎥	1
LB1 - 120	混凝土 - C35	预拌（商品）混凝	综合考虑	0.72 ㎥	1
LB1 - 120	混凝土 - C35	预拌（商品）混凝	综合考虑	0.72 ㎥	1
LB1 - 120	混凝土 - C35	预拌（商品）混凝	综合考虑	0.69 ㎥	1
LB1 - 120	混凝土 - C35	预拌（商品）混凝	综合考虑	0.69 ㎥	1
LB1 - 120	混凝土 - C35	预拌（商品）混凝	综合考虑	0.69 ㎥	1
LB1 - 120	混凝土 - C35	预拌（商品）混凝	综合考虑	0.69 ㎥	1
LB1 - 120	混凝土 - C35	预拌（商品）混凝	综合考虑	0.69 ㎥	1
LB1 - 120	混凝土 - C35	预拌（商品）混凝	综合考虑	0.69 ㎥	1
LB1 - 120	混凝土 - C35	预拌（商品）混凝	综合考虑	0.62 ㎥	1
LB1 - 120	混凝土 - C35	预拌（商品）混凝	综合考虑	0.28 ㎥	1
LB1 - 120	混凝土 - C35	预拌（商品）混凝	综合考虑	0.24 ㎥	1
LB1 - 120	混凝土 - C35	预拌（商品）混凝	综合考虑	1.29 ㎥	1
LB1 - 120	混凝土 - C35	预拌（商品）混凝	综合考虑	0.94 ㎥	1
LB1 - 120	混凝土 - C35	预拌（商品）混凝	综合考虑	0.19 ㎥	1
LB1 - 120	混凝土 - C35	预拌（商品）混凝	综合考虑	0.94 ㎥	1
LB1 - 120	混凝土 - C35	预拌（商品）混凝	综合考虑	1.62 ㎥	1
LB1 - 120	混凝土 - C35	预拌（商品）混凝	综合考虑	2.33 ㎥	1
LB1 - 120	混凝土 - C35	预拌（商品）混凝	综合考虑	2.33 ㎥	1
LB1 - 120	混凝土 - C35	预拌（商品）混凝	综合考虑	2.46 ㎥	1
LB1 - 120	混凝土 - C35	预拌（商品）混凝	综合考虑	2.46 ㎥	1
LB1 - 120	混凝土 - C35	预拌（商品）混凝	综合考虑	2.46 ㎥	1
LB1 - 120	混凝土 - C35	预拌（商品）混凝	综合考虑	2.35 ㎥	1
LB1 - 120	混凝土 - C35	预拌（商品）混凝	综合考虑	2.35 ㎥	1
LB1 - 120	混凝土 - C35	预拌（商品）混凝	综合考虑	2.46 ㎥	1
LB1 - 120	混凝土 - C35	预拌（商品）混凝	综合考虑	2.46 ㎥	1
LB1 - 120	混凝土 - C35	预拌（商品）混凝	综合考虑	2.46 ㎥	1
LB1 - 120	混凝土 - C35	预拌（商品）混凝	综合考虑	2.33 ㎥	1
LB1 - 120	混凝土 - C35	预拌（商品）混凝	综合考虑	2.45 ㎥	1
LB1 - 120	混凝土 - C35	预拌（商品）混凝	综合考虑	0.23 ㎥	1
LB1 - 120	混凝土 - C35	预拌（商品）混凝	综合考虑	0.70 ㎥	1
LB1 - 120	混凝土 - C35	预拌（商品）混凝	综合考虑	0.04 ㎥	1
LB1 - 200	混凝土 - C35	预拌（商品）混凝	综合考虑	8.77 ㎥	1

图4.2.4　现浇混凝土板工程量明细

4.2.5 现浇混凝土楼梯

1）工程量计算规则

工程量计算以立方米（m^3）计量，按设计图示尺寸以体积计算。

2）模型调整

现浇混凝土楼梯在设计模型调整时应注意正确选择楼梯样式，踏板、梯步、楼梯井宽度和图纸一致。

3）清单项目设置

现浇混凝土楼梯，工程量清单项目设置、项目特征描述、计量单位、工程量计算规则可参考表4.2.5执行。若有项目特征或其他信息与管理相关，可根据需要进行设置。

现浇混凝土楼梯　　表4.2.5

项目编码	项目名称	项目特征	计量单位	计算规则	工程量
010506001001	直行楼梯C35	1.混凝土种类：预拌（商品）混凝土； 2.混凝土强度等级：C35； 3.泵送方式：自行综合考虑	m^3	以立方米计量，按设计图示尺寸以体积计算	

4）项目特征添加

Revit在绘制楼梯时，楼梯是不具有"体积"属性的，如果我们想要统计体积工程量可以利用材质提取明细表来提取楼梯的体积。

体积工程量确定后需要体现项目特征，现浇混凝土楼梯需要确定混凝土种类、混凝土强度等级和泵送方式：①混凝土强度等级可以通过结构材质来进行输入；②混凝土种类和泵送方式在之前的计量中已经添加过，我们可以在项目参数中直接找到，点击修改，在右侧类别中将结构下的楼梯勾选上。

5）明细表提取工程量

现浇混凝土楼梯所需的信息都设置完成之后，新建材质提取明细表（图4.2.5-1），选择楼梯，命名为现浇混凝土楼梯工程量明细表：①将计量所需字段：类型、材质：名称、混凝土种类、泵送方式、材质：体积、合计都添加进来；②调整字段的排序/成组，按照类型、材质、名称、混凝土种类、泵送方式依次排序，将下端总计勾选上；③更改格式，选中材质、体积，把计算方式切换为计算总数即可将工程量计算出来（图4.2.5-2）。

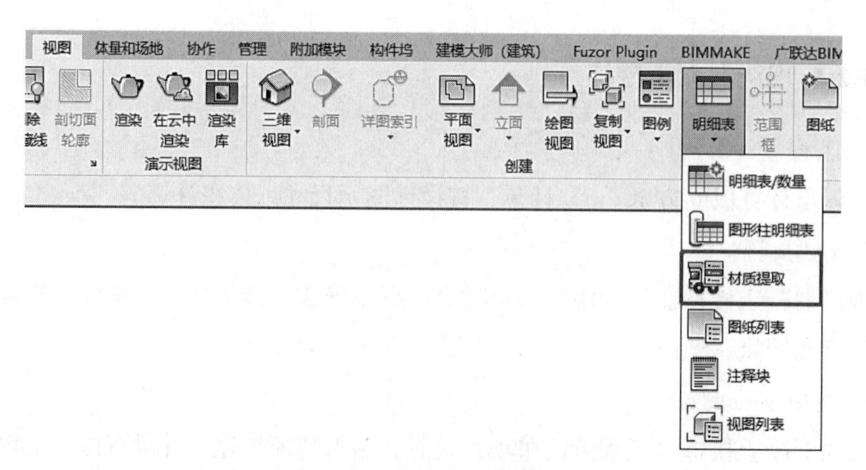

图 4.2.5-1 新建材质提取明细

A	B	C	D	E	F
类型	材质：名称	混凝土种类	泵送方式	材质：体积	合计
1#楼梯	混凝土 - C35	预拌（商品）混凝	综合考虑	2.31 m^3	1
1#楼梯	混凝土 - C35	预拌（商品）混凝	综合考虑	2.34 m^3	1
1#楼梯	混凝土 - C35	预拌（商品）混凝	综合考虑	2.34 m^3	1
1#楼梯	混凝土 - C35	预拌（商品）混凝	综合考虑	2.31 m^3	1
1#楼梯	混凝土 - C35	预拌（商品）混凝	综合考虑	2.34 m^3	1
1#楼梯	混凝土 - C35	预拌（商品）混凝	综合考虑	2.31 m^3	1
1#楼梯	混凝土 - C35	预拌（商品）混凝	综合考虑	2.34 m^3	1
2#楼梯	混凝土 - C35	预拌（商品）混凝	综合考虑	2.45 m^3	1
2#楼梯	混凝土 - C35	预拌（商品）混凝	综合考虑	2.05 m^3	1
2#楼梯	混凝土 - C35	预拌（商品）混凝	综合考虑	2.03 m^3	1
2#楼梯	混凝土 - C35	预拌（商品）混凝	综合考虑	2.05 m^3	1
2#楼梯	混凝土 - C35	预拌（商品）混凝	综合考虑	2.03 m^3	1
2#楼梯	混凝土 - C35	预拌（商品）混凝	综合考虑	2.05 m^3	1
2#楼梯	混凝土 - C35	预拌（商品）混凝	综合考虑	2.03 m^3	1
2#楼梯	混凝土 - C35	预拌（商品）混凝	综合考虑	2.05 m^3	1
2#楼梯	混凝土 - C35	预拌（商品）混凝	综合考虑	2.05 m^3	1
3#楼梯	混凝土 - C35	预拌（商品）混凝	综合考虑	2.41 m^3	1
3#楼梯	混凝土 - C35	预拌（商品）混凝	综合考虑	1.86 m^3	1
3#楼梯	混凝土 - C35	预拌（商品）混凝	综合考虑	1.84 m^3	1
3#楼梯	混凝土 - C35	预拌（商品）混凝	综合考虑	1.86 m^3	1
3#楼梯	混凝土 - C35	预拌（商品）混凝	综合考虑	1.84 m^3	1
3#楼梯	混凝土 - C35	预拌（商品）混凝	综合考虑	1.86 m^3	1
3#楼梯	混凝土 - C35	预拌（商品）混凝	综合考虑	1.84 m^3	1
总计：23				48.57 m^3	

图 4.2.5-2 混凝土楼梯工程量明细

4.2.6 其他构件

1）工程量计算规则

本节仅举例了四种其他构件，若遇到另外的构件读者可灵活调整。其他构件在工程量计算几乎都可分为三种：一是以立方米（m^3）计量，按设计图示尺寸以体积计算；二是以平方米（m^2）计量，按设计图示尺寸以面积计算；三是以米（m）计量，按设计图示以中心线长度计算。

2）模型调整

其他构件在设计模型调整时应注意查看大样图构造，按照计算规则选择对应和易于计算出工程量的构件类型。

3）清单项目设置

其他构件，工程量清单项目设置、项目特征描述、计量单位、工程量计算规则可参考表4.2.6执行。若有项目特征或其他信息与管理相关，可根据需要进行设置。

其他构件　　表4.2.6

项目编码	项目名称	项目特征	计量单位	计算规则	工程量
010505007001	挑檐板C30P6	1.混凝土种类：预拌（商品）混凝土； 2.混凝土强度等级：C30P6； 3.泵送方式：自行综合考虑	m^3	按设计图示尺寸以体积计算	
010505008001	雨棚板C30	1.混凝土种类：预拌（商品）混凝土； 2.混凝土强度等级：C30； 3.泵送方式：自行综合考虑			
010507001001	散水	1.基层处理：素土夯实； 2.垫层混凝土种类、强度等级、厚度：100mm厚C20商品混凝土； 3.面层混凝土种类、强度等级、厚度：60mm厚C20商品细石混凝土，提浆抹面； 4.变形缝填塞材料种类：密封膏嵌缝，其他满足设计及规范要求； 5.具体做法：详见西南18J812-7-1	m^2	以平方米计量，按设计图示尺寸以面积计算。扣除孔洞所占面积	
010507002001	地沟	1.土壤类别：二类土； 2.沟截面净空尺寸：200mm×240mm； 3.垫层材料种类、厚度：100mm厚C20商品混凝土； 4.混凝土种类：预拌（商品）混凝土； 5.混凝土强度等级：C30	m	以米计量，按设计图示以中心线长计算	

4）项目特征添加及明细表提取工程量

其他构件在项目特征及明细表提取工程量时方法同前几章节。在特征添加时只需将软件里面没有的特征手动添加到构件中即可。明细表提取工程量在一开始模型调整时就采用能够计算出对应工程量的构件类型，提取工程量时就比较简单。

4.2.7 混凝土模板

1）工程量计算规则

工程量计算按模板与现浇混凝土构件的接触面积计算，扣除孔洞所占面积。支模高度（即室外地坪至板底或板面至板底之间的高度）只计算3.60m以内模板工程量，超过3.60m以上部分，另按超过部分计算增加超高支撑工程量。

楼梯模板按楼梯（包括休息平台、平台梁、斜梁和楼层板的连接梁）的水平投影面积计算，不扣除宽度≤500mm 的楼梯井所占面积，楼梯踏步、踏步板、平台梁等侧面模板不另计算，伸入墙内部分亦不增加。

2）模型调整

在模型调整时不需要把模板真实地画出来，只需要给构件添加一个模板类型的属性，利用构件对应的面积来计算模板面积即可。

3）清单项目设置

混凝土模板，工程量清单项目设置、项目特征描述、计量单位、工程量计算规则可参考表4.2.7执行。若有项目特征或其他信息与管理相关，可根据需要进行设置。

混凝土模板　　表4.2.7

<table>
<tr><th>项目编码</th><th>项目名称</th><th>项目特征</th><th>计量单位</th><th>计算规则</th><th>工程量</th></tr>
<tr><td>011703016001</td><td>直形墙模板</td><td>1.支模高度：综合考虑；
2.模板类型：覆膜木模板；
3.螺杆（螺栓）规格：综合考虑；
4.其他：满足设计、规范、施工、验收要求</td><td rowspan="5">m^2</td><td rowspan="5">按模板与现浇混凝土构件的接触面积计算，扣除孔洞所占面积。支模高度（即室外地坪至板底或板面至板底之间的高度）只计算3.60m以内模板工程量，超过3.60m以上部分，另按超过部分计算增加超高支撑工程量</td><td></td></tr>
<tr><td>011703007001</td><td>矩形柱模板</td><td>1.支模高度：综合考虑；
2.模板类型：覆膜木模板；
3.螺杆（螺栓）规格：综合考虑；
4.其他：满足设计、规范、施工、验收要求</td><td></td></tr>
<tr><td>011703008001</td><td>构造柱模板</td><td>1.支模高度：综合考虑；
2.模板类型：覆膜木模板；
3.螺杆（螺栓）规格：综合考虑；
4.其他：满足设计、规范、施工、验收要求</td><td></td></tr>
<tr><td>011703011001</td><td>矩形梁模板</td><td>1.支模高度：综合考虑；
2.模板类型：覆膜木模板；
3.螺杆（螺栓）规格：综合考虑；
4.其他：满足设计、规范、施工、验收要求</td><td></td></tr>
<tr><td>011703014001</td><td>过梁模板</td><td>1.支模高度：综合考虑；
2.模板类型：覆膜木模板；
3.螺杆（螺栓）规格：综合考虑；
4.其他：满足设计、规范、施工、验收要求</td><td></td></tr>
</table>

续表

项目编码	项目名称	项目特征	计量单位	计算规则	工程量
011703013001	圈梁模板	1.支模高度：综合考虑； 2.模板类型：覆膜木模板； 3.螺杆（螺栓）规格：综合考虑； 4.其他：满足设计、规范、施工、验收要求	m^2	只计算3.60m以内模板工程量	
011703019001	有梁板模板	1.支模高度：综合考虑； 2.模板类型：覆膜木模板； 3.螺杆（螺栓）规格：综合考虑； 4.其他：满足设计、规范、施工、验收要求			
011703028001	直行楼梯模板	1.支模高度：综合考虑； 2.模板类型：覆膜木模板； 3.螺杆（螺栓）规格：综合考虑； 4.其他：满足设计、规范、施工、验收要求	m^2	按楼梯（包括休息平台、平台梁、斜梁和楼层板的连接梁）的水平投影面积计算，不扣除宽度≤500mm 的楼梯井所占面积，楼梯踏步、踏步板、平台梁等侧面模板不另计算，伸入墙内部分亦不增加	

4）项目特征添加

体积工程量确定后需要体现项目特征，模板需要添加支模高度、模板类型、螺杆（螺栓）规格：①点击Revit管理选项卡下的项目参数，添加支模高度；②在创建参数的时候选择“实例”属性，规程选择“公共”，参数类型选择“长度”，参数分组方式选择“标识数据”，类别选中对应的构件（图4.2.7-1）；③模板类型、螺杆（螺栓）规格添加方式相同，只是参数类型需要修改为“文字”。

5）明细表提取工程量

此处以直行墙为例进行讲解，模板计算所需的信息都设置完成之后，新建一个墙体明细表，命名为墙体模板面积工程量明细表：①将计量所需字段：类型、长度、面积、支模高度、模板类型、螺杆（螺栓）规格都添加进来；②模板计算时因为涉及超高模板，需要点击f_x添加一个“超高分段高度”字段，类型选择长度，公式输入：支模高度-3600（图4.2.7-2）；③点击f_x按钮添加一个“超高分段面积”字段，类型选择面积，公式输入：超高分段高度 × 长度；④点击f_x按钮添加一个“普通模板面积”字段，类型选择面积，因为Revit软件中自带的面积属性是单面，所以公式输入：面积 ×2-超高分段面积；⑤调整字段的排序/成组，按照类型、长

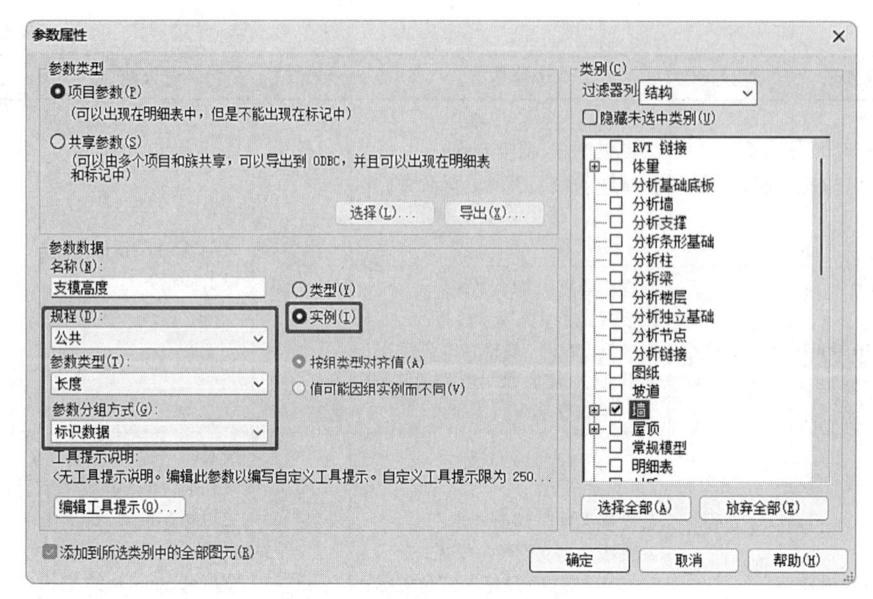

图 4.2.7-1　混凝土模板项目特征添加

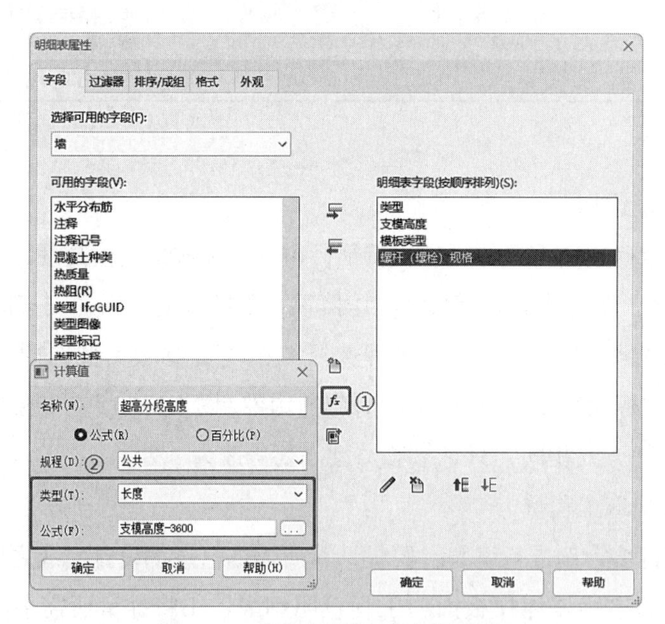

图 4.2.7-2　超高分段模板高度公式添加

度、面积依次排序，将下端总计勾选上即可将工程量计算出来（图4.2.7-3）。

A	B	C	D	E	F	G	H	I
类型	长度	面积	支模高度	模板类型	螺杆（螺栓）规格	超高分段高度	超高分段面积	普通模板面积
Q1-300mm	3900	14 m²	3850	覆膜木模板	综合考虑	250	1 m²	28 m²
Q1-300mm	6600	25 m²	3850	覆膜木模板	综合考虑	250	2 m²	49 m²
Q1-300mm	12600	49 m²	3850	覆膜木模板	综合考虑	250	3 m²	94 m²
总计：3								

图 4.2.7-3　墙体模板工程量明细

4.2.8 钢筋工程

1）工程量计算规则

工程量计算按设计图示钢筋长度乘单位理论质量计算。

2）模型调整

钢筋工程在设计模型调整时应注意钢筋等级设置正确、保护层厚度和规范要求一致。

3）清单项目设置

钢筋工程，工程量清单项目设置、项目特征描述、计量单位、工程量计算规则可参考表4.2.8执行。若有项目特征或其他信息与管理相关，可根据需要进行设置。

钢筋工程　　表4.2.8

项目编码	项目名称	项目特征	计量单位	计算规则	工程量
010515001001	现浇构件钢筋	1.钢筋种类：综合考虑； 2.钢筋规格：高强钢筋、带E钢筋各种级别综合考虑； 3.钢筋连接方式：自行综合考虑； 4.其他：满足设计及规范要求	kg	按设计图示钢筋长度乘单位理论质量计算	

4）项目特征添加

体积工程量确定后需要体现项目特征，钢筋工程需要确定钢筋种类、钢筋规格、钢筋连接方式和单位理论质量：①钢筋种类可以通过类型来体现；②钢筋规格和钢筋连接方式这一特征Revit软件是没有的，需要重新添加；③点击Revit管理选项卡下的项目参数，添加钢筋规格；④在创建参数的时候选择“实例”属性，规程选择“公共”，参数类型选择“文字”，参数分组方式选择“标识数据”，类别选中结构下的“结构钢筋”（图4.2.8-1）。⑤钢筋连接方式添加方式相同，单位理论质量在添加时参数类型切换为“数值”，属性选择“实例”属性。

5）明细表提取工程量

现浇混凝土板所需的信息都设置完成之后，新建一个结构钢筋明细表，命名为钢筋工程量明细表：①将计量所需字段：类型、钢筋规格、钢筋连接方式、钢筋长度、单位理论质量添加进来；②点击f_x添加一个“钢筋重量”字段，为了能够单位一致，类型选择长度，公式输入：钢筋长度 × 单位理论质量；③调整字段的排序/成组，按照类型、钢筋规格、钢筋连接方式依次排序，将下端总计勾选上；④更改格式，将钢筋长度和钢筋重量的字段格式取消使用项目设置，单位更换为米(m),舍入调整到三个小数位(图4.2.8-2)。⑤为了能够使软件正确运行,钢筋工程量计算类型选择长度,软件里计算出来的就是以公斤(kg)为单位的工程量(图4.2.8-3)。

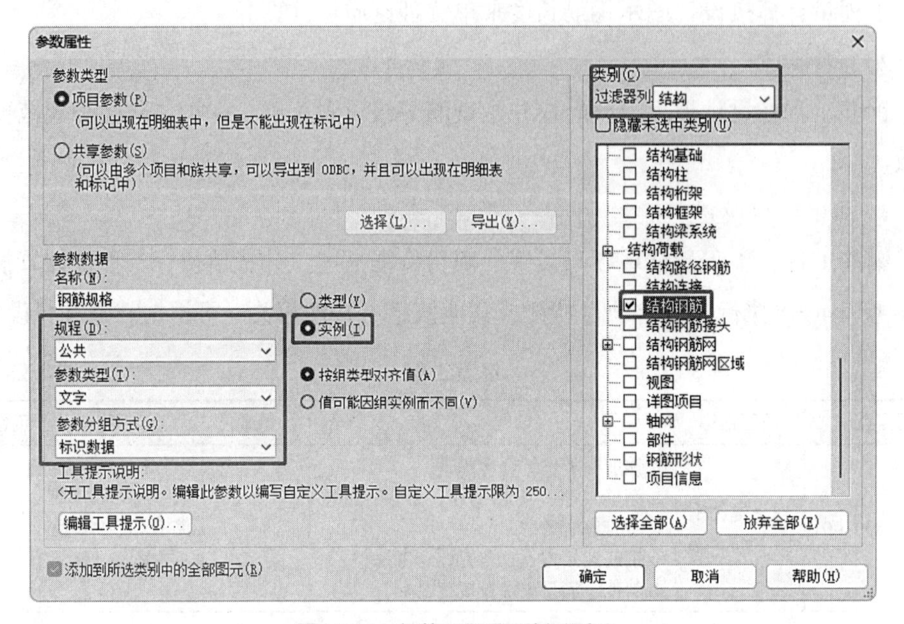

图4.2.8-1 钢筋工程项目特征添加

图4.2.8-2 钢筋工程明细表格式设置

A	B	C	D	E	F
类型	钢筋规格	钢筋连接方式	钢筋长度	单位理论质量	钢筋重量
8 HRB400	综合考虑	综合考虑	1.196 m	0.395	0.473
16 HRB400	综合考虑	综合考虑	3.060 m	1.58	4.835
16 HRB400	综合考虑	综合考虑	3.060 m	1.58	4.835
16 HRB400	综合考虑	综合考虑	3.060 m	1.58	4.835
16 HRB400	综合考虑	综合考虑	3.060 m	1.58	4.835
16 HRB400	综合考虑	综合考虑	3.060 m	1.58	4.835
总计：6					

图4.2.8-3　钢筋工程量明细

4.3 小结

钢筋混凝土结构工程在算量前应认真分析图纸，正确理解算量规则后对模型进行调整，确保算量的准确性。对不同的构件添加对应的项目特征，以便更好地区分不同的工程量，最后利用Revit软件中自带的明细表功能将工程量导出。本章主要介绍了现浇混凝土墙、柱、梁、板、其他构件以及混凝土模板与钢筋工程算量。

第5章　建筑与装饰工程BIM算量

5.1 概述

建筑与装饰工程的作用是保护建筑物各种构件免受自然的风、雨、潮气的侵蚀，改善隔热、隔声、防潮功能，提高建筑物的耐久性，延长建筑物的使用寿命。并为人们创造良好的生产、生活及工作环境。该工程工作内容繁多、工程量大、工期长、用工量大、造价高，机械化施工程度低，生产效率差，工程投入资金大，施工质量对建筑物使用功能和整体建筑效果影响大，施工管理复杂。建筑与装饰工程包括砌筑工程、门窗工程、楼地面工程、屋面工程、墙面抹灰工程、天棚抹灰工程等。

在建筑与装饰工程BIM设计模型修改时，应根据施工图预算要求，正确反映图纸设计意图和施工合理性，对设计模型进行深化或调整，在模型中补充必要的施工信息进行施工图预算，如砌体类别、强度等级、砂浆强度、门窗编号、防火等级、面层厚度等。

5.2 模型算量

在BIM模型中，将建筑材料类型、规格、尺寸、数量、体积等信息精确表达在建筑模型中，最终通过工程量统计，提取建筑工程材料用量、工程量、工程造价等指标。BIM工程量统计可以实现可视化的工程量统计，最终实现施工成本控制。

5.2.1 砌筑工程

1. 砌体墙工程量

1）工程量计算规则

砌体墙工程量按设计图示尺寸以体积计算，需扣除柱、梁、门窗洞口等影响因素所占体积。

2）清单项目设置

砌体墙，工程量清单项目设置、项目特征描述、计量单位、工程量计算规则可参考表5.2.1执行。若有项目特征或其他信息与管理相关，可根据需要进行设置。

砌体墙工程　　表5.2.1

编码	名称	项目特征	计算规则	工程量
010401004015	烧结页岩多孔砖墙	1.部位：综合考虑； 2.砖品种、规格、强度等级：MU10烧结页岩多孔砖； 3.砂浆强度等级、配合比：M5商品砂浆	按设计图示尺寸以体积计算。 扣除门窗洞口、过人洞、嵌入墙内的钢筋混凝土柱、梁、圈梁、挑梁、过梁所占体积	
010401005015	厚壁烧结页岩空心砖墙	1.部位：综合考虑； 2.砖品种、规格、强度等级：MU5厚壁烧结页岩空心砖； 3.砂浆强度等级、配合比：M5商品砂浆		
010402001028	蒸压加气混凝土砌块墙	1.部位：综合考虑； 2.砌体品种、规格、强度等级：蒸压加气混凝土砌块； 3.砂浆强度等级、配合比：M5商品砂浆		
010401012015	零星砌砖	1.零星砌砖名称、部位：综合考虑； 2.砖品种、规格、强度等级：综合考虑； 3.砂浆强度等级、配合比：M5商品砂浆； 4.填充墙体四周加强处理要求：包含底部三匹砖和顶部斜砌砖等其他加强处理要求满足设计及规范要求		

3）模型调整

首先检查砌体墙是否按照设计图纸正确命名，注意墙体是否被框架柱、框架梁以及过梁、构造柱等构件扣减，墙底、墙顶的标高设置是否正确。

其次检查BIM模型砌体墙构件属性信息上是否具备表5.2.1-1信息，特别是项目特征信息（图5.2.1-1）。

4）项目特征添加

根据上述表格提量要求，针对砌体墙构件进行模型信息添加。

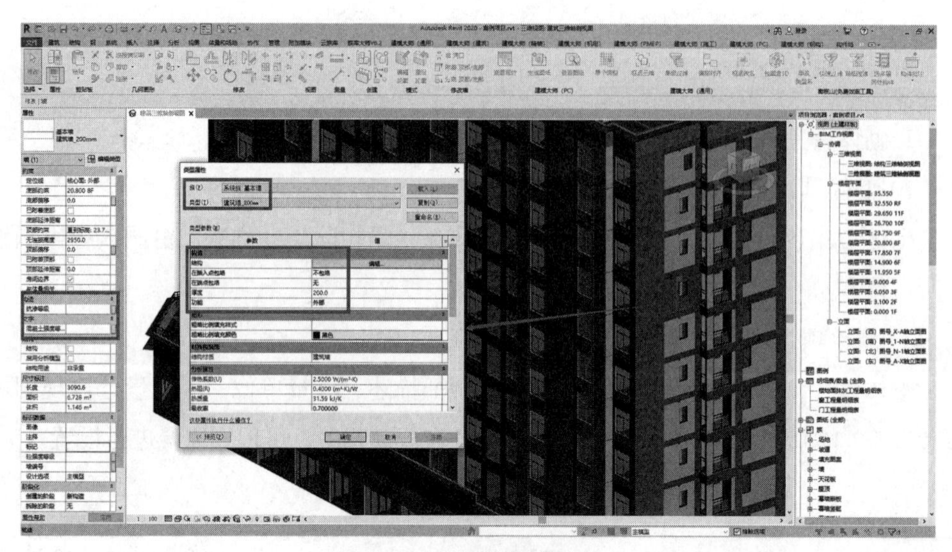

图5.2.1-1　砌体墙属性信息

BIM模型信息修改包括砖品种、规格、强度等级以及砂浆强度等级等参数，砖品种可以通过构件命名来进行统计输入，规格、强度等级及砂浆强度等级这几类特征参数Revit本身是没有的，需要自行手动添加。

以添加强度等级参数为例，点击Revit管理选项卡下的项目参数，在创建参数的时候选择“类型”属性，规程选择“公共”，参数类型选择“文字”，参数分组方式选择“构造”，类别选中“墙”(图5.2.1-2)。其他几类参数也可按照上述步骤依次添加，最终烧结页岩多孔砖砌体墙的类型参数界面如图5.2.1-3所示。

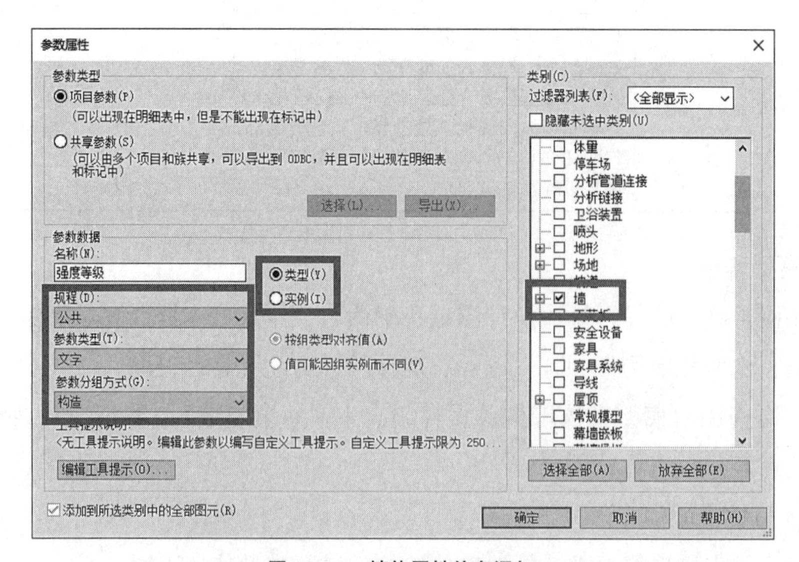

图5.2.1-2　墙体属性信息添加

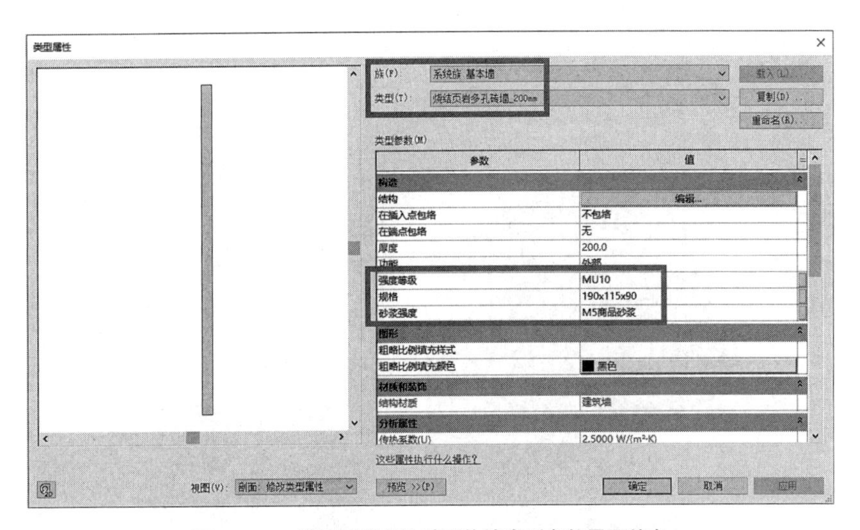

图5.2.1-3 烧结页岩多孔砖砌体墙类型参数界面信息

5）明细表提取工程量

砌体墙所需的信息都设置完成之后，新建砌体墙工程量明细表，将计量所需字段：类型（砖品种）、强度等级、规格、砂浆强度、体积、合计添加进明细表中（图5.2.1-4）。然后调整字段的排序/成组，按照墙体类型、强度等级等依次排序，勾选“总计”并取消“逐项列举每个实例”。调整完之后更改格式，选中体积，将计算方式切换为计算总数，最终砌体墙工程量明细表如图5.2.1-5所示。

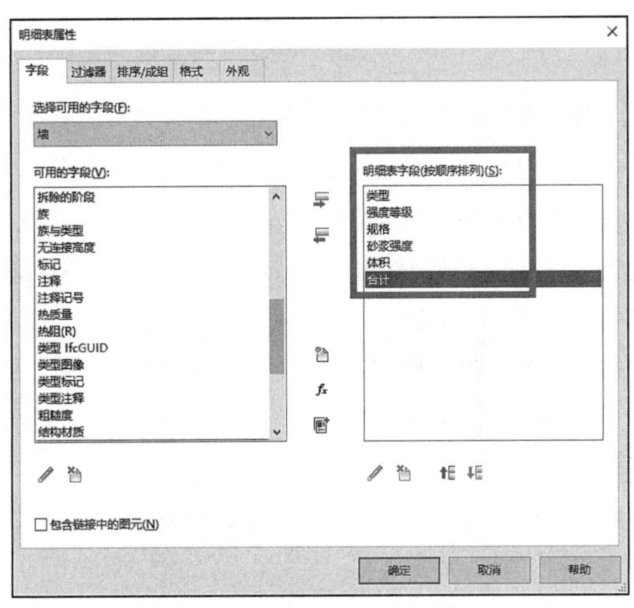

图5.2.1-4 墙体明细表字段信息添加

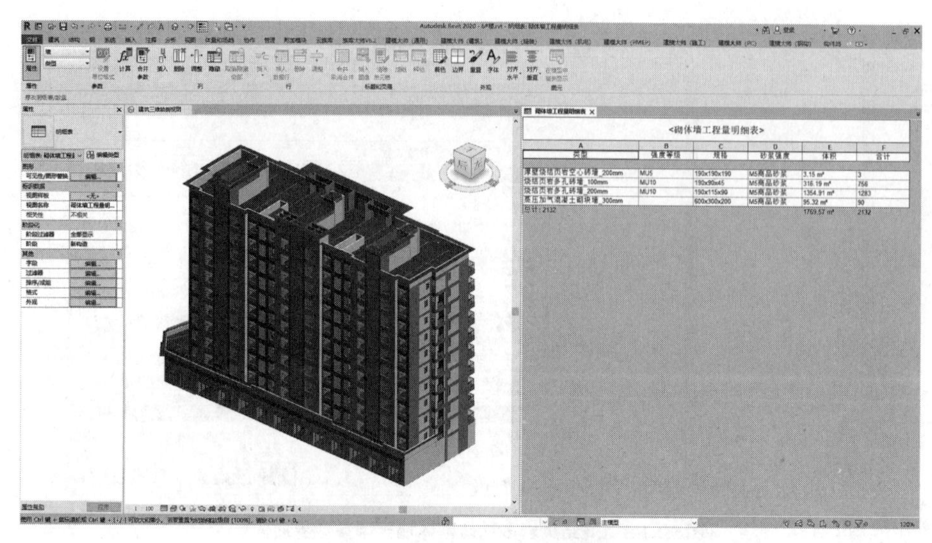

图 5.2.1-5　某项目砌体墙工程量明细表

2. 砌体墙配砖

1）工程量计算规则

砌体墙配砖作为砌体墙零星工程，工程量计算规则与砌体墙一致。

2）清单项目设置

砌体墙配砖，工程量清单项目设置、项目特征描述、计量单位、工程量计算规则可参考表5.2.1中“零星砌砖”内容。若有项目特征或其他信息与管理相关，可根据需要进行设置。

3）模型调整

本教程采用“公制窗”族样板创建的砌体砖族的方式，直接在砌体墙上堆砌即可达到配砖的目的。通过这种直接嵌入墙体的方式将整个砌筑的整个环节给真实有效的模拟出来，还能对各个细部的构造展开精确真实的模拟。具体步骤如下：

使用“公制窗”族样板分别创建出导墙砖族、砌体砖族、塞缝砖族以及三角预制块族（图5.2.1-6）。

（1）选择“建筑”选项卡，构建面板中“窗”命令，选择“导墙砖190mm×45mm×90mm”在墙端点处进行放置，用“阵列”命令向右进行复制，勾选“成组并关联”，阵列间距为200mm（图5.2.1-7）。

（2）在第二层墙端点处与下一行砖错开半砖位置放置，同理用“阵列”命令向右进行复制，直至完成三行导墙砖放置（图5.2.1-8）。

（3）选择“烧结页岩多孔砖190mm×115mm×90mm”，在导墙端点处进行放

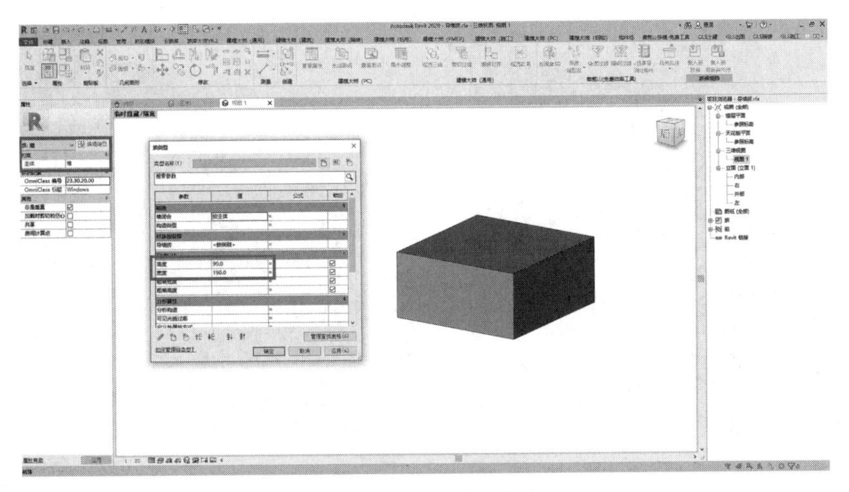

图 5.2.1-6　砌体砖族创建

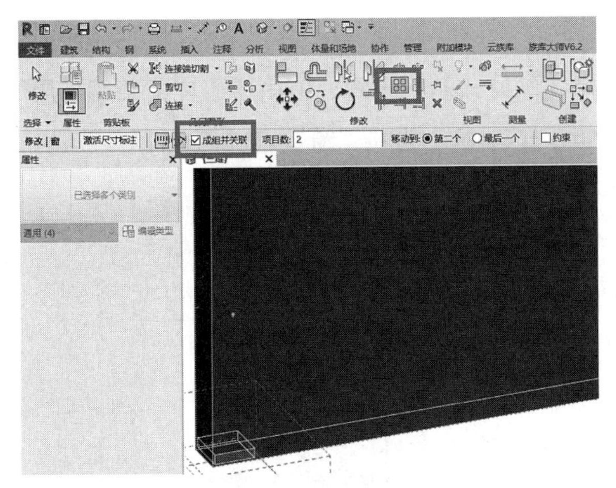

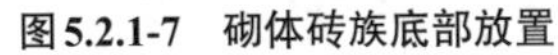

图 5.2.1-7　砌体砖族底部放置

图 5.2.1-8　砌体砖族底部错缝放置

置，用“阵列”命令向右进行复制，勾选“成组并关联”，阵列间距为200mm；在墙端点处与上一行砖错开半砖位置放置，同理用“阵列”命令向右进行复制，直至预留200mm塞缝砖空间，完成砌体墙砖放置（图5.2.1-9）。

（4）选择“塞缝砖190mm × 53mm × 90mm”，在墙左侧端点处进行放置，用“阵列”命令向右进行复制，勾选“成组并关联”，阵列间距为63mm，同理在墙右侧端点处进行放置，用“阵列”命令向左进行复制，直至与左侧塞缝砖汇接。

（5）选择“三角预制块”，分别放置在塞缝砖左中右侧，最终完成整面砌体墙配砖（图5.2.1-10）。

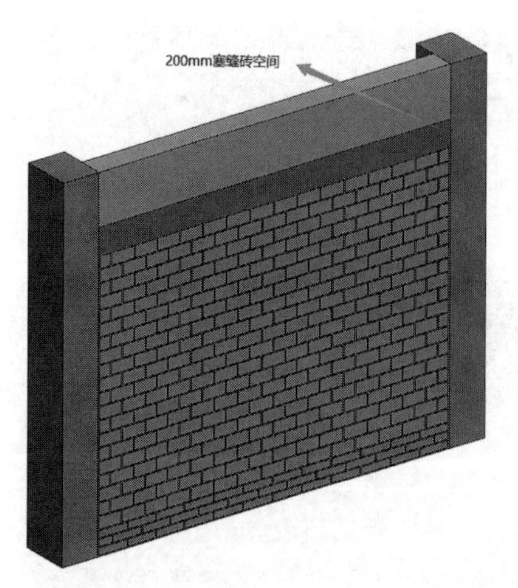

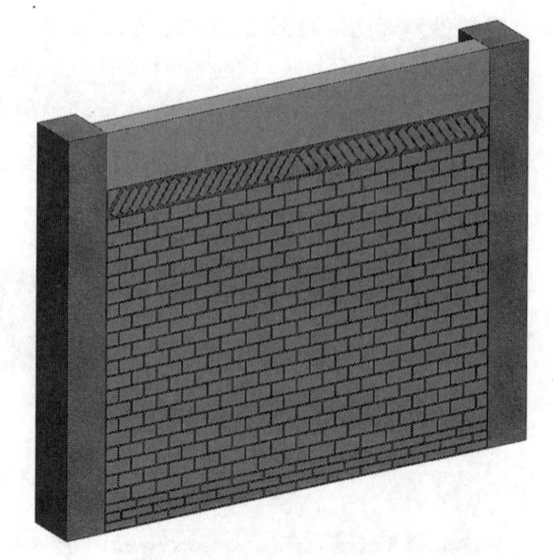

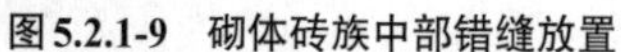
图5.2.1-9　砌体砖族中部错缝放置

图5.2.1-10　砌体墙配砖三维展示

4）项目特征添加

砌体墙配砖与砌体墙项目特征添加的方式基本一致，但由于砌体配砖族采用的“公制窗”族样板创建而成，因此在类别选项栏中选中“窗”（图5.2.1-11）。

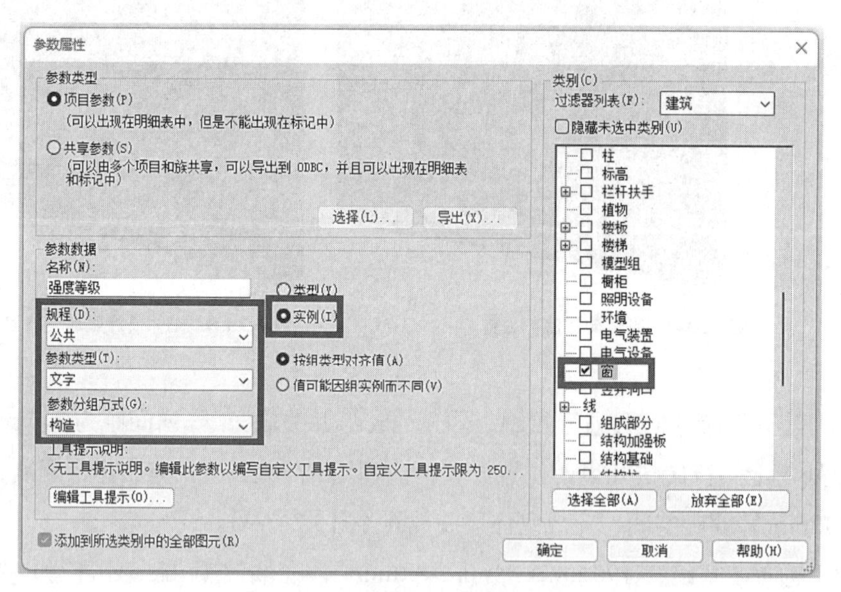

图5.2.1-11　砌体墙配砖属性信息添加

5）明细表提取工程量

砌体墙配砖所需的信息都设置完成之后，新建窗工程量明细表（由于配砖族属性为窗，故此处应用窗明细表进行工程量统计），将计量所需字段：族与类型、强度等级、规格、砂浆强度、体积、合计添加进明细表中。然后调整字段的排序/成组，按照墙体类型、强度等级等依次排序，勾选“总计”并取消“逐项列举每个实例”。最终砌体墙工程量明细表如图5.2.1-12所示。

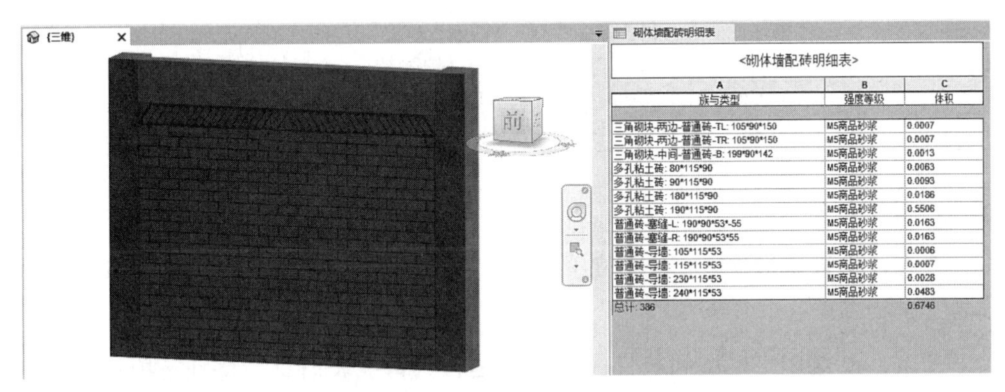

图5.2.1-12　砌体墙配砖工程量明细表

5.2.2 门窗工程

1. 门工程量

1）工程量计算规则

门构件在通过BIM计算工程量时基于实物量维度考虑，虽然门构件种类众多，但是计算方式都是按设计图示数量计算。

2）清单项目设置

门工程，工程量清单项目设置、项目特征描述、计量单位、工程量计算规则可参考表5.2.2-1执行。若有项目特征或其他信息与管理相关，可根据需要进行设置。

门工程　　表5.2.2-1

<table>
<tr><th>项目编码</th><th>项目名称</th><th>项目特征</th><th>工程量计算规则</th><th>工程量</th></tr>
<tr><td>010802003027</td><td>乙级钢质防火门</td><td>1.门代号及洞口尺寸：综合考虑；
2.门框、扇材质：乙级钢质防火门</td><td rowspan="3">以樘计量，按设计图示数量计算</td><td></td></tr>
<tr><td>010801004001</td><td>丙级木质防火门</td><td>1.门代号及洞口尺寸：综合考虑；
2.门框、扇材质：丙级木质防火门</td><td></td></tr>
<tr><td>010802001068</td><td>65系列铝合金平开门</td><td>1.门代号及洞口尺寸：综合考虑；
2.门框或扇外围尺寸：综合考虑；
3.门框、扇材质：65系列隔热铝合金型材；
4.玻璃品种、厚度：TP6高透光Low-E+12A+TP6中空钢化玻璃</td><td></td></tr>
</table>

续表

项目编码	项目名称	项目特征	工程量计算规则	工程量
010802001070	116系列铝合金推拉门TP6高透光Low-E+12A+TP6中空钢化玻璃	1.门代号及洞口尺寸：综合考虑； 2.门框或扇外围尺寸：综合考虑； 3.门框、扇材质：116系列隔热铝合金型材； 4.玻璃品种、厚度：TP6高透光Low-E+12A+TP6中空钢化玻璃	以樘计量，按设计图示数量计算	

3）模型调整

首先，检查BIM模型门构件的门代号、门洞尺寸、防火信息是否与设计图纸一致。

其次，检查BIM模型门构件属性信息是否具备上表信息，特别是项目特征信息（图5.2.2-1）。

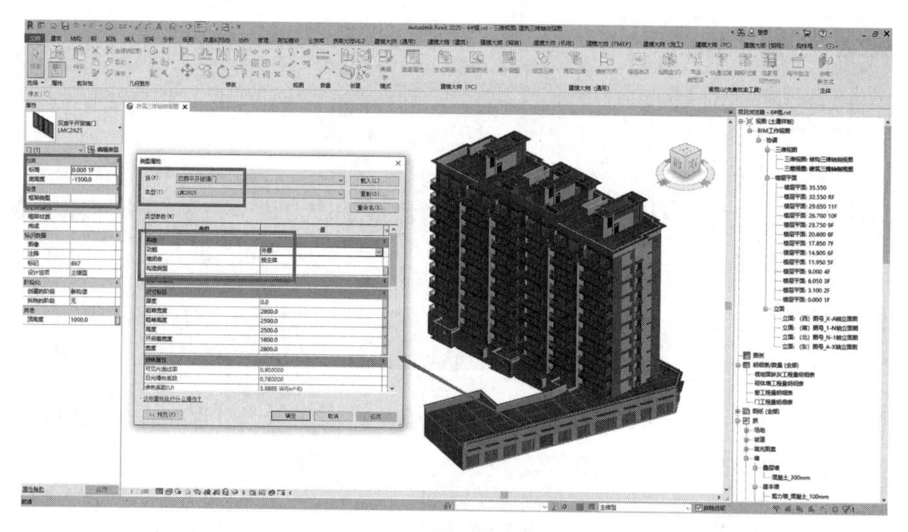

图5.2.2-1　门属性信息

4）项目特征添加

根据上述表格提量要求，针对门构件进行模型信息添加。

BIM模型信息添加包括门类型、门代号、洞口尺寸、防火等级等参数，门类型可以通过族类型命名来统计输入，门代号可以通过构件命名来进行统计输入，洞口尺寸为门“宽度”与“高度”类型参数的集合，“防火等级”为Revit门构件的类型属性中的自有参数，门类型参数如图5.2.2-2所示。

5）明细表提取工程量

门所需的信息都设置完成之后，新建门工程量明细表，将计量所需字段：

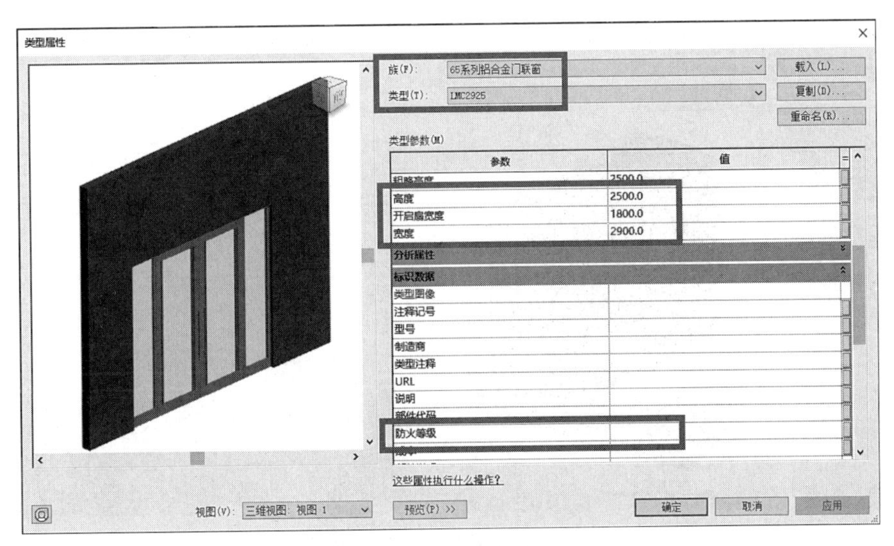

图 5.2.2-2　门属性信息添加

族（门类型）、类型（门代号）、宽度、高度、防火等级、合计添加进明细表中（图5.2.2-3）。然后调整字段的排序/成组，按照族、类型、洞口尺寸、防火等级、合计依次排序，勾选“总计”并取消“逐项列举每个实例”，最终门工程量明细表如图5.2.2-4所示。

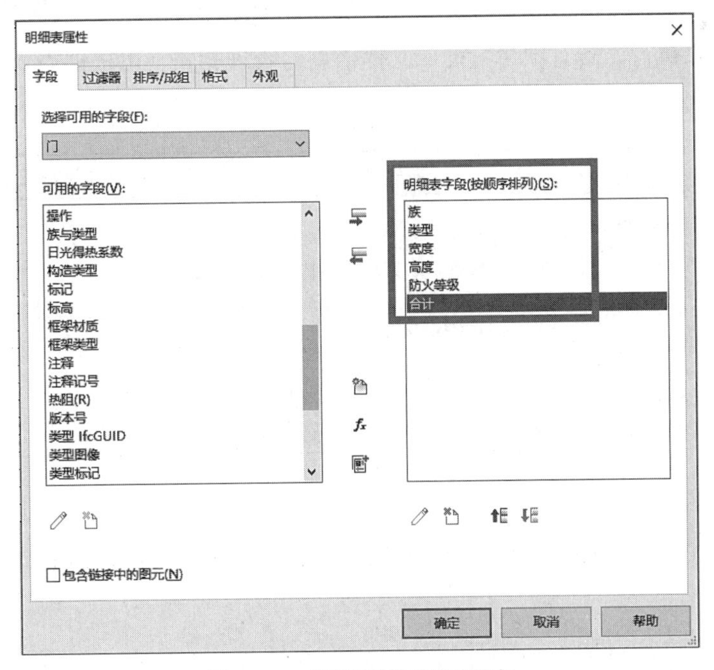

图 5.2.2-3　门明细表字段信息添加

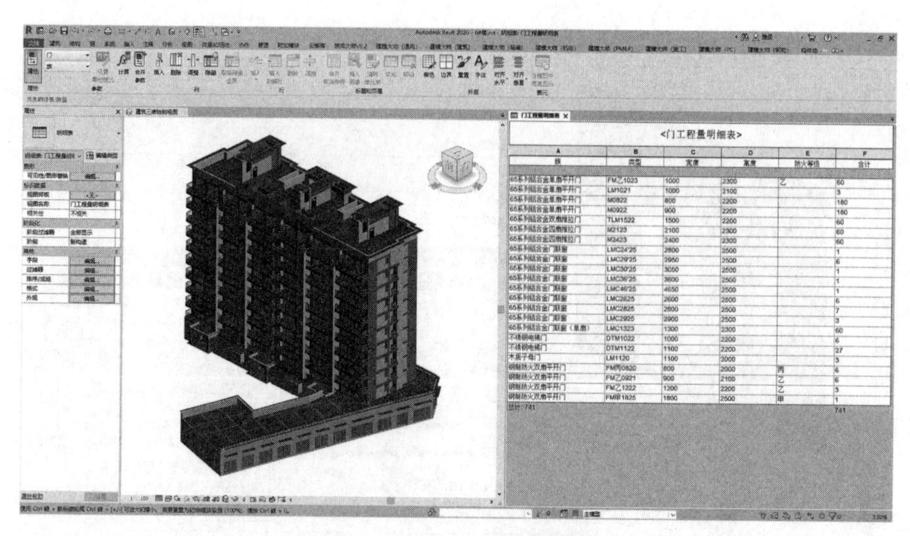

图5.2.2-4　某项目门工程量明细表

2.窗工程

1）工程量计算规则

窗构件的BIM模型创建、工程量计算规则与门构件类似，因此要获取窗工程量，只要将窗构件正确创建出来，在Revit软件中即可自动计算出这一数据。

2）清单项目设置

窗工程，工程量清单项目设置、项目特征描述、计量单位、工程量计算规则可参考表5.2.2-2执行。若有项目特征或其他信息与管理相关，可根据需要进行设置。

窗工程　　表5.2.2-2

项目编码	项目名称	项目特征	工程量计算规则	工程量
010807001035	65系列铝合金平开窗	1.窗代号及洞口尺寸：综合考虑； 2.框、扇材质：65系列隔热铝合金型材； 3.玻璃品种、厚度：TP6高透光Low-E+12A+TP6中空钢化玻璃	以樘计量，按设计图示数量计算	
010807001037	65系列铝合金固定窗			
010807001041	38系列铝合金百叶	1.窗代号及洞口尺寸：综合考虑； 2.框、扇材质：38系列普通铝合金型材		

3）模型调整

首先，检查BIM模型窗构件的窗代号、窗洞尺寸、防火信息是否与设计图纸一致。

其次，检查BIM模型窗构件属性信息是否具备上表信息，特别是项目特征信息（图5.2.2-5）。

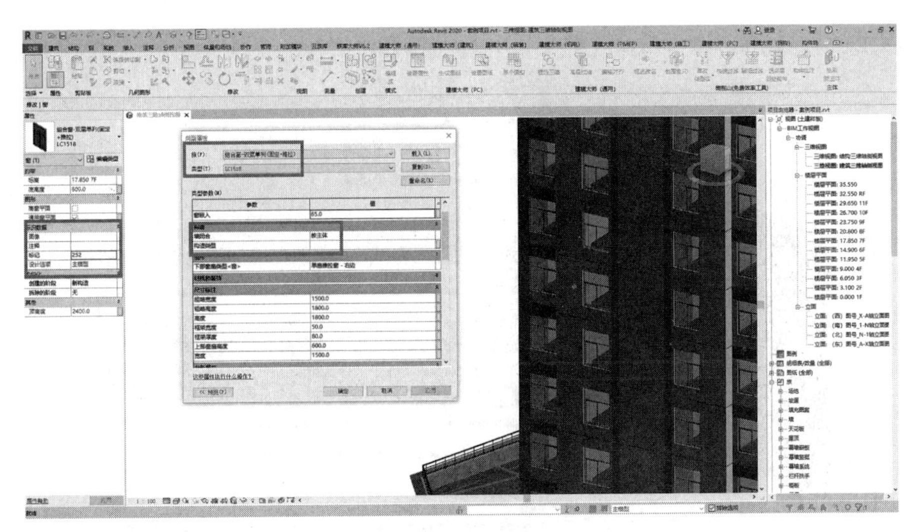

图5.2.2-5　窗属性信息

4）项目特征添加

根据上述表格提量要求，针对门构件进行模型信息添加。

BIM信息模型添加包括窗类型、窗代号、洞口尺寸、防火等级、玻璃品种及厚度等参数，窗类型可以通过族类型命名来统计输入，窗代号可以通过构件命名来进行统计输入，洞口尺寸为窗构件“宽度”与“高度”参数的集合，防火等级、玻璃品种及厚度等这几类特征参数在Revit窗构件中本身是没有的，需要自行手动添加。

以添加防火等级参数为例，点击Revit管理选项卡下的项目参数，在创建参数的时候选择“类型”属性，规程选择“公共”，参数类型选择“文字”，参数分组方式选择“构造”，类别选中建筑下的“窗”（图5.2.2-6）。所有参数设置完成之后，

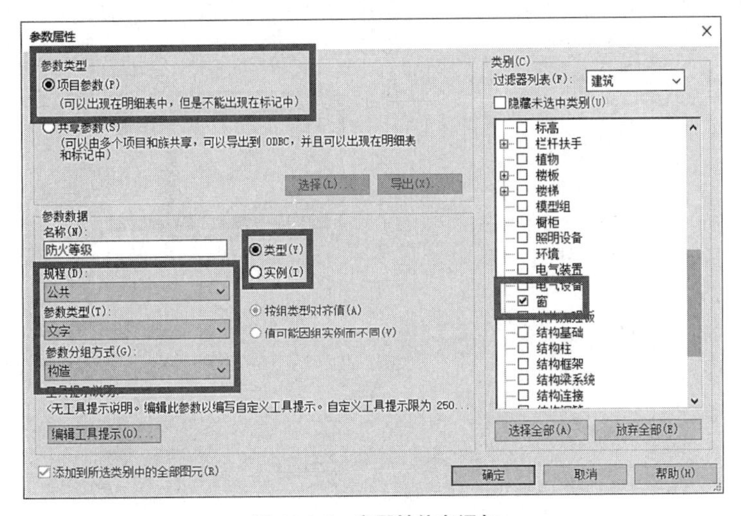

图5.2.2-6　窗属性信息添加

窗的类型属性界面如图5.2.2-7所示。

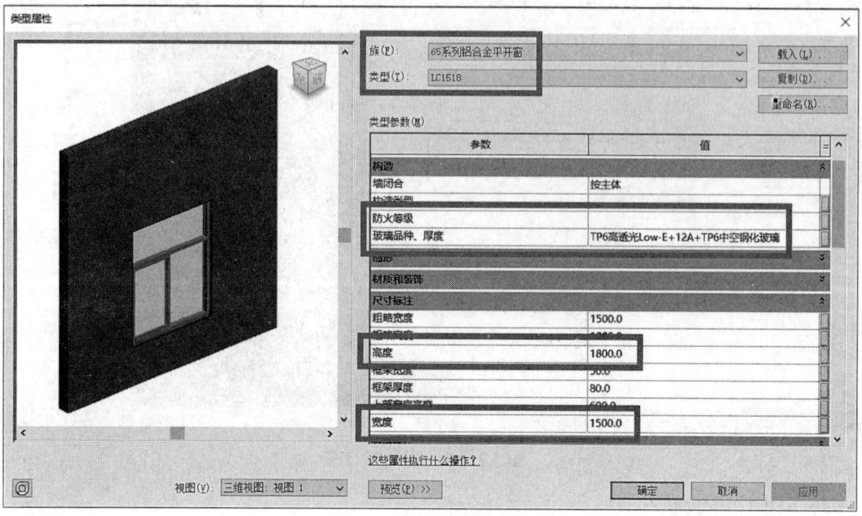

图5.2.2-7　窗属性信息

5）明细表提取工程量

窗所需的信息都设置完成之后，新建窗工程明细表，将计量所需字段：族（窗类型），类型（窗代号），宽度、高度，防火等级，玻璃品种、厚度，合计添加进明细表中（图5.2.2-8）。然后调整字段的排序/成组，按照族、类型、洞口尺寸、防火等级依次排序，勾选“总计”并取消“逐项列举每个实例”，最终窗工程量明细表如图5.2.2-9所示。

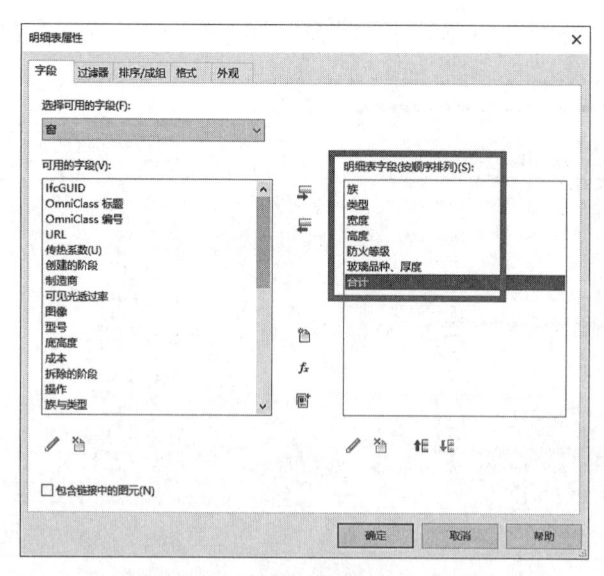

图5.2.2-8　窗构件明细表字段信息添加

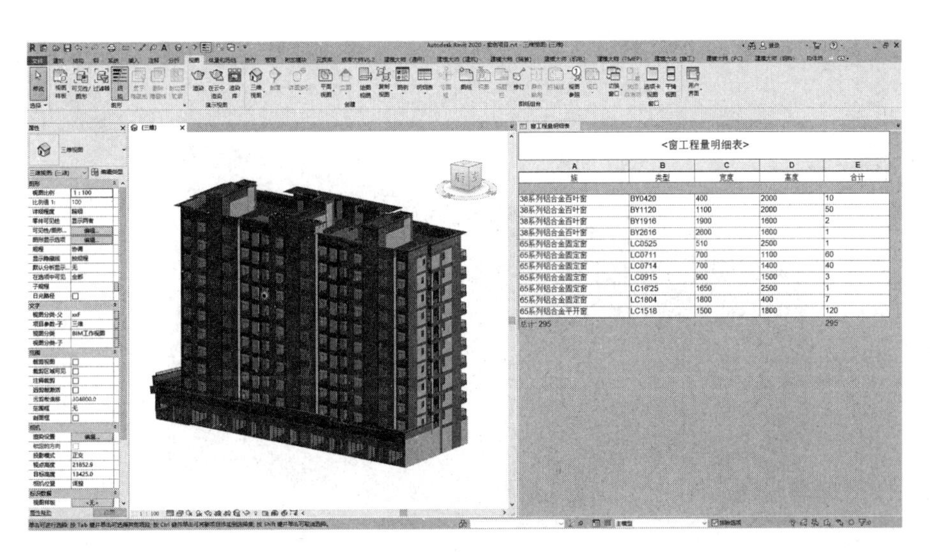

图5.2.2-9 某项目窗构件工程量明细表

5.2.3 楼梯

1. 楼梯工程量

1）工程量计算规则

在BIM模型中通过楼梯族构件进行楼梯模型搭建，主要通过修改其参数，匹配二维设计图纸。由于楼梯族构件自身的特殊性，不能统计楼梯单件体积，仅能获取楼梯数量、材料类型等工程量。

2）清单项目设置

楼梯工程，工程量清单项目设置、项目特征描述、计量单位、工程量计算规则可参考表5.2.3-1执行。若有项目特征或其他信息与管理相关，可根据需要进行设置。

楼梯工程 **表5.2.3-1**

编码	项目名称	项目特征	计量单位	计算规则	工程量
010506001	直形楼梯	1.混凝土类别； 2.混凝土强度等级	个	以个计量，按楼层计算	

3）模型调整

楼梯在设计模型调整时应注意楼梯范围、标高是否与设计图纸一致，且应根据楼层进行楼梯模型拆分（图5.2.3-1）。

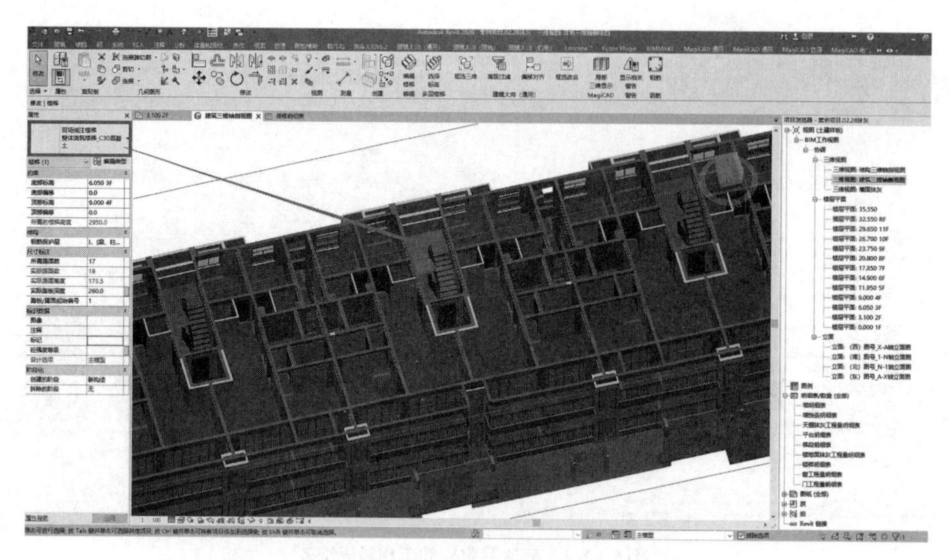

图5.2.3-1　楼梯构件三维展示

4）项目特征添加

根据表5.2.3-1要求，针对楼梯构件进行模型信息添加。

BIM模型信息主要包括楼梯类型、梯段类型、平台类型等参数，以上可以通过构件命名来进行统计输入（图5.2.3-2）。

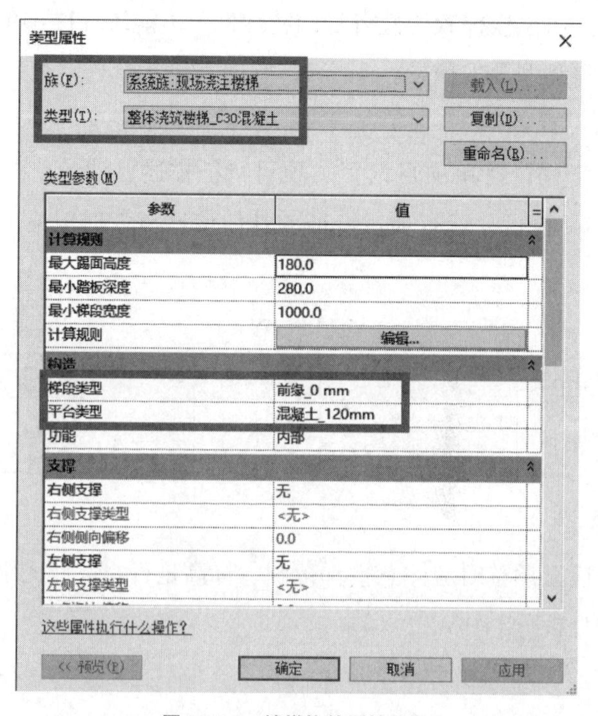

图5.2.3-2　楼梯构件属性信息

5）明细表提取工程量

楼梯所需的信息都设置完成之后，新建楼梯工程明细表，将计量所需字段：类型、梯段类型、平台类型、实际踢面数、实际踢面高度、实际踏板深度、合计添加进明细表中（图5.2.3-3）。然后调整字段的排序/成组，按照类型、实际踢面高度依次排序，勾选“总计”并取消“逐项列举每个实例”，最终楼梯工程量明细表如图5.2.3-4所示。

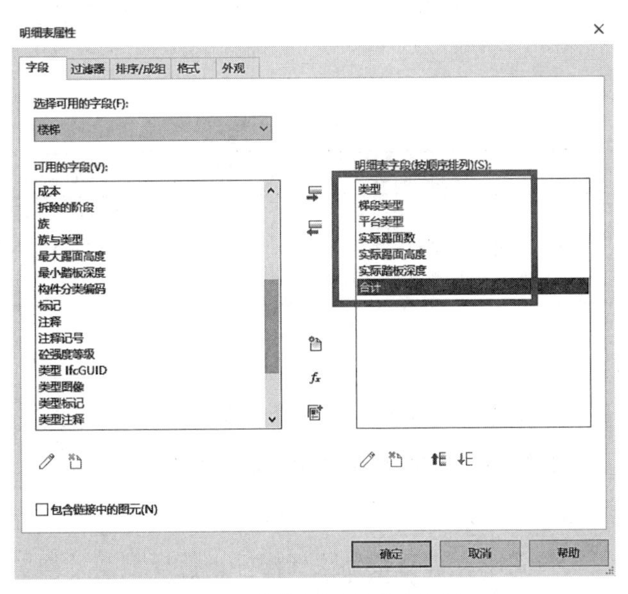

图5.2.3-3　楼梯明细表字段信息添加

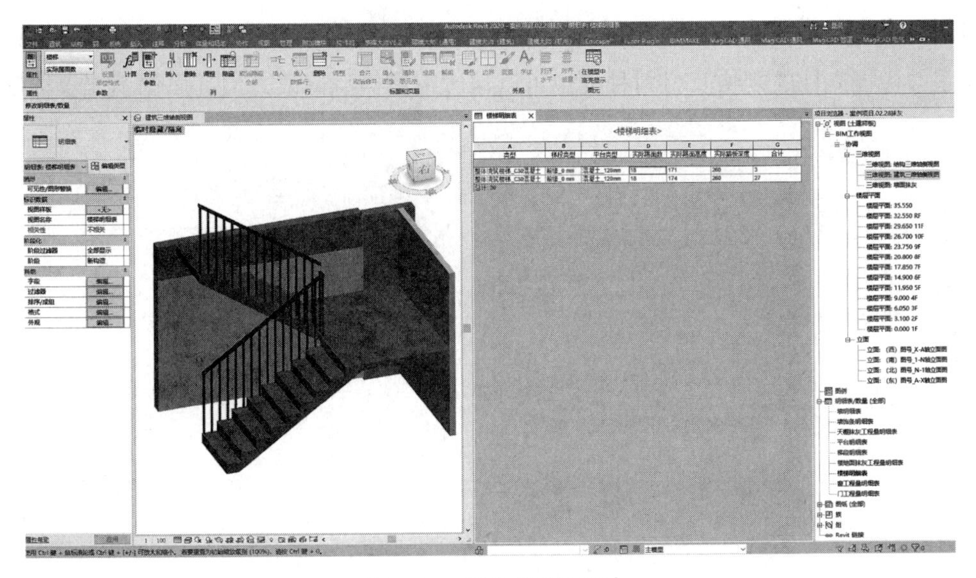

图5.2.3-4　楼梯工程量明细表

2. 楼梯栏杆

1）工程量计算规则

楼梯栏杆工程量按长度计算。楼梯栏杆构件是基于楼梯主体产生的附属构件，因此需要正确创建楼梯构件，才能准确计算楼梯栏杆长度这一数据。

2）清单项目设置

楼梯栏杆工程，工程量清单项目设置、项目特征描述、计量单位、工程量计算规则可参考表5.2.3-2执行。若有项目特征或其他信息与管理相关，可根据需要进行设置。

楼梯栏杆 表5.2.3-2

编码	项目名称	项目特征	计量单位	计算规则	工程量
钢制楼梯栏杆	钢制楼梯栏杆	1.栏杆高度； 2.栏杆扶手规格、材料种类； 3.栏杆立柱规格、材料种类	m	按设计图示以扶手中心线长度（包括弯头长度）计算	

3）模型调整

在楼梯栏杆工程量提取前，需要检查基于楼梯主体是否设置栏杆，其设置位置及长度是否恰当，并根据不同功能区域选择合适的栏杆类型。

4）项目特征添加

根据表5.2.3-2提量要求，针对楼梯栏杆构件进行模型信息添加。

BIM模型修改添加包括栏杆高度、栏杆扶手规格及材料种类、栏杆立柱规格及材料种类、长度等参数。其中栏杆高度可以通过编辑类型修改（图5.2.3-5）；栏杆扶手、栏杆立柱的规格及材料种类也可以通过编辑类型修改，但其属性不能直接反

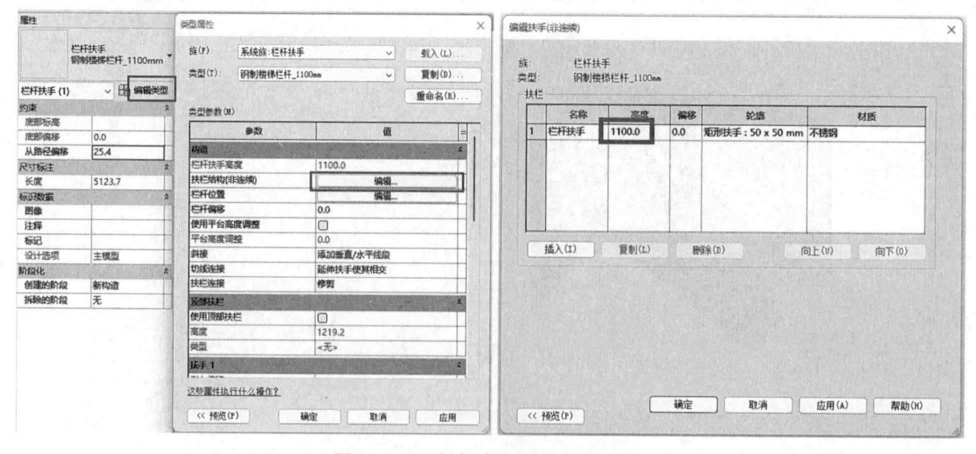

图5.2.3-5 栏杆高度属性信息添加

映在Revit明细表中，因此需要手动添加文字参数对特征进行描述。

以添加栏杆扶手规格、材料种类参数为例，点击Revit管理选项卡下的项目参数，在创建参数的时候选择“类型”属性，规程选择“公共”，参数类型选择“文字”，参数分组方式选择“文字”，类别选中建筑下的“栏杆扶手”(图5.2.3-6)。栏杆立柱规格及材料种类参数也可按照上述步骤进行参数添加。

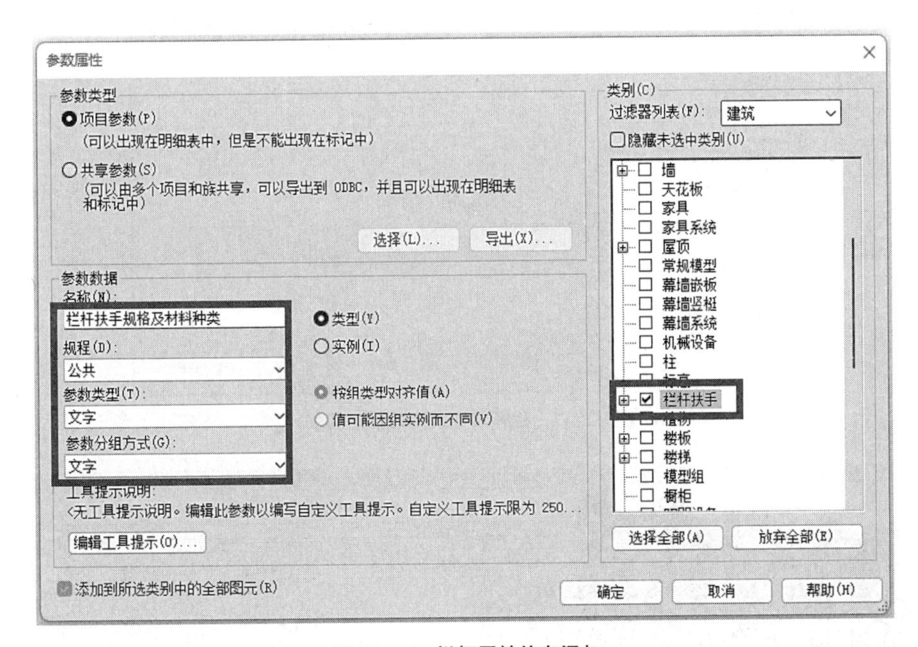

图5.2.3-6　栏杆属性信息添加

5）明细表提取工程量

楼梯栏杆所需的信息都设置完成之后，新建楼梯栏杆扶手工程明细表，将计量所需字段：族与类型，栏杆扶手高度，栏杆扶手规格、材料种类，栏杆立柱规格、材料种类，长度添进明细表中(图5.2.3-7)。然后调整字段的排序/成组，按照族与类型、栏杆扶手高度依次排序，勾选“总计”并取消“逐项列举每个实例”，最终楼梯栏杆工程量明细表如图5.2.3-8所示。

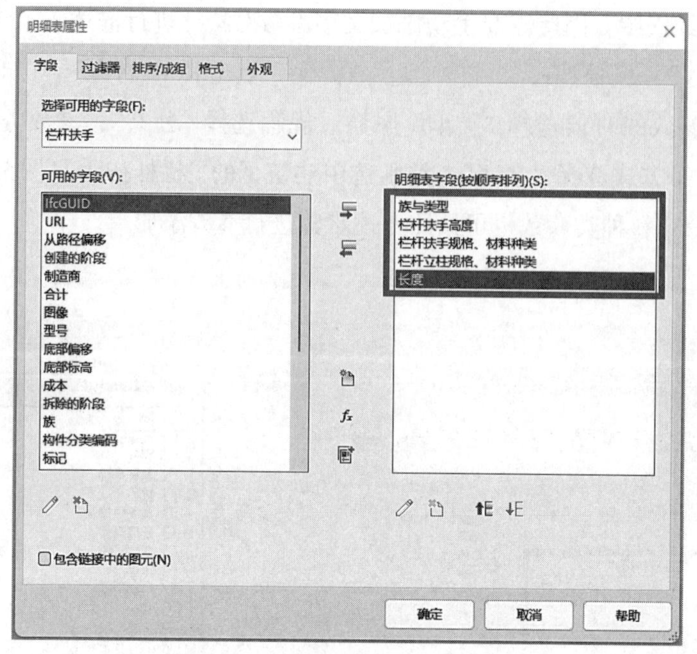

图 5.2.3-7　栏杆明细表字段信息添加

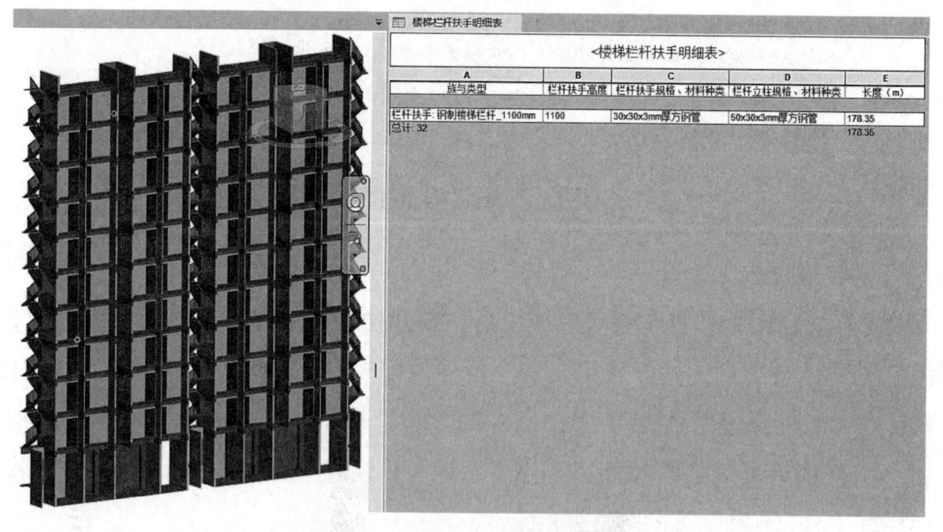

图 5.2.3-8　楼梯栏杆工程量明细表

5.2.4　楼地面工程

1. 楼地面构造层工程

1）工程量计算规则

楼地面构造层工程量统计方式按照面积计算，需扣除凸出地面构筑物、设备基础、室内管道、地沟等影响因素所占面积。

2）清单项目设置

楼地面构造层，工程量清单项目设置、项目特征描述、计量单位、工程量计算规则可参考表5.2.4-1执行。若有项目特征或其他信息与管理相关，可根据需要进行设置。

楼地面构造层工程 **表5.2.4-1**

<table>
<tr><th>项目编码</th><th>项目名称</th><th>项目特征</th><th>工程量计算规则</th><th>工程量</th></tr>
<tr><td>011101006031</td><td>水泥砂浆地面</td><td>面层厚度、砂浆种类及配合比：20mm厚M15商品水泥砂浆</td><td rowspan="3">按设计图示尺寸以面积计算。扣除凸出地面构筑物、设备基础、室内管道、地沟等所占面积</td><td></td></tr>
<tr><td>011101007065</td><td>混凝土面层地面</td><td>1.基层处理：素水泥浆一道；
2.面层厚度、混凝土强度等级：20mm厚C20商品细石混凝土面层</td><td></td></tr>
<tr><td>011101007066</td><td>细石混凝土垫层</td><td>找平层厚度、混凝土强度等级：30mm厚C20商品细石混凝土找平层</td><td></td></tr>
</table>

3）模型调整

楼地面在设计模型调整时不但应注意复核楼地面抹灰构造层厚度、范围、开洞是否与设计图纸一致，而且应根据房间布局进行楼地面模型范围的拆分，还应将抹灰层与镶贴层拆分，最终应使每一个单独的房间或区域内应只存在一个楼地面抹灰模型（图5.2.4-1）。

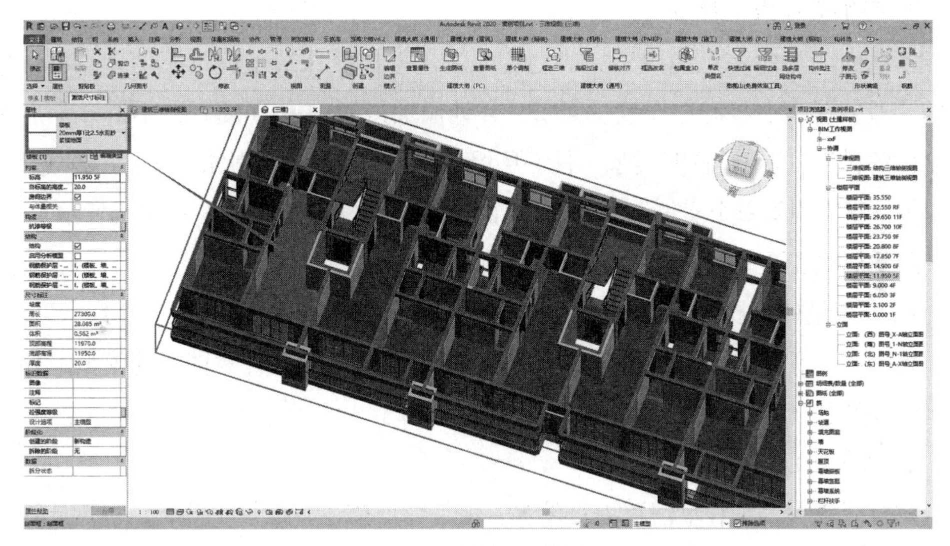

图5.2.4-1　楼地面三维展示

4）项目特征添加

根据表5.2.4-1提量要求，针对楼地面抹灰层构件进行模型信息修改。

BIM模型信息主要包括楼地面类型、楼地面厚度、垫层种类及厚度、找平层厚度及配合比、面层厚度及配合比等参数，以上可以通过构件命名来进行统计输入（图5.2.4-2）。

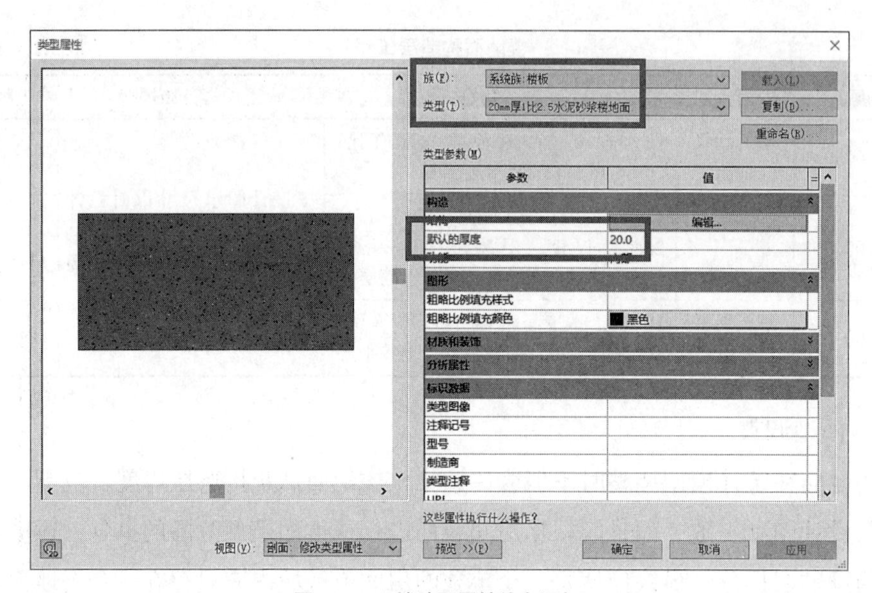

图5.2.4-2　楼地面属性信息添加

5）明细表提取工程量

楼地面所需的信息都设置完成之后，新建楼地面抹灰工程量明细表，将计量所需字段：类型、核心层厚度、面积、合计添加进明细表中（图5.2.4-3）。然后调整字段的排序/成组，按照类型、核心层厚度、面积、合计依次排序，勾选“总计”并取消“逐项列举每个实例”，最终楼地面抹灰工程量明细表如图5.2.4-4所示。

2. 踢脚线工程

1）工程量计算规则

踢脚线工程量按延长米计算，只要在Revit模型中按设计意图创建模型，即可得到踢脚线长度统计数据。

2）清单项目设置

踢脚线工程，工程量清单项目设置、项目特征描述、计量单位、工程量计算规则可参考表5.2.4-2执行。若有项目特征或其他信息与管理相关，可根据需要进行设置。

图5.2.4-3　楼地面明细表字段信息添加

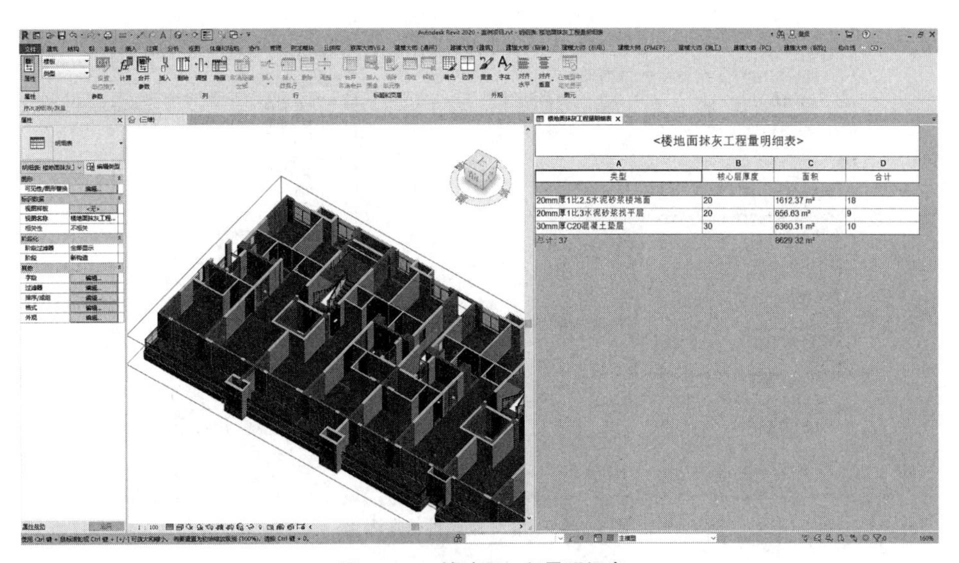

图5.2.4-4　楼地面工程量明细表

踢脚线　　　　　　　　　　　　　　　　**表5.2.4-2**

<table>
<tr><th>编码</th><th>项目名称</th><th>项目特征</th><th>计量单位</th><th>计算规则</th><th>工程量</th></tr>
<tr><td>011105003001</td><td>防滑地砖踢脚线</td><td>1.踢脚线高度；
2.粘贴层厚度、材料种类</td><td rowspan="2">m</td><td rowspan="2">按延长米计算</td><td></td></tr>
<tr><td>011105007001</td><td>防静电踢脚线</td><td>1.踢脚线高度；
2.材料种类</td><td></td></tr>
</table>

3）模型检查

在楼地面踢脚线工程量提取前，需要检查是否按照设计图进行踢脚线模型搭建，踢脚线轮廓以及标高是否正确。

4）项目信息添加

根据表5.2.4-2提量要求，针对踢脚线构件进行模型信息添加。

BIM模型信息添加包括踢脚线类型、踢脚线高度、粘贴层厚度及材料种类等参数，踢脚线类型可以通过构件命名进行修改，踢脚线高度、粘贴层厚度及材料种类这几类特征参数Revit本身是没有的，需要自行手动添加。本节踢脚线构件按照“墙饰条”属性进行考虑。

以添加踢脚线高度参数为例，点击Revit管理选项卡下的项目参数，在创建参数的时候选择“类型”属性，规程选择“公共”，参数类型选择“文字”，参数分组方式选择“文字”，类别选中建筑下的“墙饰条”（图5.2.4-5）。其他几类参数也可按照上述步骤依次添加，最终踢脚线的类型参数界面如图5.2.4-6所示。

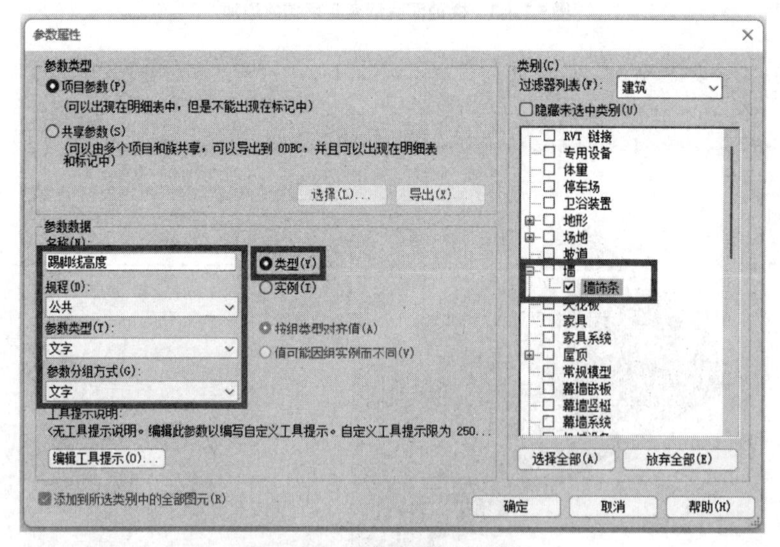

图5.2.4-5 墙饰条属性信息添加

5）明细表提取工程量

踢脚线所需的信息都设置完成之后，新建楼地面踢脚线工程量明细表，将计量所需字段：族与类型、踢脚线高度、粘结层厚度、材质、长度添加进明细表中（图5.2.4-7）。然后调整字段的排序/成组，按照族与类型、踢脚线高度等依次排序，勾选“总计”并取消“逐项列举每个实例”。调整完之后更改格式，选中长度，将单位方式调整为“m”，最终楼地面踢脚线明细表如图5.2.4-8所示。

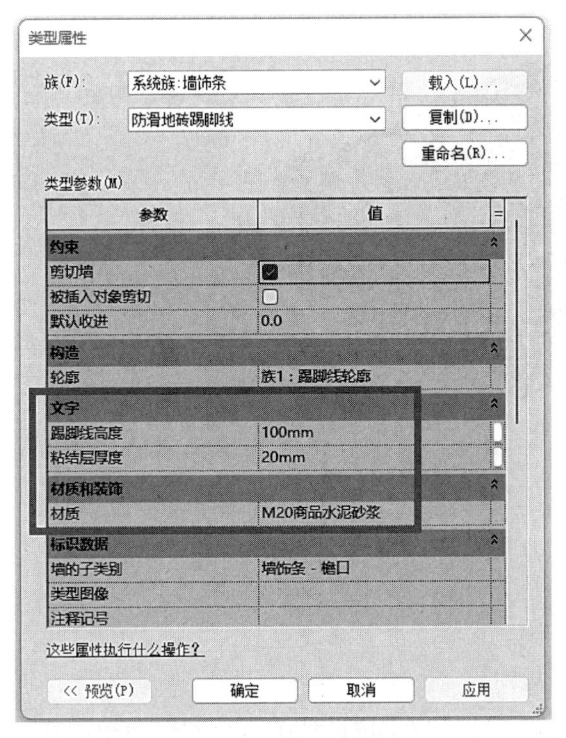

图 5.2.4-6 墙饰条属性信息

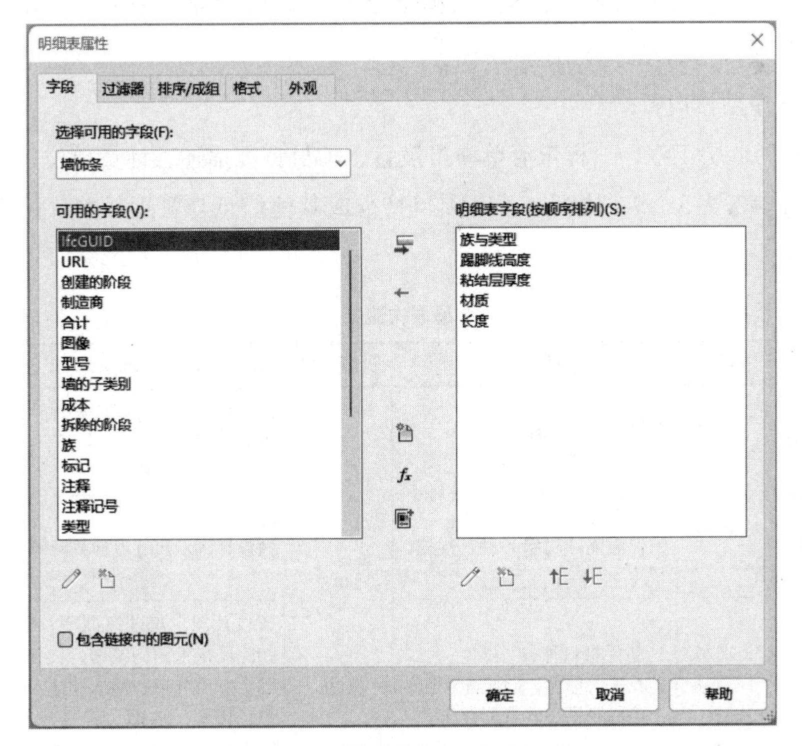

图 5.2.4-7 踢脚线明细表字段信息添加

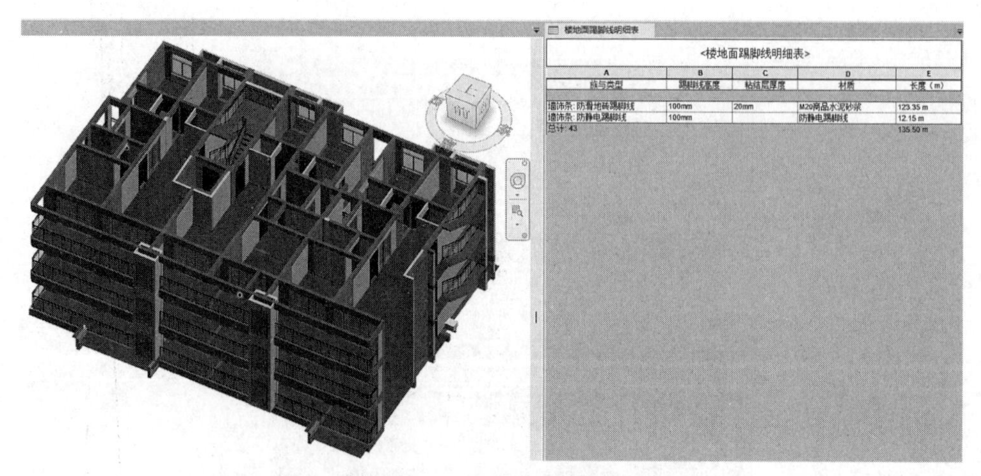

图5.2.4-8　踢脚线工程量明细表

5.2.5 屋面工程

1.屋面构造层工程

1）工程量计算规则

屋面构造层工程量统计方式按设计图示尺寸以面积计算，根据不同属性的构造层扣除相应影响因素所占面积。只要按设计图示将屋面范围正确创建出来，在Revit软件中即可自动计算出这一数据。

2）清单项目设置

屋面构造层工程，工程量清单项目设置、项目特征描述、计量单位、工程量计算规则可参考表5.2.5-1执行。若有项目特征或其他信息与管理相关，可根据需要进行设置。

屋面构造层　　表5.2.5-1

编码	名称	项目特征	计量单位	计算规则	工程量
010902003	屋面刚性层	1.刚性层厚度； 2.混凝土强度等级	m^2	按设计图示尺寸以面积计算。不扣除房上烟囱、风帽底座、风道等所占面积	
011001001	保温隔热屋面	1.保温隔热部位：屋面； 2.保温隔热材料品种、规格、厚度		按设计图示尺寸以面积计算	
011101001	屋面水泥砂浆面层	1.垫层材料种类、厚度； 2.找平层厚度、砂浆配合比； 3.面层厚度、砂浆配合比		按设计图示尺寸以面积计算。扣除凸出地面构筑物、设备基础、室内管道、地沟等所占面积，门洞、空圈、暖气包槽、壁龛的开口部分不增加面积	

3）模型调整

在屋面刚性层工程量提取前，需要检查刚性层模型是否按照设计图示尺寸建模，房上烟囱、风帽底座、风道是否已扣减，尺寸标高是否设置正确；在保温隔热屋面工程量提取前，需要检查保温层模型是否按照设计图示尺寸建模，尺寸标高是否设置正确；屋面面层需按照面层类型结合对应的工程量计算规则对模型进行整体调整，下文以水泥砂浆屋面举例。

4）项目特征添加

根据上述表格提量要求，对刚性层、保温隔热层构件进行模型信息添加，刚性层模型信息主要包括刚性层厚度、混凝土强度等级（图5.2.5-1），保温隔热层主要包括隔热材料、规格、厚度（图5.2.5-2）。屋面面层模型信息主要包括垫层材料种类、厚度、找平层厚度、砂浆配合比、面层厚度、砂浆配合比（图5.2.5-3）。

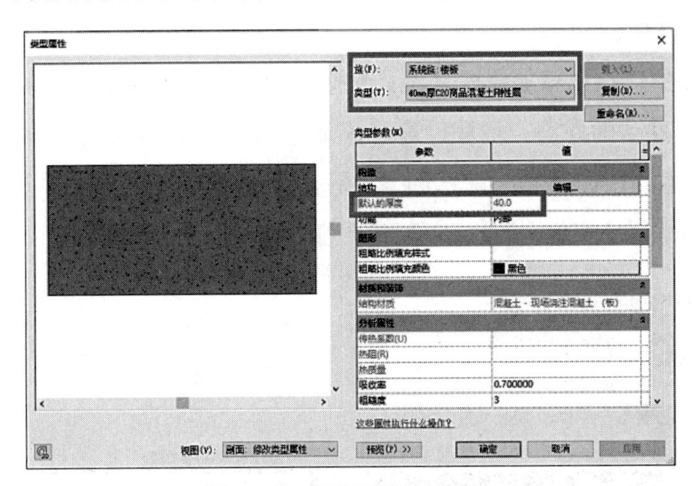

图5.2.5-1　刚性层属性信息添加

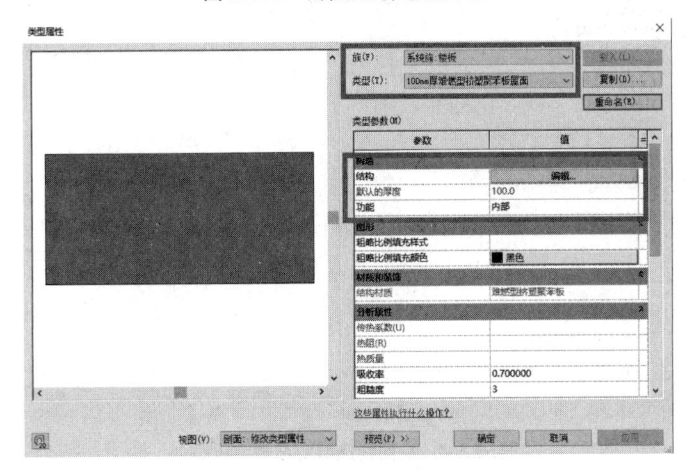

图5.2.5-2　保温隔热层属性信息添加

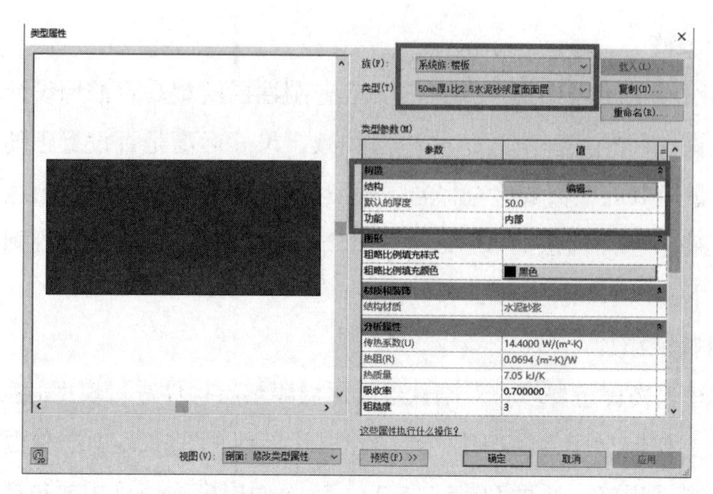

图5.2.5-3　屋面面层属性信息添加

5）明细表提取工程量

模型所需的信息都添加完成之后，新建屋面构造层工程量明细表，将计量所需字段：类型、默认的厚度、面积、合计添加进明细表中（图5.2.5-4）。然后调整字段的排序/成组，按照类型、默认的厚度、面积、合计依次排序，勾选“总计”并取消“逐项列举每个实例”，最终工程量明细表如图5.2.5-5所示。

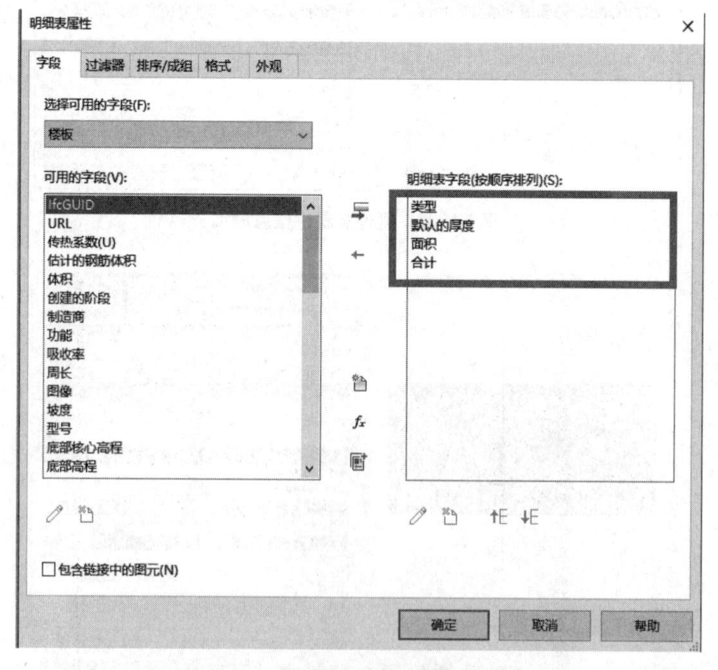

图5.2.5-4　屋面构造层明细表字段添加

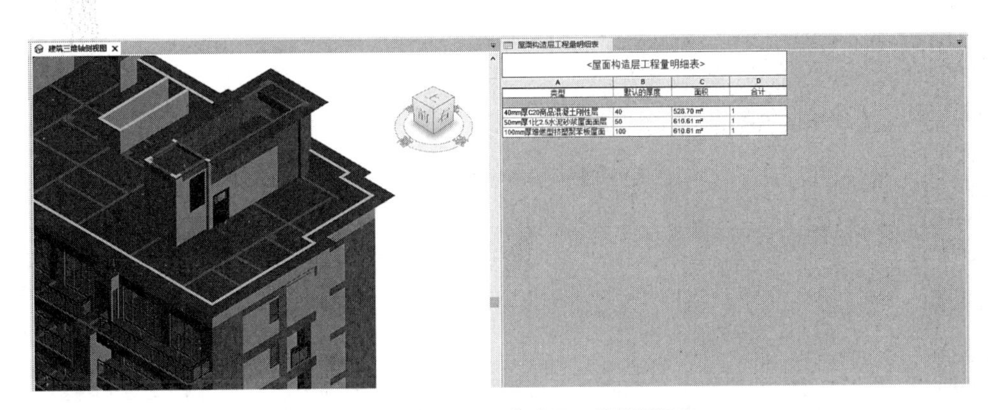

图5.2.5-5　某项目屋面构造层工程量明细表

2.屋面变形缝

1）工程量计算规则

屋面变形缝工程量按设计图示以长度计算，只要在Revit模型中按设计意图创建模型，即可得到屋面变形缝长度统计数据。

2）清单项目设置

屋面变形缝工程，工程量清单项目设置、项目特征描述、计量单位、工程量计算规则可参考表5.2.5-2执行。若有项目特征或其他信息与管理相关，可根据需要进行设置。

变形缝　　表5.2.5-2

编码	项目名称	项目特征	计量单位	计算规则	工程量
010902008002	屋面变形缝	1.嵌缝材料种类：沥青麻丝填缝； 2.止水带材料种类：遇水膨胀止水条	m	按设计图示以长度计算	

3）模型调整

屋面变形缝在设计模型调整时应注意设置位置、长度以及材质的选取是否恰当。

4）项目特征添加

根据表5.2.5-2提量要求，针对屋面变形缝构件进行模型信息添加。

BIM模型信息添加主要是补充材质信息，可以通过新建参数的方式进行手动添加。本节变形缝构件基于常规模型属性进行考虑。

以添加材质参数为例，进入变形缝构件族环境中，点击材质选项卡关联参数按钮，创建“材料种类”共享参数，规程选择“公共”，参数类型选择“材质”，参数分组方式选择“材质和装饰”，最终可在Revit项目环境中对变形缝材料种类进行添加（图5.2.5-6）。

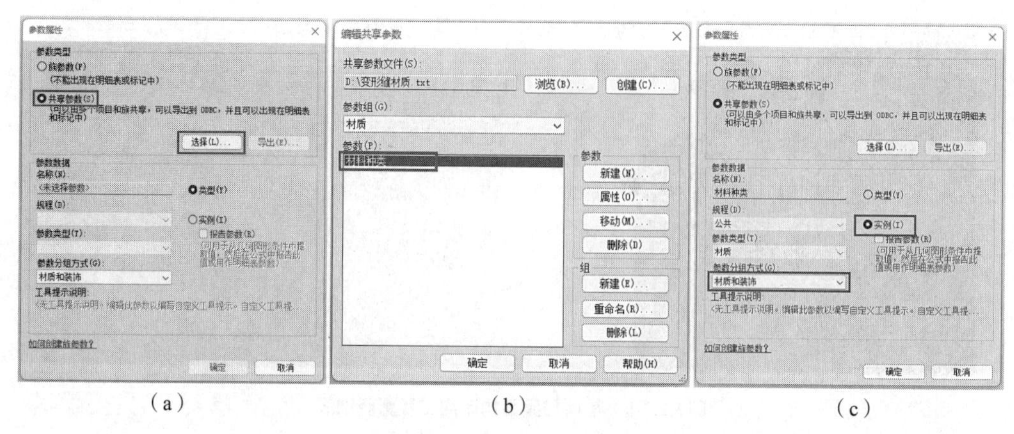

（a）　　（b）　　（c）

图5.2.5-6　变形缝属性信息添加

5）明细表提取工程量

变形缝材质信息设置完成后，新建屋面变形缝工程量明细表，将计量所需字段：族与类型、材料种类、L（m）添加进明细表中。然后调整字段的排序/成组，按照族与类型、材料种类、L（m）依次排序，勾选“总计”，并取消“逐项列举每个实例”。调整完后，选中L（m），将单位设置为“m”，最终屋面变形缝工程量明细表如图5.2.5-7所示。

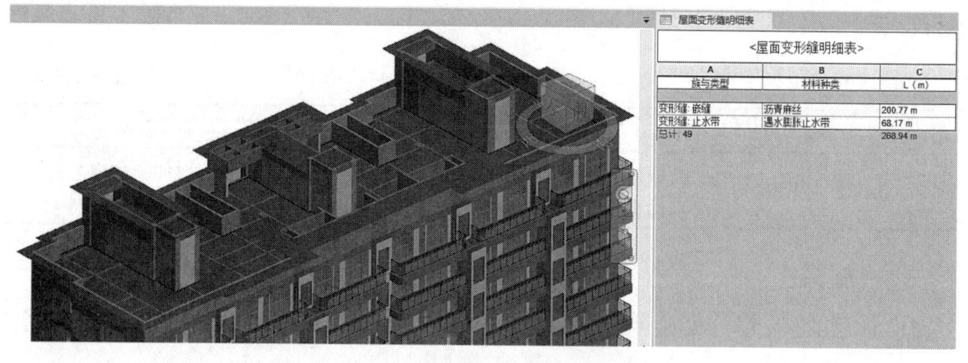

<屋面变形缝明细表>

A	B	C
族与类型	材料种类	L（m）
变形缝: 嵌缝	沥青麻丝	200.77 m
变形缝: 止水带	遇水膨胀止水带	68.17 m
总计: 49		268.94 m

图5.2.5-7　屋面变形缝工程量明细表

5.2.6 墙面抹灰工程

墙体构件在BIM模型创建过程中是依序正常创建的，但是一般设计模型会将抹灰与砌体、面层作为整体在模型中进行表达，且墙面抹灰面积还应包括附墙柱、梁侧壁，因此需对墙体模型进行二次处理，才能从外墙模型上获取外墙抹灰工程量。

1）工程量计算规则

墙面抹灰工程量按设计图示尺寸以面积计算，需扣除墙裙、门窗洞等影响因素所占面积。

2）清单项目设置

墙面抹灰工程，工程量清单项目设置、项目特征描述、计量单位、工程量计算规则可参考表5.2.6执行。若有项目特征或其他信息与管理相关，可根据需要进行设置。

墙面抹灰 **表5.2.6**

项目编码	项目名称	项目特征	计量单位	工程量计算规则	工程量
011201001	墙面一般抹灰	1.墙体类型； 2.底层厚度、砂浆配合比； 3.面层厚度、砂浆配合比	m^2	按设计图示尺寸以面积计算。扣除墙裙、门窗洞口面积，不扣除踢脚线、挂镜线和墙与构件交接处的面积，门窗洞口和孔洞的侧壁及顶面不增加面积。附墙柱、梁、垛、烟囱侧壁并入相应的墙面面积内	
011201002	墙面装饰抹灰				

3）模型调整

墙体在设计模型调整时应注意复核墙面抹灰厚度、开洞是否与设计图纸一致，而且应根据墙类型进行墙面模型范围的拆分，还应将抹灰层，最终附墙柱、梁侧壁并入相应的墙面面积内，使其区域只存在一个墙面抹灰模型（图5.2.6-1）。

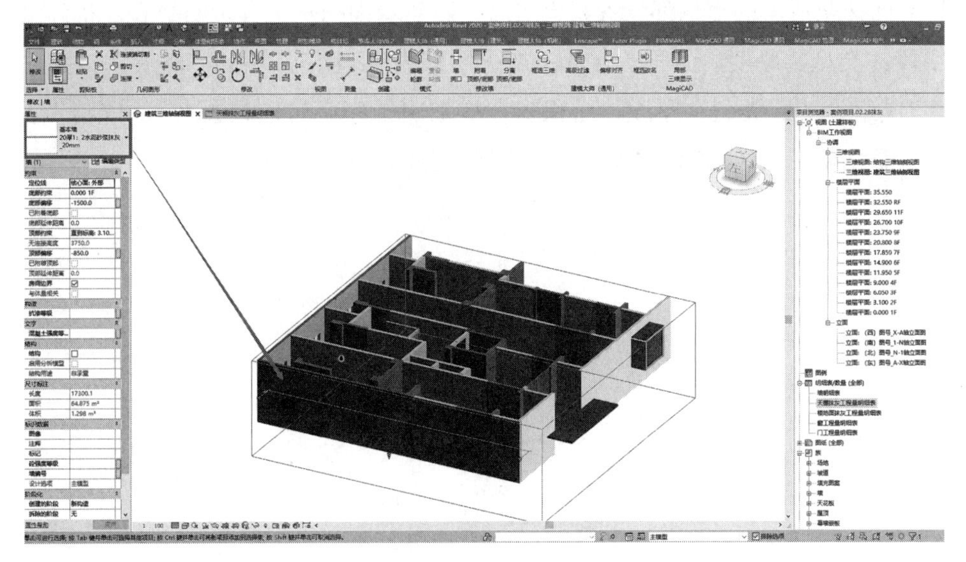

图5.2.6-1 墙面抹灰三维展示

4）项目特征添加

根据表5.2.6提量要求，针对墙面抹灰层构件进行模型信息设置。

BIM模型信息主要包括外墙类型、外墙厚度、抹灰层种类及厚度、找平层厚度及配合比、面层厚度及配合比等参数，以上可以通过构件命名来进行统计输入（图5.2.6-2）。

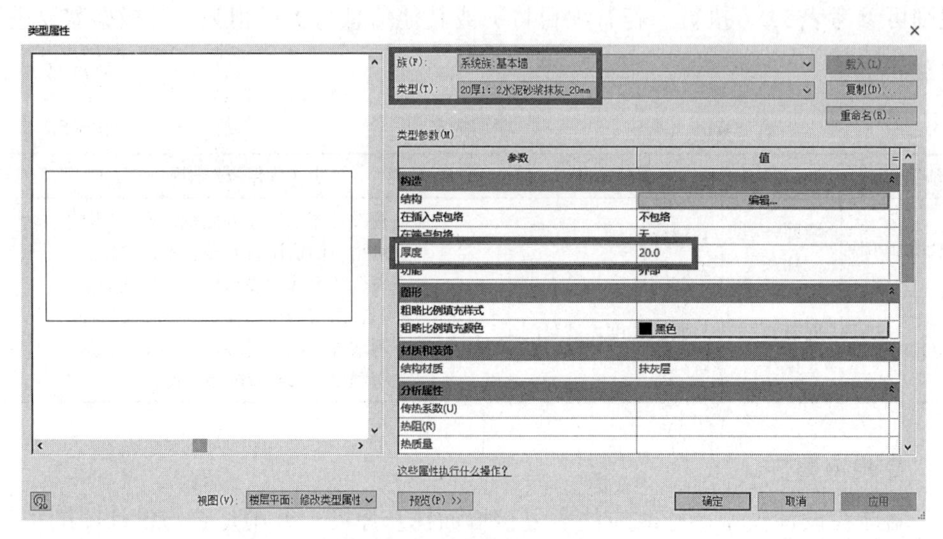

图5.2.6-2　墙体属性信息添加

5）明细表提取工程量

墙面抹灰所需的信息都设置完成之后，新建墙面抹灰工程量明细表，将计量所需字段：类型、厚度、面积、合计添加进明细表中（图5.2.6-3）。然后调整字段的排序/成组，按照类型、厚度、面积、合计依次排序，勾选“总计”并取消“逐项列举每个实例”，最终墙面抹灰工程量明细表如图5.2.6-4所示。

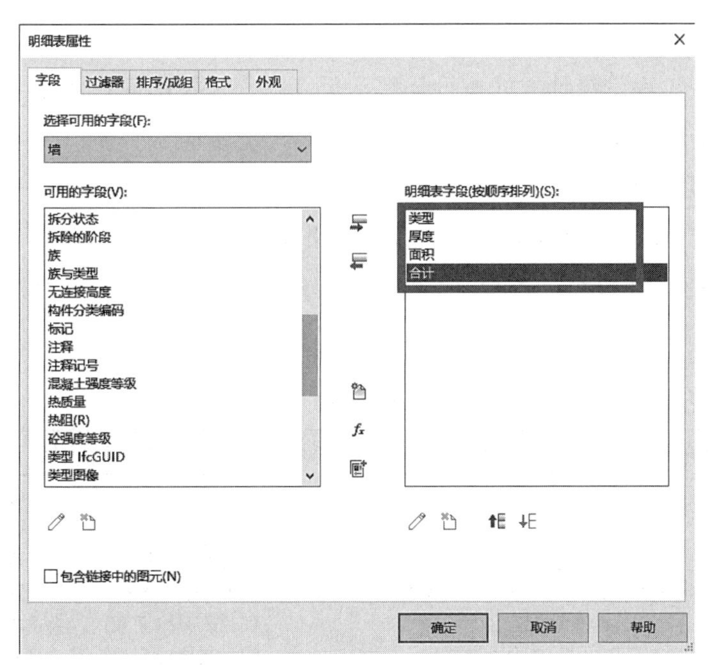

图5.2.6-3　墙面抹灰明细表字段信息添加

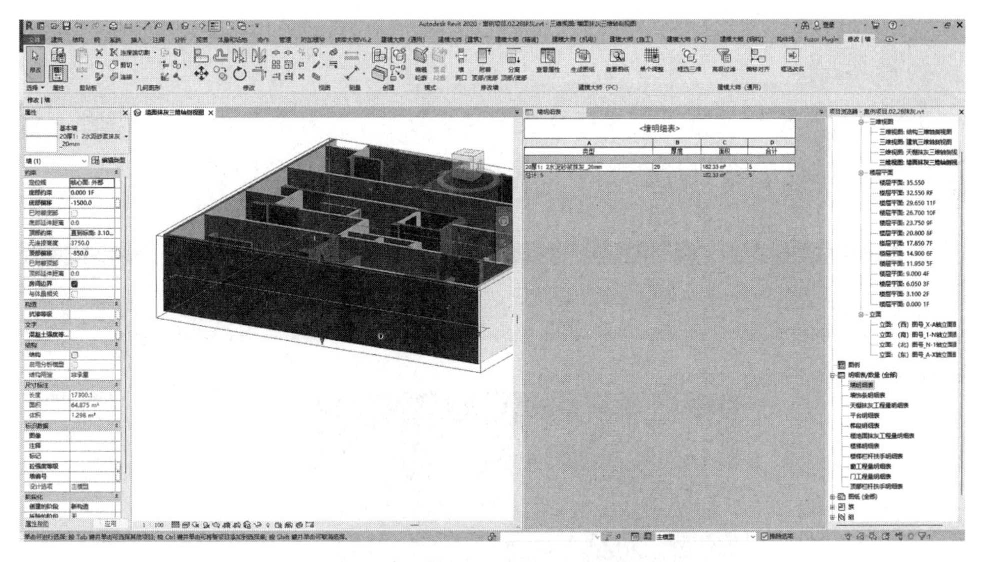

图5.2.6-4　某项目墙面抹灰工程量明细表

5.2.7 天棚抹灰工程

天棚构件在BIM模型创建过程中是选择“楼板”来依序正常创建的，但是一般设计模型会将抹灰与混凝土、面层作为整体在模型中进行表达，因此需明确天棚模型类型并对天棚模型进行二次处理，才能从天棚模型上获取天棚抹灰工程量。

1）工程量计算规则

天棚抹灰工程量统计方式按设计图示尺寸以水平投影面积计算，须扣除间壁墙、垛、柱等影响因素所占面积。

2）清单项目设置

天棚抹灰工程，工程量清单项目设置、项目特征描述、计量单位、工程量计算规则可参考表5.2.7执行。若有项目特征或其他信息与管理相关，可根据需要进行设置。

天棚抹灰　　表5.2.7

项目编码	项目名称	项目特征	计量单位	工程量计算规则	工程量
011301001	天棚抹灰	1.基层类型； 2.抹灰厚度、材料种类； 3.砂浆配合比	m^2	按设计图示尺寸以水平投影面积计算。不扣除间壁墙、垛、柱、附墙烟囱、检查口和管道所占的面积，带梁天棚、梁两侧抹灰面积并入天棚面积内，板式楼梯底面抹灰按斜面积计算，锯齿形楼梯底板抹灰按展开面积计算	

3）模型调整

天棚在设计模型调整时应注意复核天棚抹灰厚度，开洞是否与设计图纸一致，同时结合天棚抹灰工程量计算规则对天棚模型进行拆分或增减（图5.2.7-1）。

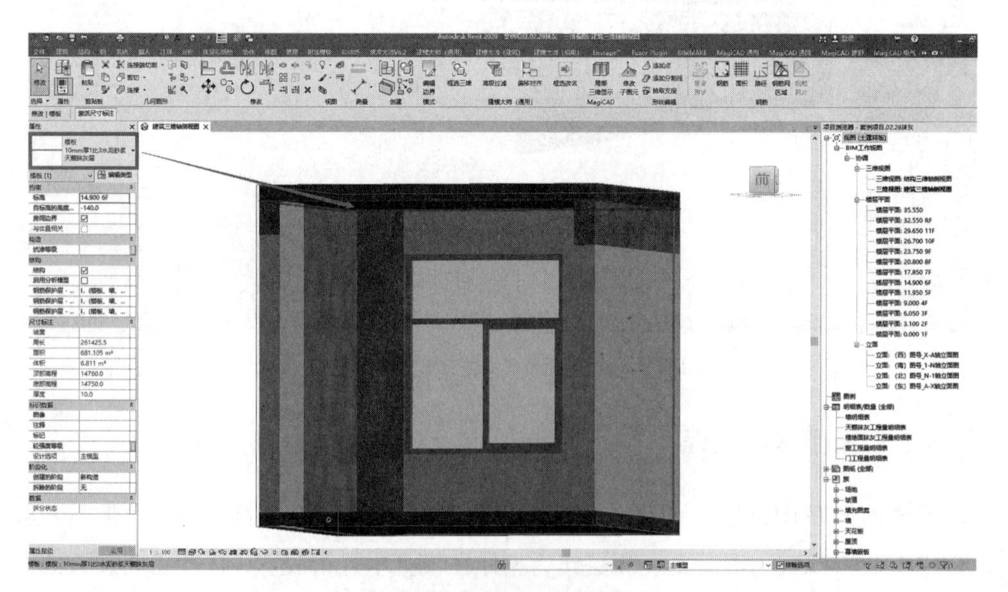

图5.2.7-1　天棚抹灰三维展示

4）项目特征添加

根据上表提量要求，针对天棚抹灰层构件进行模型信息设置。

BIM模型信息主要包括天棚类型、天棚厚度、抹灰层种类及厚度、砂浆配合比等参数，以上可以通过构件命名来进行统计输入（图5.2.7-2）。

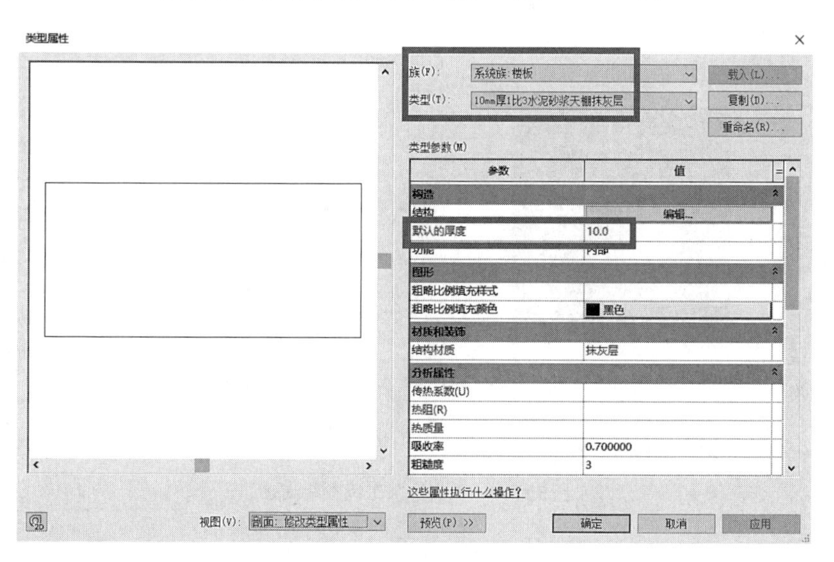

图5.2.7-2　天棚抹灰属性信息添加

5）明细表提取工程量

天棚所需的信息都设置完成之后，新建天棚抹灰工程量明细表，将计量所需字段：天棚类型、核心层厚度、面积、合计添加进明细表中（图5.2.7-3）。然后调整字

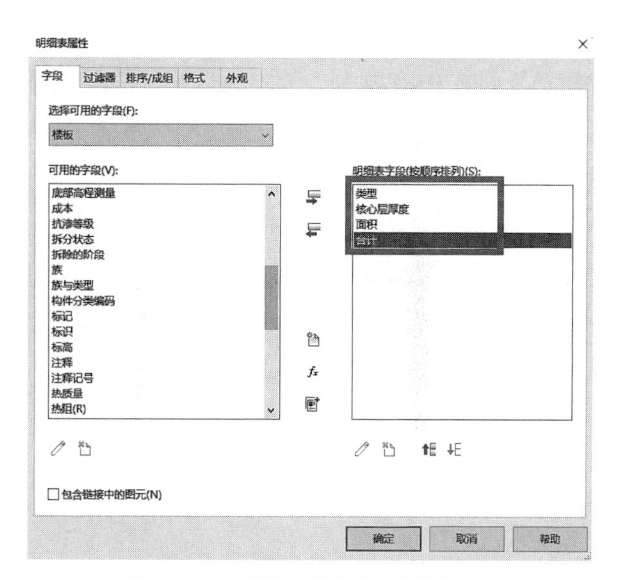

图5.2.7-3　天棚抹灰明细表字段信息添加

段的排序/成组，按照天棚类型、核心层厚度、面积、合计依次排序，勾选“总计”并取消“逐项列举每个实例”，最终天棚抹灰工程量明细表如图5.2.7-4所示。

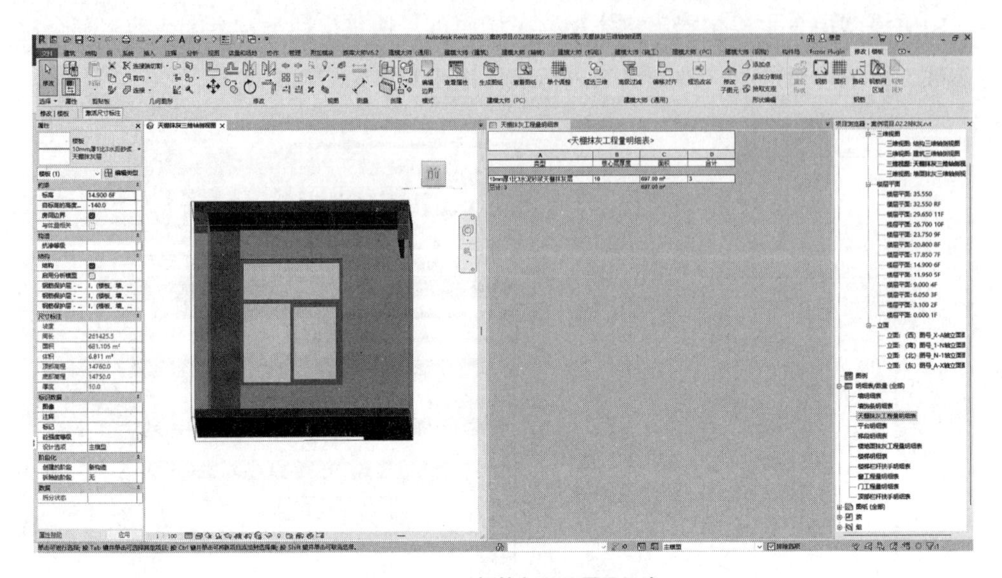

图5.2.7-4 天棚抹灰工程量明细表

5.3 小结

本章以既有施工图模型为基础，参照工程量清单，列举建筑与装饰工程包含的构件进行模型调整、模型属性信息添加、明细表创建、工程量提取。通过模型与工程量清单二者信息的高度匹配，进而得到与造价息息相关的工程量明细表，充分体现建筑与装饰工程模型算量在BIM技术造价中的运用方法及流程。主要内容包括：砌体、门窗、楼梯、楼地面、屋面、墙面抹灰、天棚抹灰等工程算量。

第6章　机电安装工程BIM算量

6.1 概述

机电安装工程算量依据《通用安装工程工程量计算规范》GB 50856—2013分为电气设备安装工程，通风空调工程，给水排水、采暖、燃气工程等十三个分部工程，主要计算内容包括各专业设备、桥架、线管、电缆、灯具、管道、阀门、保温等。

理论上基于机电专业BIM模型能够直接或间接提取机电安装工程所需要的全部工程量，但鉴于机电专业BIM模型的模型深度及信息深度，并综合考虑机电安装工程算量效率问题，目前基于BIM模型主要提取的机电安装工程工程量子项包括各专业设备、桥架、管道、管道附件、卫生器具、散热器等机电安装工程主要构件，在模型深度较好的BIM模型中还会包括电气负载、喷头、管道保温等，但电气线管、电缆、套管、法兰等构件在模型中一般不予体现。机电安装工程基于BIM模型算量常见内容参见表6.1。

机电安装工程BIM算量常见内容　　表6.1

机电安装工程算量内容	机电安装工程BIM算量内容
各专业设备	▲
桥架	▲
灯具、开关、插座	△
电气线管	-
电缆	-
管道	▲
管道附件	▲
卫生器具	▲
散热器	▲

续表

机电安装工程算量内容	机电安装工程BIM算量内容
喷头	△
套管、法兰	-
管道保温	△
除锈、刷油	-
支架	-

注：▲表示常见机电工程BIM模型中可算量的内容，△表示深度较好BIM模型中可算量的内容，-表示BIM模型中一般不予体现内容

因机电安装工程算量涉及内容繁杂，本书主要通过按长度类、数量类、面积类、体积类、重量（质量）类几种不同的计量规则，介绍如何通过机电工程BIM模型检查及优化调整，使用明细表完成工程量统计两个步骤的操作，实现不同计量规则工程量的提取。

本节介绍了基于机电工程BIM模型常见工程量计算内容与《通用安装工程工程量计算规范》中给出的机电工程计算工程量内容差异，并介绍了基于机电工程BIM模型完成机电工程各专业不同计量规则的基本方法。

6.2 BIM模型算量

机电安装工程BIM算量根据计算规则不同主要分为五类：管道长度类、设备个数类、风管面积类、保温体积类、支吊架重量（质量）类。利用机电安装工程BIM模型可以分别统计上述各类构件的工程量。

6.2.1 管道桥架等长度类算量

1. 长度类工程量BIM计算规则

管道桥架等长度类工程量统计主要包括给水排水管线长度、消防管线长度、桥架长度等。基于机电工程BIM模型计算的长度类工程量均为管道或桥架净长度，不包括管件或配件长度。

2. 长度类清单项目设置

管道桥架等长度类工程量清单项目编码、项目名称、项目特征描述、计量单位、工程量计算规则可参考表6.2.1-1 。若有项目特征或其他信息与管理相关，可根据需要进行设置。

管道桥架等长度类工程量统计内容　　表6.2.1-1

项目编码	项目名称	项目特征	工程量计算规则	计量单位
031001006207	生活给水管	1.名称：PE100给水管； 2.规格、参数：*De*25； 3.连接方式：热熔连接	管道净长度，不包含管件长度	m
031001006230	生活热水管	1.名称：PE100给水管； 2.规格、参数：*De*20； 3.连接方式：热熔连接	管道净长度，不包含管件长度	m
031001006129	排水管	1.名称：HDPE塑料排水管； 2.规格、参数：*DN*100； 3.连接方式：热熔连接	管道净长度，不包含管件长度	m
031001006149	雨水管	1.名称：HDPE虹吸雨水管； 2.规格、参数：*De*200； 3.连接方式：热熔连接	管道净长度，不包含管件长度	m
031001001075	采暖管	1.名称：无缝钢管； 2.规格、参数：*DN*32； 3.连接方式：螺纹连接	管道净长度，不包含管件长度	m
031001006178	冷凝水管	1.名称：HDPE管； 2.规格、参数：*DN*32； 3.连接方式：热熔连接	管道净长度，不包含管件长度	m
030901001018	消火栓管	1.名称：热镀锌无缝钢管； 2.规格、参数：$\Phi114\times4.0$mm； 3.连接方式：卡箍连接	管道净长度，不包含管件长度	m
030901001023	喷淋管	1.名称：热镀锌焊接钢管； 2.规格、参数：$\Phi325\times8.0$mm； 3.连接方式：卡箍连接	管道净长度，不包含管件长度	m
030408004180	桥架	1.名称：VCI双金属无机涂层钢制大跨距封闭式防火桥架； 2.规格、参数：$\phi200\times100$mm	桥架净长度，不包含配件长度	m

需注意因基于机电工程BIM模型工程量计取为实物净量，该部分工程量结果与按计量规范计算的结果有所不同（图6.2.1-1）。

3. BIM模型调整与优化

要基于机电工程BIM模型计量管道、桥架等各类构件长度，需要对机电工程BIM模型的管道、桥架等构件参数进行调整与优化，以满足机电工程算量的要求。不同分部工程的长度类计量操作方式类似，这里以生活给水系统管长度的计量为例说明BIM模型的调整与优化方法。其他专业管道及同类计量方式不再一一赘述。

生活给水管部分工程量清单如表6.2.1-2，需根据工程计量的要求及项目特征先检查BIM模型是否符合BIM计量的信息要求。

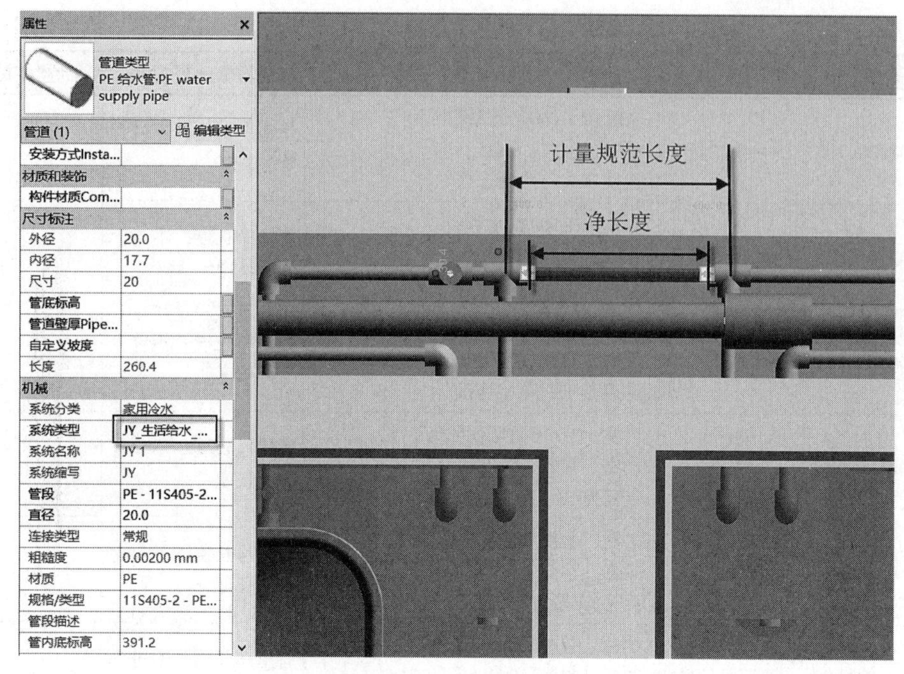

图6.2.1-1 管道长度计量规范与BIM计量规则对比

生活给水管部分工程量清单 **表6.2.1-2**

项目编码	项目名称	项目特征	工程量计算规则	计量单位
031001006206	生活给水管	1.名称：PPR给水管； 2.规格、参数：*De*20； 3.连接方式：热熔连接	管道净长度，不包含管件长度	m
031001006207	生活给水管	1.名称：PE100给水管； 2.规格、参数：*De*20； 3.连接方式：热熔连接	管道净长度，不包含管件长度	m
031001006208	生活给水管	1.名称：PE100给水管； 2.规格、参数：*De*25； 3.连接方式：热熔连接	管道净长度，不包含管件长度	m
031001006209	生活给水管	1.名称：PE100给水管； 2.规格、参数：*De*32； 3.连接方式：热熔连接	管道净长度，不包含管件长度	m
031001006210	生活给水管	1.名称：PE100给水管； 2.规格、参数：*De*40； 3.连接方式：热熔连接	管道净长度，不包含管件长度	m

BIM模型调整内容主要包括模型界面、模型深度、图模一致性三个方面。

（1）检查BIM模型是否满足施工界面的要求，机电工程BIM模型应根据施工界面的划分，对原机电工程BIM模型进行拆分或添加施工界面的共享参数，以便在管道长度统计时进行区分。例如，当计算室内给水管道的管道长度时，应根据室外管道入户并由地坑穿过盖板后的第一个阀门处开始算的施工界面删除不属于室内管道的部分（图6.2.1-2）。

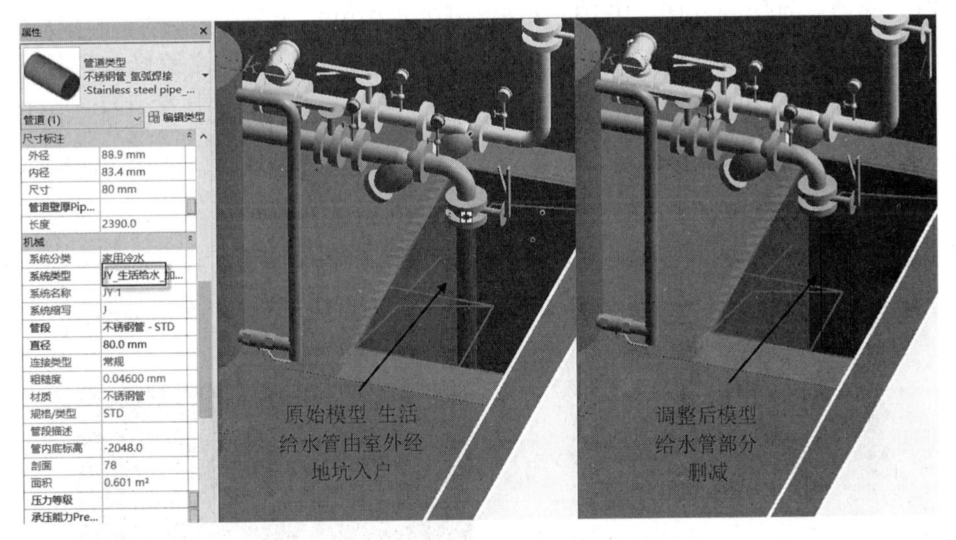

图6.2.1-2　原始模型与调整后模型施工界面对比

（2）检查BIM模型深度是否满足要求，如现阶段为施工图设计阶段，则BIM模型的深度须满足施工图BIM模型的深度要求，各类构件、管线连接均应完整（图6.2.1-3），如原BIM模型管道完整性不够，则需要补充、完善缺失的管线。

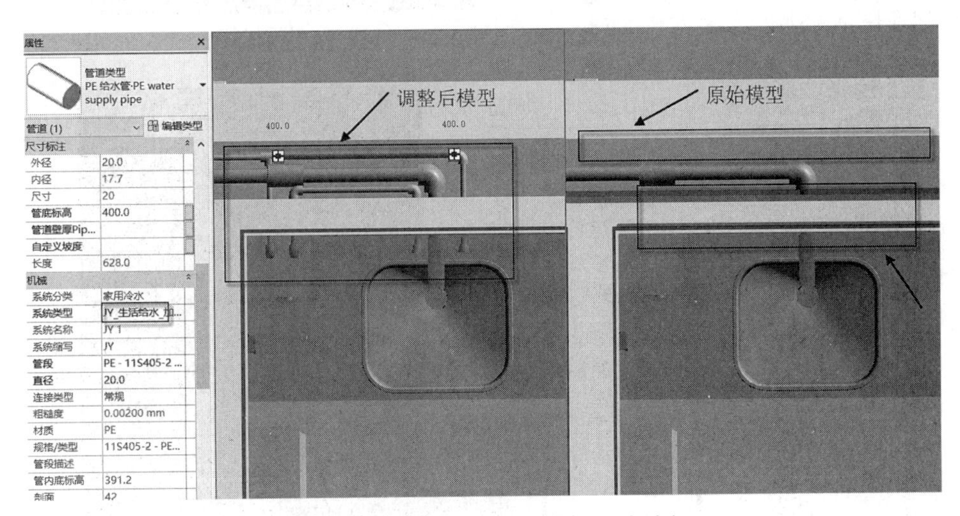

图6.2.1-3　原始模型与调整后模型深度对比

（3）检查图模一致性，也就是检查机电工程BIM模型与原设计图纸是否一致，包括管道的系统名称、材质类型、连接方式等。如果有区别，那么通过BIM模型提取的工程量必然跟图纸计取的工程量有差别，图模一致性主要关注管线路由走向、规格、材质等方面。如图6.2.1-4所示，BIM模型给水管走向与设计图纸的给水管走向不一致，模型给水管的入户位置出现了错误，需要修改模型。如图6.2.1-5所示，BIM模型给水管的规格与设计图纸中表示的规格不一致，BIM模型需要修改。如图6.2.1-6所示，给水管为*De* 20的PPR管，材质属性信息PE100填写不对，BIM模型需要修改，调整为PPR。如果BIM模型存在错误，则统计汇总的工程量，就会出现错误。根据实际情况，其他图模一致性也需要进行检查，例如，系统类型可能标注错误，连接方式可能标注错误等。当然，在检查图模一致性

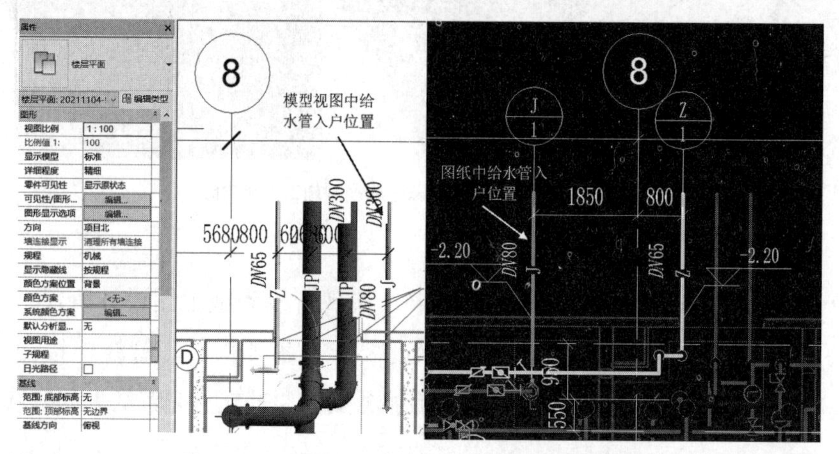

图6.2.1-4　原始模型管道与图纸管道位置及规格对比

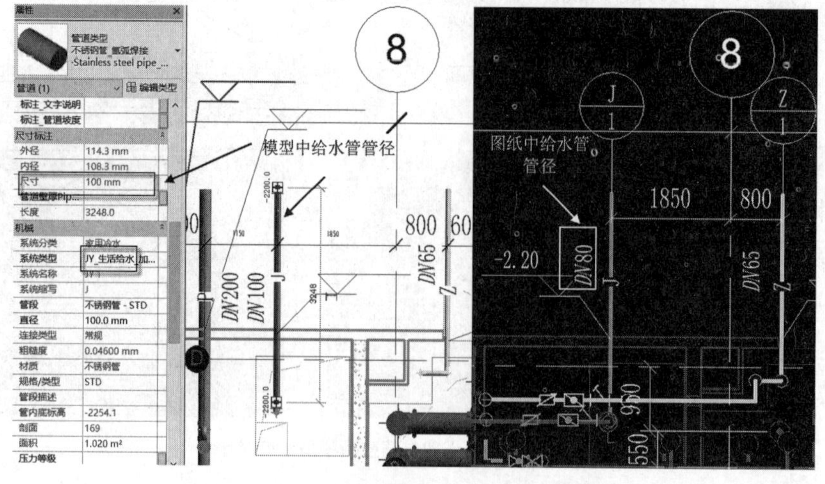

图6.2.1-5　原始模型管道与图纸管道位置及规格对比

的过程中，也可能会发现设计图纸本身存在的一些错误或设计不合理的地方，则需要反馈给设计进行修改。

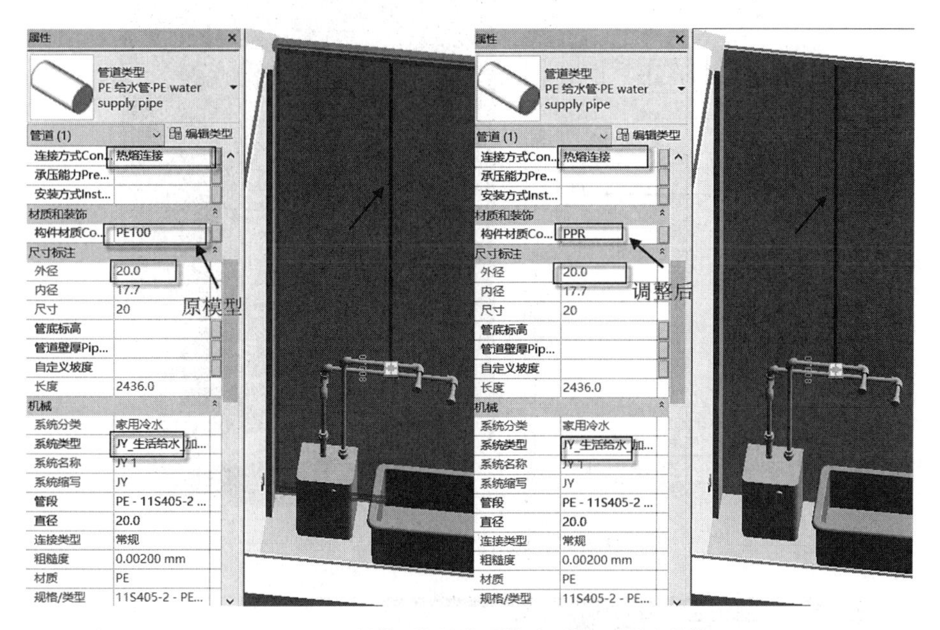

图6.2.1-6　原始模型与调整后模型图模一致信息调整

4.添加项目特征信息

要准确统计管道长度，需要按管径、材质等对管道进行区分。在创建机电工程BIM模型时，应根据BIM模型标准添加完整的管道信息参数。如果BIM模型中信息不完整，会影响不同系统、不同子项的工程量统计与汇总。模型信息主要检查连接方式、构件材质、尺寸标注、系统类型等方面。

如图6.2.1-7所示，在BIM模型中未填写给水管的构件材质属性信息，但在给水管族类型名称中通过类型名称表达了材质，不满足管道长度统计时按材质分类的信息要求，需在构件材质属性中添加对应的材质名称，如图6.2.1-8所示。注意如果同一系统、同一规格的管道包含不同材质，如表6.2.1-1中的*De* 20给水管，既有PPR材质又有PE100材质，则需要通过给水管的族类型名称以及构件材质属性进行标注区分，否则无法实现按材质类型进行区分、归类工程量，如图6.2.1-9所示。其他与管道相关的信息也需进行检查和补充，如系统类型，以便按系统统计该管道的长度。管道的连接方式的处理亦需要按相同的方式进行优化与补充。

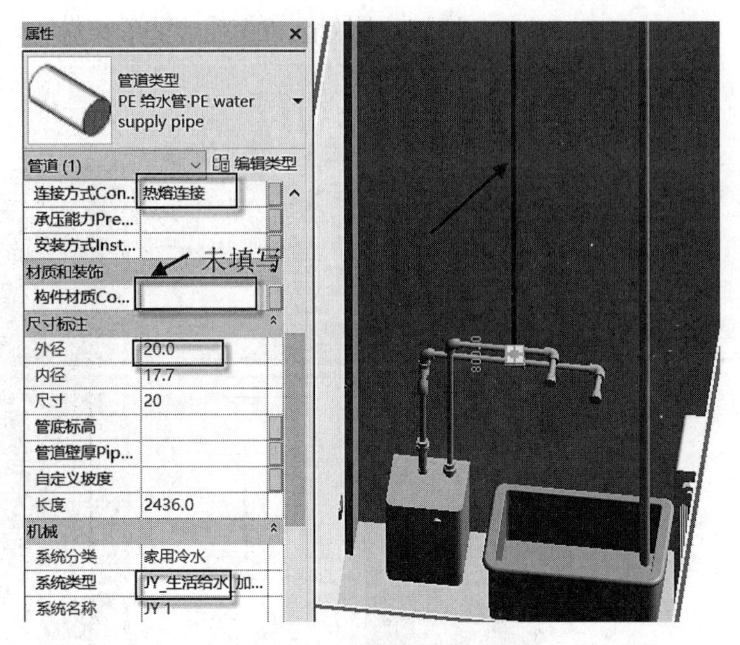

图6.2.1-7 原始模型信息完整度概况

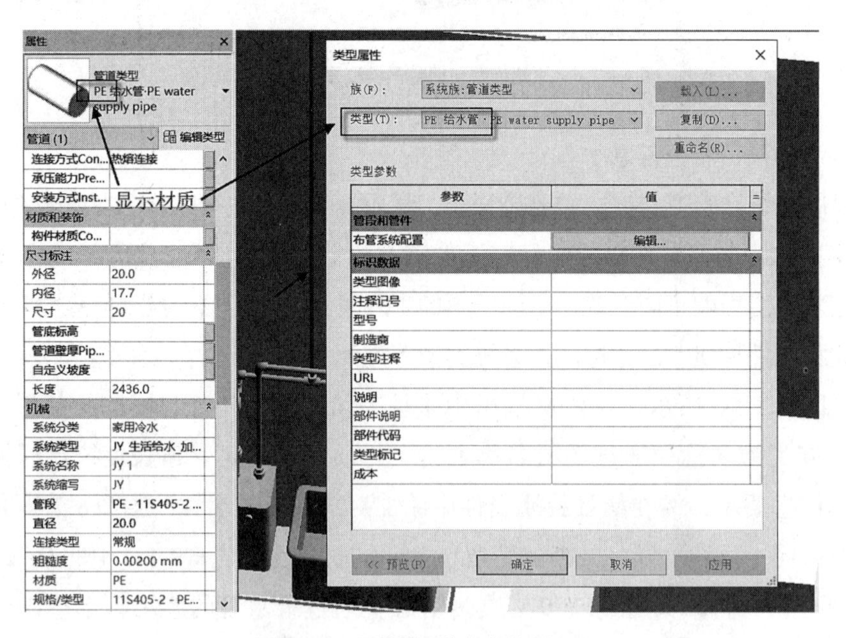

图6.2.1-8 原始模型信息完整度概况

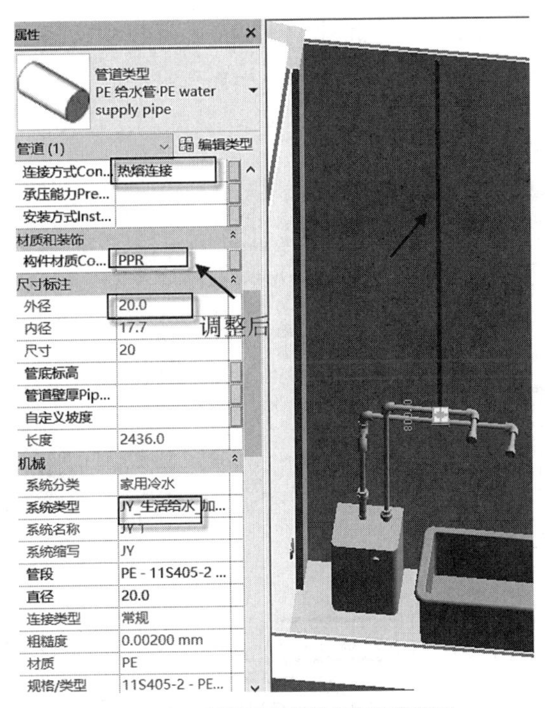

图6.2.1-9 调整后模型信息完整度概况

5.明细表提取工程量

BIM模型调整及特征描述添加完成后，根据要提取的工程量子项，创建明细表进行工程量统计。下面以创建管道明细表为例，说明具体的操作过程：

（1）如图6.2.1-10所示，单击“视图”选项卡的“创建”面板中的“明细表”工具，单击下拉菜单中的“明细表/数量”工具，弹出“新建明细表”对话框。

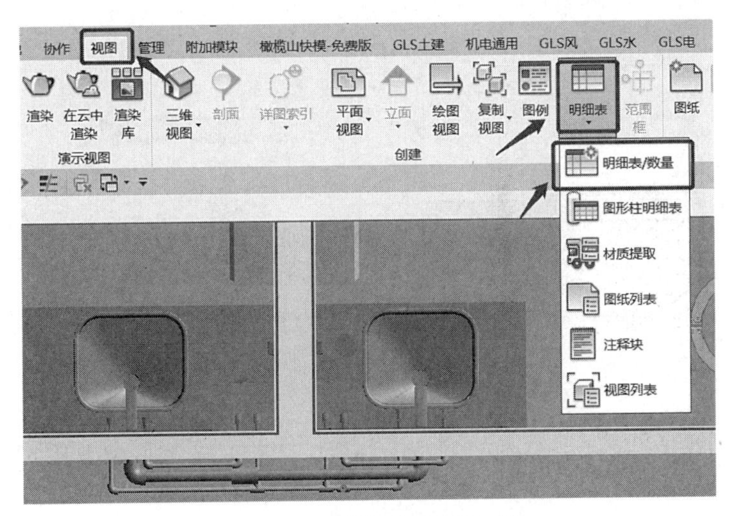

图6.2.1-10 “明细表/数量”工具

（2）如图6.2.1-11所示，在“新建明细表”对话框中选择“管道”类别，其他参数默认，单击“确定”按钮，打开“明细表属性”对话框。

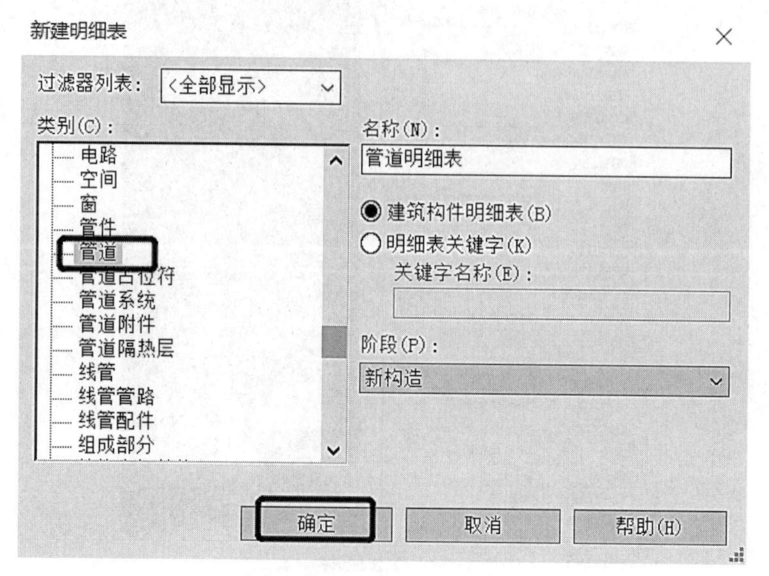

图6.2.1-11　新建明细表对话框

（3）在“明细表属性”对话框“字段”选项卡中，从左侧“可用的字段”列表中选择需要的字段添加至右侧的明细表字段中，如图6.2.1-12所示。

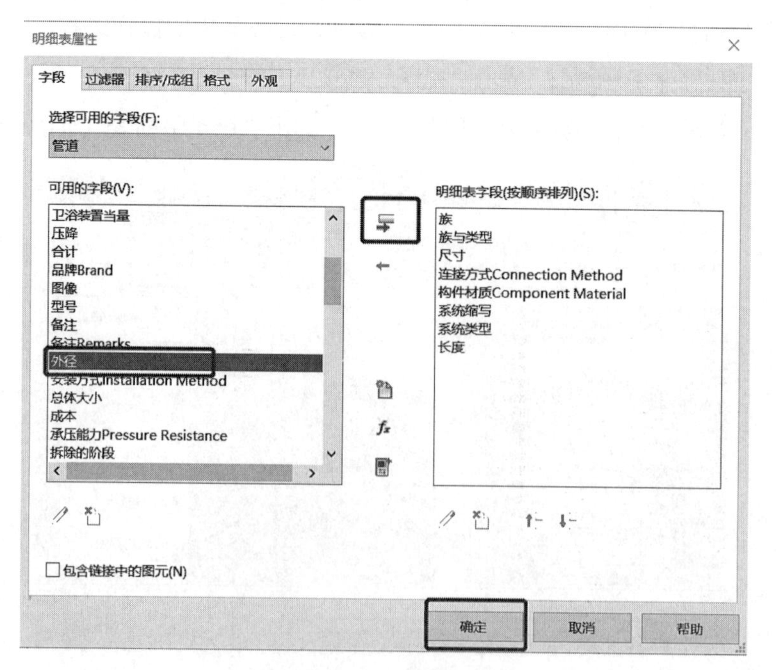

图6.2.1-12　管道字段选择

（4）单击“确定”按钮，即可创建管道的明细表，结果如图6.2.1-13所示，可以看到不同规格尺寸、不同材质类型的管道的长度工程量，基于BIM模型提取管道工程量就完成了。

实际工作中，可根据需要对明细表进行调整。例如，Revit中默认的长度单位为毫米（mm），可将明细表中长度单位调整为米（m）。如图6.2.1-14所示，在“格式”对话框中可以对统计表中长度单位进行调整。还可以通过过滤器与排序等功能，筛选不同专业、不同系统、不同管径等信息，对工程量结果进行排序或其他多样化显示，以便获得需要的工程量清单，如图6.2.1-15、图6.2.1-16所示。

A	B	C	D	E	F	G	H
族	族与类型	尺寸	连接方式Connectio	构件材质Component	系统缩写	系统类型	长度
管道类型	管道类型：PE 给水管	40	热熔连接	PE100	JY	JY_生活给水_加	133
管道类型	管道类型：PE 给水管	40	热熔连接	PE100	JY	JY_生活给水_加	2696
管道类型	管道类型：PE 给水管	40	热熔连接	PE100	JY	JY_生活给水_加	148
管道类型	管道类型：PE 给水管	40	热熔连接	PE100	JY	JY_生活给水_加	1548
管道类型	管道类型：PE 给水管	40	热熔连接	PE100	JY	JY_生活给水_加	108
管道类型	管道类型：PE 给水管	40	热熔连接	PE100	JY	JY_生活给水_加	11
管道类型	管道类型：PE 给水管	40	热熔连接	PE100	JY	JY_生活给水_加	262
管道类型	管道类型：PE 给水管	40	热熔连接	PE100	JY	JY_生活给水_加	538
管道类型	管道类型：PE 给水管	40	热熔连接	PE100	JY	JY_生活给水_加	1996
管道类型	管道类型：PE 给水管	20	热熔连接	PE100	JY	JY_生活给水_加	617
管道类型	管道类型：PE 给水管	20	热熔连接	PPR	JY	JY_生活给水_加	2436
管道类型	管道类型：PE 给水管	20	热熔连接	PPR	JY	JY_生活给水_加	4
管道类型	管道类型：PE 给水管	20	热熔连接	PE100	JY	JY_生活给水_加	237
管道类型	管道类型：PE 给水管	20	热熔连接	PE100	JY	JY_生活给水_加	288
管道类型	管道类型：PE 给水管	20	热熔连接	PE100	JY	JY_生活给水_加	257
管道类型	管道类型：PE 给水管	20	热熔连接	PE100	JY	JY_生活给水_加	237
管道类型	管道类型：PE 给水管	32	热熔连接	PE100	JY	JY_生活给水_加	597
管道类型	管道类型：PE 给水管	40	热熔连接	PE100	JY	JY_生活给水_加	515
管道类型	管道类型：PE 给水管	32	热熔连接	PE100	JY	JY_生活给水_加	2212

图6.2.1-13　管道明细

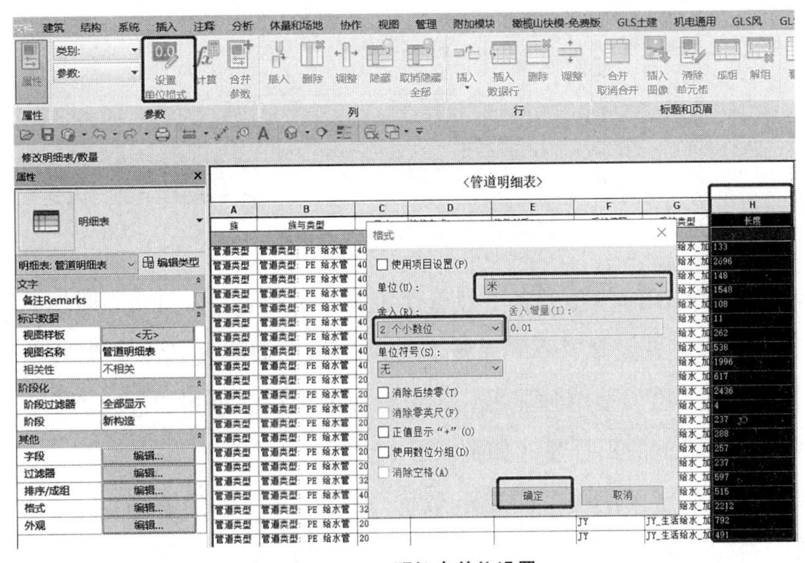

图6.2.1-14　明细表单位设置

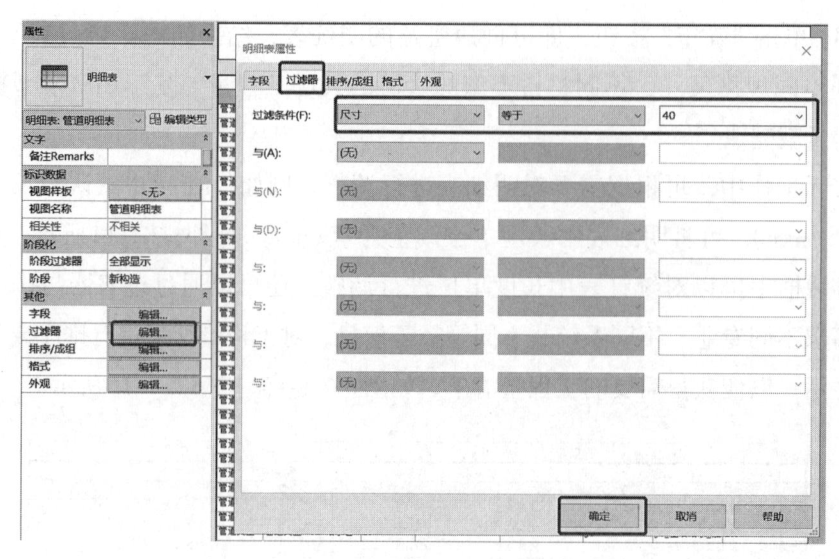

图6.2.1-15　明细表过滤设置

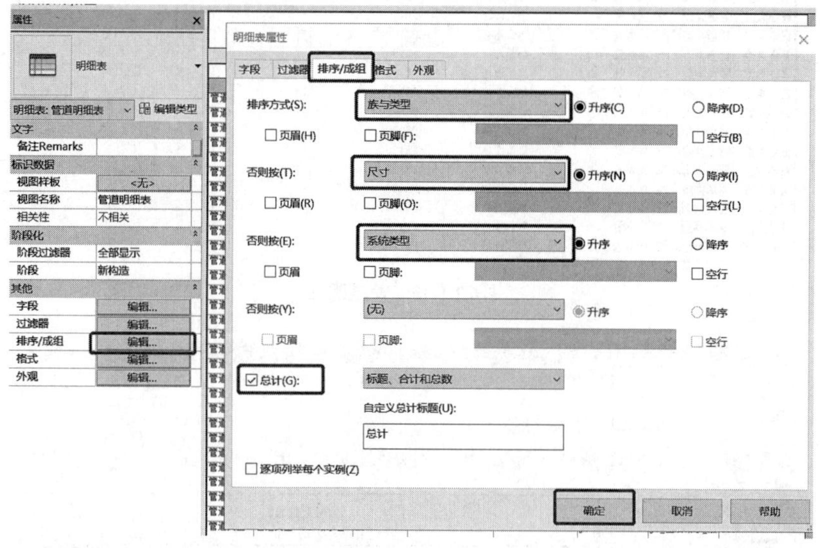

图6.2.1-16　明细表排序设置

通常机电安装BIM模型的各专业管道工程量都是通过“管道”明细表统计出来的，同一个明细表中包含了不同系统类型的管道，如果要按系统类型进行归类显示，或将某一类管道类型单独显示，可以编辑明细表，通过“过滤器”筛选、排序操作获得各专业管道的工程量，如图6.2.1-17所示。

桥架长度工程量可使用“明细表/数量”工具，在“新建明细表”对话框类别中选择“电缆桥架”类别，创建“电缆桥架”明细表即可，具体操作与创建管道明细表相同，如图6.2.1-18所示，在此不再赘述。

A	B	C	D	E	F
族	族与类型	尺寸	系统缩写	系统类型	长度
管道类型	管道类型：HDPE排水管	20	LN	LN_冷凝水・LN_	3.74
管道类型	管道类型：HDPE排水管	32	LN	LN_冷凝水・LN_	33.28
管道类型	管道类型：HDPE排水管	32	W	W_污水_重力流	0.58
管道类型	管道类型：HDPE排水管	50	W	W_污水_重力流	35.61
管道类型	管道类型：HDPE排水管	75	HJ	HJ_应急虹吸雨	8.14
管道类型	管道类型：HDPE排水管	75	HY	HY_虹吸雨水・H	14.62
管道类型	管道类型：HDPE排水管	90	HJ	HJ_应急虹吸雨	9.95
管道类型	管道类型：HDPE排水管	90	HY	HY_虹吸雨水・H	11.79
管道类型	管道类型：HDPE排水管	100	W	W_污水_重力流	1.12
管道类型	管道类型：HDPE排水管	110	HJ	HJ_应急虹吸雨	54.08
管道类型	管道类型：HDPE排水管	110	HY	HY_虹吸雨水・H	54.12
管道类型	管道类型：HDPE排水管	110	W	W_污水_重力流	10.21
管道类型	管道类型：HDPE排水管	125	HY	HY_虹吸雨水・H	3.21
管道类型	管道类型：HDPE排水管	200	HY	HY_虹吸雨水・H	2.20
管道类型	管道类型：PE100给水	32	JY	JY_生活给水_加	0.11

图6.2.1-17　明细表专业及长度概况

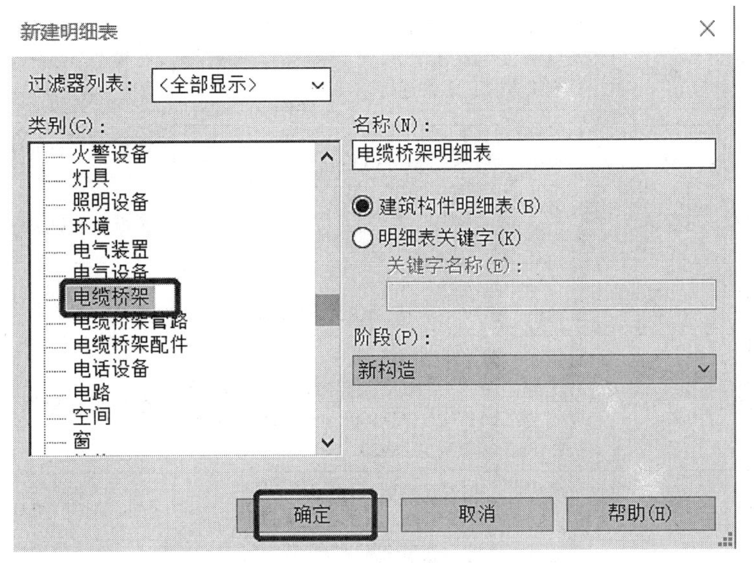

图6.2.1-18　电缆桥架类别

也可以将明细表导出为CSV（Comma-Separated Values，简称CSV）格式的表格，通过Excel将CSV格式的数据导入Excel表格中，对算式结果进行处理。

6.2.2 设备及管道附件等数量类算量

1. 数量类工程量BIM计算规则

设备及管道附件等数量类工程量统计主要包括各专业设备、各专业管道附件、电气负载等，基于机电工程BIM模型计算的数量类工程量均为按模型个数统计。

2. 数量类清单项目设置

设备及管道附件等数量类，工程量清单内容编码、项目设置、内容特征描述、计量单位、工程量计算规则可参考表6.2.2-1。若有项目特征或其他信息与管理相关，可根据需要进行设置。

设备及管道附件等数量类工程量统计内容 **表6.2.2-1**

项目编码	项目名称	项目特征	工程量计算规则	计量单位
030109001063	给排水设备	1.名称：水泵、稳压装置等； 2.规格、参数：参考具体设备	按模型个数统计	台/套
030701012048	暖通设备	1.名称：风机、空调等； 2.规格、参数：参考具体设备	按模型个数统计	台
030404017061	电气设备	1.名称：开关箱、动力配电柜等； 2.规格、参数：参考具体设备	按模型个数统计	台
031003001146	水暖管道附件	1.名称：阀门、水表等； 2.规格、参数：*DN*32； 3.连接方式：螺纹连接	按模型个数统计	个
030703001061	通风管道附件	1.名称：阀门、消声器等； 2.规格、参数：500×300mm	按模型个数统计	个
031004003007	卫生洁具	1.名称：洗脸盆、大便器等； 2.规格、参数：参考具体洁具	按模型个数统计	组
030901003001	喷头	1.名称：直立型喷头； 2.规格、参数：*DN*15，K80，动作温度68℃	按模型个数统计	个
031005002005	散热器	1.名称：钢管柱型散热器； 2.规格、参数：10片/组，ΔT=35℃时单片散热量61.7W，*H*=1000mm，承压能力1.2MPa，接口尺寸*DN*20	按模型个数统计	组
030404035033	插座	1.名称：单相五孔暗装插座； 2.规格、参数：220V/10A	按模型个数统计	个
030404034018	开关	1.名称：暗装翘板开关； 2.规格、参数：单联单控开关	按模型个数统计	个
030412005036	照明灯具	1.名称：LED方形平板灯E1a； 2.规格、参数：RC160V 36W IP20 4000lm	按模型个数统计	套

BIM模型中数量类工程量统计与清单计量规范的计算规则基本一致，需要注意的是基于机电工程BIM模型中由多个设备或装置组成的成套设备可能是分开建模，统计工程量时要注意整合，不要多计取（图6.2.2-1），该套装置为钠离子软水器，在机电工程BIM模型中装置A、B、C是分开建模，但采购时厂家为整套设备，计取工程量时应计为一套。针对这种情况，需要将多个独立的设备修改成套设备的嵌套族。

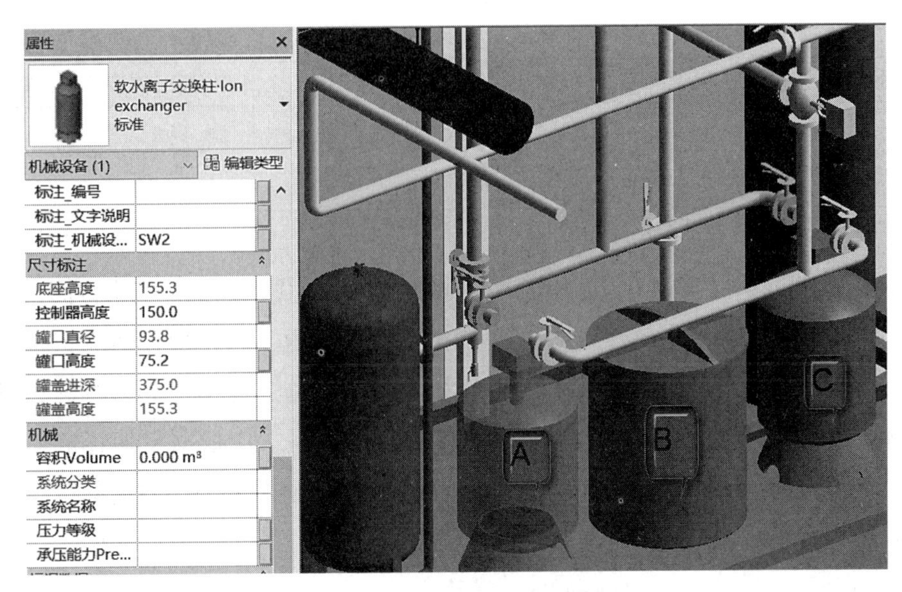

图6.2.2-1　成套钠离子软水器装置

3. BIM模型调整与优化

要基于机电工程BIM模型计量设备、管道附件等各类构件计取个数，需要对机电工程BIM模型的设备、管道附件等构件参数进行调整与优化，以满足机电工程算量的要求。不同分部工程的数量类计量方式类似，这里以电气设备动力配电柜、插座箱及生活给水系统管道附件中的阀门的计量为例说明BIM模型的调整与优化方法。其他同类构件的计量方式不再一一赘述。

动力配电柜、插座箱及生活给水管附件部分工程量清单见表6.2.2-2，须根据工程计量的要求及项目特征先检查BIM模型是否符合BIM计量的信息要求。

动力配电柜、插座箱及生活给水管附件部分清单　　　　表6.2.2-2

项目编码	项目名称	项目特征	工程量计算规则	计量单位
030404006003	动力配电柜	1.名称：动力配电柜06-AP1； 2.规格、参数：1000 × 600 × 2000mm	按模型个数统计	台
030404006007	动力配电柜	1.名称：动力配电柜06-AP2； 2.规格、参数：800 × 600 × 2000mm	按模型个数统计	台
030404017007	室外插座箱	名称：室外插座箱AL1	按模型个数统计	台
030404017007	室外插座箱	名称：室外插座箱AL2	按模型个数统计	台
031003002007	阀门	1.名称：手柄传动法兰蝶阀； 2.规格、参数：*DN*80 D41F-10P； 3.连接方式：法兰连接	按模型个数统计	个

续表

项目编码	项目名称	项目特征	工程量计算规则	计量单位
031003001006	阀门	1.名称：不锈钢角阀； 2.规格、参数：*DN*20； 3.连接方式：螺纹连接	按模型个数统计	个

BIM模型调整内容主要包括模型界面、模型深度、图模一致性三个方面。

（1）检查BIM模型是否满足施工界面的要求，机电工程BIM模型应根据施工界面的划分，对原机电工程BIM模型进行拆分或添加施工界面的共享参数，以便于在数量统计时进行区分。例如，当计算阀门数量时，应根据室外管道入户并由地坑穿过盖板后的第一个阀门后开始算的施工界面删除不属于室内的部分，如图6.2.2-2所示。

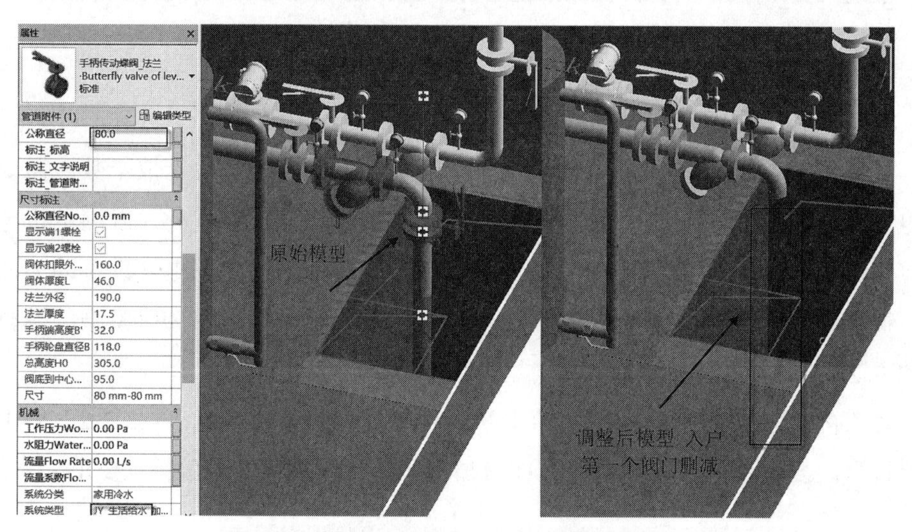

图6.2.2-2　原始模型与调整后模型计量界面对比

（2）检查BIM模型深度是否满足要求，如原BIM模型管线深度不够，管线附带的阀门也是缺失的，缺失部分需要增加、完善（图6.2.2-3）。如缺少的阀门及附件根据清单计量规范为不需要计取或按计算规则包含在其他子项里，为确保工程的全过程使用效果，也应完善这些阀门及附件。

（3）检查图模一致性，同样是检查机电工程BIM模型与原设计图纸是否一致，如设计图纸上有阀门，BIM模型相同位置没有阀门，则BIM模型需要修改、补充，与设计图纸保持一致（图6.2.2-4、图6.2.2-5）。如果管径有出入，相应阀门的管径也应调整。

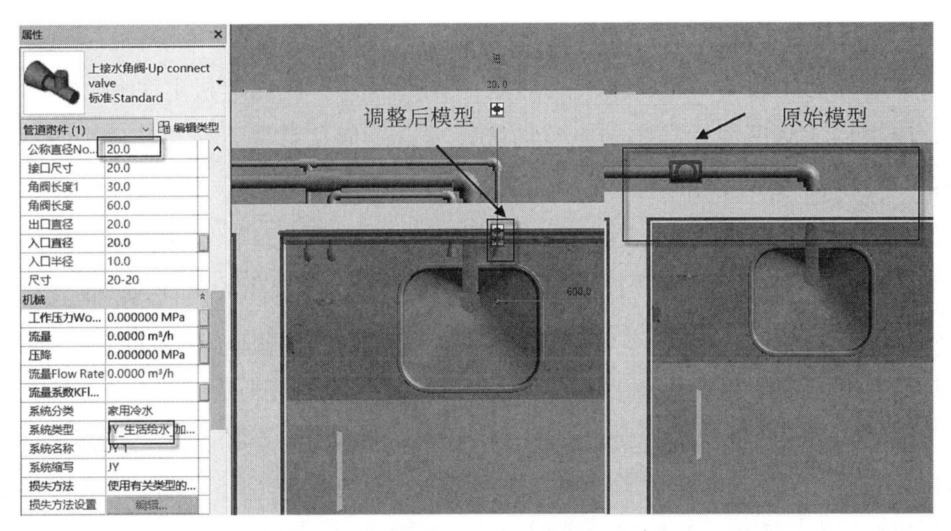

图6.2.2-3　原始模型与调整后模型深度对比

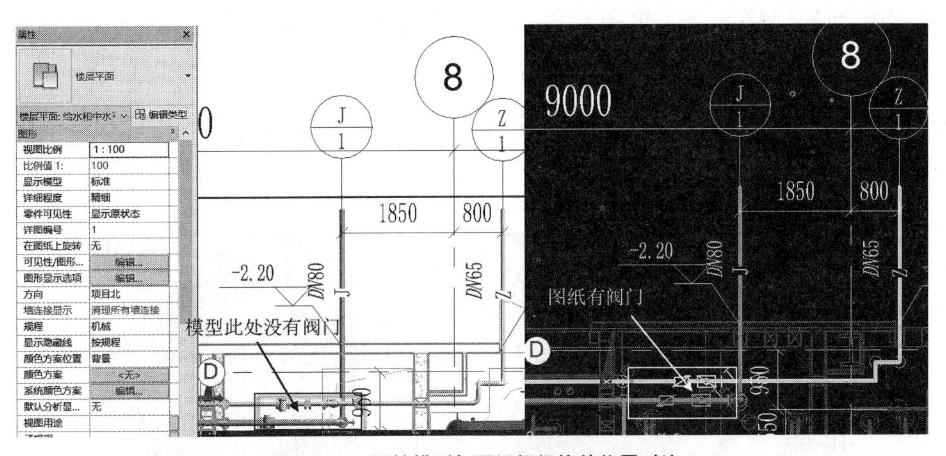

图6.2.2-4　原始模型与图纸阀门构件位置对比

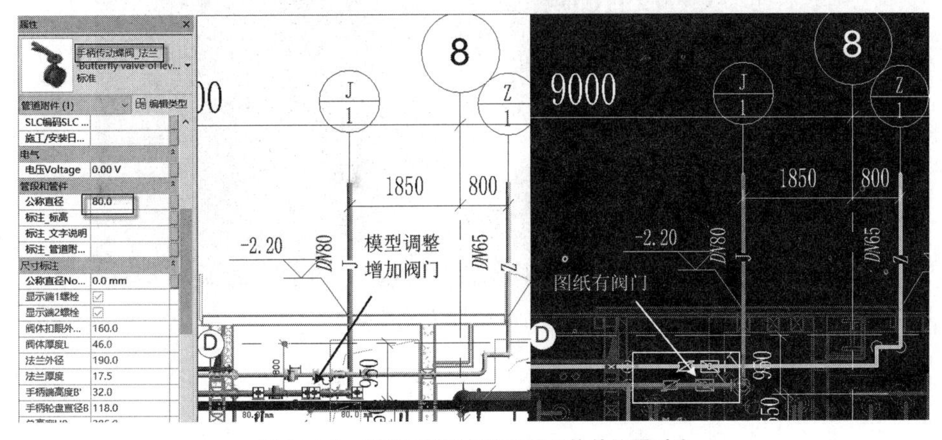

图6.2.2-5　调整后模型与图纸阀门构件位置对比

4.添加项目特征信息

要准确统计数量，需要按类别对数量进行区分。在创建机电工程BIM模型时，应根据BIM模型标准添加完整的统计数量的信息参数。一般从两个方面检查：一是检查构件选用的类别是否正确，例如，建模标准要求电气专业的动力柜要选用“电气设备”类别，如果BIM模型用的类别是“常规模型”就有问题，需要将类别改回“电气设备”类别，如图6.2.2-6所示为正确选用的构件类别。构件类别错误会导致明细表统计工程量时出现混乱或漏项，在“电气设备明细表”中不显示动力柜，需要再创建“常规模型明细表”，导致同一类别子项的工程量需要多种类别的明细表才能统计齐全，不利于工程量统计操作。构件类别选用多了还容易造成漏项，最终导致工程量遗漏。二是检查构件BIM模型信息的完善程度，如构件信息不全，则影响不同子项工程量的区分与汇总。表6.2.2-2中，动力柜与插座箱是有型号规格区分，如果构件信息不全则无法区分具体工程量（图6.2.2-7、图6.2.2-8、图6.2.2-9）。同理其他设备或统计个数类子项亦如此，如有多台风机，但是型号规格等参数信息没有填写，基于模型统计时只能算总数，不能按型号规格区分工程量。

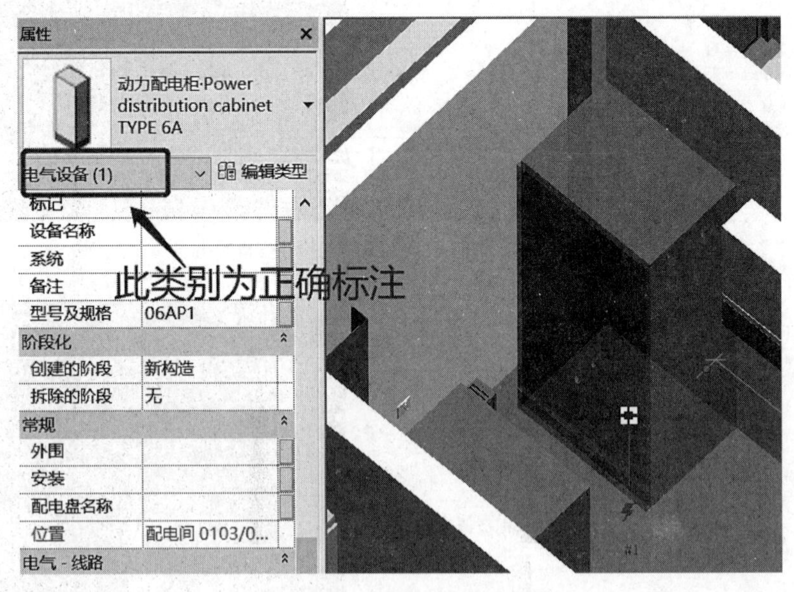

图6.2.2-6　动力配电柜构件类别

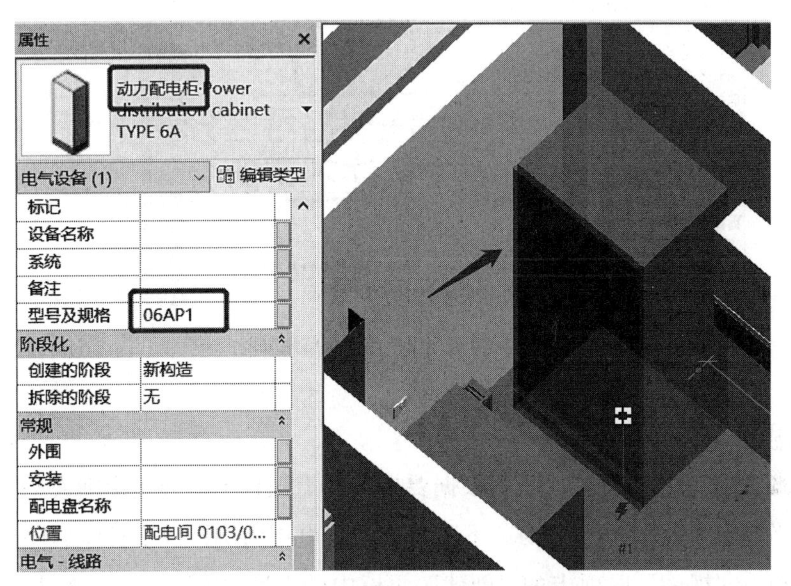

图 6.2.2-7　动力配电柜构件信息概况

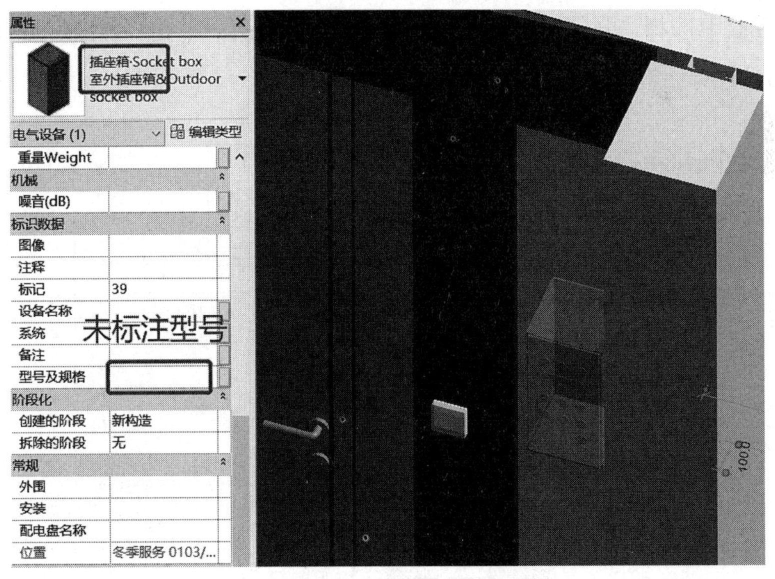

图 6.2.2-8　插座箱构件信息概况

A	B	C	D
族与类型	构件型号/规格	合计	标高
ACC柜·ACC cabinet: 800*800*2000		1	一层平面 1F
动力配电柜·Power distribution cabinet	06AP2	1	一层平面 1F
动力配电柜·Power distribution cabinet	06AP2	1	一层平面 1F
动力配电柜·Power distribution cabinet	06AP1	1	一层平面 1F
局部等电位连接箱·Local Equipotential C		1	一层平面 1F
局部等电位连接箱·Local Equipotentia[illegible]		[illegible]	一层平面 1F
局部等电位连接箱·Local Equipotential C		1	一层平面 1F
总等电位连接箱·Total Equipotential [illegible]		[illegible]	一层平面 1F
插座箱·Socket box: 室外插座箱&Outdoor		1	一层平面 1F
插座箱·Socket box: 室外插座箱&Outdoor		1	一层平面 1F
插座箱·Socket box: 室外插座箱&Outdoor		1	一层平面 1F
电动门控制箱·Electric Door Control Box		1	一层平面 1F
电动门控制箱·Electric Door Control Box		1	一层平面 1F

标注规格可区分

未标注不可区分

图6.2.2-9　电气设备明细表信息概况

5.使用明细表提取工程量

BIM模型检查与调整完成后，根据要提取的工程量子项创建明细表进行工程量统计，操作方法与前述章节类似，下面以动力配电柜为例，说明具体的操作过程：

（1）单击“视图”选项卡的“创建”面板中的“明细表”工具，单击下拉菜单中的“明细表/数量”工具，弹出“新建明细表”对话框（图6.2.2-10），在“新建明细表”对话框中选择“电气设备”类别，其他参数默认，单击“确定”按钮，打开“明细表属性”对话框。

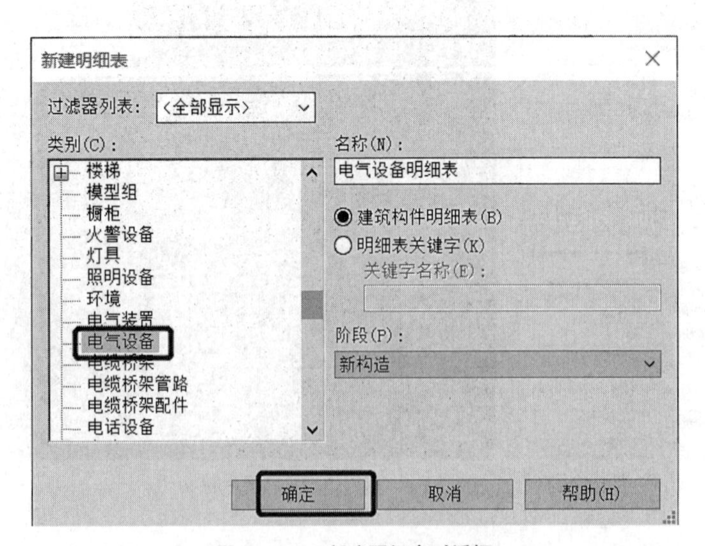

图6.2.2-10　新建明细表对话框

（2）在“明细表属性”对话框“字段”选项卡中，从左侧“可用的字段”列表中选择需要的字段添加至右侧的明细表字段中（图6.2.2-11）。

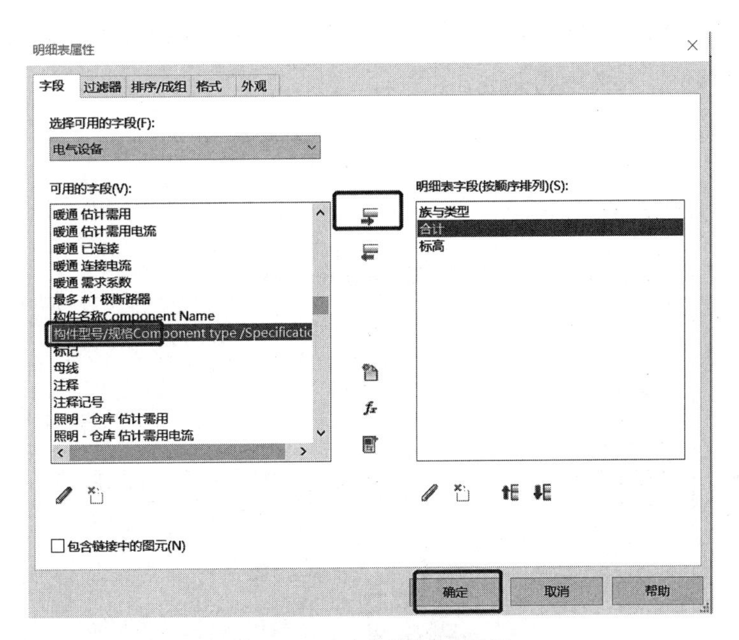

图6.2.2-11 电气设备字段选择

（3）单击“确定”按钮，动力配电柜明细表创建出来，结果如图6.2.2-12所示，可以看到不同类型、不同型号规格的电气设备的数量，可根据实际项目计量工作的需要对明细表进行调整。

A	B	C	D
族与类型	构件型号/规格	合计	标高
ACC柜・ACC cabinet: 800*800*2000		1	一层平面 1F
动力配电柜・Power distribution cabinet:	06AP2	1	一层平面 1F
动力配电柜・Power distribution cabinet:	06AP2	1	一层平面 1F
动力配电柜・Power distribution cabinet:	06AP1	1	一层平面 1F
局部等电位连接箱・Local Equipotential C		1	一层平面 1F
局部等电位连接箱・Local Equipotential C		1	一层平面 1F
局部等电位连接箱・Local Equipotential C		1	一层平面 1F
总等电位连接箱・Total Equipotential Con		1	一层平面 1F
插座箱・Socket box: 室外插座箱&Outdoor	AL1	1	一层平面 1F
插座箱・Socket box: 室外插座箱&Outdoor	AL1	1	一层平面 1F
插座箱・Socket box: 室外插座箱&Outdoor	AL2	1	一层平面 1F
电动门控制箱・Electric Door Control Box		1	一层平面 1F
电动门控制箱・Electric Door Control Box		1	一层平面 1F

图6.2.2-12 电气设备明细

基于BIM模型其他个数类工程量的明细表创建与统计方法类似，只需在创建明细表时选择对应的类别即可，例如，给水系统阀门选择“管道附件”类别（图6.2.2-13）。插座箱与动力配电柜在同一个电气设备明细表中。其他灯具等选择对应的类别即可，具体不再赘述。

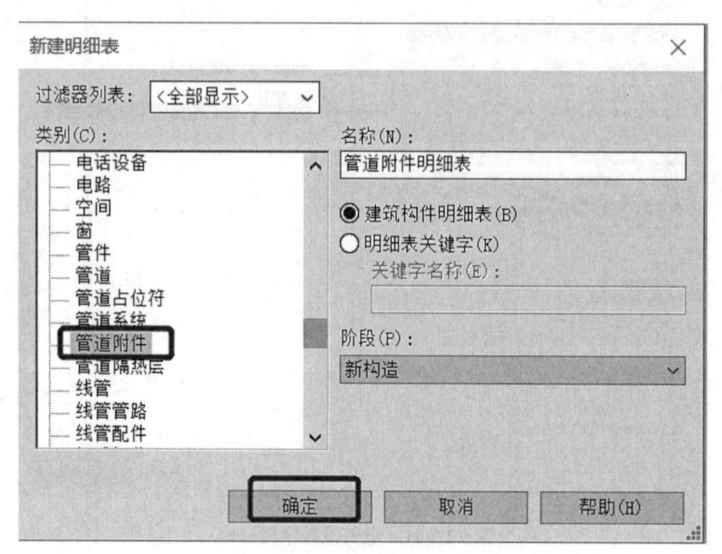

图6.2.2-13　新建明细表对话框

6.2.3 风管及油漆面积类算量

1. 面积类工程量BIM计算规则

风管及油漆面积类工程量统计主要包括通风系统风管、排烟系统风管、水管除锈刷油等，基于机电工程BIM模型计算的风管面积类工程量均为净长度展开面积，不包含管件及部件长度。除锈刷油一般不单独创建模型，除锈刷油的计量方法详见本节末尾。

2. 面积类清单项目设置

风管及油漆面积类，工程量清单项目编码、项目名称、项目特征描述、计量单位、工程量计算规则可参考表6.2.3-1 执行。若有项目特征或其他信息与管理相关，可根据需要进行设置。

风管及油漆面积类工程量统计内容　　　　表6.2.3-1

项目编码	项目名称	项目特征	工程量计算规则	计量单位
030702001045	通风系统风管	1.名称：镀锌钢板（矩形风管）； 2.规格、参数：厚度0.6mm，长边长≤450mm	风管净长度展开面积，不包含管件及部件长度	m^2
030702001001	通风系统风管	1.名称：镀锌钢板（螺旋风管）； 2.规格、参数：厚度0.50mm，直径≤320mm	风管净长度展开面积，不包含管件及部件长度	m^2
030702001046	排烟系统风管	1.名称：矩形排烟风管； 2.规格、参数：镀锌钢板厚度0.75mm，长边长≤1000mm	风管净长度展开面积，不包含管件及部件长度	m^2

需注意因机电工程BIM模型工程量计取为实物净量，该部分工程量结果与按计量规范的计算的结果有所不同（图6.2.3-1）。

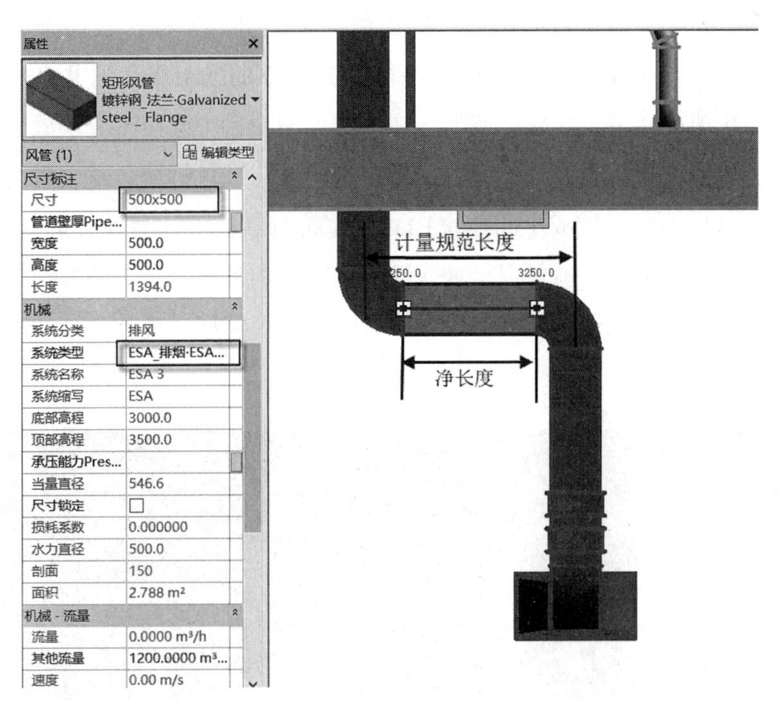

图6.2.3-1　风管面积规范与BIM计量规则对比

3. BIM模型调整与优化

机电工程BIM模型计量不同系统风管面积，需要对机电工程BIM模型的不同系统风管构件参数进行调整与优化，以满足机电工程算量的要求。不同分部工程的面积类计量操作方式类似，这里以排烟系统风管面积计量为例，说明BIM模型的调整与优化方法，其他系统风管的面积统计不再一一赘述。

排烟系统风管部分工程量清单见表6.2.3-2，需根据工程计量的要求及项目特征先检查BIM模型是否符合BIM计量的信息要求，针对BIM模型的检查内容与要求与前述章节基本相同。

排烟系统风管部分工程量清单 **表6.2.3-2**

项目编码	项目名称	项目特征	工程量计算规则	计量单位
030702001046	排烟系统风管	1.名称：矩形排烟风管； 2.规格、参数：镀锌钢板厚度0.75mm，长边长≤1000mm	风管净长度展开面积，不包含管件及部件长度	m^2
030702001008	排烟系统风管	1.名称：矩形排烟风管； 2.规格、参数：镀锌钢板厚度0.75mm，长边长≤450mm	风管净长度展开面积，不包含管件及部件长度	m^2

BIM模型调整内容主要包括模型界面、模型深度、图模一致性三个方面。

（1）检查BIM模型是否满足施工界面的要求，机电工程BIM模型应根据施工界面的划分，对原机电工程BIM模型进行拆分或添加施工界面的共享参数，以便于在风管面积统计时进行区分。例如，在一些大型项目中会出现分块施工或分块承包的情况，通常风管系统设计不会机械地按围护结构进行拆分，还会考虑风管系统的完整性，这样不同区域或不同地块BIM模型拆分就需要注意检查拆分是否正确，并不是单纯从空间上拆分就可以。如A区与B区分别是两个承包商的施工范围，提取A区承包商风管的工程量时，需要删除B区的风管模型，统计出来的工程量才是准确的（图6.2.3-2）。

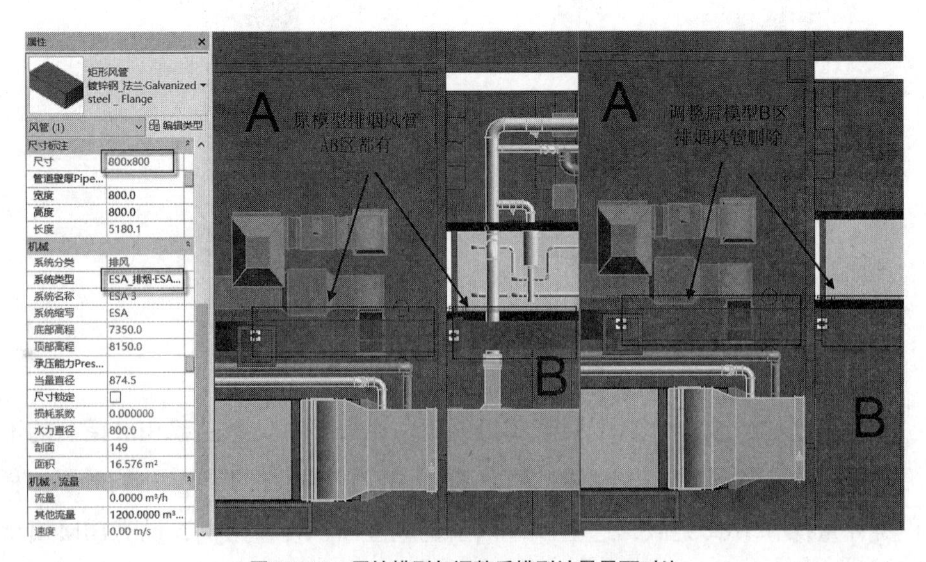

图6.2.3-2 原始模型与调整后模型计量界面对比

（2）检查BIM模型深度是否满足要求，如原BIM模型末端管线或支管深度不够，建模没有到指定位置，则需要补充、完善缺失的管线（图6.2.3-3）。

图6.2.3-3　原始模型与调整后模型深度对比

（3）检查图模一致性，如检查风管路由走向、风管材质是否正确（图6.2.3-4、图6.2.3-5），BIM模型中风管路由走向与设计图纸不一致，需要调整模型。在一些项目中，风管不全是镀锌板材质，可能是不锈钢的还有一些风管是按延长米计算的，如果不同类型、不同材质的风管区分不开，则会影响工程量计取，最终统计的工程量清单也区分不出不同材质风管的工程量（图6.2.3-6）。

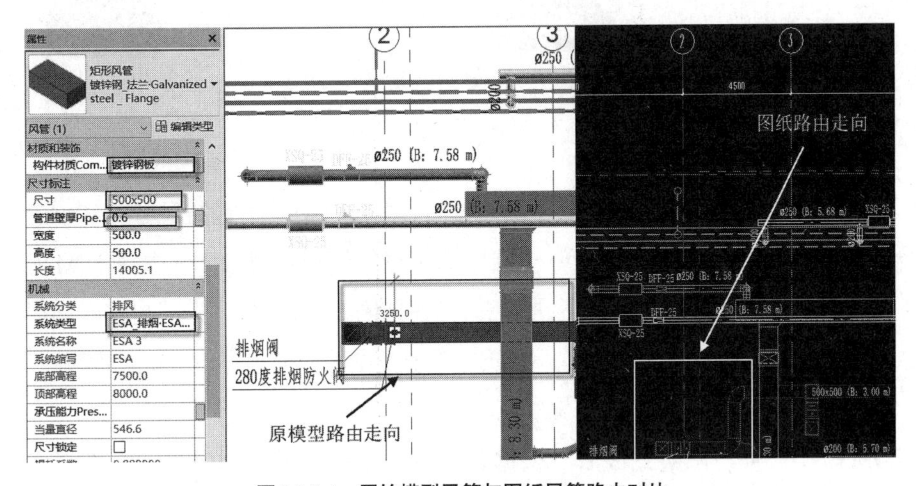

图6.2.3-4　原始模型风管与图纸风管路由对比

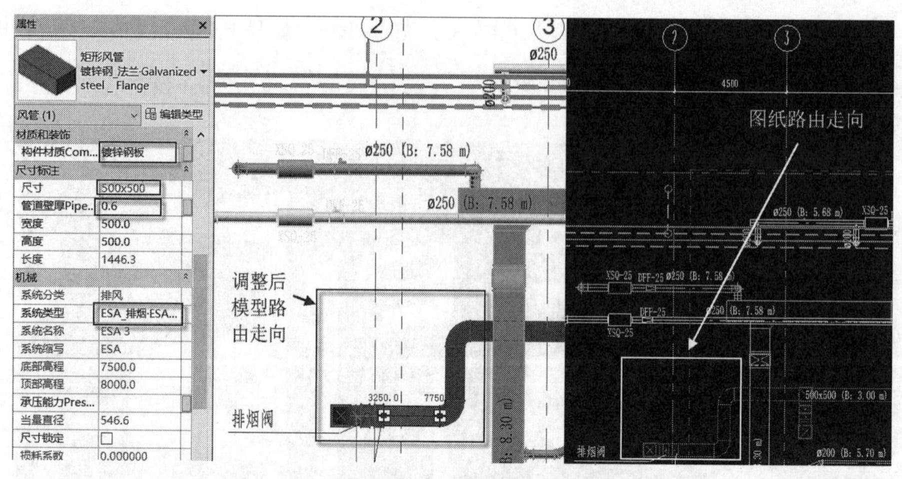

图6.2.3-5　调整后模型风管与图纸风管路由对比

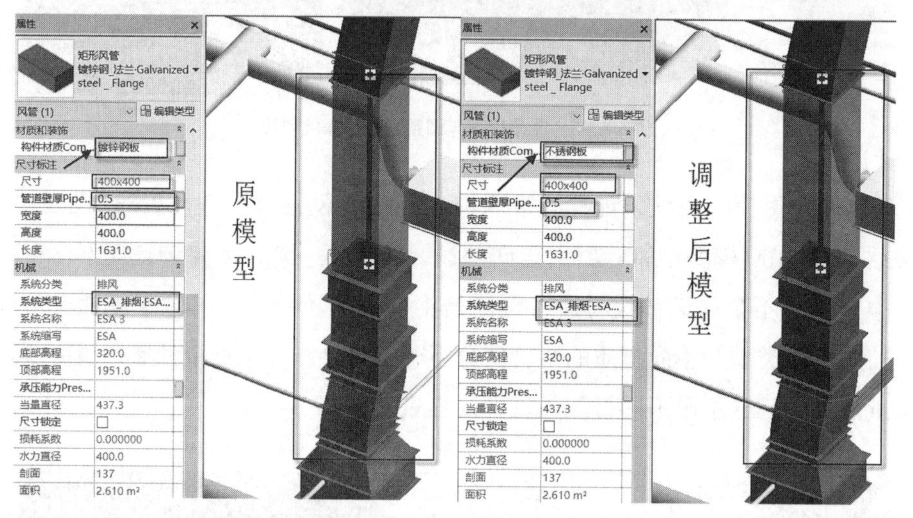

图6.2.3-6　原模型与调整后模型图模一致信息对比

4.添加项目特征信息

要准确统计风管面积，需要按系统、材质、厚度等对管道进行区分。在创建机电工程BIM模型时，应根据BIM模型标准添加完整的管道信息参数。如果BIM模型中信息不完整，会影响不同系统、不同子项的工程量统计与汇总。为了能够准确提取工程量，需要检查风管的厚度、规格、材质、系统类型等方面信息（图6.2.3-7）。

5.明细表提取工程量

BIM模型检查与调整完成后，根据要提取的工程量子项创建明细表进行工程量统计，下面以风管管道为例，说明具体的操作过程：

（1）单击“视图”选项卡的“创建”面板中的“明细表”工具，单击下拉菜单中

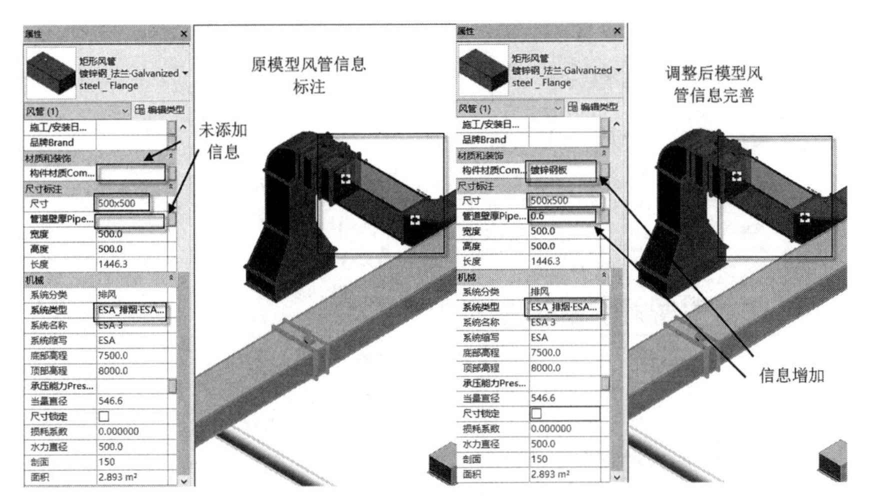

图6.2.3-7　原始模型与调整后模型信息完整度对比

的“明细表/数量”工具，弹出“新建明细表”对话框。如图6.2.3-8所示，在“新建明细表”对话框中选择“风管”类别，其他参数默认，单击“确定”按钮，打开“明细表属性”对话框。

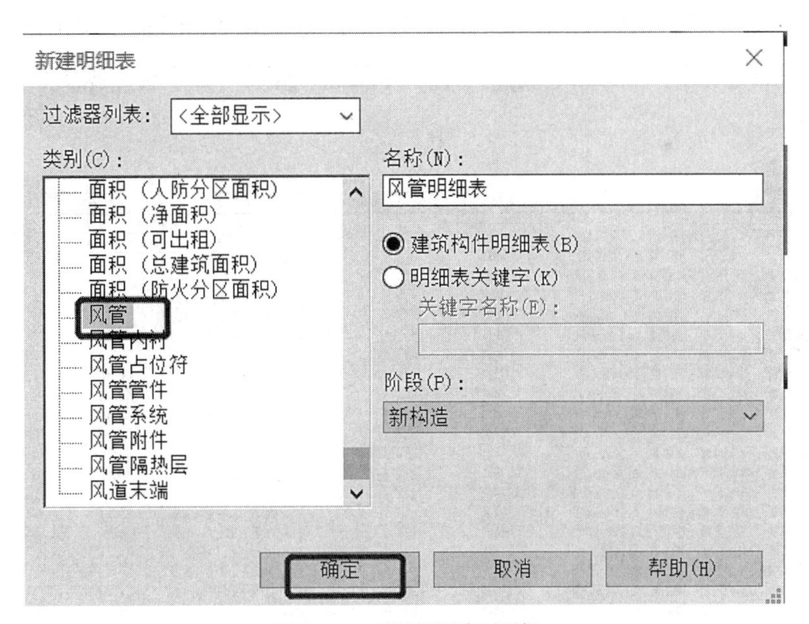

图6.2.3-8　新建明细表对话框

（2）在“明细表属性”对话框“字段”选项卡中，从左侧“可用的字段”列表中选择需要的字段添加至右侧的明细表字段中（图6.2.3-9）。

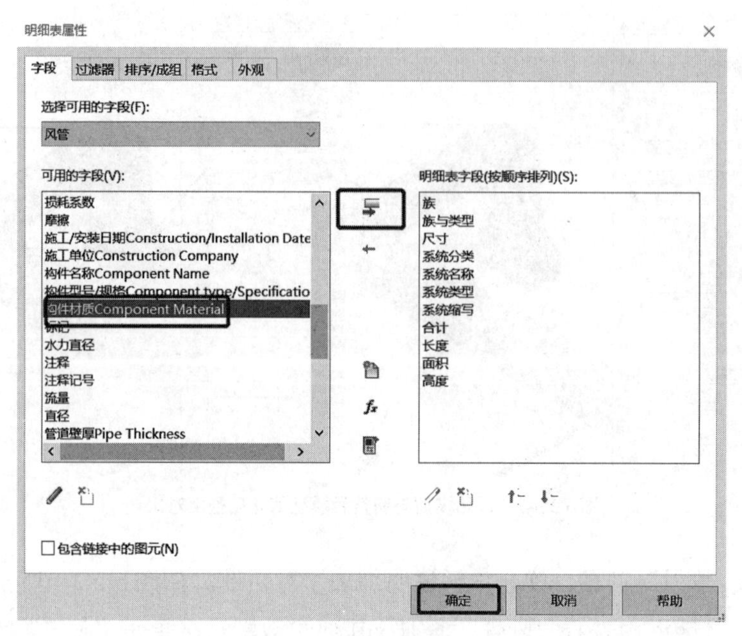

图6.2.3-9　风管字段选择

（3）单击“确定”按钮，即可创建风管明细表，结果如图6.2.3-10所示，可以看到不同系统类型、不同尺寸规格的风管的面积，实际工作中可根据需要对明细表进行调整。

A	B	C	D	E	F	G	H	I
族	族与类型	尺寸	系统分类	系统名称	系统类型	系统缩写	长度	面积
矩形风管	矩形风管：镀锌钢_法	400x400	排风	ESA 3	ESA_排烟·ESA_Exh	ESA	0.36	0.58
矩形风管	矩形风管：镀锌钢_法	400x400	排风	ESA 3	ESA_排烟·ESA_Exh	ESA	0.36	0.58
矩形风管	矩形风管：镀锌钢_法	400x400	排风	ESA 3	ESA_排烟·ESA_Exh	ESA	0.02	0.04
矩形风管	矩形风管：镀锌钢_法	400x400	排风	ESA 3	ESA_排烟·ESA_Exh	ESA	1.62	2.59
矩形风管	矩形风管：镀锌钢_法	400x400	排风	ESA 3	ESA_排烟·ESA_Exh	ESA	0.19	0.30
矩形风管	矩形风管：镀锌钢_法	400x400	排风	ESA 3	ESA_排烟·ESA_Exh	ESA	1.63	2.61
矩形风管	矩形风管：镀锌钢_法	400x400	排风	ESA 3	ESA_排烟·ESA_Exh	ESA	0.10	0.16
矩形风管	矩形风管：镀锌钢_法	400x400	排风	ESA 3	ESA_排烟·ESA_Exh	ESA	0.06	0.10
矩形风管	矩形风管：镀锌钢_法	400x400	排风	ESA 3	ESA_排烟·ESA_Exh	ESA	0.19	0.31
矩形风管	矩形风管：镀锌钢_法	400x400	排风	ESA 3	ESA_排烟·ESA_Exh	ESA	0.49	0.79
矩形风管	矩形风管：镀锌钢_法	400x400	排风	ESA 3	ESA_排烟·ESA_Exh	ESA	0.03	0.05
矩形风管	矩形风管：镀锌钢_法	400x400	排风	ESA 3	ESA_排烟·ESA_Exh	ESA	0.03	0.05
矩形风管	矩形风管：镀锌钢_法	400x400	排风	ESA 3	ESA_排烟·ESA_Exh	ESA	0.38	0.61
矩形风管	矩形风管：镀锌钢_法	400x400	排风	ESA 3	ESA_排烟·ESA_Exh	ESA	0.24	0.39
矩形风管	矩形风管：镀锌钢_法	500x500	排风	ESA 3	ESA_排烟·ESA_Exh	ESA	0.12	0.24
矩形风管	矩形风管：镀锌钢_法	500x500	排风	ESA 3	ESA_排烟·ESA_Exh	ESA	0.14	0.27
矩形风管	矩形风管：镀锌钢_法	500x500	排风	ESA 3	ESA_排烟·ESA_Exh	ESA	0.93	1.87
矩形风管	矩形风管：镀锌钢_法	500x500	排风	ESA 3	ESA_排烟·ESA_Exh	ESA	1.45	2.89
矩形风管	矩形风管：镀锌钢_法	500x500	排风	ESA 3	ESA_排烟·ESA_Exh	ESA	0.39	0.78
矩形风管	矩形风管：镀锌钢_法	500x500	排风	ESA 3	ESA_排烟·ESA_Exh	ESA	0.14	0.28
矩形风管	矩形风管：镀锌钢_法	500x500	排风	ESA 3	ESA_排烟·ESA_Exh	ESA	1.86	3.73
矩形风管	矩形风管：镀锌钢_法	500x500	排风	ESA 3	ESA_排烟·ESA_Exh	ESA	1.39	2.79
矩形风管	矩形风管：镀锌钢_法	500x500	排风	ESA 3	ESA_排烟·ESA_Exh	ESA	11.75	23.51
矩形风管	矩形风管：镀锌钢_法	500x500	排风	ESA 3	ESA_排烟·ESA_Exh	ESA	0.53	1.06
矩形风管	矩形风管：镀锌钢_法	500x500	排风	ESA 3	ESA_排烟·ESA_Exh	ESA	0.04	0.09

图6.2.3-10　风管明细

如要获得全部或部分系统类型风管的工程量明细，可使用过滤器功能对“系统类型”进行筛选或排序（图6.2.3-11）。

A	B	C	D	E	F	G	H	I
族	族与类型	尺寸	系统分类	系统名称	系统类型	系统缩写	长度	面积
矩形风管	矩形风管：镀锌钢_法	1000x1000	排风	EA 3	EA_排风・EA_Exhau	EA	1.27	5.07
矩形风管	矩形风管：镀锌钢_法	400x250	送风	SA 7	SA_送风・SA_Suppl	SA	1.20	1.56
矩形风管	矩形风管：镀锌钢_法	250x250	送风	SA 2	SA_送风・SA_Suppl	SA	0.54	0.54
圆形风管	圆形风管：镀锌钢板_	⌀250	送风	SA 7	SA_送风・SA_Suppl	SA	1.55	1.21
矩形风管	矩形风管：镀锌钢_法	800x400	送风	SA 1	SA_送风・SA_Suppl	SA	1.15	2.77
圆形风管	圆形风管：镀锌钢板_	⌀250	送风	SA 1	SA_送风・SA_Suppl	SA	0.23	0.18
圆形风管	圆形风管：镀锌钢板_	⌀250	送风	SA 1	SA_送风・SA_Suppl	SA	5.00	3.92
圆形风管	圆形风管：镀锌钢板_	⌀250	送风	SA 1	SA_送风・SA_Suppl	SA	0.23	0.18
圆形风管	圆形风管：镀锌钢板_	⌀250	送风	SA 1	SA_送风・SA_Suppl	SA	5.00	3.92
圆形风管	圆形风管：镀锌钢板_	⌀250	送风	SA 1	SA_送风・SA_Suppl	SA	0.23	0.18
圆形风管	圆形风管：镀锌钢板_	⌀250	送风	SA 1	SA_送风・SA_Suppl	SA	5.55	4.36
圆形风管	圆形风管：镀锌钢板_	⌀250	送风	SA 1	SA_送风・SA_Suppl	SA	0.23	0.18
圆形风管	圆形风管：镀锌钢板_	⌀250	送风	SA 1	SA_送风・SA_Suppl	SA	5.55	4.36
圆形风管	圆形风管：镀锌钢板_	⌀250	送风	SA 1	SA_送风・SA_Suppl	SA	0.23	0.18
圆形风管	圆形风管：镀锌钢板_	⌀250	送风	SA 1	SA_送风・SA_Suppl	SA	5.00	3.92
圆形风管	圆形风管：镀锌钢板_	⌀250	送风	SA 1	SA_送风・SA_Suppl	SA	0.23	0.18
圆形风管	圆形风管：镀锌钢板_	⌀250	送风	SA 1	SA_送风・SA_Suppl	SA	5.80	4.55
圆形风管	圆形风管：镀锌钢板_	⌀250	送风	SA 1	SA_送风・SA_Suppl	SA	0.23	0.18
圆形风管	圆形风管：镀锌钢板_	⌀250	送风	SA 1	SA_送风・SA_Suppl	SA	5.80	4.55
圆形风管	圆形风管：镀锌钢板_	⌀250	送风	SA 1	SA_送风・SA_Suppl	SA	0.23	0.18
圆形风管	圆形风管：镀锌钢板_	⌀250	送风	SA 1	SA_送风・SA_Suppl	SA	5.19	4.08
圆形风管	圆形风管：镀锌钢板_	⌀250	送风	SA 1	SA_送风・SA_Suppl	SA	0.23	0.18
圆形风管	圆形风管：镀锌钢板_	⌀250	送风	SA 1	SA_送风・SA_Suppl	SA	5.05	3.96

图6.2.3-11　过滤后的风管明细表

除锈刷油的工程量计取一般有三种方法。第一种：如果模型中跟面积有关的字段信息是完整的，则可在创建管道明细表时添加该字段即可。第二种：如果模型中没有该字段，则需通过已知管道的长度换算成除锈刷油面积。第三种：如果模型中没有字段，又不想通过换算获得，则可在创建管道明细表时，在“明细表属性”对话框中添加“管道除锈刷油面积”字段，并在明细表中为该字段添加计算公式来获取（图6.2.3-12），面积公式参考图6.2.3-13，其他具体操作方法本书不再详述，读者可自行研究。

6.2.4 保温体积类算量

1.体积类工程量BIM计算规则

保温体积类工程量统计主要包括水暖管道的保温、通风空调风管的保温等，根据保温厚度计取体积。

2.体积类清单项目设置

保温体积类，工程量清单项目编码、项目名称、项目特征描述、计量单位、工程量计算规则可参考表6.2.4执行。若有项目特征或其他信息与管理相关，可根据需要进行设置。

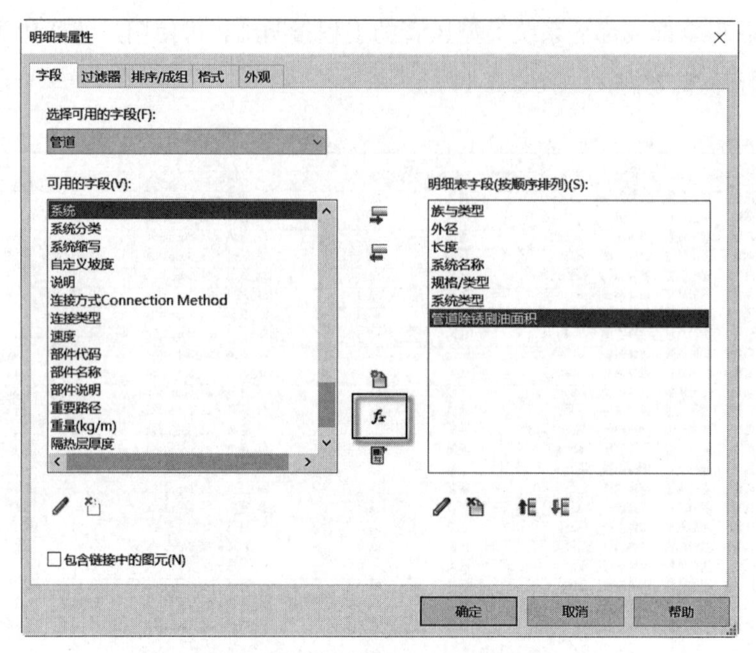

图6.2.3-12　管道除锈刷油面积字段设置

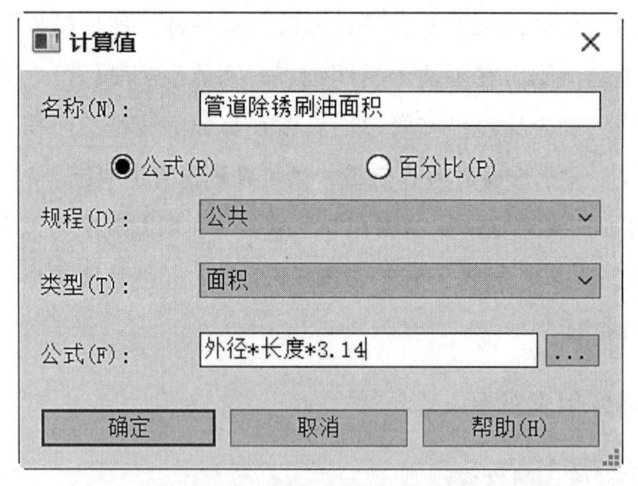

图6.2.3-13　管道除锈刷油面积公式设置

保温体积类工程量统计内容　　表6.2.4

项目编码	项目名称	项目特征	工程量计算规则	计量单位
031208002189	给水管道保温	1.名称：橡塑保温； 2.规格、参数：管道*DN*80以内，B1级难燃，保温厚度30mm	根据保温厚度计取体积	m^3
031208002207	排水管道保温	1.名称：泡沫橡塑保温材料； 2.规格、参数：管道*DN*200以下，厚度30mm	根据保温厚度计取体积	m^3

续表

项目编码	项目名称	项目特征	工程量计算规则	计量单位
031208002215	雨水管道保温	1.名称：泡沫橡塑保温材料； 2.规格、参数：管道*DN*300以下，厚度30mm	根据保温厚度计取体积	m^3
031208002191	采暖管保温	1.名称：岩棉保温； 2.规格、参数：管道*DN*125以下，带铝箔外防潮层，保温厚度40mm	根据保温厚度计取体积	m^3
031208003009	风管保温	1.名称：橡塑风管保温； 2.规格、参数：B1级难燃，保温厚度40mm	根据保温厚度计取体积	m^3

3. BIM模型调整与优化

要基于机电工程BIM模型计量水管、风管等保温，需要对机电工程BIM模型的水管、风管等保温构件参数进行调整与优化，以满足机电工程算量的要求。结合设计说明检查哪些系统需要保温，哪些系统不需要保温，以及检查保温层的厚度，如果原BIM模型存在完整性缺失，则需要进行补充、完善缺失的保温层，再进行保温工程量统计。

4.添加项目特征信息

要准确统计管道、风管等保温体积，需要按系统、保温厚度等对保温层进行区分。在创建机电工程BIM模型时，应根据BIM模型标准添加完整的保温层信息参数。如果BIM模型中信息不完整，会出现的问题依然是分组统计无法实现或不能通过厚度区分工程量。

5.明细表提取工程量

保温层体积工程量的统计方法可参考上一节除锈刷油工程量统计的三种方法，此处不再赘述。

6.2.5 支吊架质量类算量

支吊架质量类工程量统计主要包括成品支吊架、型钢支吊架两类，型钢支吊架类似钢结构，其工程量统计方法可参考钢结构的工程量统计方法。目前成品支吊架通过BIM模型提取工程量还不是很成熟，但成品支吊架可通过其他方法换算获得质量，前提依然是模型信息完整度、图模一致性要符合要求，提取方法依然是创建明细表。

成品支吊架目前主要应用于施工阶段，通常单个产品支吊架的重量支吊架厂家是可以提供的，理论上知道每个成品支吊架的重量，只要通过明细表获得支吊架的数量，就可以计算出整个项目的成品支吊架的工程量。

因此，BIM模型算量主要为两个方面，分别为模型检查完善与明细表创建，并通过计量规则的不同分别描述了模型检查的常见问题及明细表的创建步骤。

6.3 小结

本章阐述了传统机电安装工程计量与BIM计量的算量的差异，基于机电工程BIM模型通过不同的BIM计量规则分类分别提取不同工程量的一般过程要完成机电工程BIM工程量的提取，应先完成模型的检查与优化，并使用明细表提取相关项目内容。利用对明细表的相关编辑功能，即可得出不同分类、不同规格、不同系统的工程量信息。主要介绍了管道桥架等长度类、设备及管道附件等数量类、风管及油漆面积类、保温体积类、支吊架重量类的算量。

下　篇
BIM 技术创效

第7章　BIM技术在前期策划阶段的应用

7.1 投资估算

7.1.1 投资估算概述

项目决策正确与否，直接关系到项目建设的成败，关系到工程造价的高低及投资效果的好坏。据统计，决策阶段对总体投资的影响程度高达80%～90%(图7.1.1)。投资估算是拟建项目前期工作阶段编制项目建议书、可行性研究报告的重要组成部分，是项目决策的重要依据之一，其合理性和准确性决定着项目决策的正确性。

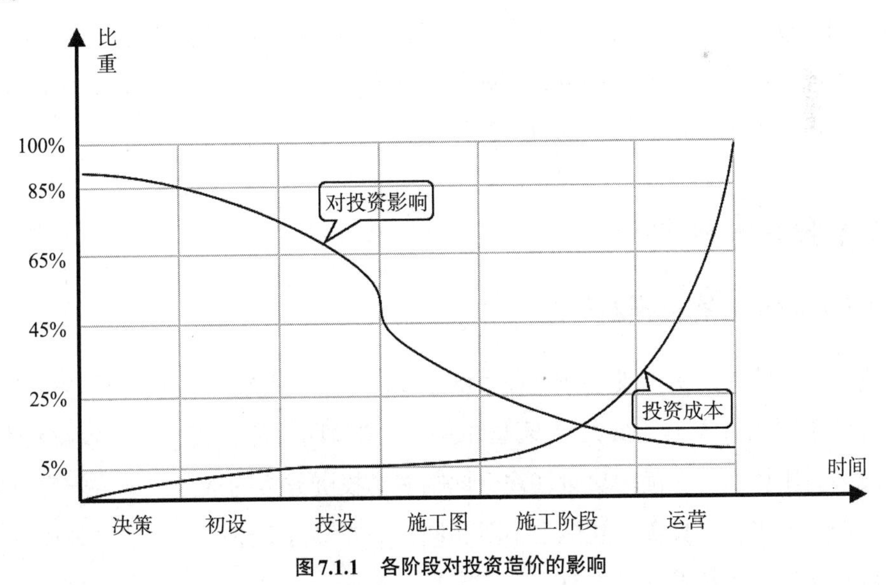

图7.1.1　各阶段对投资造价的影响

工程项目的决策可细分为项目规划→项目建议书→初步可行性研究→可行性研究等阶段。各阶段投资估算的精度要求如下：

(1) 项目规划阶段投资估算允许误差大于 ±30%。

（2）项目建议书阶段投资估算允许误差控制在 ±30% 以内。

（3）初步可行性研究阶段的投资估算要求误差控制在 ±20% 以内。

（4）可行性研究阶段的投资估算要求误差控制在 ±10% 以内。

投资估算的编制是决策阶段成本管理的主要工作任务。传统的投资估算仅采用相应的造价指标进行估算，未考虑项目建设过程中各种材料、人工、机械上涨造成的成本增加。实际工程中，从项目规划开始至出具项目可行性报告，工作重点都放在项目规模的确定、项目选址、相应的建筑物功能的确定上，并且投资估算的准确性大多依赖于编制人员的业务水平和经验。这将导致投资估算的精度不高，往往偏差较大，无法给予决策者精确的判断基础。

7.1.2 基于BIM造价技术的投资估算

投资估算中采用 BIM造价技术的优势之一在于工程信息能被方便地提取，通过BIM 数据库，找到相似项目的建筑信息模型，结合拟建工程项目的特点，对相似项目中不合适的部分进行调整修订，就可以得到拟建项目所需要的参数和原始材料，完成工程量汇总，之后搭载BIM数据库中的云平台，载入人工、材料、机械的价格信息及各类文件的取费标准，就可以快速地计算出拟建项目的投资估算值。同时，BIM软件还可以根据已设定的计算规则自动对节点及重合部分进行增加和删减，大大提高了计算的准确度，工程师能从建筑信息模型中获取比较准确的工程量数据，进而促进前期决策更加及时高效（图7.1.2）。

7.2 投资方案选择

7.2.1 投资方案选择概述

建设项目的前期决策既是项目投资的首要环节，也是影响建设工程能否达到预期目标的重要因素。为了最大限度达到建设方的预期目标，实现投资效益最大化，在实践中做出科学与正确的决策往往会面临多个投资方案的选择。这些方案可能在定位、选址、规模、投资、功能上不尽相同，需要多方案进行对比选择，而多方案比选就是从经济和技术的角度对各个方案进行论证，分别就项目的必要性和可行性进行评价，最终从多个投资方案中确定最优方案。由此可见，建设项目投资决策的过程实际上就是选择最佳方案的动态过程。

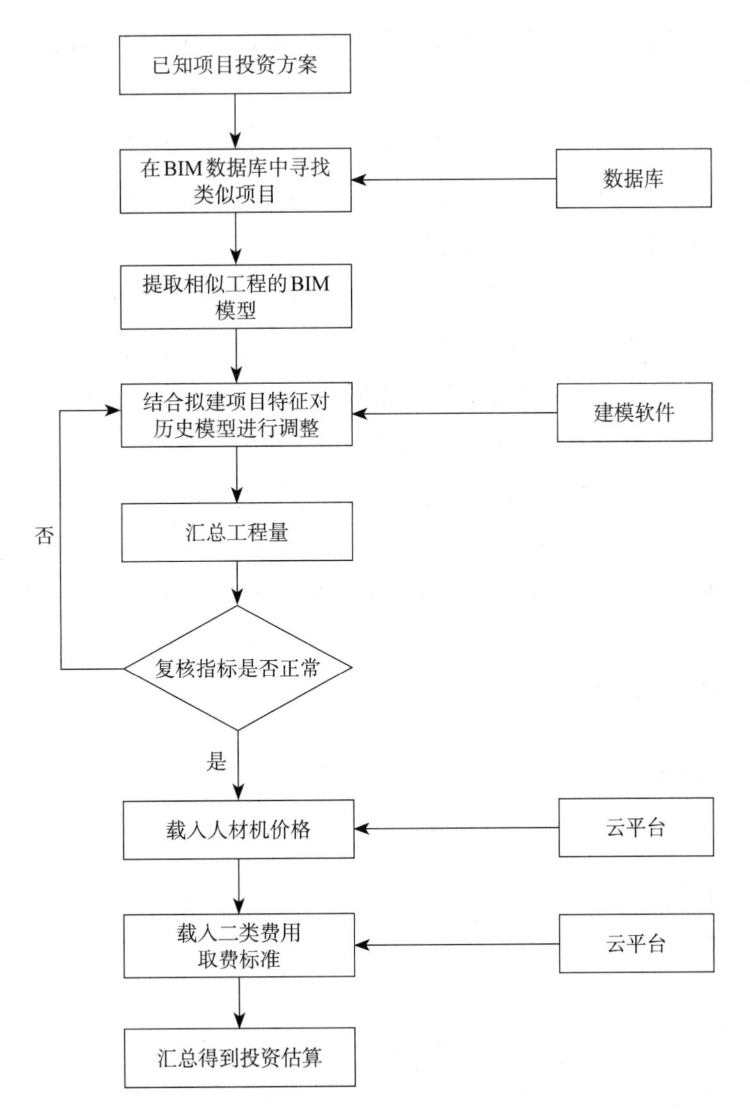

图7.1.2　基于BIM造价技术的投资估算操作流程图

7.2.2 基于BIM造价技术的投资方案选择

BIM造价技术因其数据参数化、信息集成化、三维可视化的特点成为投资方改善投资控制水平、获取较高投资回报的有效手段。基于BIM造价技术建立的数据库平台，能及时有效地对项目全过程进行投资优化与造价控制。

BIM造价数据库平台由以下五个要素构成：

（1）数据层：为BIM项目信息平台的最底层，用以存储建筑信息模型，各专业模型上传，建筑信息共享。

（2）图形层：为图形显示编辑平台，用以实现经过BIM软件转化后的轻量化三维模型展示。

（3）接口层：为不同格式文件的导入、导出端口，以实现IFC文件的输入、输出、查询等功能，并支持多个项目、多个文件的存储，为实现基于BIM造价技术的投资方案的优选奠基了底层数据支持。

（4）功能层：为概预算功能集成平台，用以描述建筑信息模型中的材料、形状等信息，结合其价格，实现统计、计量、计价等概预算功能。

（5）应用层：为承载大量数据的数据库，数据库中大量的相关综合性数字化信息起到为工程项目方案比选过程中提供数据支撑的作用，操作人员可以从数据库提取相似的工程案例，根据局部数据调整修改能快速得出对应的数据分析，从而能够帮助决策者进行科学的决策。

通过基于BIM造价技术的数据库平台进行投资方案可行性分析，可快速提取所需的参数化数据，并对相应数据进行集成、分析，生成三维可视化结果。投资方案选择实现路径如图7.2.2所示。

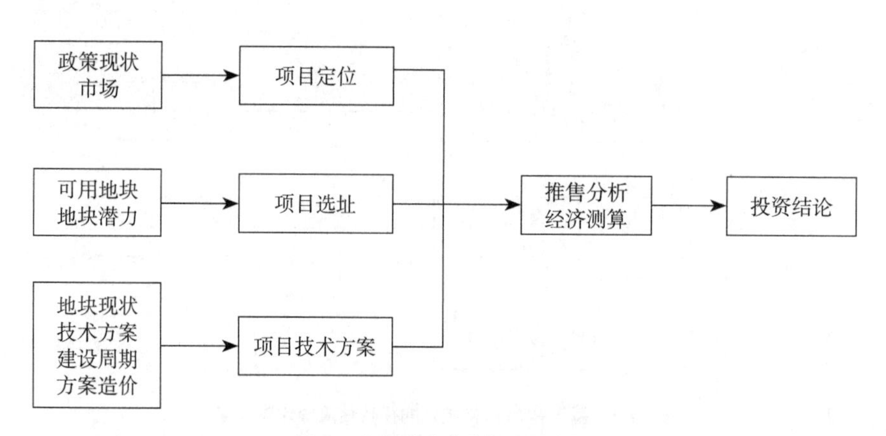

图7.2.2　投资方案选择实现路径

从以上投资方案选择实现路径可知，首先，通过链接各官网平台的数据库，提取相关政策以分析政策方向及现状指标，提取市场数据分析市场需求，综合政策、现状及发展、市场需求等分析，得出项目定位结论及相关数据；其次，通过类似项目的数据库提取建设数据、成本数据，估算建设周期及造价；再次，根据项目定位、项目选址、技术方案、推售分析、资金占用等数据，测算回收周期、收益率、利润率等经济指标；最后，整合上述各方案类比数据，分析各个投资方案的综合数据并得出投资结论。

7.3 小结

本章节侧重于建筑工程前期策划阶段，首先，就BIM技术在投资估算、投资方案选择中的运用背景进行了概述，其次，就基于BIM造价技术如何在投资估算和投资方案选择中体现优势及发挥作用进行了阐述。

第8章　BIM技术在设计阶段的应用

8.1 坡地建筑场地竖向设计及其土方平衡分析

8.1.1 坡地建筑场地竖向设计及其土方平衡概述

1. 坡地建筑与场地竖向设计概述

（1）坡地与坡地建筑

坡地是具有一定倾斜角度的自然场地。坡地建筑，即建于坡地之上的建筑物。由于坡地类型迥然相异、形状千差万别，坡地建筑因其拥有的地貌环境和自然资源，能够被塑造出十分独特的艺术个性（图8.1.1-1）。

（a）

（b）

图8.1.1-1　坡地与坡地建筑展示图

（2）场地竖向设计

场地竖向设计是指为了满足规划区域内道路交通、场地排水、建筑布置以及环境景观等方面的综合要求，通过确定坡度、控制高程和平衡土石方量等技术措施对建设场地实施合理安排和周密计划，以对自然地形形态进行利用与改造，并用各种方式予以表达的过程。

（3）坡地竖向设计的基本原则

坡地作为最变化无穷的原生态资源之一，可以使得置于其上的建筑和景观呈现出无穷魅力而越来越受到规划师、建筑师以及使用者的青睐。但相关研究表明，比较平原地区，坡地建筑建设成本增加量可达20%～30%。因此，坡地建筑应当根据地形地势特点来进行设计和建造，需要依山就势最大化地发挥地形的优点，并减少不利因素的影响来创造丰富多样的室内外空间，恰当的竖向设计对平衡协调坡地建筑创作的艺术性和实施的经济性起到关键作用。

①满足使用功能要求；

坡地竖向设计应与用地选择及建筑布局同时进行，因地制宜，充分利用地形，多思路比较确定竖向布置形式，使各项建设内容在平面上彼此统一、竖向上相互协调，应有利于建、构筑物的布置及环境空间的规划设计。

②适宜场地内外交通运输；

坡地竖向设计应结合坡地坡向，合理选线和确定坡度，满足道路布置、车辆交通与人行交通的技术要求。

③达到排水与防洪标准；

坡地竖向设计应满足地面排水及防洪、排涝的要求，使场地不被洪水淹没损坏。滨水场地标高应符合《防洪标准》GB 50201—2014的要求，其场地标高应根据场地内外汇水情况确定。

④满足建筑基础埋深、工程管线敷设的要求；

坡地竖向设计应有利于用地内工程管线敷设的高程要求，保证工程管线在荷载作用下不损坏，正常运行；在严寒、寒冷地区，保证管道内介质不冻结；满足竖向规划要求，满足管线交叉时的最小垂直净距；根据冰冻地区冰冻线深度要求，给水、排水、燃气等管线最小覆土深度应保证在冰冻线以下。电力、电信、空调水等管线因受冰冻影响较小，覆土深度可适当减小，但要保证工程管线在荷载作用下不损坏，能够正常运行。

⑤满足工程建设与使用的地质、水文地质条件要求；

坡地建筑长边宜顺场地等高线布置，以减少土方和基础埋设深度，便于交通组织。同时，应避免贴山过近，应特别避免高挖、深填，以减少削坡土方工程量、挡土墙或护坡工程；建筑物应避开不良地质地段，当建筑物有大量地下工程时，可充分利用场地的低洼处。地下水位较高、场地上层土质比下层土质好的地段，尽可能避免挖方。

⑥节约土石方工程量；

坡地竖向设计应利用地形节约土石方工程量，不但可以减少建设投资，而且还可以保证工程安全加快建设进度。总平面布置应与竖向设计一并考虑，因地制宜，合理确定竖向布置形式，场地及建筑物设计标高，力求土石方工程量最小，使填、挖方接近平衡。

（4）坡地竖向设计形式、比较与选择

①竖向设计的形式；

根据设计总平面之间的连接方式不同，竖向设计的布置形式通常可分为平坡式、阶梯式和混合式。其组成及特点如表8.1.1-1所示。

竖向设计的形式　　表8.1.1-1

布置形式	组成及特点	特征
平坡式	水平型平坡式、斜面型平坡式（单斜面型、双斜面型和多斜面型平坡式）和组合型平坡式	场地高差在1m以内
阶梯式	由若干台阶相连接组成，相邻台阶以陡坡或挡土墙连接，各主要平面连接处有明显的高差	场地高差大于1m
混合式	由若干平坡和台阶组成	

②竖向设计形式的比较；

不同竖向设计形式，各有利弊，在坡地地形条件下，其经济效果也大不一样。因此，在确定竖向设计形式时，必须进行认真的比较选择，如表8.1.1-2所示。

竖向设计形式的比较　　表8.1.1-2

<table>
<tr><th colspan="2">分类名称</th><th>形式特点</th><th>形式比较</th><th>选择条件</th></tr>
<tr><td colspan="2">水平型平坡式</td><td>场地设计整平面无坡地</td><td>（1）能为铁路、道路创造良好的技术条件；
（2）整平场地土方量大；
（3）排水条件较差，往往需要结合排水管网</td><td>在自然地形比较平坦，场地面积不大，利用暗管排水，场地为渗透性土壤的条件下选用</td></tr>
<tr><td rowspan="3">斜面型平坡式</td><td>单斜面平坡式</td><td rowspan="3">场地设计整平面有平缓坡度，高差<1.0m</td><td rowspan="4">（1）能利用地形、便于排水；
（2）可减少平整场地的土方量；
（3）若两个坡面的连接处形成汇水形状，如V、L形时，此连接处需设排水明沟、雨水箅井等，以便排水</td><td>在自然地形坡度较小自然地面单向倾斜时选用</td></tr>
<tr><td>双斜面平坡式</td><td>在自然地形中央凸出，向周围倾斜或在自然地形周围偏高，而中央比较低洼时宜选用</td></tr>
<tr><td>多斜面平坡式</td><td rowspan="2">在自然地形起伏不平时宜选用</td></tr>
<tr><td colspan="2">组合型平坡式</td><td>场地由多个接近于自然地形的设计平面和斜坡所组成</td></tr>
</table>

续表

<table>
<tr><th colspan="2">分类名称</th><th>形式特点</th><th>形式比较</th><th>选择条件</th></tr>
<tr><td rowspan="3">阶梯式</td><td>单向降低的台阶式</td><td rowspan="3">设计场地由若干个台阶相连组成台阶布置，相邻台阶间以陡坡或挡土墙连接，且其高差≥1.0m</td><td rowspan="3">（1）能充分利用地形，可节约场地平整的土方量和建、构筑物的基础工程量；
（2）排水条件比较好；
（3）铁路、道路连接困难，防排洪沟、跌水、急流槽、护坡、挡土墙等工程增加</td><td rowspan="3">（1）在地形复杂、高差大，特别在山区和丘陵地区建厂采用较多；
（2）在场地自然坡度较大，或自然地形坡度虽较小，但场地宽度较大时，宜选用；
（3）生产工艺有要求时选用</td></tr>
<tr><td>由场地中央向边缘降低的台阶式</td></tr>
<tr><td>由场地边缘向中央降低的台阶式</td></tr>
<tr><td colspan="2">混合式</td><td>设计地面由若干个平坡和台阶混合组成</td><td>平坡和台阶两种形式的优缺点兼有</td><td>当自然地形坡度有缓有陡时选用</td></tr>
</table>

③竖向设计形式的选择；

坡地竖向设计形式应按照场地自然地形坡度、场地宽度、建（构）筑物基础埋设深度、交通运输方式及其技术条件等因素进行选择。

竖向设计形式的选择如图8.1.1-2所示。

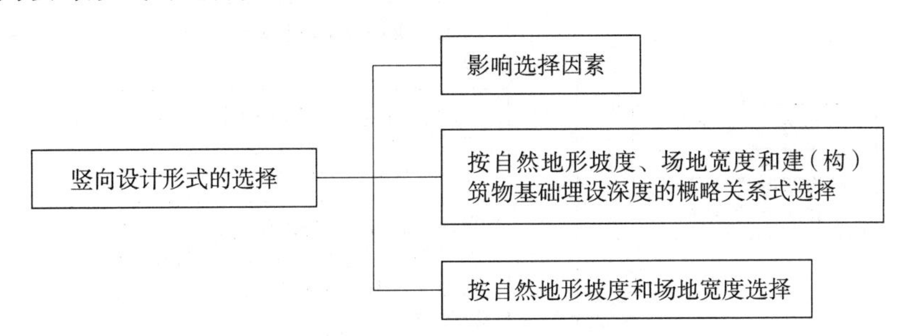

图8.1.1-2　竖向设计形式的选择

影响竖向设计形式选择的因素如图8.1.1-3所示。

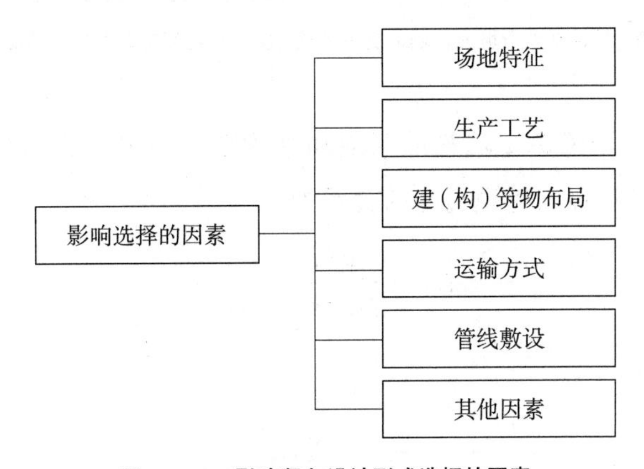

图8.1.1-3　影响竖向设计形式选择的因素

按自然地形坡度和场地宽度选择如图8.1.1-4所示。

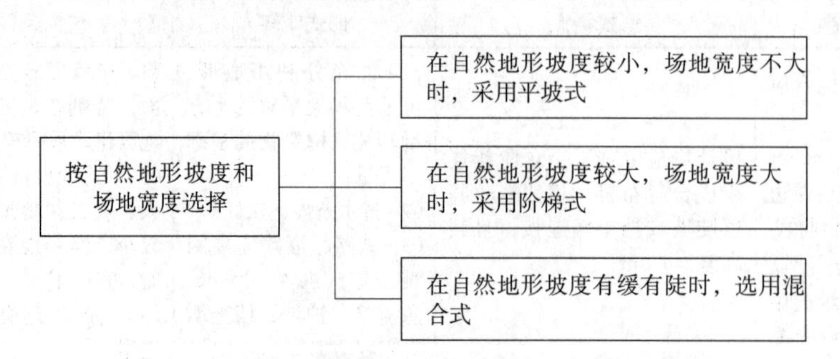

图8.1.1-4　按自然地形坡度和场地宽度选择

按自然地形坡度、场地宽度和建（构）筑物基础埋深的概略关系式选择如图8.1.1-5、图8.1.1-6所示。

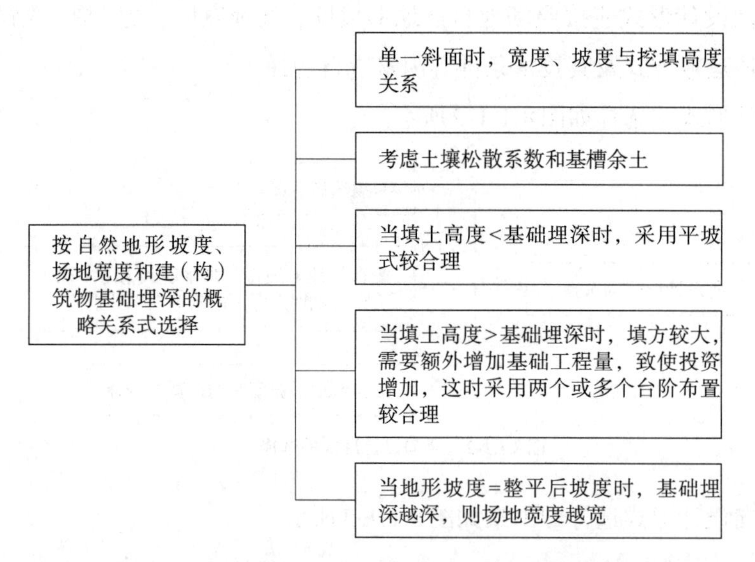

图8.1.1-5　按自然地形坡度、场地宽度和建（构）筑物基础埋深的概略关系式选择

单一斜面时，由考虑土壤松散系数和基槽余土的关系式：$H_{挖}=0.75\sim0.80H_{填}$可知，开挖宽度、坡度与挖填高度的关系为：

$$H_{填}=\frac{B(i_{地}-i_{整})}{(0.75\sim0.80)} \quad (式8-1)$$

如图8.1.1-6所示。

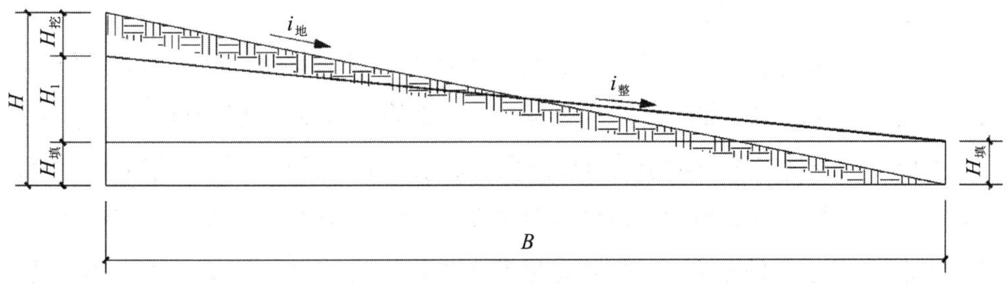

图8.1.1-6　单一斜面时，宽度、坡度与挖填高度关系

2. 土方平衡分析概述

（1）场地平土方式分类

①连续式平土方式；

对整个场地连续地进行平整而不保留原自然地形。

②重点式平土方式；

与建构筑物有关的区域进行平整，而场地的其余部分适当地保留原有地形，以节约填、挖土方工程量。

（2）平土方式的选择

①应根据场地地形和地质条件、建筑物及管线和运输线路密度等因素合理确定。

②占地面积较大的场地，可以按场地内各分区分别考虑平土方式。

③在平坦地区，往往整个场地采用连续式平土。在山区，往往在场地或一个区域内，保持个别的山头或冲沟等原自然地形，采用重点式平土。

④建筑系数较小，没有多跨大型车间，铁路和道路不复杂，管网不密，原自然地形能保证场地雨水迅速排出，处于岩石类土壤，美化设施要求不高者，采用重点式平土方式。反之采用连续式平土方式。

⑤当场地基底多石、开挖石方困难；场地林木茂盛，需保存林木时宜采用重点式平土方式。

（3）场地平土标高的确定

确定场地平土标高应考虑的主要因素：

①保证场地不被洪水淹没，不能经常有积水，雨水能顺利排出。

②满足交通运输要求。

③应高于地下水位。

④尽量减少土石方工程量和基础工程量，并使填挖接近平衡。

⑤考虑基槽余土和土壤松散系数的影响。

（4）场地土方计算方法

场地平土标高确定之后，便可以进行土方计算。目前，土方计算的方法较多，但大多都是用平均值或近似值简化计算各种不规则的几何体，其计算精度也能满足土方工程要求。设计工作中常用的有横断面计算法、方格网计算法、整体计算法和局部分块法等。其中，横断面计算法计算简洁，但其计算精度不及方格网计算法，适用于场地地形起伏变化较多、自然地面复杂地段；方格网计算法应用较为广泛，对于地形平缓和台阶宽度较大的场地尤为适用，其计算精度较高。

（5）场地土方平衡意义与价值

任何工程，小到单体建筑、住宅小区，大到堆石坝工程、大型城市集群开发项目，在进行建设之前都要进行土方方面的处理。土方调配是土木工程中一项非常重要的工作，在一些大型工程建设中，土方调配的优劣直接决定了建设工程效益，显著影响工程建设的成本、进度与质量。

8.1.2 坡地竖向设计及其土方平衡成本控制的主要内容

坡地竖向设计是建设场地设计的重要环节，在坡地特别是我国西南地区坡度大于25%的山地场景中更是举足轻重、不可或缺。影响坡地竖向设计经济性的主要内容包括：概念性分析规划用地地形地貌特征、道路选线、排水与工程管线敷设；确定挡土墙、护坡等室外防护工程的类型、位置和规模；计算土方量及防护工程量，进行土方平衡等。

8.1.3 BIM造价在坡地竖向设计及其土方平衡分析中的应用

场地规划设计和建筑设计时，利用场地BIM造价及相关模拟技术对场地的坡度、坡向、高程、纵横断面、等高线等数据进行分析，对不同场地设计方案开展技术经济比选，可将成果作为综合判断不同场地设计方案优劣的依据（图8.1.3-1）。

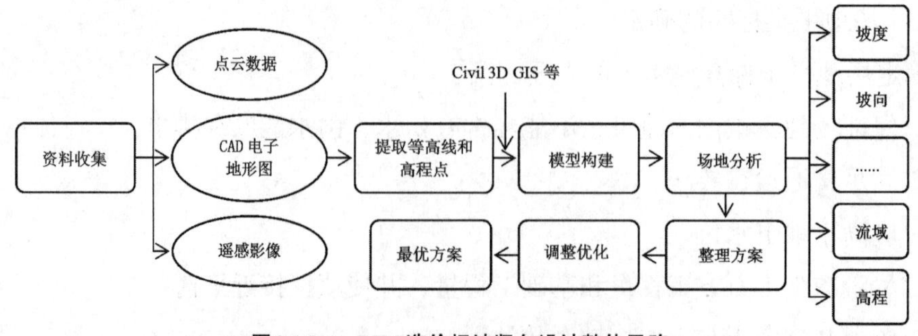

图8.1.3-1 BIM造价场地竖向设计整体思路

1.资料的收集与整理

初始资料的收集与场地现状信息的采集是坡地竖向设计的前提。可以向相关规划部门获取CAD电子地形图，经转换后能无缝对接相关BIM软件的遥感影像及点云数据等。为方便构建地形模型，可将原始地形图等高线及高程点数据提取，并剔除异常数据以保证模型建立的精度。

2.原始地形模型构建

在山区和丘陵，坡地地形高程起伏较大，使得建筑产品布局较为困难，预估挖填土石方量较大造成建设成本增加，极有可能出现分布较薄且下伏岩面高低不平的不利情况。通过采用基于BIM及GIS（Geo-Information System，简称GIS）数据的原始场地模型构建，对地形高差、建筑产品定位、交通组织联系，以及场平成本控制等多维度进行统筹规划与分析（图8.1.3-2）。

（a）9级卫星模型　　（b）GIS分析模型

（c）三维原始地形模型

图8.1.3-2　原始地形模型

3.场地初步分析

按照初步方案，在原始地形上依据设计标高建立场地区域内竖向设计信息模型，并通过计算得出场地布置的土石方工程量（图8.1.3-3、图8.1.3-4和表8.1.3-1、表8.1.3-2）。

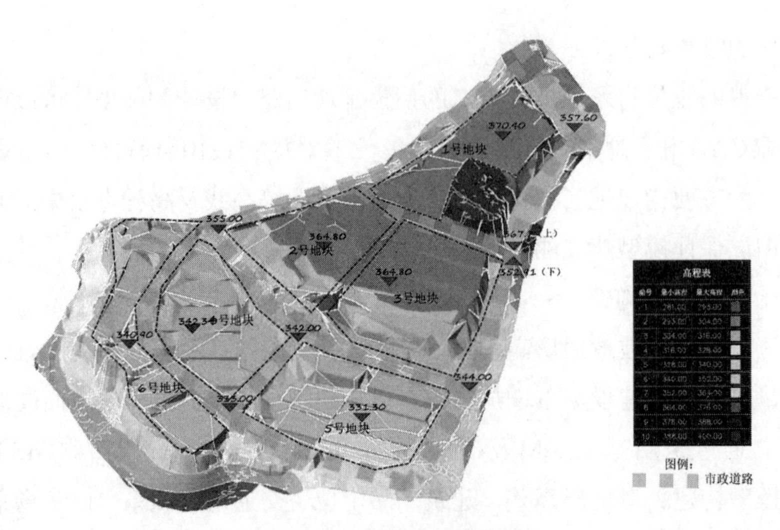

图 8.1.3-3　拟建场地初步分析图

初步分析高程表　　表 8.1.3-1

编号	最小高程	最大高程	颜色
1	281.00	293.00	
2	293.00	304.00	
3	304.00	316.00	
4	316.00	328.00	
5	328.00	340.00	
6	340.00	352.00	
7	352.00	364.00	
8	364.00	376.00	
9	376.00	388.00	
10	388.00	400.00	

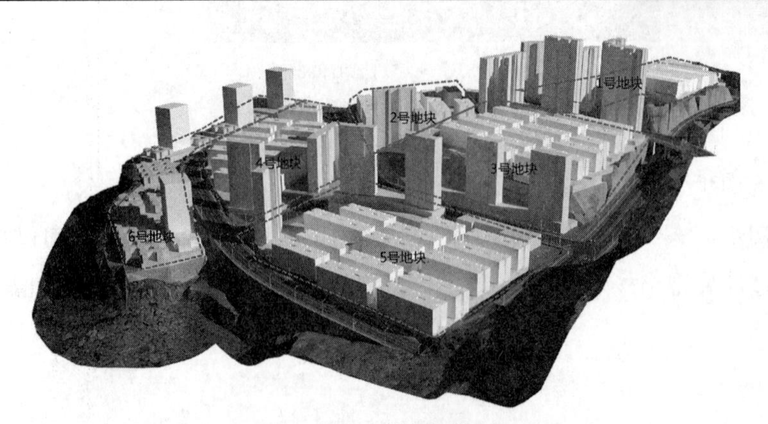

图 8.1.3-4　设计方案效果图

初步平场方案土石方量统计表　　表8.1.3-2

地块	挖方（m^3）	填方（m^3）	平衡（m^3）	初步判断
1号地块	225832.31	2747.38	223084.92（弃方）	挖方区
2号地块	257721.89	15327.8	242394.1（弃方）	挖方区
3号地块	335453.95	16404.85	319049.1（弃方）	挖方区
4号地块	70761.5	38532.03	32229.47（弃方）	挖方区
5号地块	1357.91	204759.06	203401.15（借方）	填方区
6号地块	48517.6	50920.11	2405.51（借方）	填方区
合计	939645.16	328691.23	610953.93（挖方）	

从图8.1.3-3、图8.1.3-4和表8.1.3-1～表8.1.3-3中不难看出，拟建场地原始地形复杂，为典型的坡地地形，地势东北高，西南低，高差很大，呈明显的台阶式分布，局部存在高切坡。根据原始地形特点，初步平场方案将原始场地划分为6个地块（1～6号地块），中间以道路分隔，地块周边及地块间高差通过支护围挡、结构架空等方式进行消化，得到初步平场方案的挖填方情况及土石方工程量统计结果，初步方案各地块总计需挖方610953.93m^3。

4.平场方案深化、优化

基于BIM技术及Auto CAD Civil 3D或GIS数据构建各地块间的精细三维平场方案。通过与后期施工部门的紧密配合，将所有方案的建筑场地及竖向设计进行逐项梳理，并真实地反映在三维平场模型中，然后进行可视化的优化分析，提出各地块合理化建议。以下以1号地块为例（图8.1.3-5、图8.1.3-6）。

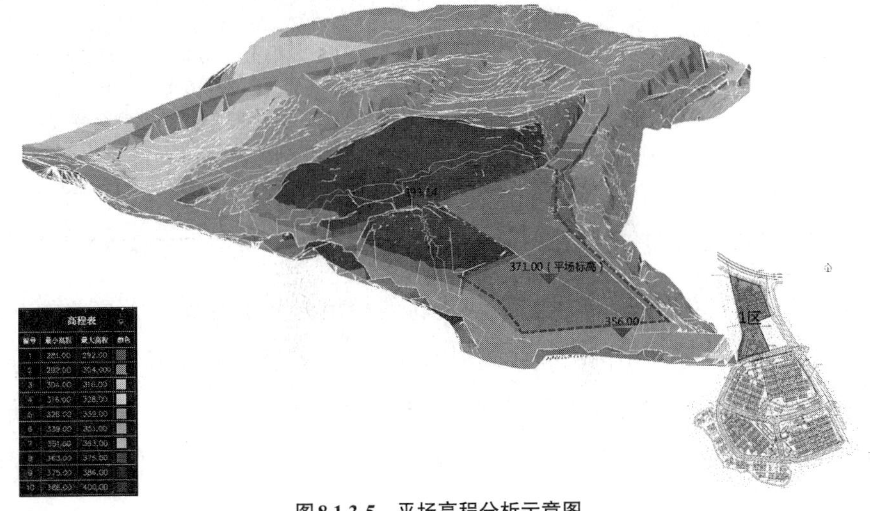

图8.1.3-5　平场高程分析示意图

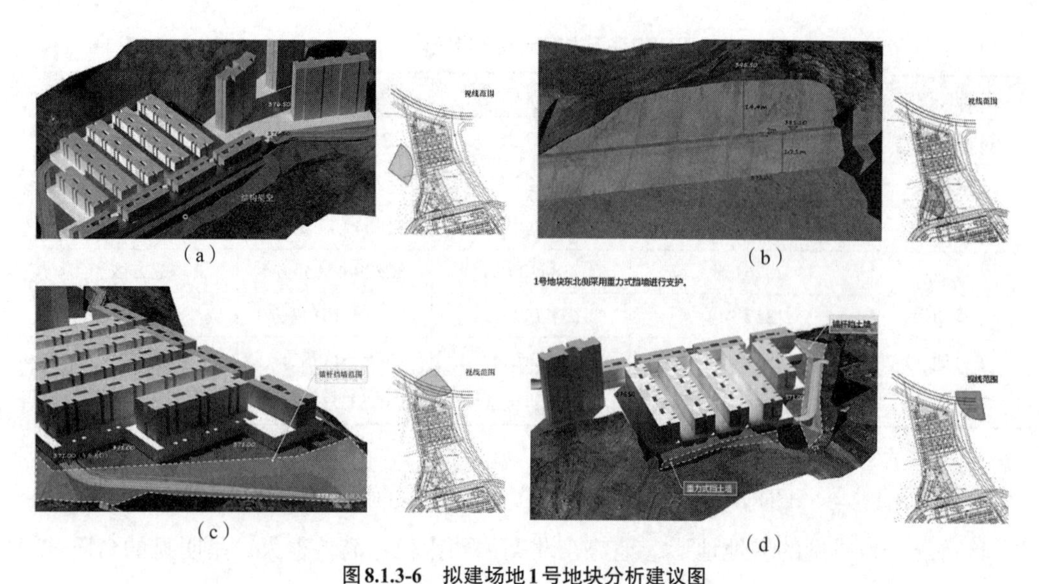

(a)(b)(c)(d)

图8.1.3-6 拟建场地1号地块分析建议图

(a)分析建议一;(b)分析建议二;(c)分析建议三;(d)分析建议四

1号地块土石方量初步估算表 **表8.1.3-3**

蔡家朗诗土石方工程费用初算表						
序号	项目名称	1号地块原平场方案				备注
		图算量工程量(m²)	计价工程量(m²)	单价(元)	合计(万元)	
一	土石方工程					1.土石方量按3:7的土石比进行估算; 2.挖土方费用(转运距离小于3km)48元/m³进行估算; 3.挖石方费用(转运距离小于3km)69元/m³进行估算; 4.填方费用(普通夯实)21元/m³进行估算; 5.土方松散系数按1.1,石方松散系数按1.5,压实系数按0.93; 6.弃方考虑外运10公里单价42元/m³(包括渣场费)进行估算; 7.借方费用按现场实际情况进行取费,暂不考虑
1	挖方(-)m³	236391	526219		0	
1)	土方		78004	0	0	
2)	石方		248210	0	0	
2	填方	9700	10430	0	0	
3	弃方	226640	312833	0	0	
4	借方	0	0	0	0	
	小计				0	

从图8.1.3-2、表8.1.3-3对1号地块进行的挖填方分析及周边大高差的处理分析可知,1号地块西侧、东南侧和北侧根据其自身地形特征及建筑功能分区分别采用结构架空、锚杆挡墙及重力式挡墙进行支护,优化方案的土石方平衡分析结果显示,现1号地块需弃方223084.95m³,与初步分析方案大致相当,但支护工程成本得到可观的节省。

5. 平场比选方案构建

综合1～6号地块深化、优化建议，构建多个平场方案用于比较选择。“平场方案一”是在暂不考虑市政道路的情况下，场地平场与原始地形相邻挖方区域暂按临时放坡处理；“平场方案二”是在“平场方案一”的基础上将4号地块整体提高5m，用来缓解整个场地的外运土石方量过多的问题；“平场方案三”是在“平场方案一”的基础上将2、3号地块整体降低5m，用来解决2、3号地块南侧及东侧的高边坡支护的问题；“平场方案四”是在“平场方案一”的基础上将2、3号地块整体降低5m，4号地块整体提高5m，综合分析整个场地的土石方工程量及边坡支护费用。

从图8.1.3-7、表8.1.3-4～表8.1.3-7对各地块的综合优化分析结果可知，经过不同组合我们发现，“平场方案一”（暂不考虑市政道路的情况下，场地平场与原始地形相邻挖方区域暂按临时放坡处理）得到的土石方、边坡支护工程费用为17380.8万元，相对较低。各平场方案对比结果如表8.1.3-8所示。

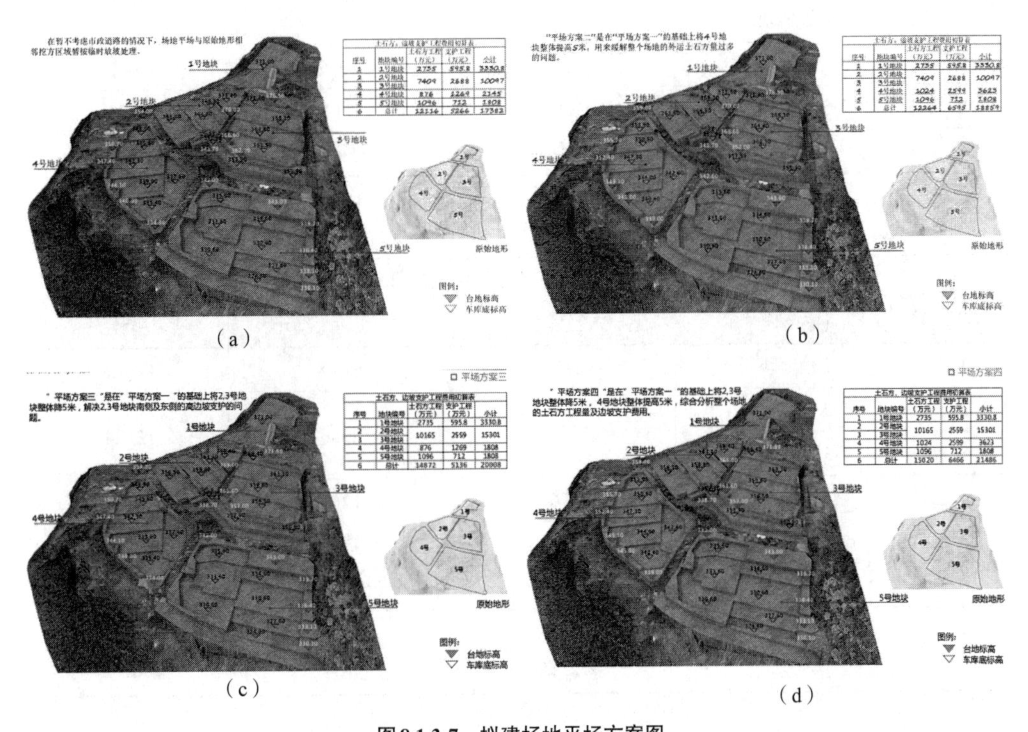

图8.1.3-7 拟建场地平场方案图

（a）平场方案一；（b）平场方案二；（c）平场方案三；（d）平场方案四

平场方案一分析结果　　表8.1.3-4

<table>
<tr><th colspan="5">土石方、边坡支护工程费用初算表</th></tr>
<tr><th>序号</th><th>地块编号</th><th>土石方工程（万元）</th><th>支护工程（万元）</th><th>小计</th></tr>
<tr><td>1</td><td>1号地块</td><td>2735</td><td>595.8</td><td>3330.8</td></tr>
<tr><td>2</td><td>2号地块</td><td rowspan="2">7409</td><td rowspan="2">2688</td><td rowspan="2">10097</td></tr>
<tr><td>3</td><td>3号地块</td></tr>
<tr><td>4</td><td>4号地块</td><td>876</td><td>1269</td><td>2145</td></tr>
<tr><td>5</td><td>5号地块</td><td>1096</td><td>712</td><td>1808</td></tr>
<tr><td>6</td><td>总计</td><td>12116</td><td>5264.8</td><td>17380.8</td></tr>
</table>

平场方案二分析结果　　表8.1.3-5

<table>
<tr><th colspan="5">土石方、边坡支护工程费用初算表</th></tr>
<tr><th>序号</th><th>地块编号</th><th>土石方工程(万元)</th><th>支护工程(万元)</th><th>小计</th></tr>
<tr><td>1</td><td>1号地块</td><td>2735</td><td>595.8</td><td>3330.8</td></tr>
<tr><td>2</td><td>2号地块</td><td rowspan="2">7409</td><td rowspan="2">2688</td><td rowspan="2">10097</td></tr>
<tr><td>3</td><td>3号地块</td></tr>
<tr><td>4</td><td>4号地块</td><td>1024</td><td>2599</td><td>3623</td></tr>
<tr><td>5</td><td>5号地块</td><td>1096</td><td>712</td><td>1808</td></tr>
<tr><td>6</td><td>总计</td><td>12264</td><td>6594.8</td><td>18858.8</td></tr>
</table>

平场方案三分析结果　　表8.1.3-6

<table>
<tr><th colspan="5">土石方、边坡支护工程费用初算表</th></tr>
<tr><th>序号</th><th>地块编号</th><th>土石方工程（万元）</th><th>支护工程（万元）</th><th>小计</th></tr>
<tr><td>1</td><td>1号地块</td><td>2735</td><td>595.8</td><td>3330.8</td></tr>
<tr><td>2</td><td>2号地块</td><td rowspan="2">10165</td><td rowspan="2">2559</td><td rowspan="2">12724</td></tr>
<tr><td>3</td><td>3号地块</td></tr>
<tr><td>4</td><td>4号地块</td><td>876</td><td>1269</td><td>2145</td></tr>
<tr><td>5</td><td>5号地块</td><td>1096</td><td>712</td><td>1808</td></tr>
<tr><td>6</td><td>总计</td><td>14872</td><td>5135.8</td><td>20007.8</td></tr>
</table>

平场方案四分析结果　　表8.1.3-7

<table>
<tr><th colspan="5">土石方、边坡支护工程费用初算表</th></tr>
<tr><th>序号</th><th>地块编号</th><th>土石方工程（万元）</th><th>支护工程（万元）</th><th>小计</th></tr>
<tr><td>1</td><td>1号地块</td><td>2735</td><td>595.8</td><td>3330.8</td></tr>
<tr><td>2</td><td>2号地块</td><td>10165</td><td>2559</td><td>12724</td></tr>
</table>

续表

土石方、边坡支护工程费用初算表				
序号	地块编号	土石方工程（万元）	支护工程（万元）	小计
3	3号地块	10165	2559	12724
4	4号地块	1024	2599	3623
5	5号地块	1096	712	1808
6	总计	15020	6465.8	21485.8

拟建场地平场比选建议结果　　表8.1.3-8

	平场方案一	平场方案二	平场方案三	平场方案四
土石方工程（万元）	12116	12264	14872	15020
支护工程（万元）	5264.8	6594.8	5135.8	6466
总计	17380.8	18855.8	20007.8	21485.8

6.比选结论

按照经济性原则进行比选，选择最优方案为平场方案一。考虑到实际工程竖向设计中，土石方比选方案还应与场地支护、工程实施难度、建设进度等多个维度进行大量数据的横向对比，最终选择总建设成本及综合性价比相对最优的实施方案。

7.实施效果

经深化、优化后的实施效果图如图8.1.3-8所示。

（a）

（b）

图8.1.3-8　实施效果图

8.1.4 项目案例

1.项目信息

1）工程名称

涪陵城区第十八小学校工程。

2）工程概况

涪陵城区第十八小学校工程选址在丘陵地区，用地面积约30亩，总建筑面积约1.3万m^2，建筑层数4层。建设场地北高南低，四周市政道路已经建成，最大高差约30.6m，初勘土层分布均匀。

3）工程重难点

项目采用EPC（Engineering Procurement Construction，简称EPC）工程总承包模式，工程质量要求高、工期紧，设计阶段对工程造价控制要求严格。项目场地原始地形复杂，地块间高差明显，局部存在高切坡，如何精准高效地对项目场地进行合理的竖向设计成为影响工程质量、造价和工期的关键因素，特别是场地的土方平衡分析，更是控制项目工程造价的关键环节。

2.基于BIM模型进行土石方平衡的造价优势

BIM是一个强大的工程信息数据库。进行BM建模所完成的模型包含二维图纸中所有位置、长度等信息，并包含了二维图纸中不包含的材料等信息，而这些的背后是强大的数据库支撑。因此，计算机通过识别模型中的不同构件及模型的几何物理信息（时间维度、空间维度等），对各种构件的数量进行汇总统计，这种基于BIM的算量方法，将算量工作大幅度简化，减少了因为人为原因造成的计算错误，大量节约了人力的工作量和花费时间。

3.原始模型创建及分析

传统竖向设计缺乏有效的技术手段，建立的地形模型精度较差，而Civil 3D地形建模的精度较高，模型数据可动态更新，设计质量和效率都得到提高。下面以涪陵城区第十八小学校工程为例，介绍如何利用Civil 3D进行竖向设计。

1）数据处理

将从相关方获得的原始地形图的等高线及高程点两个图层，提取保存为单独的CAD文件，并对CAD文件中的错误数据进行修正。

2）模型创建

选择Civil 3D的“曲面”功能，创建曲面，在弹出的对话框中对曲面样式和渲染材质等信息进行编辑，确定后生成曲面；展开所生成曲面的子菜单，在定义菜单下分别添加等高线和图形对象，完成对等高线和高程点数据的导入，即可完成模型创建。

对需要导入Civil 3D的场地地形DWG图形时进行处理。打开CAD总图，保留建筑红线、等高线、标高点等具有高程属性的数据，删除标高为0的和明显异常的数据（图8.1.4-1、图8.1.4-2）。

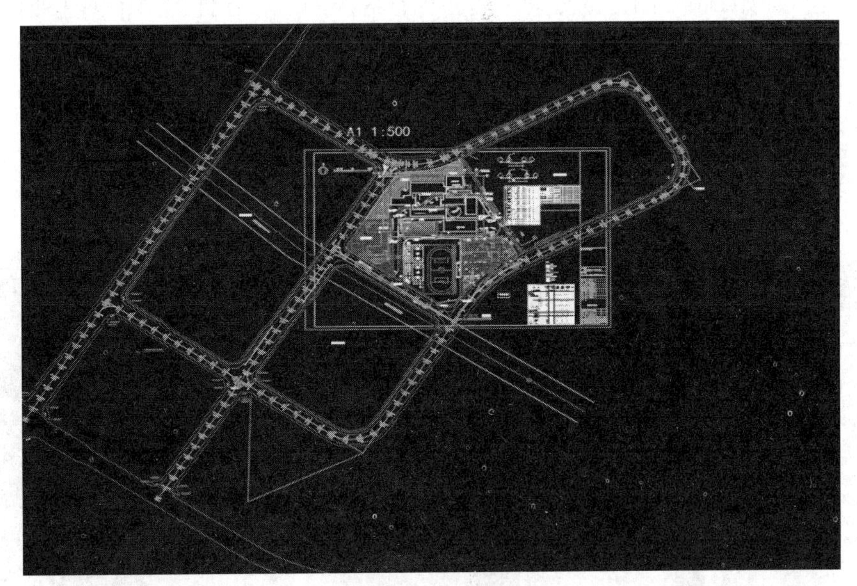

图8.1.4-1　总平面图

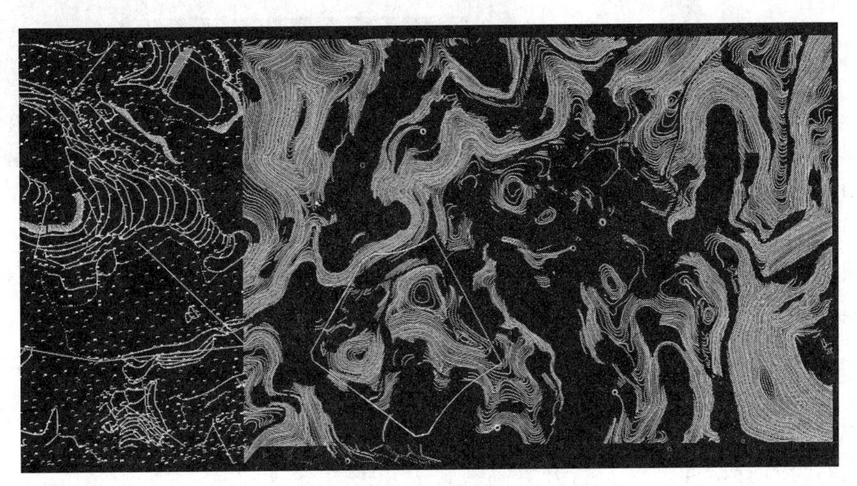

图8.1.4-2　原始地形

（1）常见的一些DWG图形的处理操作如下：

a.通过对图层操作，使图形中只显示我们需要用到的数据。然后将这些数据复制到一个空白的图形中。

b.使用“图形清理”命令清除掉图形中的重复项、短对象、零长度对象，执行融合伪节点和简化对象等操作。

c.使用pedit命令将图形中表示等高线的样条曲线转换为多段线。

d.完成原始DWG图形的处理之后，保存为新图形，在此图形中创建曲面。

（2）创建曲面

a.导入Civil 3D，创建曲面，添加文字，高程点，块等数据，生成曲面。

选择“工具空间”面板的“浏览”选项卡上面的“曲面”（图8.1.4-3），右击“创建曲面”（图8.1.4-4），修改名称为“原始地形”，单击“确定”。

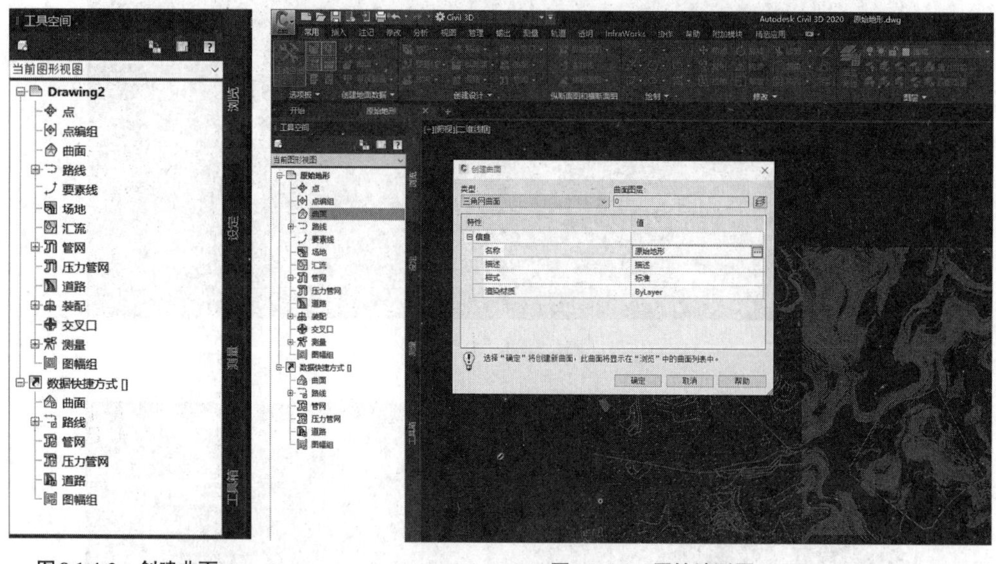

图8.1.4-3　创建曲面

图8.1.4-4　原始地形图

b.右键选择全面样式，打开图形对象，对象类型选择“块”。

选择“工具空间”面板的“浏览”选项卡上面的“原始地形—曲面—原始地形—定义—图形对象”，右击“添加”，出现“从图形对象添加点”对话框，对象类型选择“块”（图8.1.4-5），单击“确定”。

c.右键选择全面样式，打开等高线，三角形等参数。

单击图形中的任意一条等高线，右击“选择类似对象”，选择“工具空间”面板的“浏览”选项卡上面的“原始地形—曲面—原始地形—定义—等高线”，右击

"添加"，出现"添加等高线数据"对话框（图8.1.4-6），单击"确定"。

图8.1.4-5　对象类型选择

图8.1.4-6　添加等高线数据

d. 右键选择对象查看器，可看出一些高程异常的点（图8.1.4-7）。

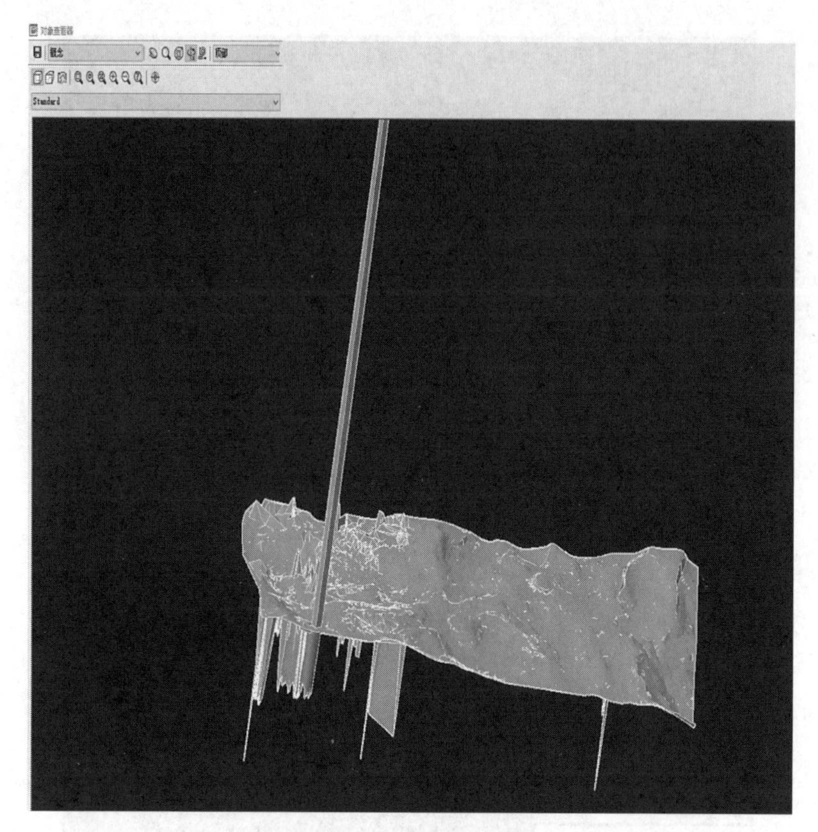

图8.1.4-7 查看高程异常点

e. 右键选择曲面特性——定义——生成，设置一些规程，排除高程异常点。也可使用编辑曲面修改部分点——直线——高程。

选择“工具空间”面板的“浏览”选项卡上面的“原始地形—曲面—原始地形—曲面特征”（图8.1.4-8），在定义—生成里把排除小于此值的高程300.000，排除大于此值的高程400.000（图8.1.4-9），单击“确定”。

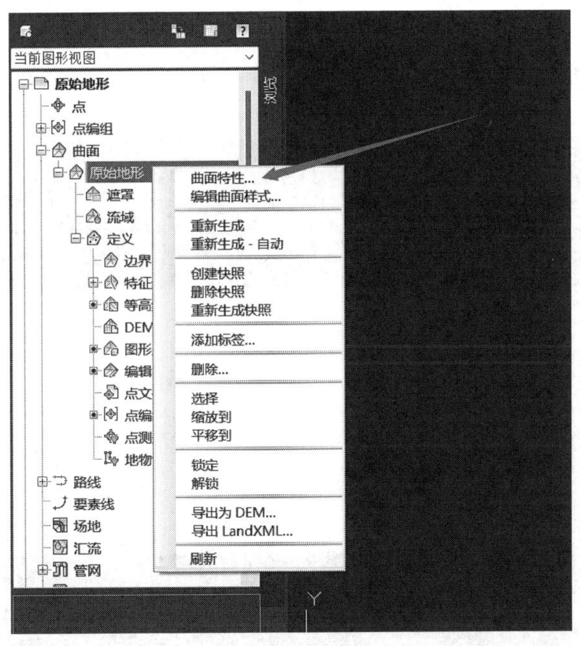

图 8.1.4-8 曲面特征

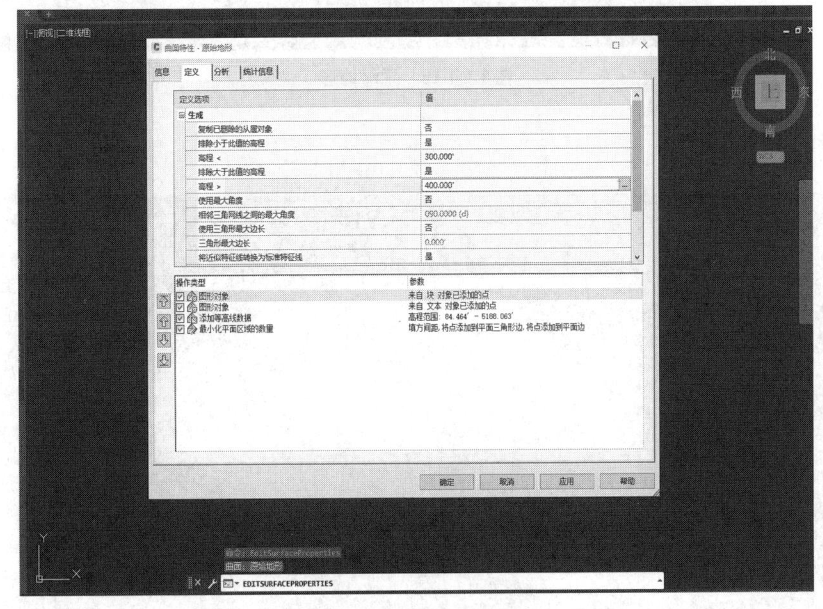

图 8.1.4-9 排除高程异常点

f.最后得到平滑地形。还可通过平滑曲面命令，使之更平滑（图8.1.4-10、图8.1.4-11），平滑处理后效果图（图8.1.4-12）。

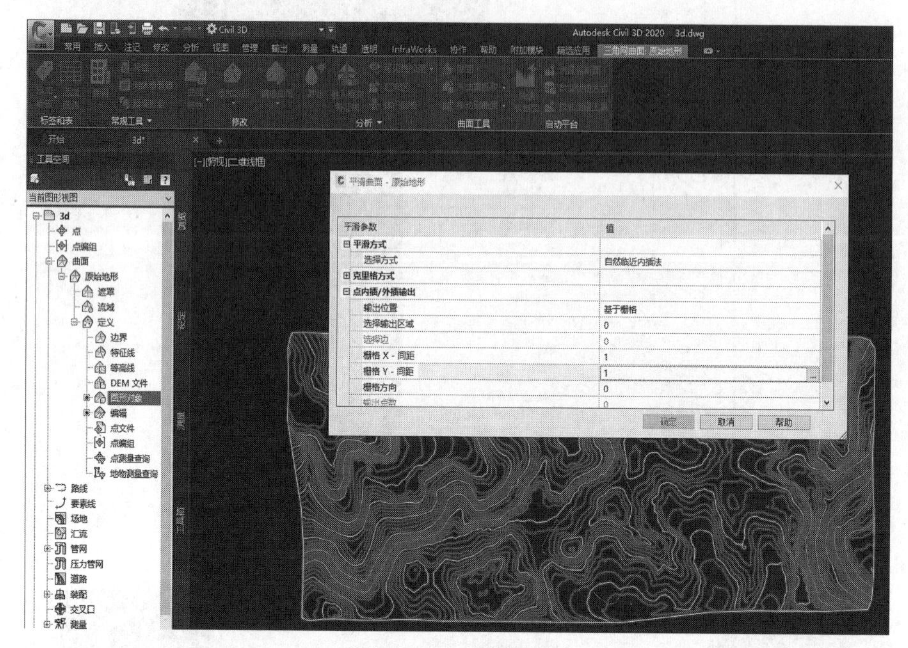

图8.1.4-10　平滑地形

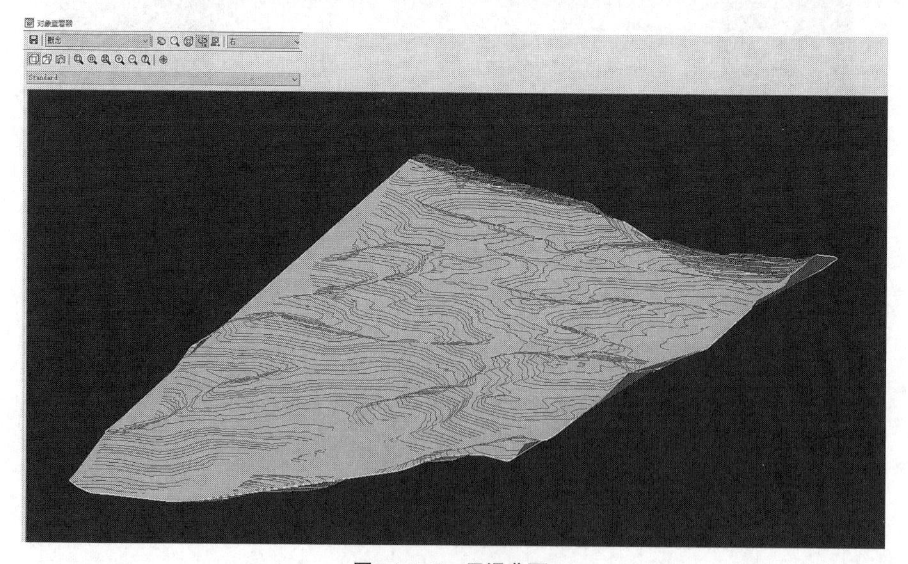

图8.1.4-11　平滑曲面

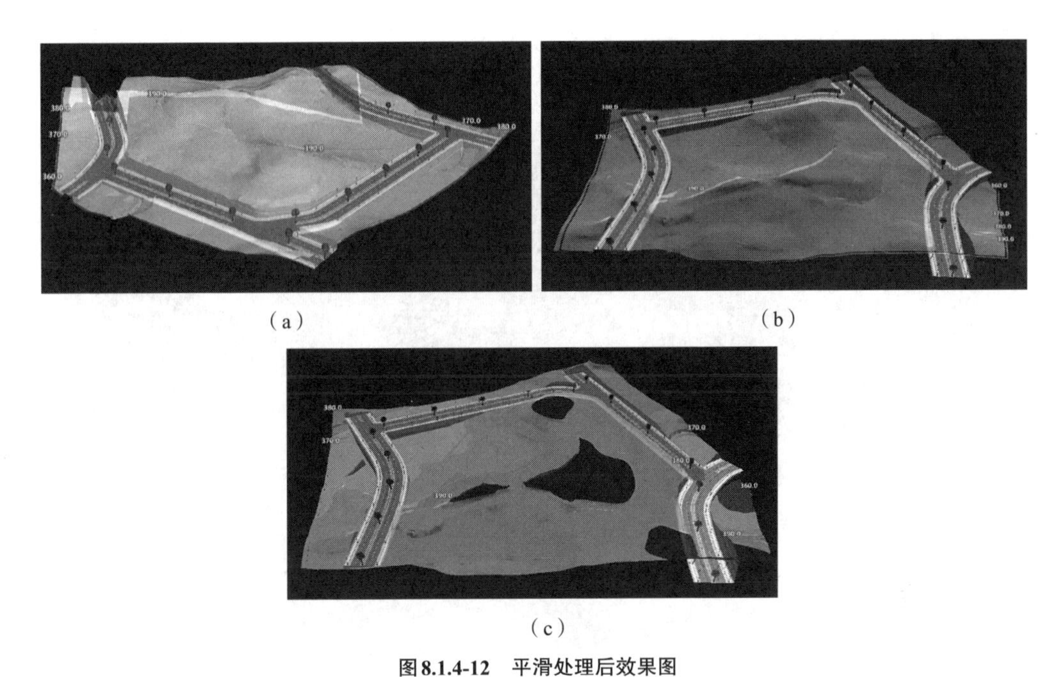

（a） （b）

（c）

图8.1.4-12　平滑处理后效果图

（a）原始地形正视图；（b）原始地形侧视图；（c）原始地形高程云图

3）场地分析

在Civil 3D中，调整曲面显示模式，设置不同的分析参数即可快速实现对地形坡度坡向、高程等分析。此外，Civil 3D还提供了动态分析图例，在对场地进行不同精度分析时，可以自动更新分析信息，大大减少了人为的重复操作。

4.初步方案设计及土方量计算

完善BIM造价信息，初步方案设计及土方量计算如图8.1.4-13～图8.1.4-17所示。

通过以上分析可知，在初步方案中总挖方5761.3m^3，总填方441.16m^3，净挖方量5320.14m^3。

5.场地模型建立及土石方平衡分析建议

经过对初步方案的深入研究，发现存在以下两个问题：第一，在坡地场地竖向设计时各总平功能区标高区分不明显，与原始地形地貌结合不紧密；第二，北面布置运动区，南面布置教学区会造成土石方量增大，场地挡墙加高，土石方工程造价不经济。

6.场地（总体）设计深化、优化建议

设计结合现状地形及高差，采用集约设计的坡地建筑设计方法，仔细分析坡

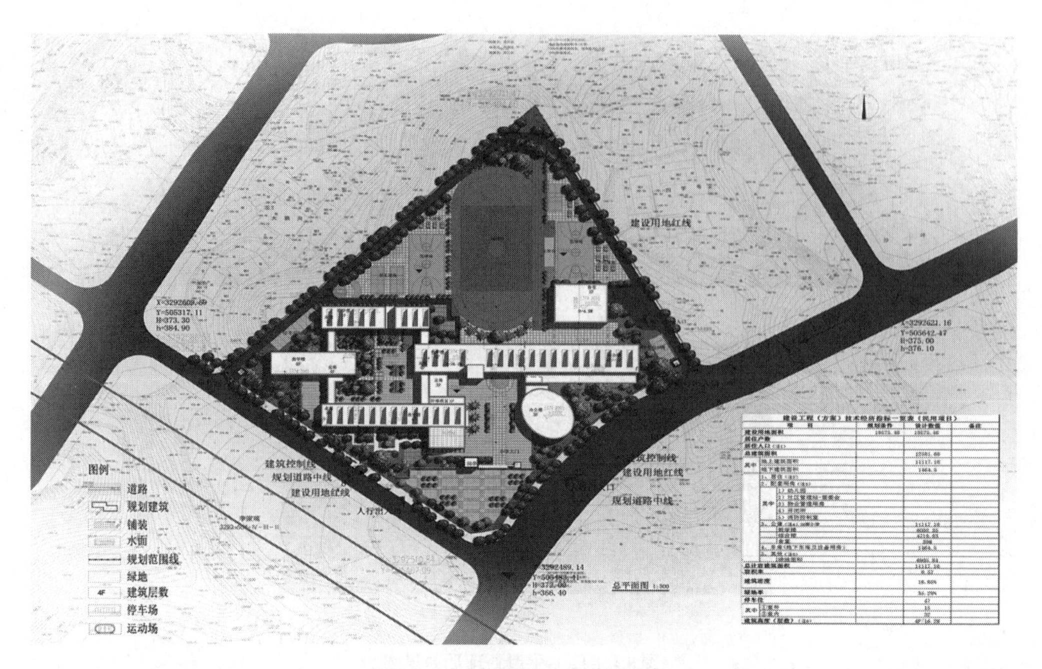

图8.1.4-13　初步方案总图布置图

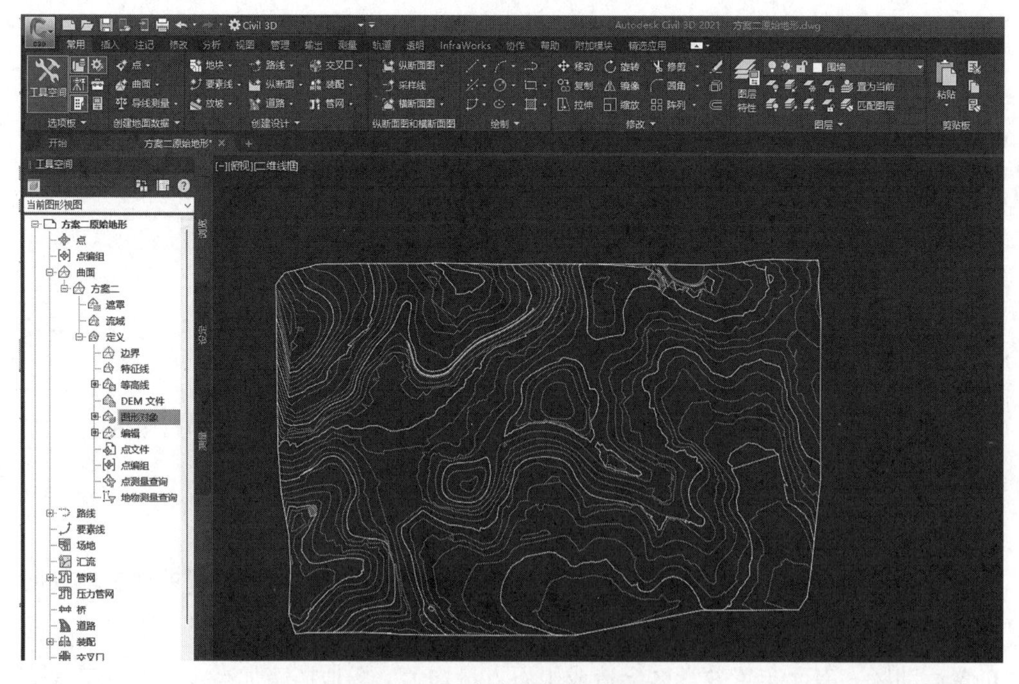

图8.1.4-14　初步方案地形曲面图

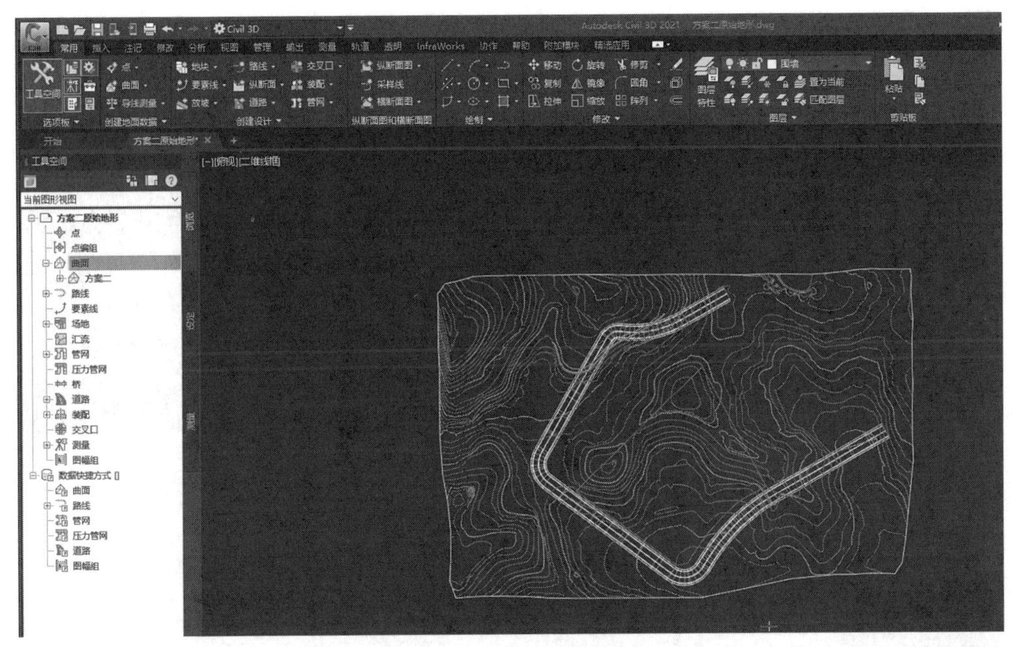

图8.1.4-15　初步方案场地道路图

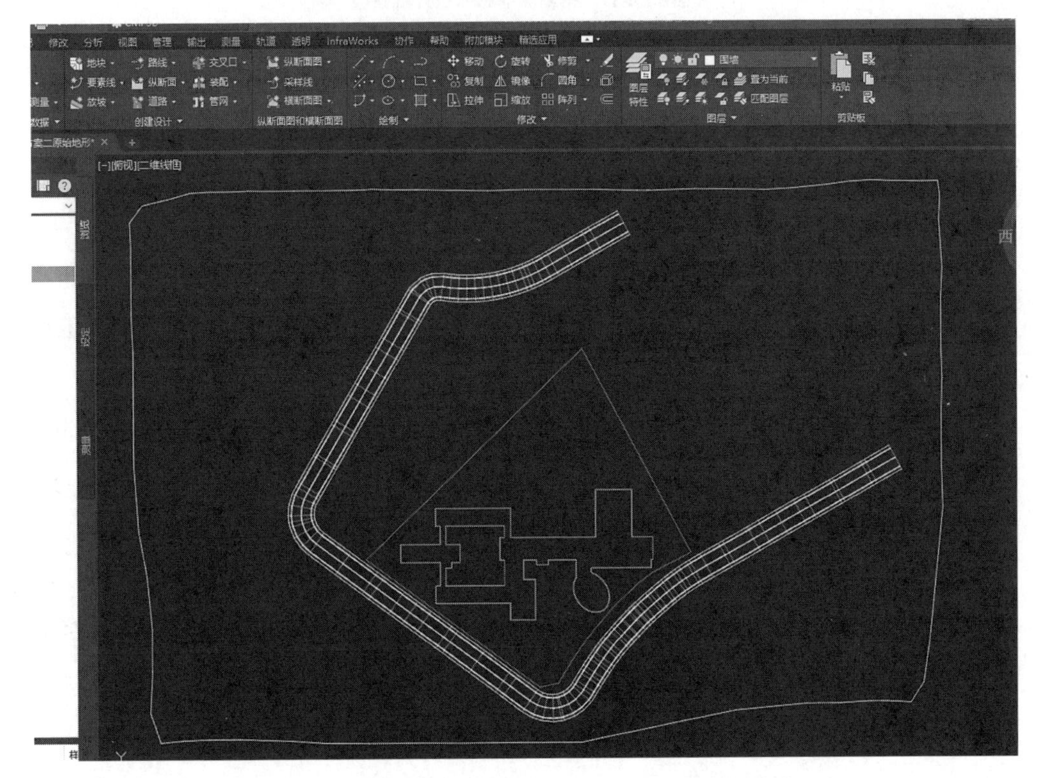

图8.1.4-16　对平场分区进行拆分，分别建曲面，最后进行体积分析

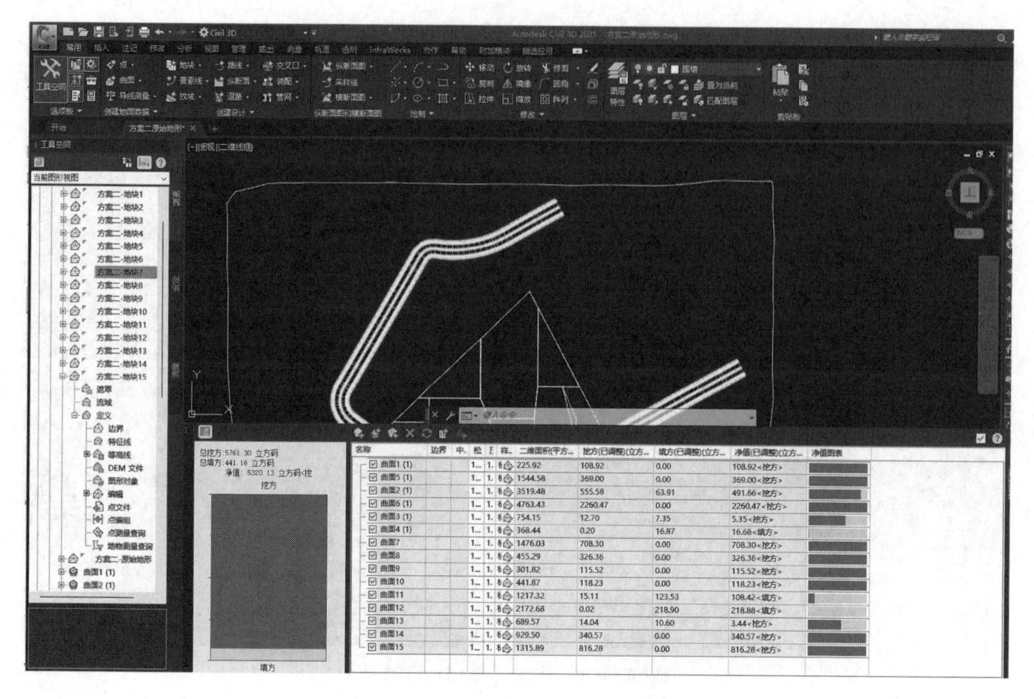

图8.1.4-17 得到场地总体积分析面板

度、坡向与周边市政道路关系，充分发掘和利用坡地空间的使用价值和审美价值，在建设用地较为紧张的背景下，通过线形布局、围合布局、垂直布局等方式提高土地利用率，重点采取垂直方向的台上空间、架空空间与地下空间扩容的设计手法，创作“用地集约型”高效小学建筑空间组合。

7.调整场地（总体）设计并进行土方量计算

初步方案经优化调整后，场地（总体）设计及土方量计算如图8.1.4-18～图8.1.4-27所示。

通过以上分析可知，经优化后的调整方案总挖方5178.74m^3，总填方1886.21m^3，净挖方3292.53m^3。

8.对比比选

综上，调整方案通过BIM造价技术对场地进行优化后，可利用面积更大，挖填方工程量反而更小，最终实施方案选择确定为调整方案。初步方案与调整方案土石方量对比如表8.1.4所示，弃方量由原方案的5320.16m^{3}降低到3292.53m^3，总计节省2027.63m^3。

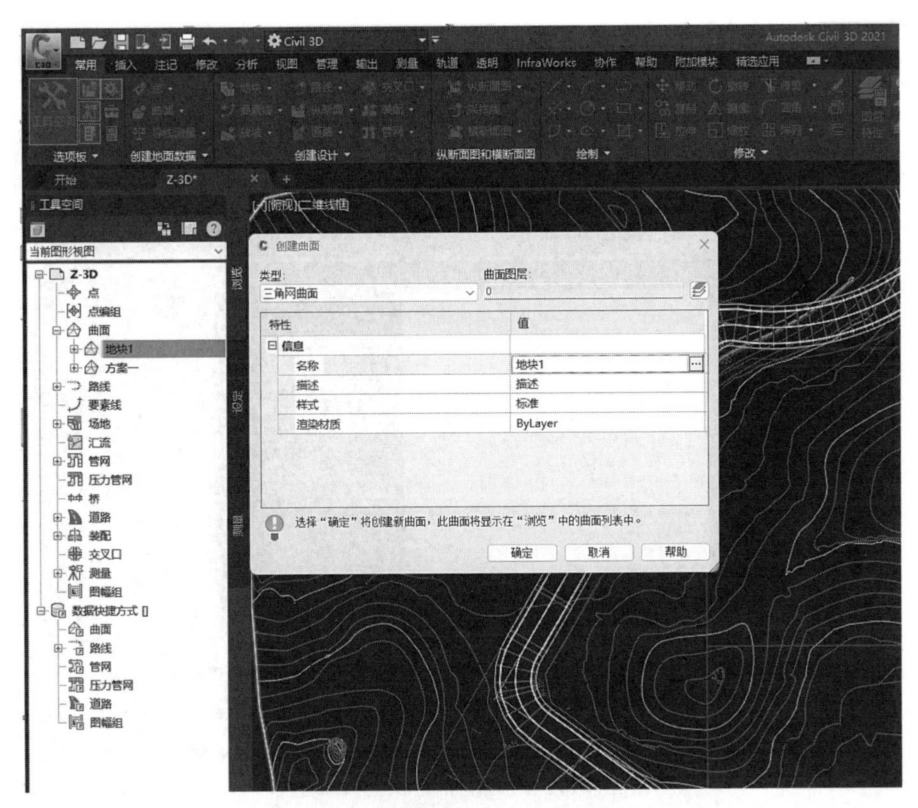

图8.1.4-18　创建新曲面——命名地块1—1

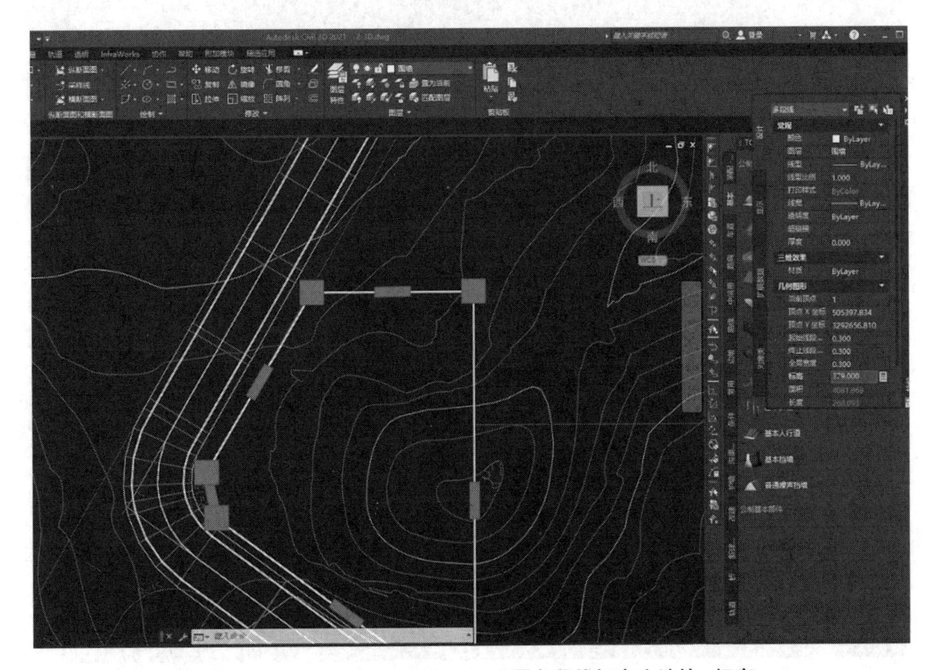

图8.1.4-19　画出地块1边界线——设置多段线标高为地块1标高-2

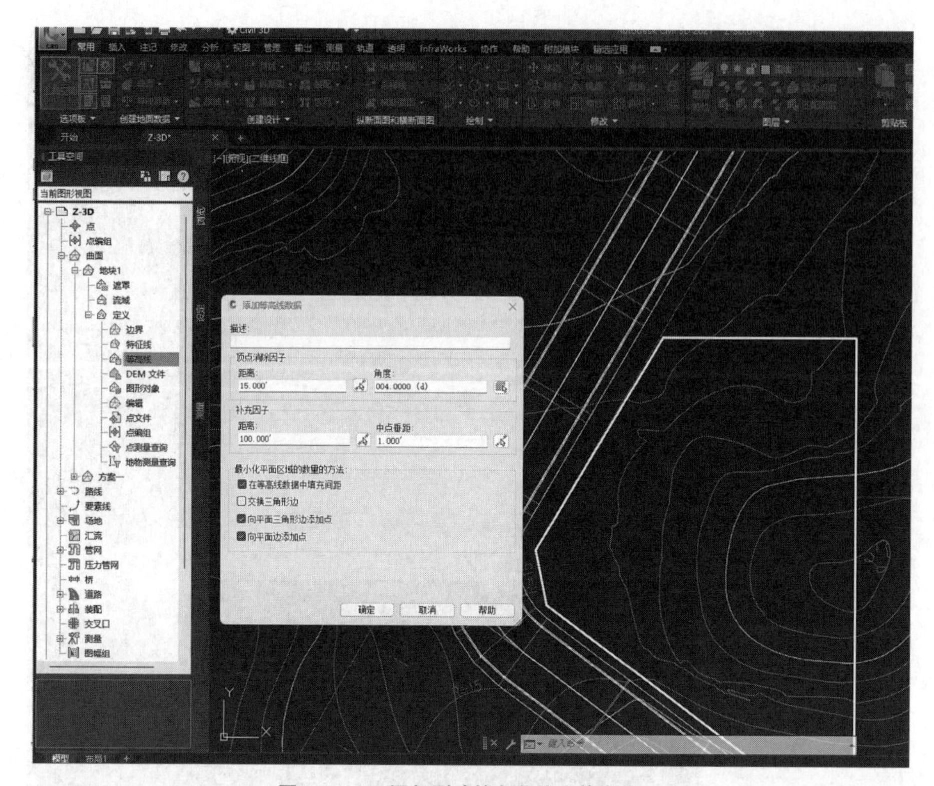

图 8.1.4-20 添加刚才的多段线为等高线 -3

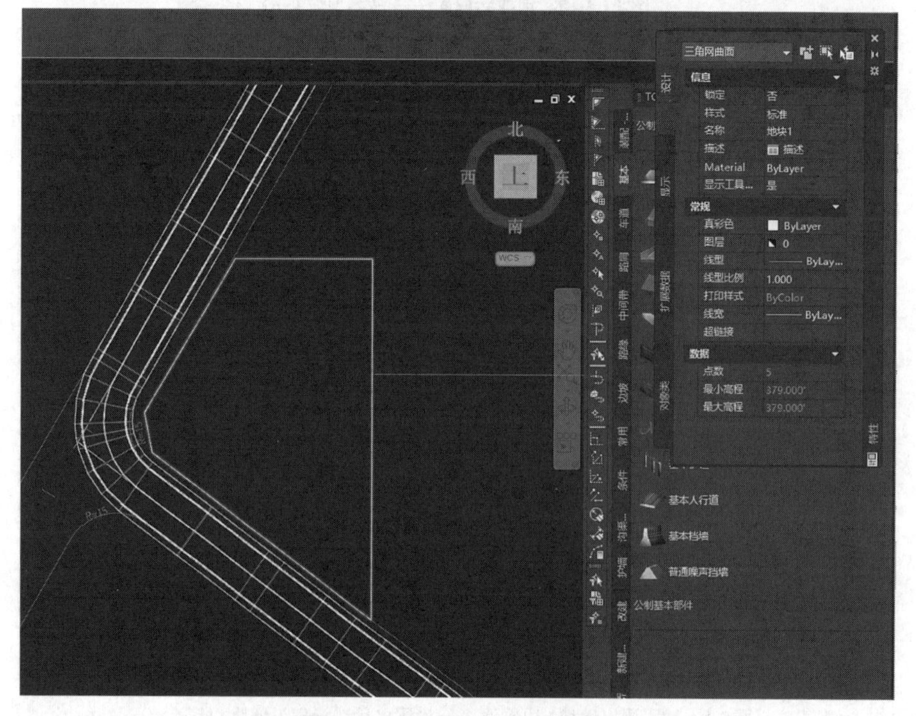

图 8.1.4-21 生成地块——曲面 -4

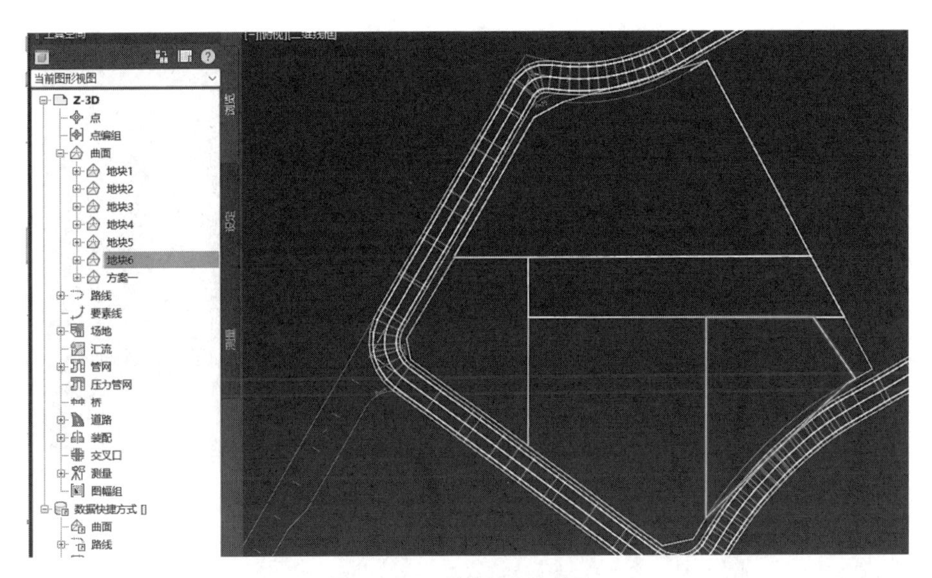

图8.1.4-22　其他地块的曲面-1

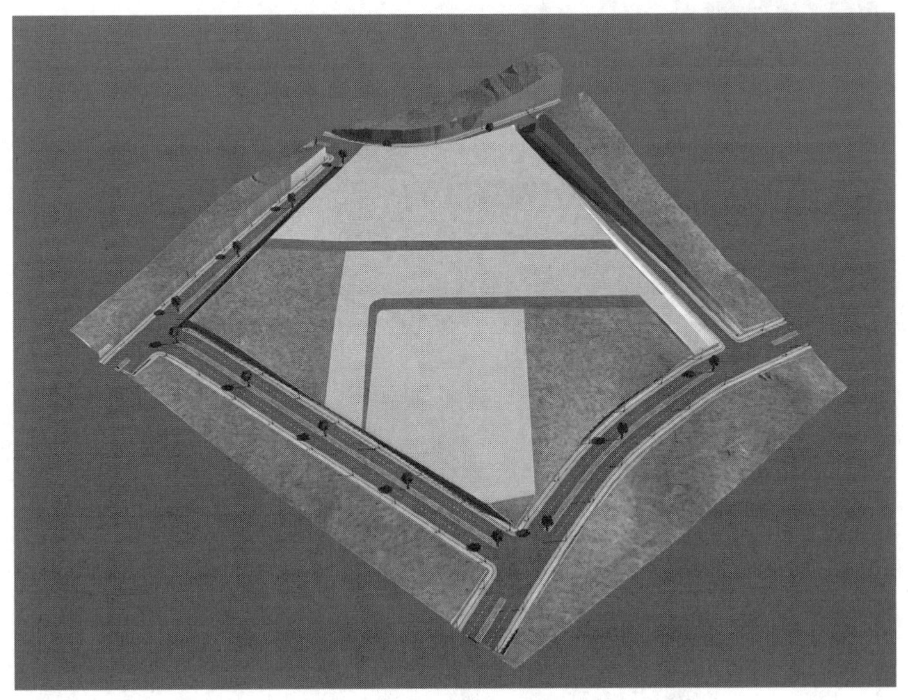

图8.1.4-23　其他地块的曲面-2

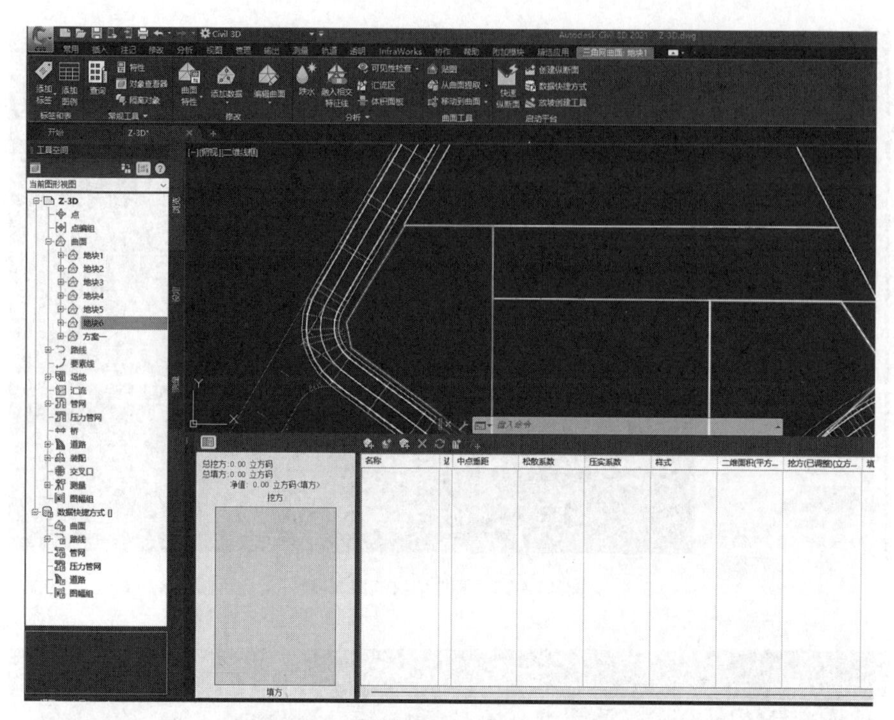

图 8.1.4-24 选择曲面 1——分析——体积面板

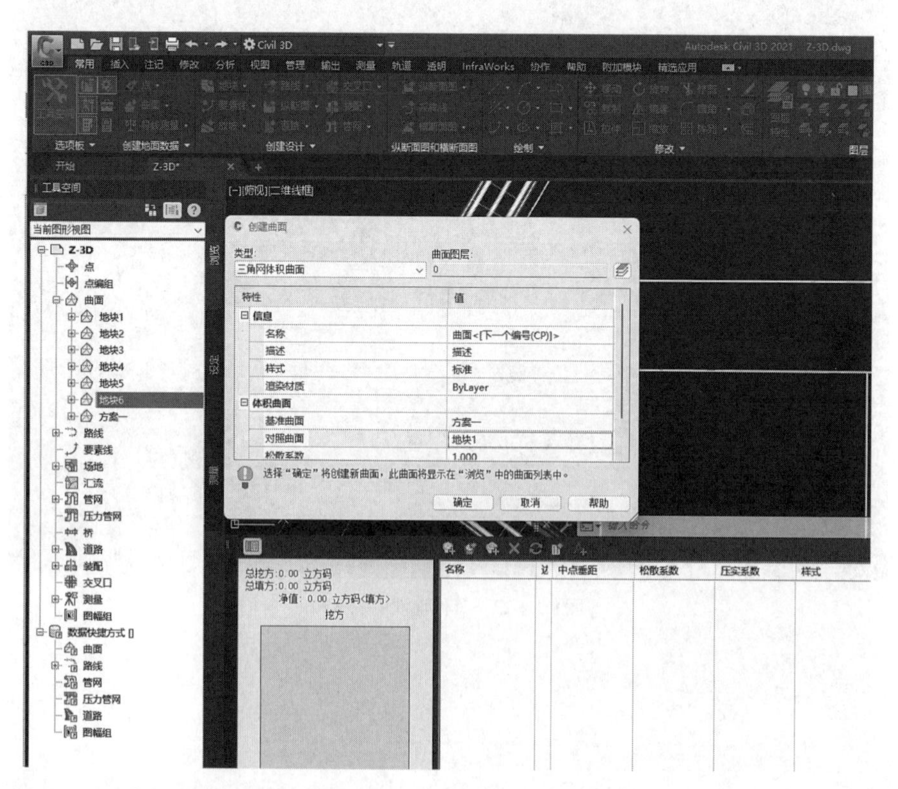

图 8.1.4-25 体积面板——创建新体积曲面——指定基准曲面和对照曲面——得到挖填方分析图

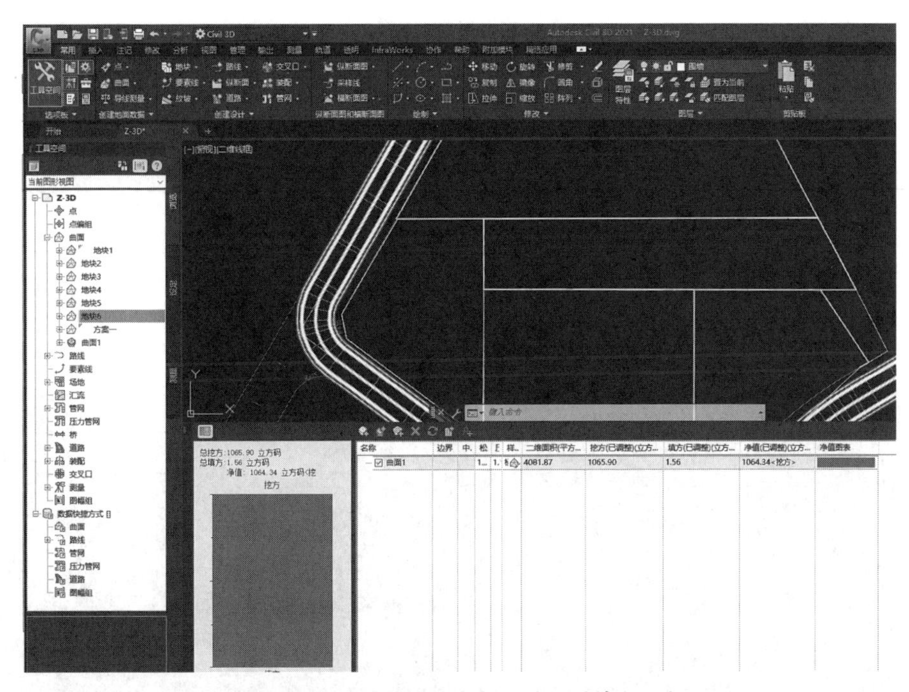

图8.1.4-26　依次操作其他地块，得到挖填方总计1

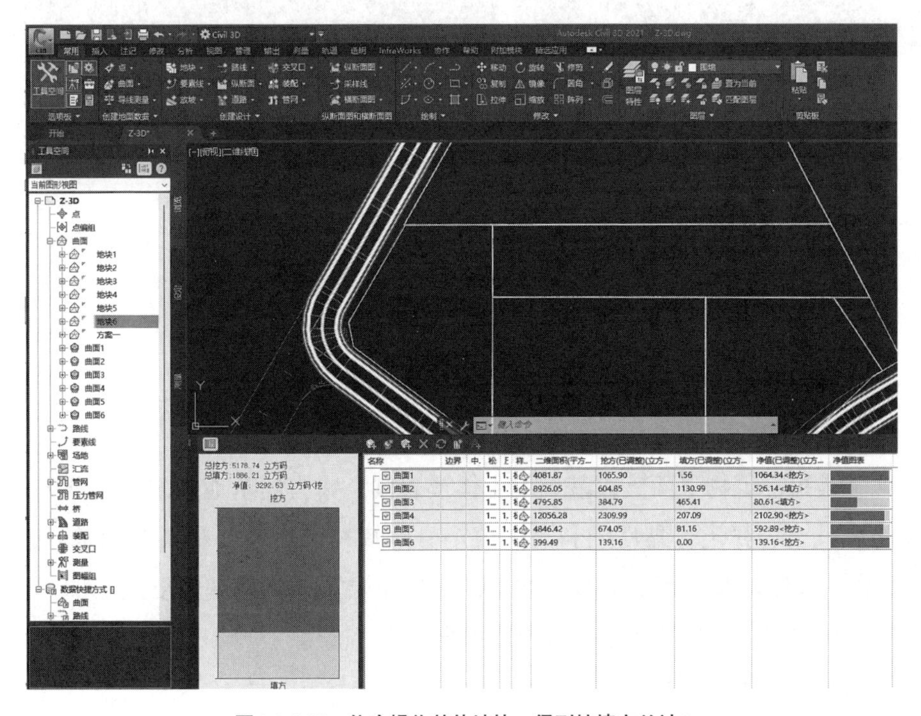

图8.1.4-27　依次操作其他地块，得到挖填方总计2

土石方量总对比表　　表8.1.4

总挖方量(m^3)	总填方量(m^3)	净值(m^3)
5761.30	441.16	5320.14(弃方)
5178.74	1886.21	3292.53(弃方)

9.实施成果图

经深化、优化后的实施成果图(图8.1.4.28)。

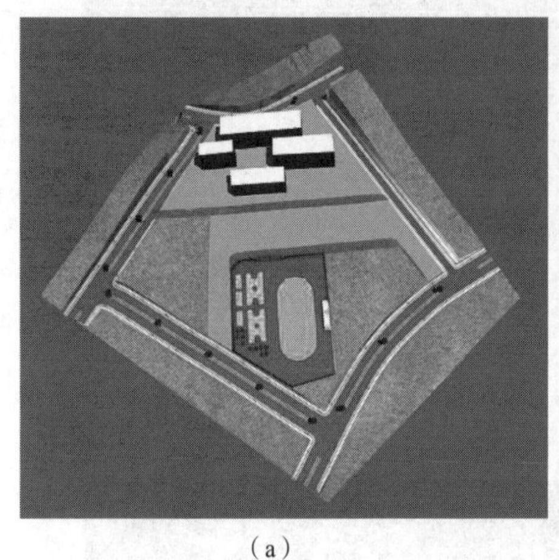
(a)

(b)

图8.1.4.28　项目实施成果图

(a)优化后场地模型效果;(b)实施后成果图

8.2 地基处理与深基础设计

8.2.1 地基处理与深基础设计概述

1.地基处理概述

(1)地基处理

地基是指建筑物下面支撑基础的土体或岩体。作为建筑地基的土层分为岩石、碎石土、砂土、粉土、黏性土和人工填土。地基有天然地基和人工地基(复合地基)两类。天然地基是不需要人工加固的天然土层。人工地基需要人工加固处理，常见有石屑垫层、砂垫层、混合灰土回填再夯实等。

(2)地基处理的选择

常用的地基处理方法有：换填法、强夯法、砂石桩法、振冲法、水泥土搅拌法、高压喷射注浆法、预压法、夯实水泥土桩法、水泥粉煤灰碎石桩法、石灰桩法、灰土挤密桩法和土挤密桩法、柱锤冲扩桩法、单液硅化法和碱液法等。

①换填法；

换填法是将基础地面以下一定范围内的软弱土挖去，然后回填强度高，压缩性较低，并且没有侵蚀性的材料的方法。换填法适用于浅层软弱土层或不均匀土层的地基处理，按其回填的材料不同可分为素土、灰土地基、砂和砂石地基、粉煤灰地基。换填地基施工时，不得在柱基、墙角及承重窗间墙下接缝，换填厚度由设计确定，一般宜为0.5～3m（图8.2.1-1）。

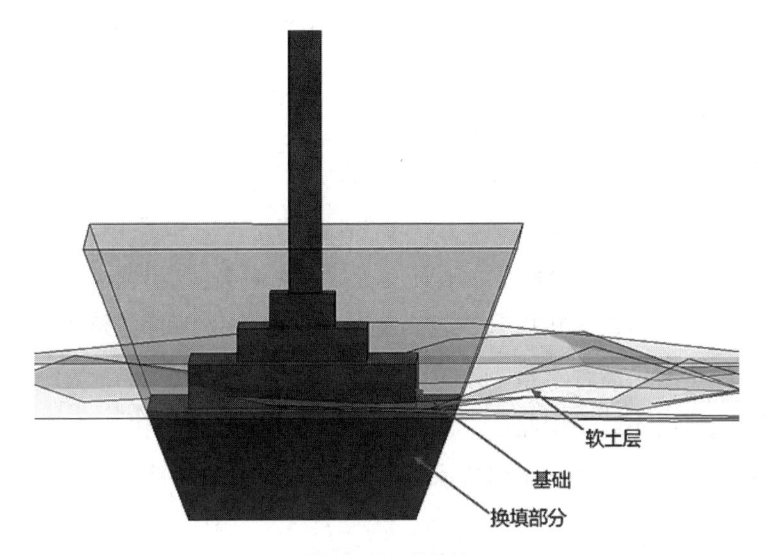

图8.2.1-1　换填法

②强夯法；

强夯法是为提高软弱地基的承载力，用重锤自一定高度自由下落，依靠强大的夯击能和冲击波作用夯实土层使地基迅速固结的方法。目前，强夯法已较广泛地应用于房屋、仓库、油罐、工业设备、公路、铁路、桥梁、机场跑道、港口码头等工程的地基加固，适用于处理碎石土、砂土、低饱和度的粉土与黏性土、湿陷性黄土、杂填土和素填土等地基。强夯法具有施工程序及装备简单、适用面广、节省材料（钢、木材、水泥）等，易于掌握、快速、经济、效果显著等优点。单从经济效果比较，强夯法处理地基费用比桩基便宜2～4倍。强夯法存在的一般问题，主要是施工时振动和噪声大，对周围建筑物和环境带来影响。

③砂石桩法；

适用于挤密松散砂土、粉土、黏性土、素填土、杂填土等地基，提高地基的承载力和降低压缩性，也可用于处理可液化地基。对饱和黏土地基上变形控制不严的工程也可采用砂石桩置换处理，使砂石桩与软黏土构成复合地基，加速软土的排水固结，提高地基承载力。

④振冲法；

分加填料和不加填料两种。加填料的通常称为振冲碎石桩法。振冲法适用于处理砂土、粉土、粉质黏土、素填土和杂填土等地基。对于处理不排水抗剪强度不小于20kPa的黏性土和饱和黄土地基，应在施工前通过现场试验确定其适用性。不加填料振冲加密适用于处理黏粒含量不大于10%的中、粗砂地基。振冲碎石桩主要用来提高地基承载力，减少地基沉降量，还可用来提高土坡的抗滑稳定性或提高土体的抗剪强度。

⑤水泥土搅拌法；

分为浆液深层搅拌法（简称湿法）和粉体喷搅法（简称干法）。水泥土搅拌法适用于处理正常固结的淤泥与淤泥质土、黏性土、粉土、饱和黄土、素填土以及无流动地下水的饱和松散砂土等地基。不宜用于处理泥炭土、塑性指数大于25的黏土、地下水具有腐蚀性以及有机质含量较高的地基。若需采用时必须通过试验确定其适用性。当地基的天然含水量小于30%（黄土含水量小于25%）、大于70%或地下水的pH值小于4时不宜采用此法。连续搭接的水泥搅拌桩可作为基坑的止水帷幕，受其搅拌能力的限制，该法在地基承载力大于140kPa的黏性土和粉土地基中的应用有一定难度。

⑥高压喷射注浆法；

适用于处理淤泥、淤泥质土、黏性土、粉土、砂土、人工填土和碎石土地基。当地基中含有较多的大粒径块石、大量植物根茎或较高的有机质时，应根据现场试验结果确定其适用性。对地下水流速度过大、喷射浆液无法在注浆套管周围凝固等情况不宜采用。高压旋喷桩的处理深度较大，除地基加固外，也可作为深基坑或大坝的止水帷幕，目前最大处理深度已超过30m。

⑦预压法；

适用于处理淤泥、淤泥质土、冲填土等饱和黏性土地基。按预压方法分为堆载预压法及真空预压法。堆载预压分塑料排水带或砂井地基堆载预压和天然地基堆载预压。当软土层厚度小于4m时，可采用天然地基堆载预压法处理，当软土层厚度超过4m时，应采用塑料排水带、砂井等竖向排水预压法处理。对真空预压工程，必须在地基内设置排水竖井。预压法主要用来解决地基的沉降及稳定问题。

⑧夯实水泥土桩法；

适用于处理地下水位以上的粉土、素填土、杂填土、黏性土等地基。该法施工周期短、造价低、施工文明、造价容易控制，在北京、河北等地的旧城区危改小区工程中得到不少成功的应用。

⑨水泥粉煤灰碎石桩法；

适用于处理黏性土、粉土、砂土和已自重固结的素填土等地基。对淤泥质土应根据地区经验或现场试验确定其适用性。基础和桩顶之间需设置一定厚度的褥垫层，保证桩、土共同承担荷载形成复合地基。该法适用于条基、独立基础、箱基、筏基，用来提高地基承载力和减少变形。对可液化地基，可采用碎石桩和水泥粉煤灰碎石桩多桩形复合地基，达到消除地基土的液化和提高承载力的目的。

⑩石灰桩法；

适用于处理饱和黏性土、淤泥、淤泥质土、杂填土和素填土等地基。用于地下水位以上的土层时，可采取减少生石灰用量和增加掺和料含水量的办法提高桩身强度。该法不适用于地下水位以下的砂类土。

⑪灰土挤密桩法和土挤密桩法；

适用于处理地下水位以上的湿陷性黄土、素填土和杂填土等地基，可处理的深度为5～15m。当用来消除地基土的湿陷性时，宜采用土挤密桩法；当用来提高地基土的承载力或增强其水稳定性时，宜采用灰土挤密桩法；当地基土的含水量大于24%、饱和度大于65%时，不宜采用这种方法。灰土挤密桩法和土挤密桩法在消除土的湿陷性和减少渗透性方面效果基本相同，土挤密桩法地基的承载力和水稳定性不及灰土挤密桩法。

⑫柱锤冲扩桩法；

适用于处理杂填土、粉土、黏性土、素填土和黄土等地基，对地下水位以下的饱和松软土层，应通过现场试验确定其适用性。地基处理深度不宜超过6m。

⑬单液硅化法和碱液法；

适用于处理地下水位以上渗透系数为0.1～2m/d的湿陷性黄土等地基。在自重湿陷性黄土场地，对Ⅱ级湿陷性地基，应通过试验确定碱液法的适用性。

2.深基础设计概述

基础是建筑底部与地基接触的承重构件，其作用是将上部结构的荷载传至地基。各类建筑工程的结构形式多样，设计时应根据上部结构、工程地质条件的不同，选择合理的基础结构方案，使基础满足强度、刚度、稳定性的要求。

根据基础埋置深度的不同，基础分为浅基础和深基础。当建筑场地的浅层土质不能满足建筑物对地基承载力和变形的要求，而又不适宜采用地基处理措施时，应考虑采用深基础。位于地基深处承载力较高的土层或岩层上，埋置深度大于5m或埋深大于基础宽度的基础称为深基础。

深基础结构形式和施工方法较浅基础更复杂，在设计计算时需考虑基础侧面土体的影响。常见的深基础有桩基础、地下连续墙、沉井基础、沉箱基础等几种类型。

(1) 桩基础

当浅层地基尚不能满足建筑物对地基承载力和变形的要求，而又不适宜采取地基处理措施时，就要考虑以下部坚实土层或岩层作为持力层的深基础。其中，桩基础应用最为广泛。桩基础是指用各种材料做成的方形、圆形或其他形状的细而长的且埋在地下的桩。桩基础通常由桩和桩顶上承台两部分组成，并通过承台将上部较大的荷载传给埋藏较深的坚硬土层，或通过桩周围的摩擦力传给地基，多用于高层建筑。桩基础（图8.2.1-2）。

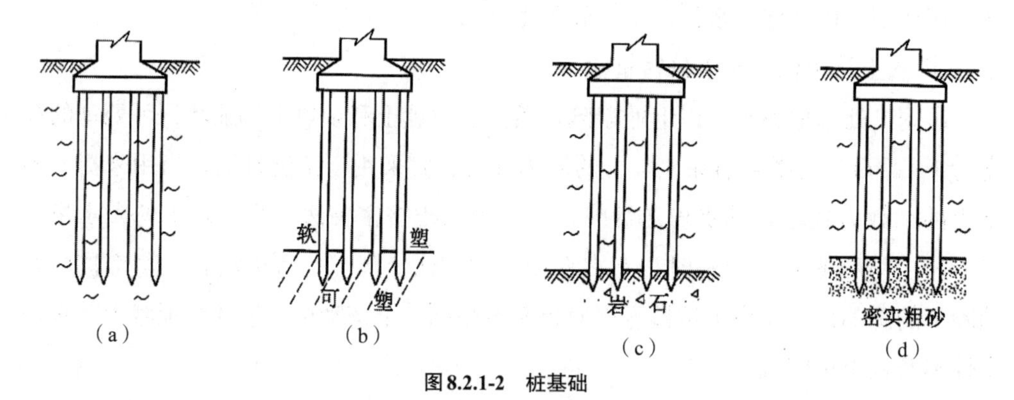

图8.2.1-2 桩基础

(a) 摩擦桩；(b) 端承摩擦桩；(c) 端承桩；(d) 摩擦端承桩

(2) 地下连续墙

地下连续墙是利用专门的成槽机械在地下成槽，在槽中安放钢筋笼（网）后以导管法浇灌水下混凝土，形成一个单元墙段，再将依次完成的墙段以特定的方式连接，组成一道完整的现浇地下连续墙体。地下连续墙具有挡土、防渗兼做主体承重结构等多种功能；能在沉井作业、板桩支护等难以实施的环境中进行无噪声、无振动施工；能通过各种地层进入基岩，深度可达50m以上而不必采取降低地下水的措施，因此可在密集建筑群中施工。尤其是用于二层以上地下室的建筑物，可配合“逆筑法”施工而更显出其独特的作用（图8.2.1-3）。

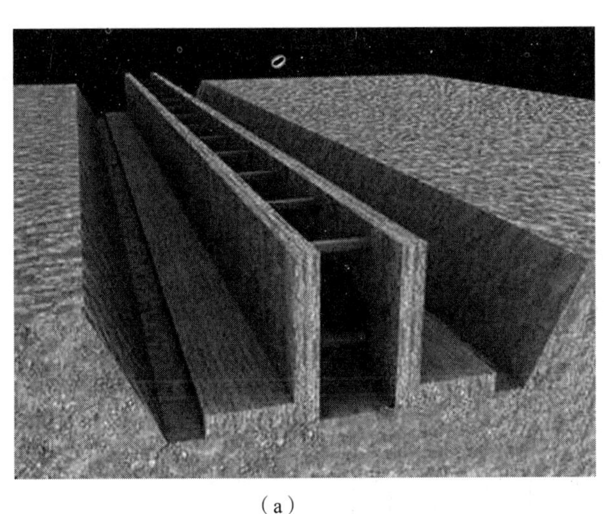

（a）

（b）

图8.2.1-3 地下连续墙

（3）沉井基础

沉井基础是以沉井作为基础结构，将上部荷载传至地基的一种深基础。沉井是一个无底无盖的井筒，一般由刃脚、井壁、隔墙等部分组成。在沉井内挖土使其下沉，达到设计标高后，进行混凝土封底、填心、修建顶盖，构成沉井基础。

沉井基础的特点是埋深较大，整体性好，稳定性好，具有较大的承载面积，能承受较大的垂直和水平荷载。此外，沉井既是基础．又是施工时的挡土和挡水围堰结构物，其施工工艺简便，技术稳妥可靠，不需要特殊专业设备，并可做成补偿性基础，避免过大沉降，在深基础或地下结构中应用较为广泛，例如，桥梁墩台基础、地下泵房、水池、油库、矿用竖井以及大型设备基础、高层和超高层建筑物基础等。但沉井基础施工工期较长，在井内对粉砂、细砂类土抽水时易发生流砂现象，造成沉井倾斜；沉井下沉过程中遇到的大孤石、树干或井底岩层表面倾斜过大，也将给施工带来一定的困难。沉井基础（图8.2.1-4）。

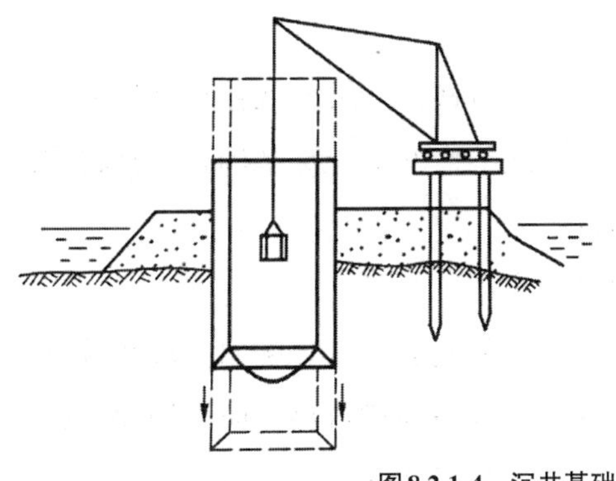

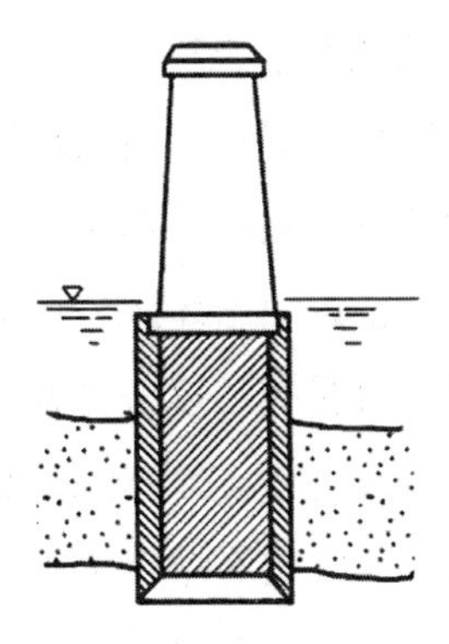

图8.2.1-4 沉井基础

（4）沉箱

沉箱又称为气压沉箱基础，它是以气压沉箱来修筑的桥梁墩台或其他构筑物的基础。气压沉箱是一种无底的箱形结构，因为需要输入压缩空气来提供工作条件，故称为气压沉箱或简称沉箱（图8.2.1-5）。

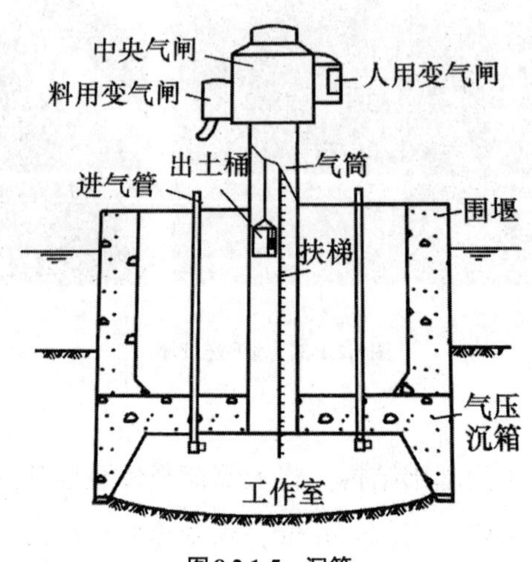

图8.2.1-5　沉箱

存在以下情况时，应选择采用深基础设计方案。

1.缺少必要的支承基础的土质条件

当建筑物底部附近的土质条件大多不允许采用常规浅基础时，深基础则是能够获得满意的承载力水平的一种重要方式。

2.基础承担沉重荷载

因需要考虑基础尺寸、沉降限制或过大荷载等因素，必须要采用深基础。高层建筑、大跨度结构和大体积混凝土或砖石建筑通常面临荷载大并有可能超过普通土类承载力的情况，往往需要考虑采用深基础。

3.地面的潜在失稳

当建筑物底部土层遭受侵蚀、下沉、滑移、分解，或存在其他形式的土体结构或状态的改变，则应采用深基础形式。这些情况下，深基础是一种将建筑物锚固在更加可靠、稳定的土体或岩体上的方式。

4.对沉降具有高度敏感性建筑物的支撑

在某些情况下，地基沉降高度是非常关键的因素。例如，那些具有刚性框架结构的建筑物和安装有精度要求与连续连接设备的建筑物，应采用深基础形式。深基础沉降量很小，尤其是基础设置在岩石或高固结度土层上时。

8.2.2 地基处理与深基础设计造价控制的主要内容

1.地基处理对造价控制的影响

不同的地基处理方案所花费的成本不同，进而对工程整体产生影响，地基处理方案在设计阶段应进行充分论证，根据工程场地、地层土质情况和建筑结构设计要求，结合相似工程的设计施工经验，本着安全、经济、合理、施工高效、文明的原则，选择经济合理的设计方案。

(1)在选择地基处理方案前，应完成下列工作：

a.搜集详细的岩土工程勘察资料、上部结构及基础设计资料等。

b.结合工程情况，了解当地地基处理经验和施工条件，对于有特殊要求的工程，还应了解其他地区相似场地上同类工程的地基处理经验和使用情况等。

c.根据工程的要求和采用天然地基存在的主要问题，确定地基处理的目的、处理范围和处理后要求达到的各项技术经济指标等。

d.调查邻近建筑、地下工程、周边道路和有关管线等情况。

e.了解建筑场地的环境情况。

(2)在选择地基处理方案时，应考虑上部结构、基础和地基的共同作用，并经过技术经济比较，选用处理地基或加强上部结构和处理地基相结合的方案。

(3)地基处理方法的确定宜按下列步骤进行：

a.根据结构类型、荷载大小及使用要求，结合地形地貌、地层结构、土质条件、地下水特征、环境情况和对邻近建筑的影响等因素进行综合分析，初步选出几种可供考虑的地基处理方案，包括选择两种或多种地基处理措施组成的综合处理方案。

b.对初步选出的各种地基处理方案，分别从加固原理、适用范围、预期处理效果、耗用材料、施工机械、工期要求和对环境的影响等方面进行技术经济分析和对比，选择最佳的地基处理方法。

c.对已选定的地基处理方法，宜按建筑物地基基础设计等级和场地复杂程度，在有代表性的场地上进行相应的现场试验或试验性施工，并进行必要的测试，以检验设计参数和处理效果。如达不到设计要求时，应查明原因，修改设计参数或调整地基处理方法。

(4)经处理后的地基，当在受力层范围内仍存在软弱下卧层时，应验算下卧层的地基承载力。

(5)按地基变形设计或应作变形验算且需进行地基处理的建筑物或构筑物，应对处理后的地基进行变形验算。

（6）受较大水平荷载或位于斜坡上的建筑物及构筑物，当建造在处理后的地基上时，应进行地基稳定性验算。

（7）存在较弱夹层地基处理设计时，对软塑、流塑状态的土层不仅应验算竖向力的作用效应，还应验算水平力作用效应：对液化土层应验算地震作用效应。

（8）复合地基设计的地基承载力验算，除满足轴心荷载作用要求外，还应满足偏心荷载作用要求。

（9）处理后的地基整体稳定分析可采用圆弧滑动法，其稳定安全系数不应小于1.30。散体加固材料的抗剪强度，可按加固体的密实度通过试验确定；胶结材料对整体稳定的作用可按材料表面的摩擦考虑。

（10）刚度差异较大的整体大面积基础的地基处理，宜考虑上部结构、基础和地基共同作用进行地基承载力和变形验算。

（11）采用多种地基处理方法综合使用的地基处理工程验收检验时，处理地基的综合安全系数不应小于2.0。

（12）地基处理采用的材料，应根据场地环境类别符合有关标准耐久性设计的要求。

2.深基础设计对造价控制的影响

基础结构的造价与工程所在地的地质条件密切相关，其工期一般占整个建筑物主体工程的25%～30%，造价约占总造价的20%～30%，因此基础选型在满足建筑使用要求和经济性能方面发挥着重要作用。然而基础选型影响因素多，既有建筑自身荷载、基础埋深、上部结构形式等因素，也有场地地质、水文等安全方面的因素，还有邻近建筑类型、施工条件等因素，因此是一项复杂综合的问题。影响建筑结构基础设计经济性的主要内容包括：基础形式选择、桩长、桩截面、桩径、配筋设计、成孔方法、桩倾斜度设计，混凝土强度等级等。基础设计时应重视地质勘查报告的交底工作，选择合理的基础形式，控制基础的截面尺寸与埋深。

通常仅在不能采用浅基础的情况下才会考虑采用深基础，其主要原因是深基础造价过高。在可以使用浅基础且尺寸不大的情况下，深基础因造价原因而不具有竞争力。不能采用浅基础时，造价增加的问题就会随之而来。对于那些边缘情况，即浅基础可用但尺寸过大时，有必要进行多方案的造价分析。通常，造价分析需要对备选基础形式进行一套完整的设计，当备选基础形式结构有明显不同时，造价分析可能会更加复杂。

当建筑物具有底面积小，高度高，土层较好的特点，或者建在填海地段的高层建筑，为满足承载力和沉降量的要求，往往只能采用桩基基础。桩型的选择是桩基工程设计的至关重要的问题。在桩基选型时，充分考虑单桩承载力的范围值、场地四周的环境条件、桩基施工队的能力和打桩机具、场地的土质条件、上部结构形成、工程造价等方面，选择经济合理的桩形。

8.2.3 BIM造价在地基处理与深基础设计中的应用

1. BIM在地基处理造价控制中的应用

（1）地基处理工程量计算规则

地基处理工程量清单项目设置、项目特征描述的内容、计量单位及工程量计算规则根据现行国家标准《建设工程工程量清单计价规范》GB 50500—2013、《房屋建筑与装饰工程工程量计算规范》GB 50854—2013。其组成及特点如表8.2.3所示。

地基处理工程量计算规则　　表8.2.3

<table>
<tr><th>项目编码</th><th>项目名称</th><th>项目特征</th><th>计量单位</th><th>工程量计算规则</th><th>工作内容</th></tr>
<tr><td>010201001</td><td>换填垫层</td><td>1.材料种类及配比；
2.压实系数；
3.掺加剂品种</td><td>m^3</td><td>按设计图示尺寸以体积计算</td><td>1.分层铺填；
2.碾压、振密或夯实；
3.材料运输</td></tr>
<tr><td>010201002</td><td>铺设土工合成材料</td><td>1.部位；
2.品种；
3.规格</td><td rowspan="4">m^2</td><td>按设计图示尺寸以面积计算</td><td>1.挖填锚固沟；
2.铺设；
3.固定；
4.运输</td></tr>
<tr><td>010201003</td><td>预压地基</td><td>1.排水竖井种类、断面尺寸、排列方式、间距、深度；
2.预压方法；
3.预压荷载、时间；
4.砂垫层厚度</td><td rowspan="3">按设计图示尺寸以加固面积计算</td><td>1.设置排水竖井、盲沟、滤水管；
2.铺设砂垫层、密封膜；
3.堆载、卸载或抽气设备安拆、抽真空；
4.材料运输</td></tr>
<tr><td>010201004</td><td>强夯地基</td><td>1.夯击能量；
2.夯击遍数；
3.地耐力要求；
4.夯填材料种类</td><td>1.铺设夯填材料；
2.强夯；
3.夯填材料运输</td></tr>
<tr><td>010201005</td><td>振冲密实（不填料）</td><td>1.地层情况；
2.振密深度；
3.孔距</td><td>1.振冲加密；
2.泥浆运输</td></tr>
</table>

续表

项目编码	项目名称	项目特征	计量单位	工程量计算规则	工作内容
010201006	振冲桩（填料）	1.地层情况； 2.空桩长度、桩长； 3.桩径； 4.填充材料种类	1.m 2.m^3	1.以米计量，按设计图示尺寸以桩长计算； 2.以立方米计量，按设计桩截面乘以桩长以体积计算	1.振冲成孔、填料、振实； 2.材料运输； 3.泥浆运输
010201007	砂石桩	1.地层情况； 2.空桩长度、桩长； 3.桩径； 4.成孔方法； 5.材料种类、级配		1.以米计量，按设计图示尺寸以桩长(包括桩尖)计算； 2.以立方米计量，按设计桩截面乘以桩长(包括桩尖)以体积计算	1.成孔； 2.填充、振实； 3.材料运输
010201008	水泥粉煤灰碎石桩	1.地层情况； 2.空桩长度、桩长； 3.桩径； 4.成孔方法； 5.混合料强度等级	m	按设计图示尺寸以桩长(包括桩尖)计算	1.成孔； 2.混合料制作、灌注、养护
010201009	深层搅拌桩	1.地层情况； 2.空桩长度、桩长； 3.桩截面尺寸； 4.水泥强度等级、掺量	m	按设计图示尺寸以桩长计算	1.预搅下钻、水泥浆制作、喷浆搅拌提升成桩； 2.材料运输
010201010	粉喷桩	1.地层情况； 2.空桩长度、桩长； 3.桩径； 4.粉体种类、掺量； 5.水泥强度等级、石灰粉要求		按设计图示尺寸以桩长计算	1.预搅下钻、喷粉搅拌提升成桩； 2.材料运输
010201011	夯实水泥土桩	1.地层情况； 2.空桩长度、桩长； 3.桩径； 4.成孔方法； 5.水泥强度等级； 6.混合料配比		按设计图示尺寸以桩长（包括桩尖）计算	1.成孔、夯底； 2.水泥土拌合、填料、夯实； 3.材料运输
010201012	高压喷射注浆桩	1.地层情况； 2.空桩长度、桩长； 3.桩截面； 4.注浆类型、方法； 5.水泥强度等级		按设计图示尺寸以桩长计算	1.成孔； 2.水泥浆制作、高压喷射注浆； 3.材料运输
010201013	石灰桩	1.地层情况； 2.空桩长度、桩长； 3.桩径； 4.成孔方法； 5.掺和料种类、配合比		按设计图示尺寸以桩长（包括桩尖）计算	1.成孔； 2.混合料制作、运输、夯填

续表

项目编码	项目名称	项目特征	计量单位	工程量计算规则	工作内容
010201014	灰土（土）挤密桩	1.地层情况； 2.空桩长度、桩长； 3.桩径； 4.成孔方法； 5.灰土级配	m	按设计图示尺寸以桩长（包括桩尖）计算	1.成孔； 2.灰土拌和、运输、填充、夯实
10201015	柱锤冲扩桩	1.地层情况； 2.空桩长度、桩长； 3.桩径； 4.成孔方法； 5.桩体材料种类、配合比		按设计图示尺寸以桩长计算	1.安拔套管； 2.冲孔、填料、夯实； 3.桩体材料制作、运输
010201016	注浆地基	1.地层情况； 2.空钻深度、注浆深度； 3.注浆间距； 4.浆液种类及配比； 5.注浆方法； 6.水泥强度等级	1.m 2.m^3	1.以米计量，按设计图示尺寸以钻孔深度计算； 2.以立方米计量，按设计图示尺寸以加固后体积计算	1.成孔； 2.注浆导管制作、安装； 3.浆液制作、压浆； 4.材料运输
10201017	褥垫层	1.厚度； 2.材料品种及比例	1.m^2 2.m^3	1.以平方米计量，按设计图示尺寸以铺设面积计算； 2.以立方米计量，按设计图示尺寸以体积计算	材料拌合、运输、铺设、压实

（2）选用先进的软件和工具

传统的土方计算方法存在着计算量大、计算精度不高、数据量大等缺点，运用BIM软件如Revit加相应插件如广联达BIM、晨曦算量软件计算复杂形状的土方工程量，避免简单化地按平均标高、厚度去估算和协商工程量（图8.2.3-1）。

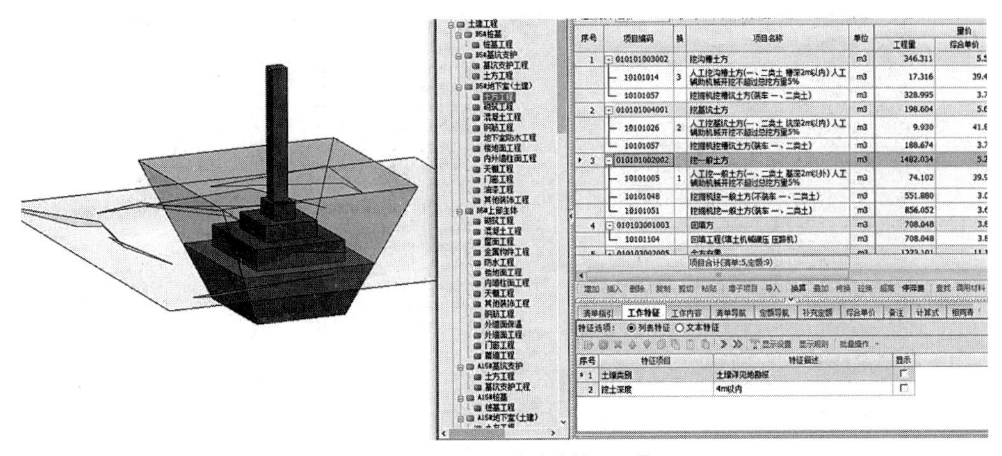

图8.2.3-1　BIM统计地基工程量

（3）建模方法

①创建地基；

使用Revit创建地基，地基土壤不要使用地形创建，可以使用楼板来创建地基。因为后边创建的集水坑、基础、电梯基坑族要创建空心模型，放置这些族的时候可以对地基（用楼板绘制）形成剪切，形成如图8.2.3-2所示的剪切效果。

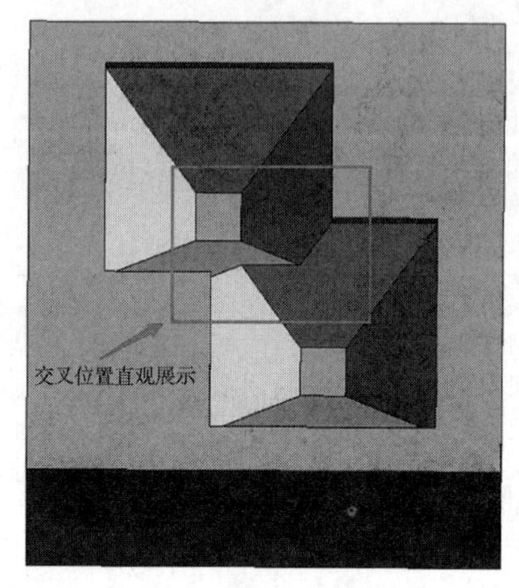

图8.2.3-2 剪切效果

②基础、集水坑、电梯基坑族的创建：

此步骤重点是让这三个族拥有剪切地基（用楼板绘制）的功能，实现方法是创建与集水坑外轮廓一致的空心模型，通过空心模型实现对地基的剪切。

族的创建步骤如下：

a.使用公制常规模型族样板新建族文件，如图8.2.3-3所示。

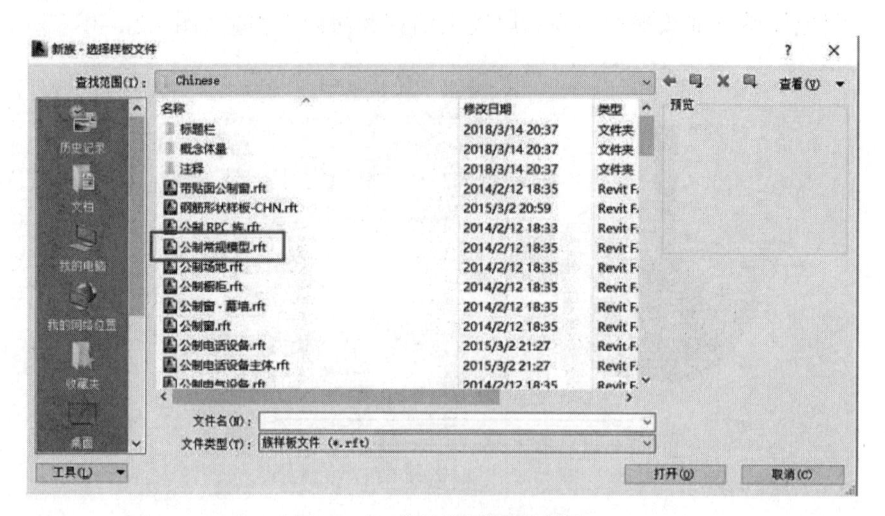

图8.2.3-3 公制常规模型族样板

b.设置族参数，如图8.2.3-4所示。

族类型

名称(N)：

参数	值	
尺寸标注		
坑宽	1500.0	=
坑深	1500.0	=
坑长	2000.0	=
底宽	2500.0	=
底长	3000.0	=
底高	4500.0	=
底高+顶高	1700.0	=
顶宽	12500.0	=
顶长	13000.0	=
顶高	500.0	=
标识数据		

图8.2.3-4　设置族参数

c.创建实体模型，使用拉伸、放样等形状命令创建实体模型并关联参数，如图8.2.3-5所示。

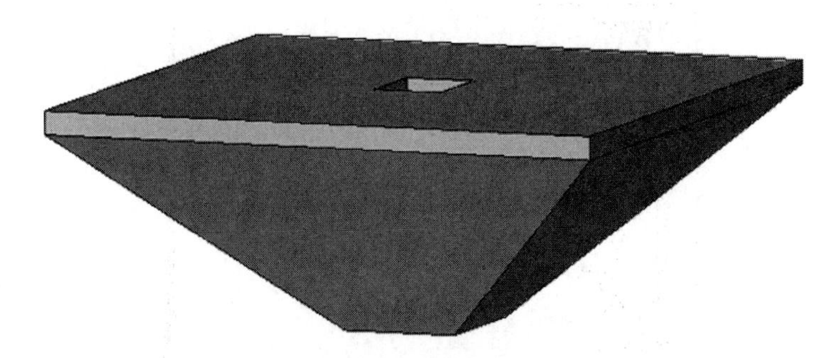

图8.2.3-5　实体模型

d.创建与实体模型大小一致的空心模型，如图8.2.3-6所示。

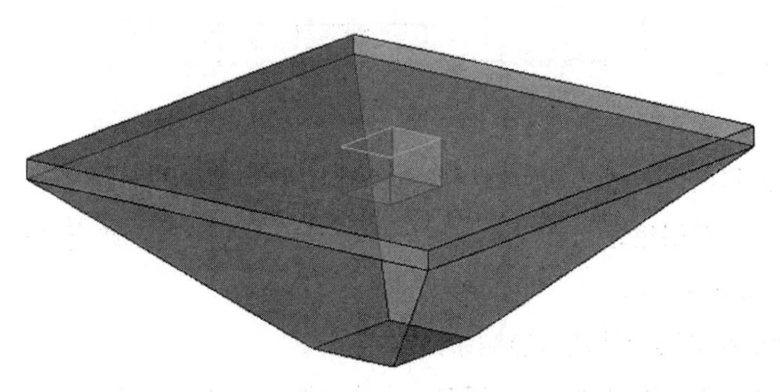

图8.2.3-6　空心模型

e.取消连接几何图形，如图8.2.3-7所示。

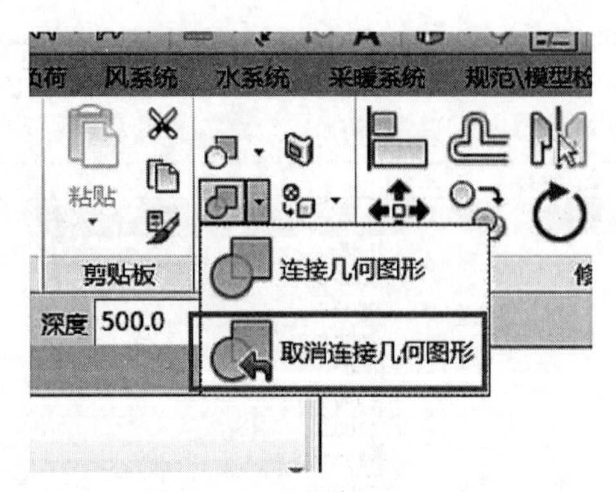

图8.2.3-7　取消连接几何图形

此步骤的目的在于不要让空心模型剪切集水坑的实体模型，一旦空心模型和实体模型连接，那么在项目文件中集水坑的实体模型则不可见。

f.勾选“加载时剪切的空心”如图8.2.3-8所示。

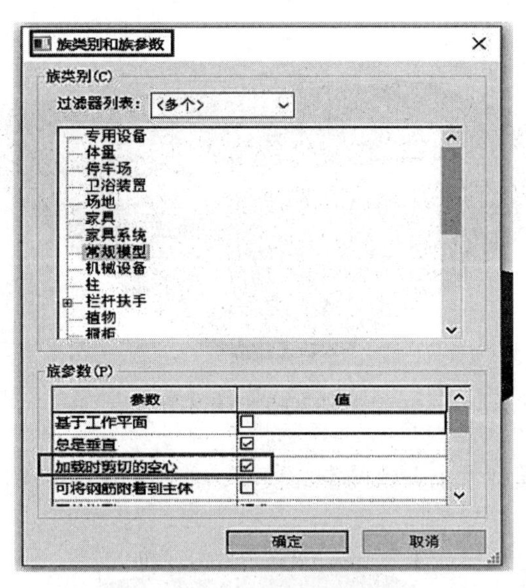

图8.2.3-8　加载时剪切的空心

此步骤的目的是放置族时，族中的空性模型会自动剪切地基。

g.放置族，将创建好的族载入项目文件，放置在筏板上，族会自动剪切筏板和地基。如图8.2.3-9所示。

2. BIM在深基础设计造价控制中的应用

基础设计方案选择的决定因素很多，大体可概括为结构状况、地质条件、施工条

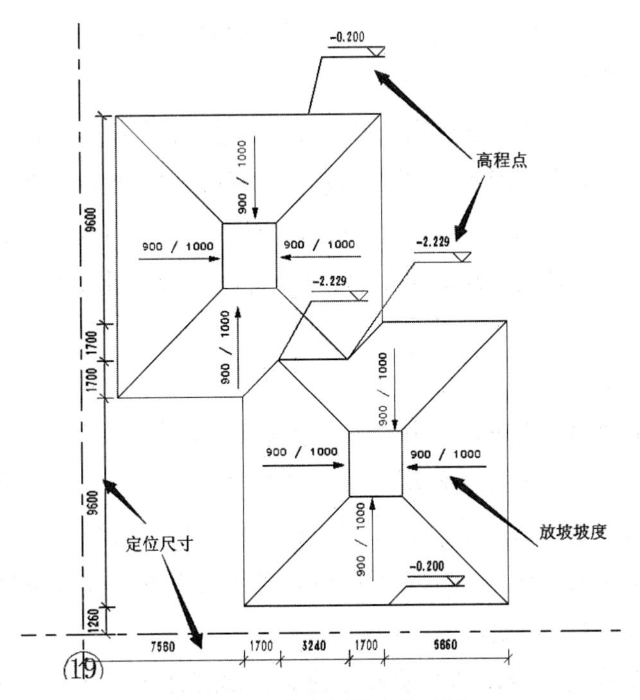

图8.2.3-9 自动剪切筏板和地基

件和经济指标等四个方面。基础方案的选择应将所有因素综合、权衡后进行多方案技术、经济比较分析，一般采用定性分析与定量分析相结合的方法，最后择优选用。

基于BIM造价的基础设计可以通过创建设计阶段基础数字模型，进行基础深化设计并进行多方案下的工程量提取和对比，以快速、高效、准确的方式为设计阶段的造价控制提供直接依据。BIM在深基础设计造价控制中的应用技术路径如下：

(1) 分析地勘资料选用基础结构形式

充分掌握拟建场地的工程地质条件和地质勘查资料。结合地质条件、施工条件和上部结构压力等各方面因素合理进行基础选型。

设计者应该会根据地勘报告分析当地地质情况（地下水位变化、软土、岩溶土洞），再结合需要设计的建（构）筑物具体要求（比如对沉降变形严格控制）选择一种到几种基础形式，同样如果勘察报告中一些问题存疑还可以进行补勘，如果决定采用桩基础还可以对桩基础进行试桩。如果地勘报告提供了推荐桩型，应依据地勘报告推荐的桩型，对上部荷载复核，对地勘提供的承载力复核，验算是否满足上部结构的承载力、变形验算。

(2) 基础结构设计

根据上部荷载的性质、类型、分布选择基础的类型和平面布置。选择地基持力层和基础的埋置深度。确定地基承载力。按地基承载力确定基础的底面尺寸。进行必要的地基稳定性验算、使地基安全稳定不至于破坏，进行基础的结构设计。

对于地基承载力和变形能够满足设计要求的情况，优先选择钢筋混凝土扩展基础。对于地基承载力和变形不能够满足设计要求的情况，根据经济性对比和当地施工工艺，可以选择桩基础或者进行地基处理，而桩基础可以为摩擦桩和端承桩，根据工程不同情况，桩基也可与钢筋混凝土扩展基础或者地基处理联合运用，达到更好的经济效果。

（3）进行BIM建模

基于结构基础图纸创建BIM模型，目前较为主流的有2种建模方式：①在BIM软件中创建族的方式，根据二维图纸，逐个创建结构基础。这种建模方式的建模效率低，尤其针对大型项目；②通过BIM翻模插件，识别图纸中结构基础信息，依靠软件进行自动创建。但往往因为图纸准确度方面的原因，翻模软件的识别成功率有限，后期还需要手动调整。

基于BIM造价控制应用的结构基础建模，推荐使用基于Dynamo进行参数化BIM结构基础建模的方式进行。通过可视化编程技术和Revit参数化族库的结合应用，可解决大型项目桩基数量多，建模工作量大，修改操作效率低的问题。

（4）根据BIM模型进行造价数据提取

通过BIM模型得到工程造价数据主要有两种方式。一种是通过BIM模型导出工程量清单，然后将工程量清单导入造价预算软件中进行工程计价，或者将BIM模型导入支持BIM模型转换功能的算量软件中进行处理后直接进行BIM算量。但这种方式对建模有诸多高标准的要求，否则无法直接套用定额进行计价。例如，以标准的清单规范为模板对工程各个构件的项目特征进行详细描述定义，构件的特征描述会详细到列出分部工程的类型、规格、品种、强度等级以及做法等内容。

另外一种方式，可以通过BIM算量插件软件，在Revit中提取工程量清单或进行工程计量。

（5）进行经济比选

基于不同基础结构方案的工程造价数据，开展不同方案的经济比选。经济比选的指标主要包括定量数据和定性数据两类。定量数据主要指结构基础造价和施工工期，定性数据项主要是质量、安全可靠性、施工可行性和便利性等内容。

（6）基于选定方案进行深化设计和造价优化

在选定桩基础方案后，应基于BIM模型进行深化设计，将结构柱网与邻近工程的距离控制，复杂基础的内部钢筋碰撞，混凝土浇筑施工可行性等方面进行深入优化。

同时，可在深化设计阶段将BIM模型分解后生成构件二维码，附加于深化设计图中。施工现场可实现扫描和查看，对工程质量和造价控制起到重要作用。

8.2.4 项目案例

1.技术应用背景

随着国内超高层建筑的迅猛发展，深基坑工程的规模和深度在不断扩大，而基坑坍塌等安全事故的频发，对基坑工程的设计和施工提出了更高的要求。BIM技术作为建筑行业新兴的技术手段也被逐渐应用于各个领域。本书以某项目深基坑设计为例，建立基坑支护三维模型，进行设计方案优化、承载能力分析、基础工程量统计。

2.项目介绍

项目位于某市CBD中心，由一座406m主塔和307m副塔、大型商业裙楼和地下广场组成，项目周围覆盖3条城市主干道，3条地铁。业态涵盖了写字楼、国际一线酒店、高端商业、公寓等，是一个集商务、购物、居住、观光于一体的大型城市综合体项目，建成后成为某市的标志性建筑。预计总投资超过100亿元。规划面积40785.2m^2，建筑面积83700.0m^2，规划总面积587008m^2（图8.2.4-1）。

图8.2.4-1 项目效果图

3.项目重难点

项目基础工程重难点如下：

（1）项目有三层地下室，坑内设有格构柱换撑体系，与结构楼板相连处施工处理、土方开挖方式的选择、底板防渗漏等是项目的重难点。

（2）板与支护桩边缘重叠，该处施工面狭小，给基础施工带来困难。

（3）地下室底板面积大，且处于淤泥质粉土层，电梯井及集水井处的土方开挖是安全管理的重点。

为保证设计方案经济合理，项目使用BIM技术，在前期策划阶段充分考虑结构的合理性（图8.2.4-2）。

图8.2.4-2　地基基础施工现场

4.应用概况

（1）碰撞检查

基坑阶段的结构碰撞检查重点在于基坑围护体系、主体和换撑体系三者间的碰撞，BIM最直观的特点在于三维可视化，利用BIM的三维技术在前期可以进行碰撞检查，优化工程设计，减少在建筑施工阶段可能存在的错误损失和返工的可能性，从而节约成本（图8.2.4-3、图8.2.4-4）。

（2）设计优化

BIM模型格构桩设计等方案优化，确保方案可行，造价最优。其中格构桩直径

涉及专业	基坑支护、基础	重要程度	B
截图说明	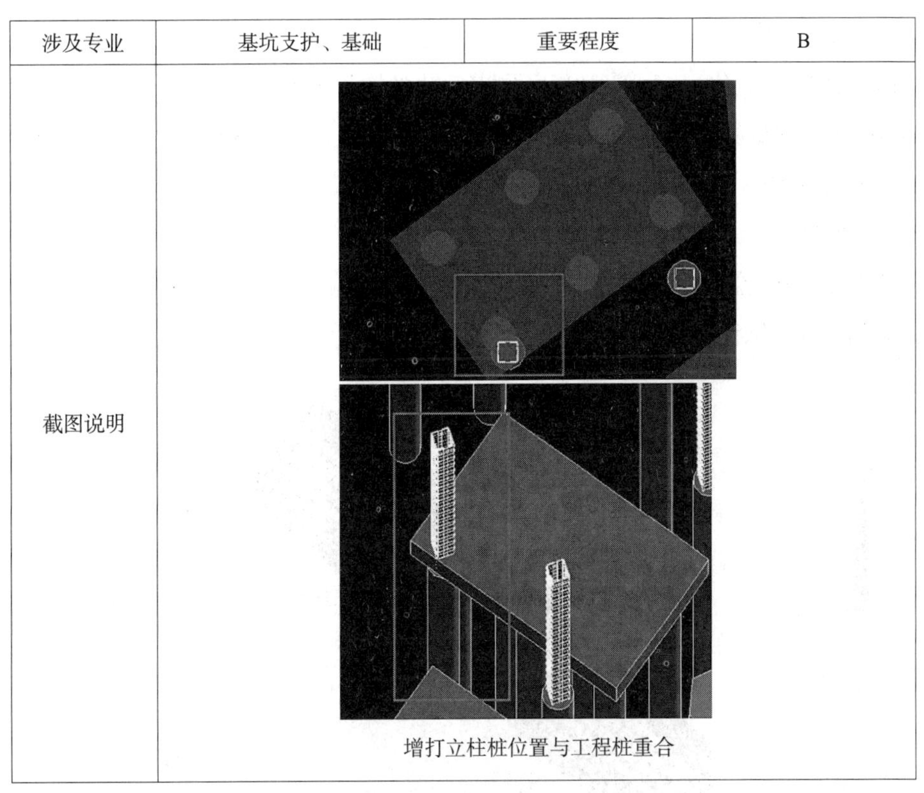 增打立柱桩位置与工程桩重合		

图8.2.4-3　格构柱碰撞

涉及专业	基础、二期试验桩	重要程度	B
截图说明	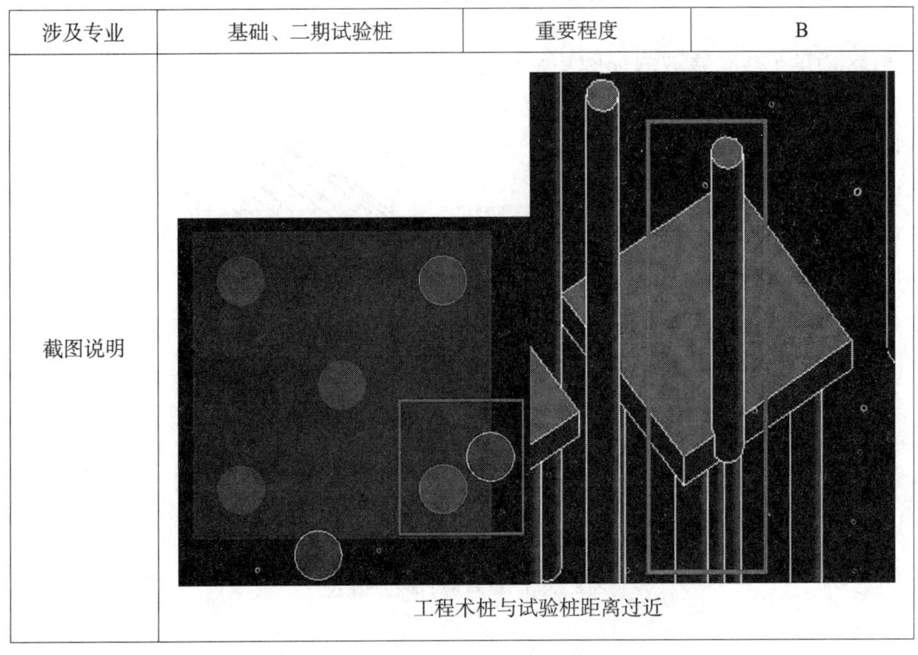 工程术桩与试验桩距离过近		

图8.2.4-4　工程桩与实验桩距离过近

优化节约800万元。

格构柱模型优化：格构桩1（工程桩兼做格构桩）按桩径800mm，混凝土保护层厚50mm，螺旋箍筋 ϕ 10@100，通长纵筋25 ϕ 28，加劲箍筋 ϕ 20@2000 放在外侧，声测管 ϕ 50×2.5建模。

（3）实施效果图

经深化、优化后的格构桩实施效果如下所示。

①格构桩1钢筋笼模型如图8.2.4-5所示。

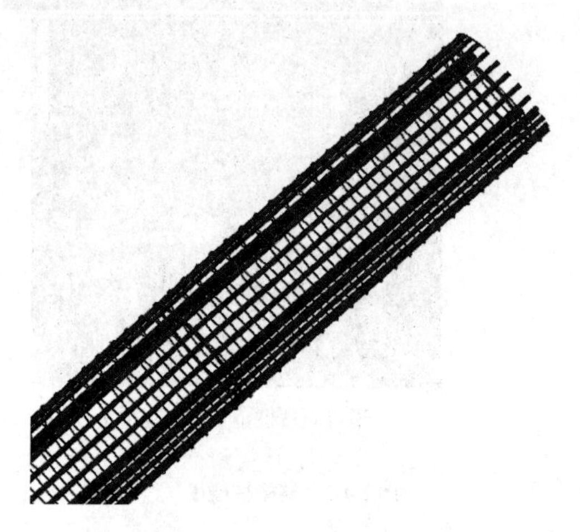

图8.2.4-5　格构桩1钢筋笼模型

②格构桩2钢筋笼模型如图8.2.4-6所示。

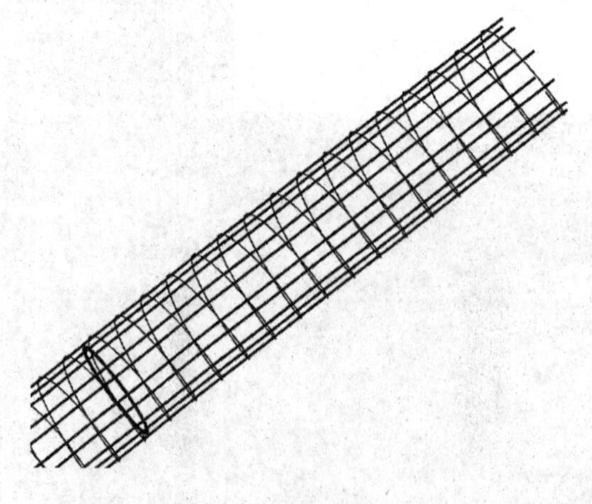

图8.2.4-6　格构桩2钢筋笼模型

③格构柱模型如图8.2.4-7所示。

图8.2.4-7 格构柱模型

④格构桩1装配模拟：

a.格构桩1装配效果如图8.2.4-8所示。

图8.2.4-8 格构桩1装配效果

b.格构桩1间隙分析如图8.2.4-9所示。

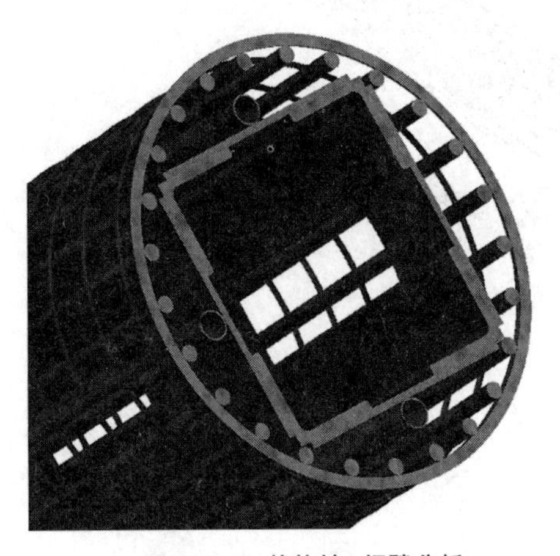

图8.2.4-9 格构桩1间隙分析

c.模型出图如图8.2.4-10所示。

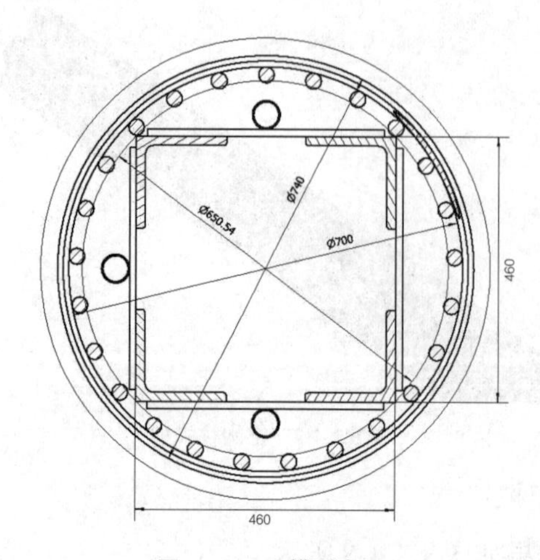

图8.2.4-10　模型出图

格构柱外接圆与纵筋内切圆无间隙，错开放置后理论上可以无干涉。

⑤格构桩2装配模拟：

a.格构桩2装配效果如图8.2.4-11所示。

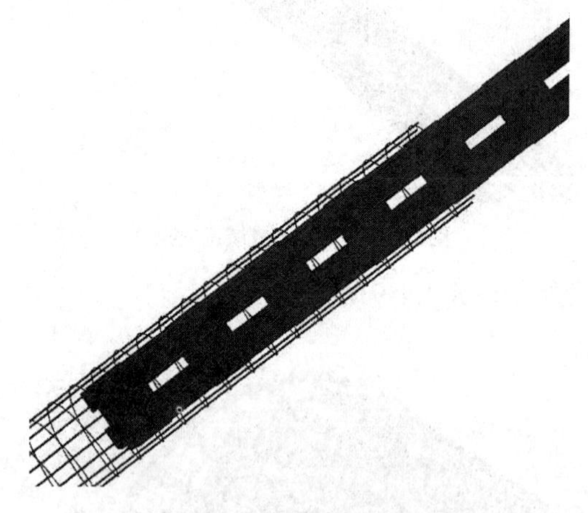

图8.2.4-11　格构桩2装配效果

b.格构桩2间隙分析如图8.2.4-12所示。

图8.2.4-12　格构桩2间隙分析

c.模型出图如图8.2.4-13所示。

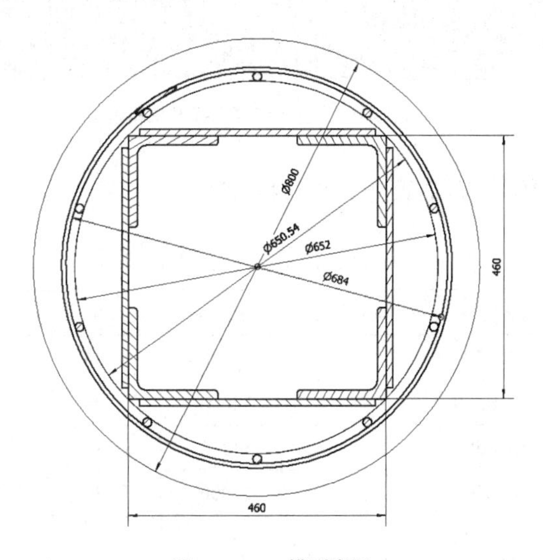

图8.2.4-13　模型出图

格构柱与通长纵筋内切圆单边间隙计算方法：(652−650.54)/2=0.73mm

格构柱与箍筋内切圆单边间隙（错开纵筋）计算方法：(684−650.54)/2=16.73mm

⑥工程量提取

用Revit创建专用的地下连续墙、格构柱、桩基础钢筋笼算量模型

a.地下连续墙

(a)地下连续墙标准幅模型如图8.2.4-14所示。

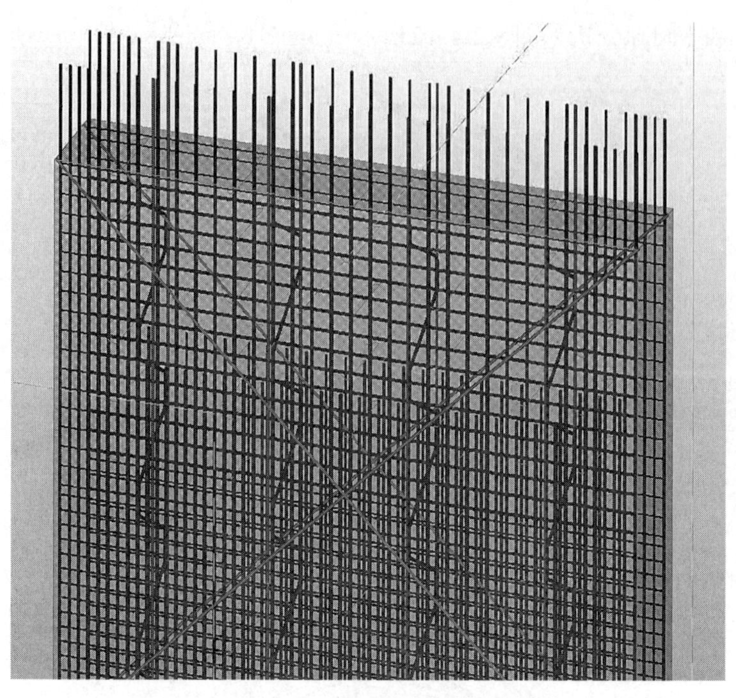

图8.2.4-14　地下连续墙标准幅模型

（b）深化标准幅钢筋明细表如表8.2.4-1所示。

深化标准幅钢筋明细表　　表8.2.4-1

钢筋名称	材质	直径	单长mm	总根数	单重（kg）	总重（kg）
纵向主筋1	HRB500	28	54230	35	262.15	9175.25
纵向主筋1'	HRB500	28	32000	25	154.69	3867.25
纵向主筋2	HRB500	32	54230	35	342.35	11982.25
纵向主筋2'	HRB500	32	27000	25	170.45	4261.25
横向主筋（第一根）3	HRB500	32	5900	2	37.25	74.5
横向主筋3	HRB400	16	5900	469	9.32	4371.08
横向主筋（加密）3	HRB400	20	5900	96	14.57	1398.72
梅花箍4	HPB300	10	1180	539	0.73	393.47
纵向桁架主筋5a	HRB500	28	54320	8	262.15	2097.2
纵向桁架5b	HRB400	32	1230	236	7.76	1831.36
纵向桁架斜筋5c	HRB400	32	1220	136	7.7	1047.2
横向桁架主筋6	HRB500	28	5600	46	27.07	1245.22
横向桁架6a	HRB500	28	1700	184	8.22	1512.48
剪刀撑（端头）6b	HRB500	28	8010	4	38.72	154.88

续表

钢筋名称	材质	直径	单长mm	总根数	单重（kg）	总重（kg）
剪刀撑6b	HRB500	28	8480	32	40.99	1311.68
加强筋6c	HRB500	28	560	276	2.71	747.96
预埋筋7	HRB400	25	1210	108	4.66	503.28
龙头吊点筋8	HPB300	30	940	8	5.22	41.76
扁担筋8	HPB300	30	940	16	5.22	83.52
龙身吊点筋8	HPB300	30	2270	24	12.6	302.4
撑筋9	HPB300	36	1250	4	9.99	39.96
钢筋压面10	HRB400	16	54320	4	85.83	343.32
吊钩钢筋	HPB300	30	2460	4	13.65	54.6
吊钩钢筋	HPB300	30	4560	4	25.3	101.2
定位垫块	HPB300		179.06	34	1.41	47.94
定位垫块	HPB300		182.30	34	1.43	48.62
合计						47038.35

b.地下连续墙导墙

（a）标准幅导墙模型如图8.2.4-15所示。

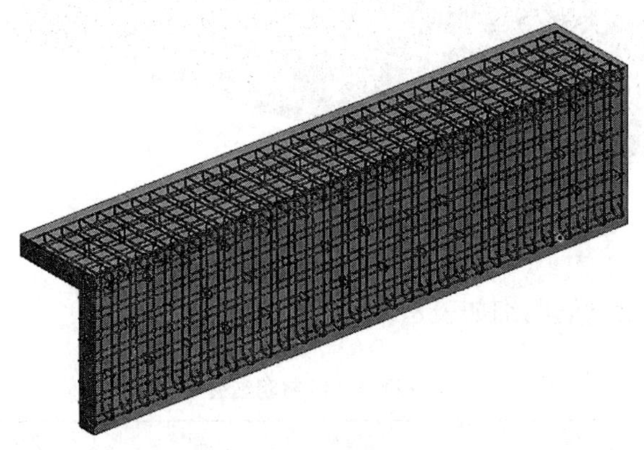

图8.2.4-15　标准幅导墙模型

（b）标准幅导墙钢筋明细如表8.2.4-2所示。

标准幅导墙钢筋明细表　　表8.2.4-2

种类	族与类型	数量	钢筋密度	钢筋体积	钢筋质量
梅花支撑筋	钢筋：10HPB300	14	7850.00kg/m^3	327.46cm^3	0.003t
梅花支撑筋	钢筋：10HPB300	14	7850.00kg/m^3	327.46cm^3	0.003t
梅花支撑筋	钢筋：10HPB300	16	7850.00kg/m^3	374.24cm^3	0.003t

续表

种类	族与类型	数量	钢筋密度	钢筋体积	钢筋质量
梅花支撑筋	钢筋：10HPB300	14	7850.00kg/m^3	327.46cm^3	0.003t
主筋	钢筋：14HRB400	7	7850.00kg/m^3	6465.40cm^3	0.051t
主筋	钢筋：14HRB400	8	7850.00kg/m^3	7389.03cm^3	0.058t
主筋	钢筋：14HRB400	5	7850.00kg/m^3	4618.14cm^3	0.036t
主筋	钢筋：14HRB400	6	7850.00kg/m^3	5541.77cm^3	0.044t
主筋	钢筋：14HRB400	1	7850.00kg/m^3	923.63cm^3	0.007t
横向箍筋	钢筋：16HRB400	31	7850.00kg/m^3	14416.69cm^3	0.113t
竖向箍筋	钢筋：16HRB400	31	7850.00kg/m^3	21066.55cm^3	0.165t
合计					0.486t

标准幅导墙长6000mm。

c.地下连续墙冠梁

（a）标准幅冠梁模型如图8.2.4-16所示。

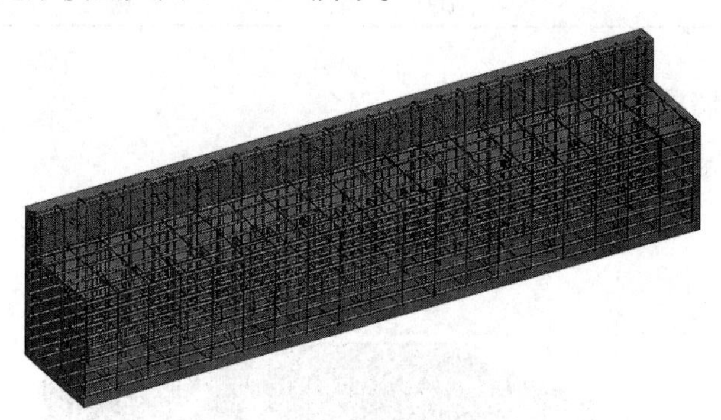

图8.2.4-16　标准幅冠梁模型

（b）标准幅冠梁钢筋明细如表8.2.4-3所示。

标准幅冠梁钢筋明细表　　表8.2.4-3

种类	族与类型	数量	钢筋密度	钢筋体积	钢筋质量
冠梁梅花支撑筋	钢筋：10HPB300	10	7850.00kg/m^3	925.05cm^3	0.007t
冠梁梅花支撑筋	钢筋：10HPB300	10	7850.00kg/m^3	925.05cm^3	0.007t
冠梁梅花支撑筋	钢筋：10HPB300	10	7850.00kg/m^3	925.05cm^3	0.007t
冠梁梅花支撑筋	钢筋：10HPB300	10	7850.00kg/m^3	925.05cm^3	0.007t
冠梁大箍筋	钢筋：10HPB300大	20	7850.00kg/m^3	6087.81cm^3	0.048t
冠梁小箍筋	钢筋：10HPB300小	19	7850.00kg/m^3	3522.65cm^3	0.028t
挡水梅花支撑筋	钢筋：10HPB300挡	16	7850.00kg/m^3	374.24cm^3	0.003t

续表

种类	族与类型	数量	钢筋密度	钢筋体积	钢筋质量
挡水水平主筋	钢筋：14HRB400	1	7850.00kg/m³	923.63cm³	0.007t
挡水水平主筋	钢筋：14HRB400	1	7850.00kg/m³	923.63cm³	0.007t
挡水水平主筋	钢筋：14HRB400	1	7850.00kg/m³	923.63cm³	0.007t
挡水水平主筋	钢筋：14HRB400	1	7850.00kg/m³	923.63cm³	0.007t
挡水水平主筋	钢筋：14HRB400	1	7850.00kg/m³	923.63cm³	0.007t
挡水水平主筋	钢筋：14HRB400	1	7850.00kg/m³	923.63cm³	0.007t
挡水竖直主筋	钢筋：16HRB400	31	7850.00kg/m³	17146.54cm³	0.135t
冠梁水平主筋	钢筋：20HRB400	4	7850.00kg/m³	7539.82cm³	0.059t
冠梁水平主筋	钢筋：20HRB400	4	7850.00kg/m³	7539.82cm³	0.059t
冠梁竖直主筋	钢筋：25HRB400	9	7850.00kg/m³	26507.19cm³	0.208t
冠梁竖直主筋	钢筋：25HRB400	9	7850.00kg/m³	26507.19cm³	0.208t
合计					0.818t

标准幅冠梁长6000mm。

8.3 高层与大跨度建筑设计

8.3.1 高层与大跨度建筑设计概述

1.高层建筑概述

(1)建筑特点

世界各城市的生产和消费的发展达到一定程度后，积极致力于提高城市建筑的层数。实践证明，高层建筑可以带来明显的社会经济效益：首先，使人口集中，可利用建筑内部的竖向和横向交通缩短部门之间的联系距离，从而提高效率；其次，能使大面积建筑的用地大幅度缩小，利于在城市中心地段选址建设；最后，可以减少市政建设投资和缩短建筑工期。

(2)高层建筑定义

根据现行国家标准《民用建筑设计统一标准》GB 50352—2019，建筑高度大于27.0m的住宅建筑和建筑高度大于24.0m的非单层公共建筑，且高度不大于100.0m的，为高层民用建筑。建筑高度大于100.0m为超高层建筑。

(3)高层建筑设计要点

当高层建筑的层数和高度增加到一定程度时，它的功能适用性、技术合理性和经济可行性都将发生质的变化。与多层建筑相比，在设计上、技术上都有许多新的问题需要加以考虑和解决。本节重点介绍垂直交通设计策略、玻璃幕墙设计策略、消防疏散设计策略等相关技术设计策略。

①垂直交通设计策略；

垂直交通设计策略主要有：电梯、垂直交通分布、垂直交通计算。

a.电梯。

对于客流量较大的超高层建筑，可把建筑沿高度方向分成4～6个分区，每个分区设空中候梯大厅，即有3～5个空中大厅。每个空中大厅与大楼入口大厅由高速直达电梯联系，每个分区由1个或数个梯组服务。不同分区的电梯共用一个垂直井道，节约了井道布置空间。穿梭电梯和空中大堂的关系（单换单、双换单、双换双）如图8.3.1-1所示。

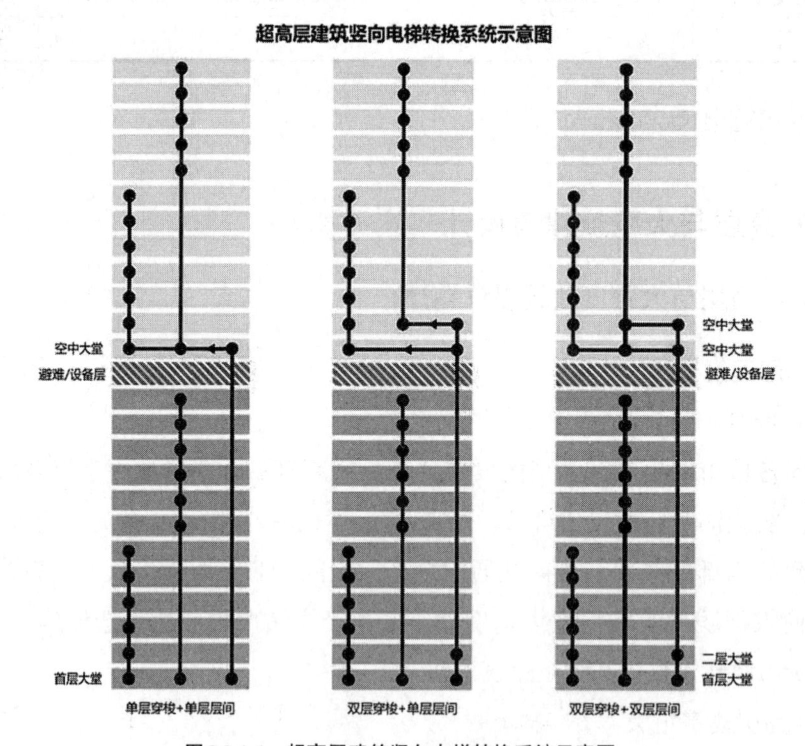

图8.3.1-1 超高层建筑竖向电梯转换系统示意图

b.垂直交通分布。

高层建筑往往包含较多业态，如商业、酒店、办公区等，综合楼要考虑电梯的布置，对于办公、酒店布置于同一栋超高层的项目，应综合考虑办公楼层和酒店楼层的上下关系。

c.垂直交通计算。

项目应在初设阶段做多种垂直交通备选方案，计算出不同方案的平均候梯时间、五分钟运载能力 、到达目的楼层时间。参考计算结果，得出最合理的电梯配置方式，并以图示的方式表达在交通计算分析书内。建筑师进一步深化后的电梯分析表，应编入设计说明文件中，作为后续电梯招标的依据（图8.3.1-2）。

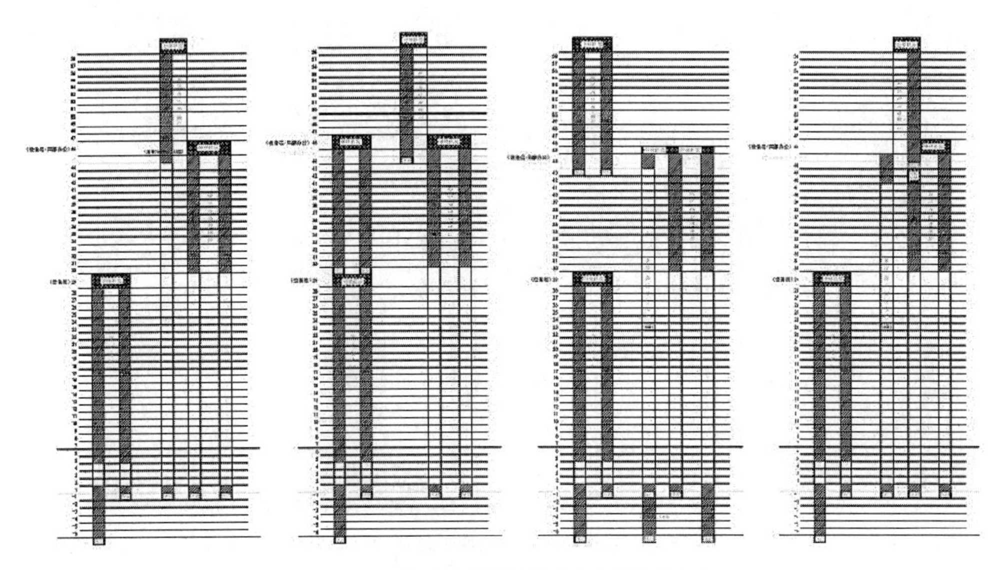

图8.3.1-2　初设阶段做多种垂直交通备选方案

②玻璃幕墙设计策略；

玻璃幕墙设计策略主要有单元式幕墙、双层通风幕墙。

a.单元式幕墙。

单元式幕墙优点有可承受较大的内力和位移，幕墙装备精确，运输方便，安装方便。依据柱网和层高的尺寸，运用模数化设计，计算出最佳的单元式玻璃幕墙尺寸，从而大大减少了建筑工程造价（图8.3.1-3）。

b.双层通风幕墙。

双层通风幕墙一般由双层幕墙组成，有内外两个玻璃层，中间留出0.2～2m宽的空气腔让空气通过，空气腔中的通风可以是自然通风，也可以是辅助风机通风或是机械通风。例如，632m高的上海中心采用的就是双层通风幕墙体系，由螺旋双曲线的夹胶玻璃外幕墙和圆柱面的消防玻璃内幕墙组成，内外幕墙距离较远。冬季运作时冷空气低区进入，中庭以烟囱效益排放热空气，内外双墙营造了一个保温区，内外玻璃的遮阳效果提供了良好的辐射控制。夏季运作时高位引进室外新风，

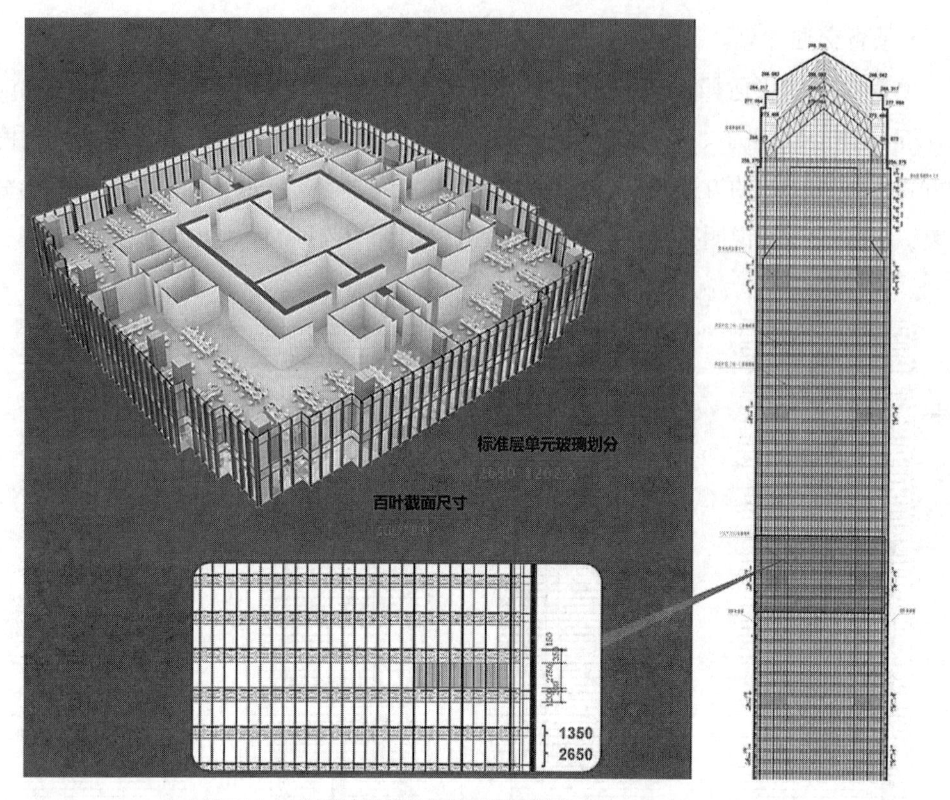

图8.3.1-3　某超高层标准层单元玻璃划分2650mm×1262.5mm

利用烟囱效益排放热风，玻璃外墙采用熔结玻璃以减轻光辐射，内外玻璃的遮阳效果避免热直接传到办公室。

③消防疏散设计策略；

由于高度和超大的建筑体量，超高层建筑中有非常庞大的人员数量，垂直疏散距离长，对于疏散人员的体力和心理造成巨大压力，疏散时间亦会延长。超高层建筑火灾烟囱效应更为显著，火势容易蔓延扩大，同时，超高层功能类型较多，区域差异大，区域疏散情况复杂。超高层建筑可在地下层或首层设置多个消防控制中心，并设消防基站，强化消防安全。考虑人员疏散的最不利情况，优化楼梯及平台的高度、宽度、坡度，提高疏散效率。总结相关工程经验，采用疏散楼梯与疏散电梯相结合的整体疏散方法，能够有效控制疏散时间。通过反复校验，合理划分防火分区，保证各个分区既具备独立疏散的能力，又有协助其他区域疏散的可能性，提供火灾疏散的弹性方案。以每11层/50m设置避难区的最优设计为基础，根据每个避难区间的不同功能属性灵活配置避难层的位置和面积，充分利用设备层空间。酒店配备了餐厅、娱乐、多功能厅等多类功能区，情况最为复杂。设计将针对酒店区段，结合人员疏散进行分析，论证不同功能分区的消防安全性。

2.大跨度建筑概述

大跨度建筑通常是指跨度在30m以上的建筑（混凝土），《钢结构通用规范》GB 55006—2021规定：大跨度钢结构一般是指跨度等于或大于60m的钢结构。大跨度建筑结构包括网架结构、网壳结构、悬索结构、桁架结构、膜结构、薄壳结构等基本空间结构及各类组合空间结构，随着当前社会发展，建筑的结构形式不断的变化，大跨度结构形式成为当前发展最快的结构体系之一。

8.3.2 高层与大跨度建筑造价控制的主要内容

1.高层建筑设计对造价控制的影响

高层建筑设计经济性影响因素较多，现就以下方面进行分析。

（1）高层或者超高层结构，选用框架结构和剪力墙结构比较经济。

（2）在民用建筑中，在一定幅度内，住宅层数的增加具有降低造价和使用费用以及节约用地的优点。《住宅设计规范》GB 50096—2011规定：7层及7层以上住宅或住户入口层楼面距室外设计地面的高度超过16m时必须设置电梯。需要较多的交通面积（过道、走廊要加宽）和补充设备（供水设备和供电设备等）。当住宅层数超过一定限度时，要经受较强的风力荷载，需要提高结构强度，改变结构形式，使工程造价大幅上升。并不是层数越高，造价越低。

（3）地下空间设计的复杂性与经济性

①地下空间复杂性；

超高层地下空间往往包含地下商业、酒店后场、公寓后场、办公后场、人防区域、地铁接驳口、各种设备用房、各种停车流线等。

②地下空间经济性；

超高层地下空间土建成本约占整个项目土建成本的15%～20%，其中，建筑专业范畴内：柱网、层高、管线是主要的影响因素（图8.3.2）。

2.大跨度建筑设计对造价控制的影响

大跨度主要用于民用建筑的影剧院、体育场馆、展览馆、大会堂、航空港以及其他大型公共建筑。在工业建筑中则主要用于装配车间、飞机库和其他大跨度厂房。本节主要以工业建筑为例对大跨度建筑设计对造价控制的影响进行分析与探讨。

（1）工业建筑

厂房、设备布置紧凑合理，可提高生产能力，采用大跨度、大柱距的平面设计

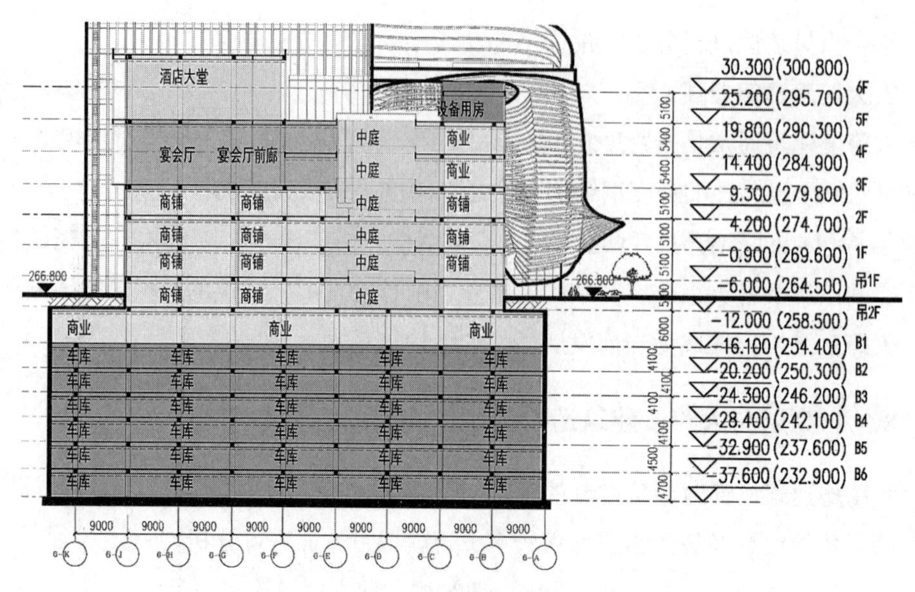

图8.3.2　某超高层地下室剖面

形式，可提高平面利用系数，从而降低工程造价。大跨度结构，选用钢结构明显优于钢筋混凝土结构。

（2）单跨厂房

当柱间距不变时，跨度越大单位面积造价越低。

（3）多跨厂房

当跨度不变时，中跨数目越多越经济，因为柱子和基础分摊在单位面积上的造价减少。

8.3.3 BIM技术在高层与大跨度建筑造价控制中的应用

1. BIM技术在高层建筑造价控制中的应用

超高层地下室普遍开挖深，体积庞大，地下层高优化对节约项目成本效果显著。通过BIM技术的运用优化柱网配置、优化结构形式、优化管线设计是节约项目成本的主要策略。

（1）优化柱网配置

地下车库的柱网的优化对合理布置车位尤为重要。应在满足车位数量及停车位尺寸的相关要求的情况下，尽量减少地下车库的面积，或者在相同地下面积的情况下尽量多排车位。一般来讲，平行通车道的柱距要考虑一个开间内的停车数量和车辆左右的间距，而垂直通车道的柱距，则要考虑汽车的长度、通车道的宽度和车后的间距，以及汽车进出顺畅、便捷、安全等问题，若设计不合理，则进出不方便，虽图面画得很规整，看起来也很顺畅，但实际使用起来，就不一定很满意，甚至有些根本就不好使用。由于平行通车道的柱距问题较少，因此重点应分析垂直通车道的柱距问题。通过BIM模拟停车位及汽车的停车方式、汽车环行或拐弯时的轨迹规律。合理设置柱网，提升车位数量及停车的舒适性，提升车库使用及经济价值。模型柱网检查及车位布置如图8.3.3-1、图8.3.3-2。

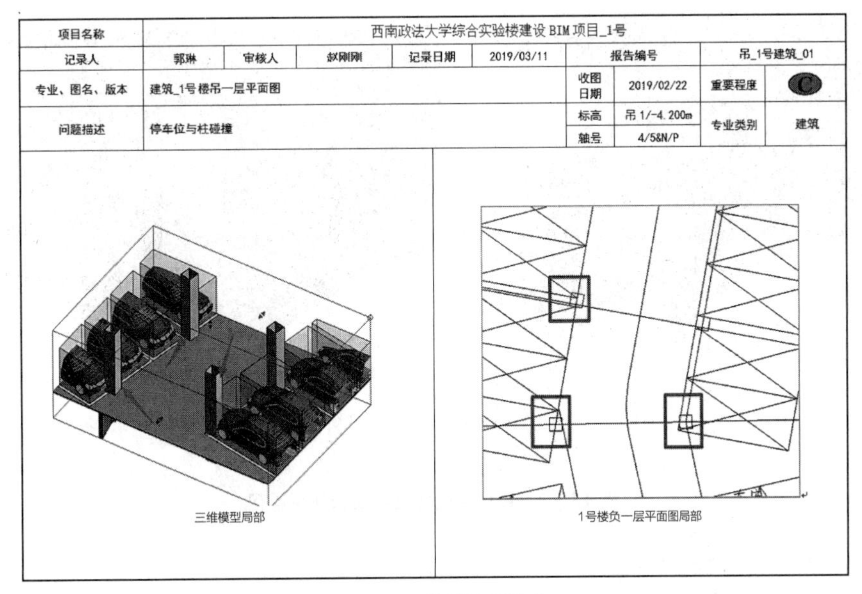

项目名称	西南政法大学综合实验楼建设 BIM 项目_1号								
记录人	郭琳	审核人	叔刚刚	记录日期	2019/03/11	报告编号		吊_1号建筑_01	
专业、图名、版本	建筑_1号楼吊一层平面图					收图日期	2019/02/22	重要程度	C
问题描述	停车位与柱碰撞					标高	吊 1/-4.200m	专业类别	建筑
						轴号	4/5&N/P		

图8.3.3-1　模型柱网检查

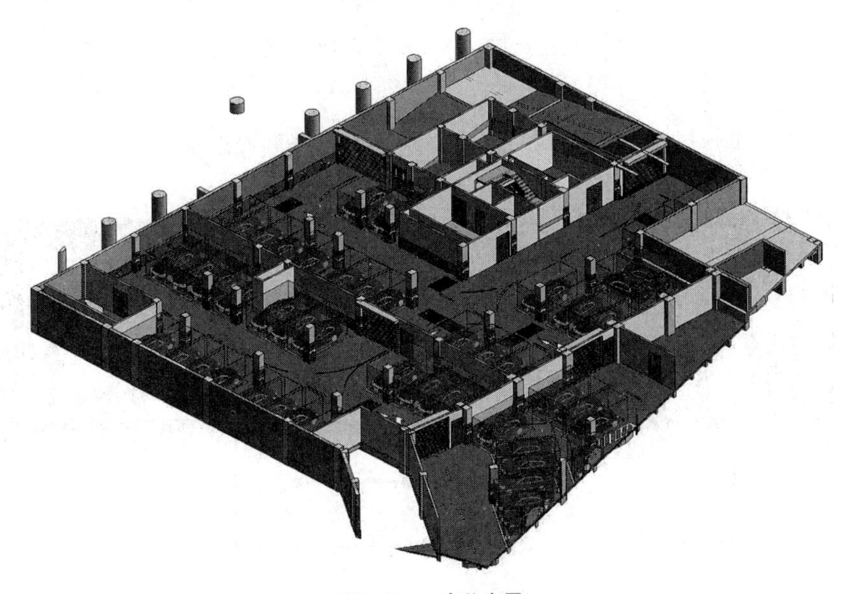

图8.3.3-2　车位布置

（2）优化结构形式

现在新建的高层项目，地下车库的面积越做越大，地下车库在整个项目投资中所占的比重也越来越高，地下车库的楼盖结构形式的选择就显得尤为重要。现在房地产行业的竞争日趋激烈，业主从控制成本的角度考虑往往会要求设计方对多种结构布置方案进行比选，从而获得满足功能要求的最优方案。地下结构优化后增加地下室使用面积（图8.3.3-3）。

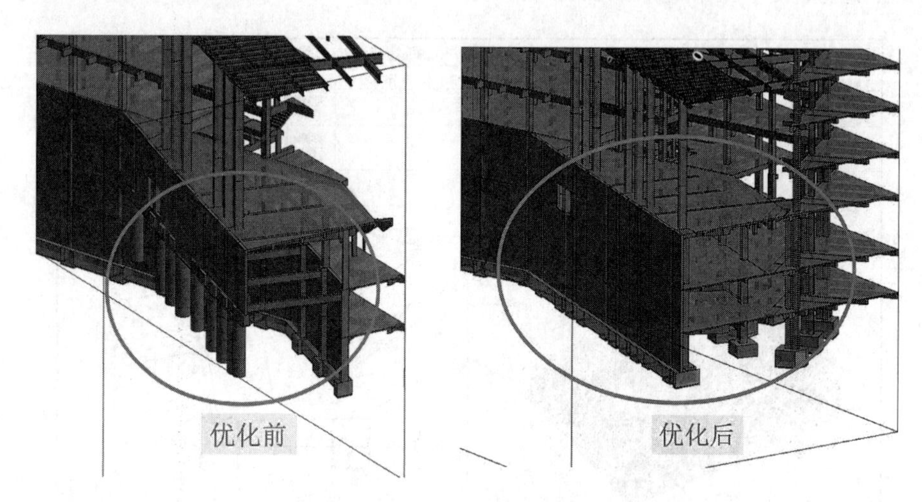

图8.3.3-3　结构形式优化后增加使用面积

（3）优化管线设计

通过BIM技术的运用各专业模型整合，协同调整，精确控制。建筑、结构、管线等各专业必要的空间高度一目了然，最大限度地优化层高，优化地下设计（图8.3.3-4）。

①优化管线布局，节约层高，减少开挖深度，降低投资成本。

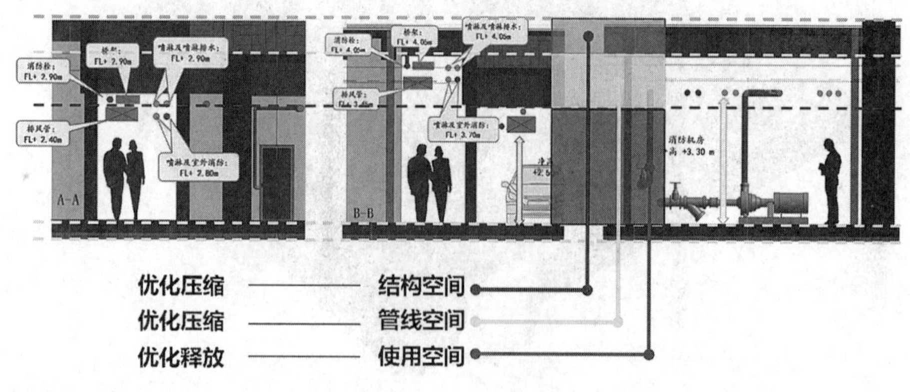

图8.3.3-4　优化地下设计

②整合机电各专业管线，优化管线走向，节省管线长度。

③有利于查找地下室复杂综合管线的错、漏、碰、缺，及时解决。

④减少施工阶段的返工与反复，降低施工难度及成本。

2. BIM技术在大跨度建筑造价控制中的应用

大跨度建筑在设计阶段，特别在EPC工程总承包模式下的设计阶段，设计对实施建造的影响分析和评估极其重要。项目设计的可实施性，可以在设计完成后，通过BIM技术对后续建设过程进行模拟研判，并将其成果反馈到设计进行深化优化，促进建设项目成本节约。

(1) BIM技术应用于桁架施工深化设计

大跨度钢结构桁架工程施工的复杂性在一定程度上决定在完成施工图纸设计后，是否需对图纸进行深入分析，以加强对施工设计意图、大跨度钢结构桁架施工技术、施工要求、施工内容、施工标准的理解与掌握。这就需要相关工作人员在施工图纸设计完成之后，能够有效引用BIM技术进行桁架施工深化设计。即在相关工作人员，包括设计师、工程师、技术人员等共同参与下，将大跨度钢结构施工图、施工技术文件等进行数字化处理，将大跨度钢结构桁架工程相关信息整合到BIM模型中，完成轴网绘制、材质库设置、构件建模，构件编号等操作。从而使工作人员能够根据所绘制的轴网进行复杂钢结构精准定位，确定各构件所在的位置、形态、材质、连接方式等，并以可视化、形象化、具体化的形式进行具体展示，便于工作人员理解与操作（图8.3.3-5）。

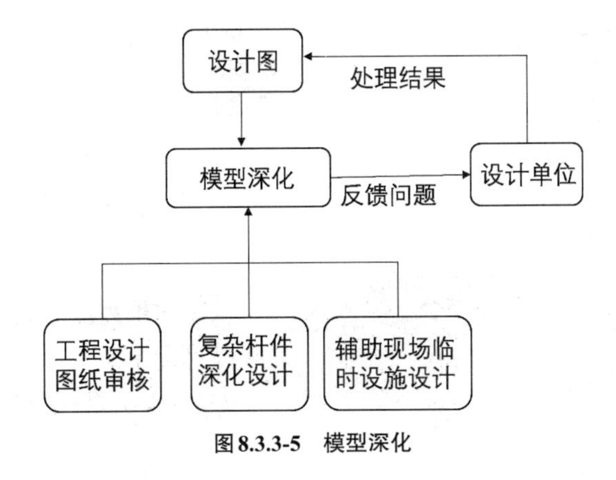

图8.3.3-5　模型深化

(2) BIM技术应用于复杂构件加工制造

在大跨度钢结构桁架施工中，由于涉及的构件尺寸相对较大、结构相对复杂，无法直接利用构件图纸、设计图纸进行加工制作。且部分构件、零件需在施工现场进行制作或拼装。为保证构件，特别是复杂构件、零件加工制作精度，提升构件拼装质量与效率。可利用BIM技术进行相应图纸绘制，完成1:1三维线框模型构建。基于三维线框模型，能够更为准确、直观了解复杂钢构件弦杆、腹杆之间存在的空间关系，确定弦杆、腹杆尺寸大小。与此同时，根据复杂钢结构加工制作要求，结合施工现场环境条件，将拱桁架、桁架柱等从模型中进行拆分，实现各构件、零件的深入分析，从而确定最为适宜的构件加工制造方法。如拱桁架上弦杆的跨度相对较大，无法在工厂完成加工制造，对此采用分节制作工艺进行处理，利用BIM模型确定分节制作参数、节点对接位置、复杂节点搭接吮吸、节点对接焊接方式。这在一定程度上，可有效提升复杂构件加工制作质量与效率，降低构件、零件不合格率，控制返工现象的产生。与此同时，利用三维模型进行加工、装配预演，能够帮助工作人员及时发现加工制造过程存在的问题，做好事前预防工作，降低加工制造误差，同时实现资源科学配置，进行成本节约。标准构件（图8.3.3-6）。

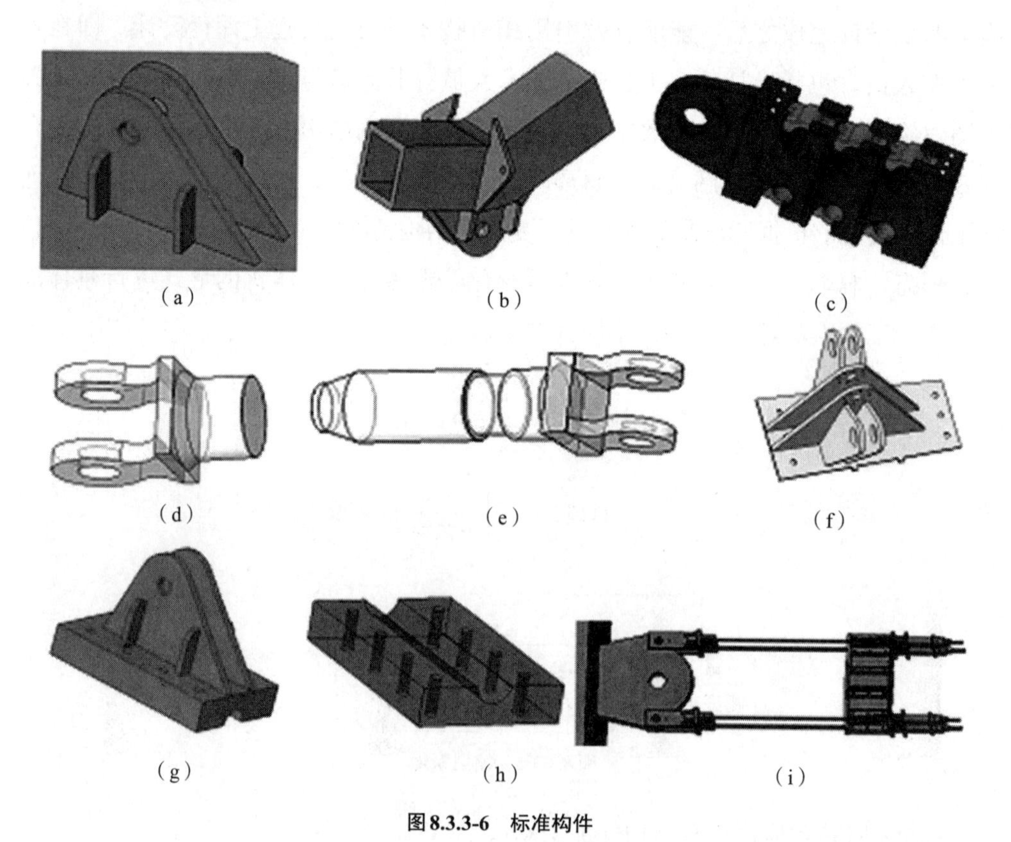

图8.3.3-6　标准构件

（a）耳板族；（b）复杂节点族；（c）环索索夹节点族；（d）固定端索头族；（e）可调节端索头族；（f）节点上盖板族；（g）索夹节点上半部；（h）索夹下半部；（i）索张拉工装族

（3）BIM技术应用于大跨度施工碰撞分析

在大跨度钢结构桁架施工中，由于涉及的施工工序、施工工艺相对较多，各工艺技术在应用过程中不可避免存在碰撞问题。而利用二维施工设计图纸，以信息叠加方式进行分析，一方面工作量大，工作负担相对较大，另一方面易出现分析不到位、不准确问题。利用BIM技术进行碰撞审查分析则可有效解决上述问题。基于BIM技术能够进行建筑模型、钢结构模型、核心构件模型、管道模型等的构建。通过BIM系统信息整合与共享功能，能够实现大跨度钢结构桁架施工中各专业之间的有效碰撞，准确、快速找到碰撞问题，分析碰撞原因与影响，并以报告的形式进行具体体现。这在一定程度上有效降低图纸设计冲突问题的产生，避免施工工序、施工工艺碰撞问题的产生，实现工程变更问题、碰撞停工问题、工程返修问题等的科学控制。提升大跨度钢结构桁架施工质量、施工效率以及施工安全性、可靠性。通过BIM模拟施工，提前发现施工过程中钢结构内部结构之间的矛盾，如主桁架与次桁架、桁架支座节点处、吊挂马道与桁架、栏杆扶手与楼梯等。BIM模型能直观地展示钢结构内部各单位之间的逻辑关系与连接属性，提前发现、解决问题。在BIM三维模型的基础上，进行建筑、结构、机电等各专业施工模拟，并随工程进展绘制土建、机电、装饰综合图，通过各专业三维图叠加 、综合，做到三维可视化，及时发现综合图中各专业之间的碰撞、错、漏、碰、缺等问题，并根据BIM模型提供碰撞检测报告，及时进行解决，以实现图纸设计零冲突、零碰撞，避免施工过程中的返工、停工等现象发生，大大减少设计变更，确保施工进度，为业主节约投资。模型碰撞检查如图8.3.3-7所示。

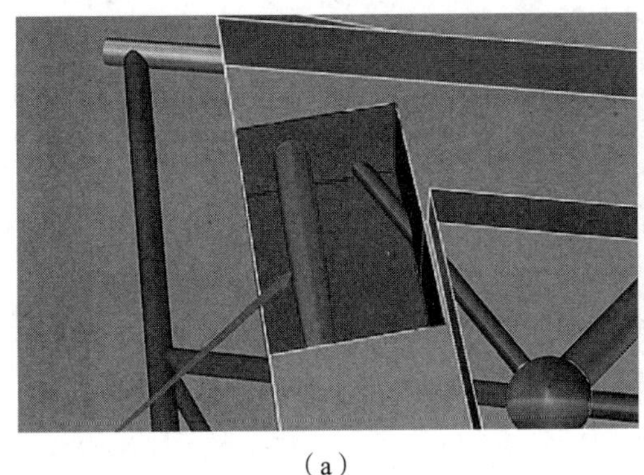
（a）

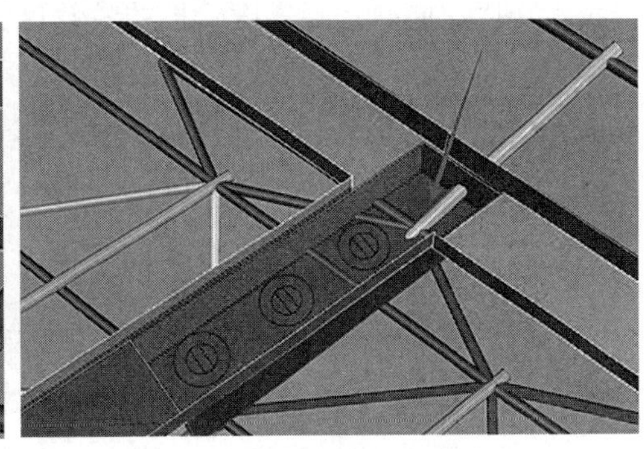
（b）

图8.3.3-7　模型碰撞检查

（4）结构吊装验算及模拟

大跨度钢结构工程施工过程中的重点与难点是吊装的分析与计算，通过与BIM技术中的三维模型进行结合，可以还原钢结构数据与吊装模型，然后借助相应的结构软件对钢结构进行整体或者是分片区的进行重量以及重心的计算，同时，还可以对吊装站位进行模拟计算，这样一来可以在很大程度上提高吊装工艺的准确性以及大跨度钢结构吊装施工的安全性。

（5）施工进度模拟

考虑到本工程大跨度钢结构工序复杂、工期紧，基于BIM技术的进度计划管理和深化BIM模型数据的基础上，将金属屋面关键施工工序、整体施工进度与原本虚拟的二维进度计划，直观的反映，让项管人员可以直观清晰地确定整个工程的难点，重点及节点部位，使得更容易作出合理可行的进度计划，并保证了整个项目过程中人力、材料、机械等方面的可行性与合理性，对于节约成本、节约工期以及绿色建筑都有着较大帮助。利用Project软件编制施工进度，首先用WBS（Work Breakdown Structure，简称WBS）的分解模式将项目目标进行分解，判断并输入工期的估值，创建时间列表并按大纲的形式将其组织起来，给各个任务配置资源，决定这些任务之间的关系并指定日期，然后检查项目甘特图是否符合要求。同时需重点思考施工方案的可实施性，检查每项操作可能遇到的问题和难点并一一排查。在施工方案优化合理的情况下，总结出施工方案重点表达的工序逻辑，同样用WBS的分解模式将整体的工艺顺序分解并与进度计划单体元素匹配。这样能充分将施工方案嵌入施工模拟的各个步骤环节，真正做到施工模拟准确表达施工方案，进行项目技术交底，同时达到进度管控的效益目标。

8.3.4 项目案例

1.结构选型

（1）项目介绍

某项目建筑面积1508.13m^2，车位数量72个，单车指标：20.95m^2/辆。采用大柱网7.8×（7.9+7.8）m 柱子截面550mm×550mm。顶板考虑1.2m覆土及消防荷载（35kN/m^2），负一层楼板不考虑人防荷载。

（2）模型创建

通过Revit建模，分别创建单向双次梁、井字梁、无梁楼盖。

①单向双次梁模型如图8.3.4-1所示。

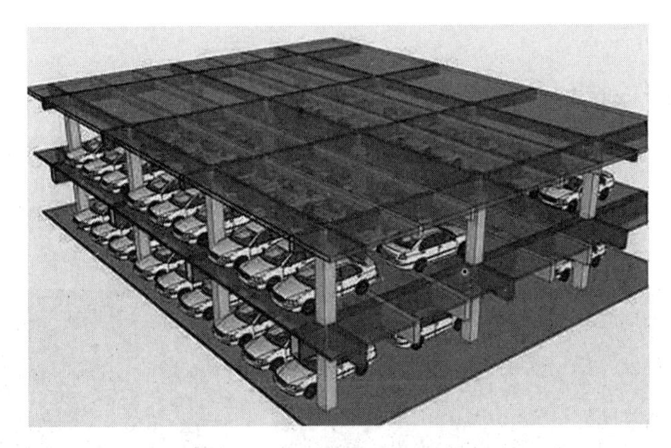

图8.3.4-1　单向双次梁模型

②井字梁模型如图8.3.4-2所示。

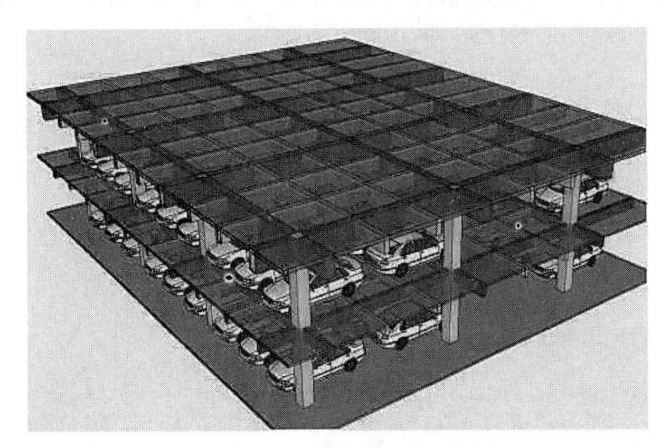

图8.3.4-2　井字梁模型

③无梁楼盖模型如图8.3.4-3所示。

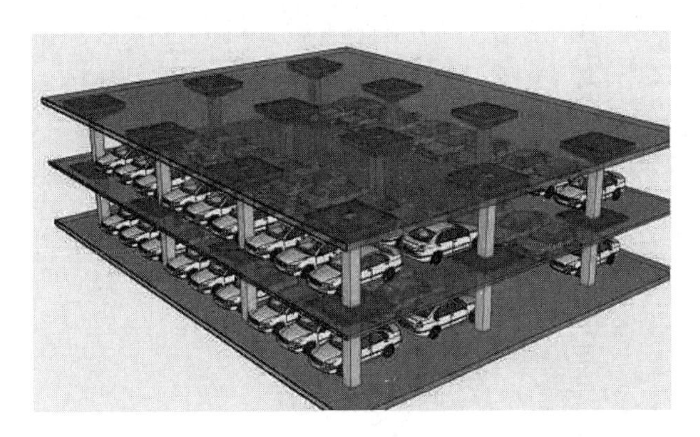

图8.3.4-3　无梁楼盖模型

(3)算量计价

通过晨曦软件对模型进行算量计价。

①通过晨曦插件计算模型钢筋及混凝土工程量统计表如图8.3.4-4所示。

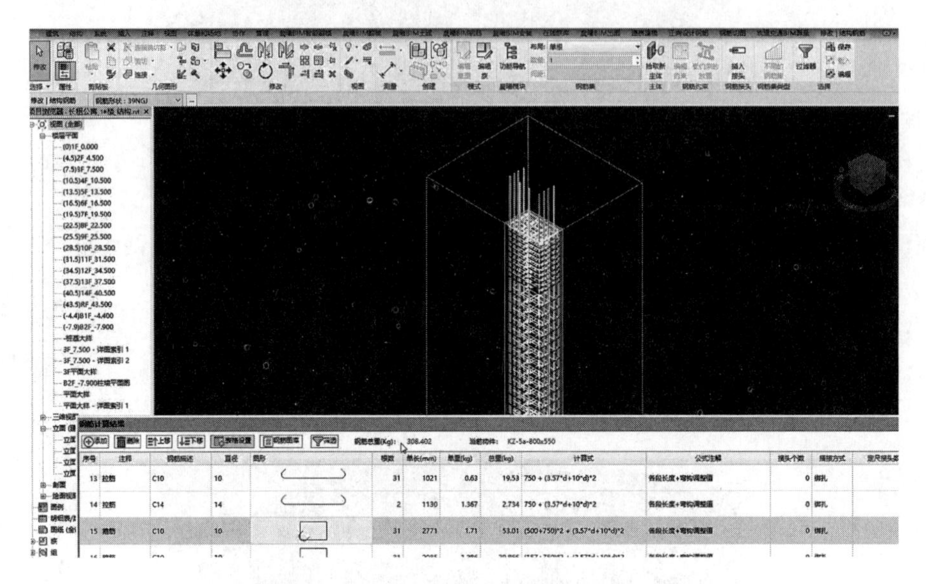

图8.3.4-4 钢筋及混凝土工程量统计表

②将计算结果导入晨曦计价软件，在计价软件中计取对应信息价及机械台班导出工程造价(图8.3.4-5)。

序号	项目编码	换	项目名称	单位	量价			类别	主要项目	条件
					工程量	综合单价	合计			
1	010501003001		独立基础	m3	306.641	529.11	162246.82	合价		
2	010501004001		满堂基础	m3	929.332	536.81	498874.71	合价		
3	010502001001		矩形柱	m3	5.660	548.37	3103.77	合价		
4	010502001002		矩形柱	m3	41.919	548.37	22987.12	合价		
5	010502001003		矩形柱	m3	70.195	548.36	38492.13	合价		
6	010502001004		矩形柱	m3	0.640	548.37	350.96	合价		
7	010502001005		矩形柱	m3	537.480	548.34	294721.78	合价		
8	010502002001		构造柱	m3	0.079	757.16	59.82	合价		
9	010502002002		构造柱	m3	0.213	757.16	161.28	合价		
10	010504001001		直形墙	m3	0.182	539.54	98.20	合价		
11	010504001002		直形墙	m3	53.820	539.54	29038.04	合价		
12	010504001003		直形墙	m3	386.564	539.54	208566.74	合价		
13	010504001004		直形墙	m3	30.521	539.54	16467.30	合价		
14	010504001005		直形墙	m3	98.217	539.54	52992.00	合价		
15	010504001006		直形墙	m3	12.268	539.54	6619.08	合价		
16	010504001007		直形墙	m3	7.651	539.54	4128.02	合价		
17	010504001008		直形墙	m3	1.991	539.54	1074.22	合价		
18	010504001009		直形墙	m3	27.656	539.54	14921.52	合价		
19	010504001010		直形墙	m3	22.973	539.54	12394.85	合价		
20	010504001011		直形墙	m3	202.838	539.54	109439.21	合价		
21	010504001012		直形墙	m3	88.821	539.54	47922.48	合价		
22	010504001013		直形墙	m3	104.947	539.54	56623.10	合价		
			项目合计(清单:33,定额:33)				2464676.32			

序号	特征项目	特征描述	显示
1	混凝土强度等级	C30	
2	混凝土种类(商品混凝土、现…	泵送商品砼	

图8.3.4-5 模型造价信息

(4) 方案比选数据

单向双次梁、井字梁、无梁楼盖造价对比分析(表8.3.4)。

结构形式造价对比分析表 **表8.3.4**

结构对比分析表	顶板	负一层	顶板成本(元/m^2)	负一层成本(元/m^2)
单向双次梁	主梁高1000	主梁高600	607.2	317.9
	次梁高900	次梁高500		
井字梁	主梁高900	主梁高550	622	336.8
	次梁高700	次梁高450		
无梁楼盖	板厚300	板厚150	467.1	289.7

(5) 比选结果

各结构形式中，无梁楼盖造价均最低，梁板体系适宜选择无梁楼盖，钢筋使用少，成本低，并且净空利用率高。

8.4 机电管线综合设计

8.4.1 机电管线综合设计概述

根据有关规范和规定，机电管线综合是指综合解决建筑物内各专业工程技术管线布置，及其与总平面图、建筑、结构、装饰、幕墙等其他专业间的矛盾的过程，从全面出发，在满足建筑室内空间使用要求及舒适性要求的前提下，使各种管线布置合理、经济。

1.机电管线综合设计的基本要求

机电管线综合设计应与项目要求及建筑空间布局同时进行，因地制宜，充分利用建筑空间布局，多思路比较确定机电管线综合设计方案，使机电管线在平面上布置美观、间距合理，竖向上满足空间净高要求，有利于建筑物内空间功能的布置及规划。

2.机电管线综合设计形式的比较与选择

(1) 机电管线综合设计的形式

根据机电管线综合使用软件的不同，机电管线综合设计形式通常分为：基于CAD二维图纸叠图的机电管线综合、基于BIM技术的机电管线综合。其组成及特点如表8.4.1-1所示：

机电管线综合设计形式　　表8.4.1-1

序号	机电管线综合设计形式	使用软件	特征
1	基于CAD二维图纸叠图的机电管线综合	CAD	图面信息较为杂乱，需要较强的空间想象力
2	基于BIM技术的机电管线综合	BIM软件	直观、所见即所得

（2）机电管线综合设计形式的比较与选择

不同机电管线综合设计形式，各有利弊，在不同的设计阶段、不同的项目规模下，其经济效果也不大一样，因此，在确定竖向设计形式时，必须进行认真的比较与选择（表8.4.1-2）。

机电管线综合设计形式的比较与选择　　表8.4.1-2

序号	分类名称	形式特点	形式比较	选择条件
1	基于CAD二维图纸叠图的机电管线综合	各专业图纸按统一的定位堆叠在一起，图面信息杂乱	（1）可以快速叠图，发现问题； （2）需要较强空间想象能力； （3）机电管线综合往往着眼较为复杂的区域，对项目整体机电设计缺少统一的考量	（1）在项目初设阶段可以选用，通过快速叠图，发现问题； （2）在空间及机电管线简单时可以选用，通过快速叠图，发现问题
2	基于BIM技术的机电管线综合	机电管线按实际尺寸建模，并置于三维空间中，直观形象	（1）BIM模型具有三维空间属性； （2）基于BIM模型的机电管线综合，以土建BIM模型为基础，统一协调整个项目的机电管线，机电管线综合质量较好； （3）BIM模型搭建需要一定的时间； （4）需要一定BIM软件操作能力	（1）空间复杂、机电管线较多的项目选用； （2）项目规模较大，参与方多，要求较高的项目选用

3.机电管线综合设计技术要求

（1）机电管线综合设计排布原则

机电管线综合设计的目的：梳理并解决图纸中可能存在的问题；借助BIM技术的可视化、协调性、模拟性、优化性、可出图性的特点，深化项目，使项目满足图纸完整性、合规性、合理性、施工可行性、经济节约性、美观性的要求。机电管线综合设计排布原则见表8.4.1-3。

（2）机电管线综合设计管线间距

机电管线的间距需要满足规范与施工要求，需要考虑不同管线之间的相互影响，通常管线的间距满足表8.4.1-4中的要求。

机电管线综合设计排布原则　　表8.4.1-3

序号	综合管线布置通用性原则
1	大管优先，小管让大管
2	有压管让无压管，低压管避让高压管
3	金属管避让非金属管
4	临时管线避让长久管线
5	可弯管线让不易弯管线
6	分支管线避让主干管线
7	附件少的管线避让附件多的管线
8	施工操作简单的管线避让施工较为困难的管线，如卡箍连接的消防管宜避让大截面的风管
9	价值较低的管线避让价值较高的管线，如卡箍连接的消防管道避让母线（槽）、螺纹连接的消防管道避让成排的空调水主管
10	管线宜横平竖直布置

机电管线综合设计管线间距　　表8.4.1-4

序号	机电管线综合设计管线间距
1	调整管线间距之前，宜对管线进行类型分类，管线类型的分类，宜与施工作业分包对应，如无特殊说明，宜按如下进行管线分类： （1）给水排水专业：消防管道（含消火栓管道、喷淋管道、消防水炮管道等）； 废（污）水管道、中水管道与压力废（污）水管道； 市政给水管道与二次加压生活（商用）给水管道； 人防给水管道； 空调冷却水管道。 （2）暖通专业：消防风管（含排烟风管、加压送风管、补风管）； 新风管与空调送风管，排风管； 厨房排油烟风管； 烟囱（柴发排油烟管、锅炉排烟风管）； 空调水管； 人防风管。 （3）电气专业：母线（槽）； 强电市政进线桥架、公变桥架； 弱电电市政进线桥架； 其他强电桥架； 消防弱电桥架； 其他弱电桥架； 人防桥架。 （4）其他未列举的专业按上述专业类似处理
2	同类型管线外皮（含保温）水平间距宜不小于100mm
3	不同类型的管线间距，最外侧管线外皮（含保温）间距不宜小于150mm
4	强电与弱电之间的水平间距，尽可能大于300mm，最小不宜小于100mm

续表

序号	机电管线综合设计管线间距
5	桥架贴梁布置时，应考虑桥架后期布线空间，布线空间宜不小于400mm
6	防火卷帘箱尺寸，如无资料明确，防火卷帘箱高宜考虑500～600mm，防火卷帘箱宽宜不小于800mm
7	管线多层布置时，管线外皮（含保温）竖向距离宜不小于150mm，空间紧张时，管线外皮（含保温）竖向距离宜不小于100mm，但不小于支吊架横担的高度
8	补充说明：常见的机电管线的间距要求可参考各专业的设计规范、施工图集、施工验收规范

8.4.2 机电管线综合设计成本控制的主要内容

机电管线综合设计成本控制的主要内容从以下两个方面进行介绍，一是机电管线综合设计本身所涉及的内容；二是机电管线综合设计成本控制所包含的内容。

1.机电管线综合设计主控内容

机电管线综合设计应以项目关键性控制点为指向，明确机电管线综合设计的主控内容，以此为机电管线综合设计的依据，从而使机电管线综合设计达到事半功倍的效果。一般情况下，机电管线综合设计的主要内容包括：满足规范要求；满足功能使用要求；空间净高需求；施工及维护需求；空间美观需求；满足经济节约要求。

（1）满足规范要求

机电管线综合设计应以满足规范要求为前提，优化机电管线，例如，排烟风口的调整应满足防烟分区内任一点与最近的排烟口之间的水平距离不应大于30m；补风口与排烟口水平距离不应少于5m；室内消火栓的布置应满足同一平面有2支消防水枪的2股充实水柱同时达到任何部位的要求。

（2）满足功能使用要求

机电管线综合设计，在满足规范要求的前提下，应确保机电管线自身功能得到实现，同时也要满足其他专业（建筑、结构、幕墙、园林）的使用功能，例如，重力管线（污废水管）必须保证能够接入市政检查井；人防门开启范围内的机电管线不应妨碍人防门正常开启；布置在车位旁的消火栓箱、配电箱、集水井不应影响车位的正常使用。

（3）空间净高需求

机电管线综合设计应优先保障空间净高满足项目需求，使其满足空间使用的功能。机电管线综合设计时，应与甲方、设计院梳理建筑各个使用空间的净高需求，在净高需求中明确控制性净高。净高需要一般可分为两类：规范推荐净高，项目需求净高。

①规范推荐净高：通常普通车库车位净高不小于2.2m，机械式停车位不小于3.6m，车道净高不小于2.4m，这些净高一般是共识。但是一些大型商业综合体项目，需要进入轻型货车、垃圾车、消防车 ，在这些车辆指定的路线上其净高分别不应小于2.95m、3.7m、4.0m。在大型医院项目中地下车库进出救护车，在其指定的路线上的净高不应小于2.6m。上述标高值为规范要求的最小净高，机电管线综合设计时，应优化管线，确保净高得到满足，避免机电管线综合返工，或是无法满足使用要求。

②项目需求净高：除应满足规范推荐净高外，项目的不同业态，甲方也有不同的净高要求。建筑的大堂就是门面，一般来说都需吊顶及造型，净高要求较高，净高值应与甲方沟通确定，此部分的机电管线综合优先净高需求；商业综合体的面客区，净高要求比较高，一般不小于3.0m，后勤走道不小于2.4m。不同空间的净高需求，指导机电管线综合设计，这样在机电管线设计过程中做到有的放矢。

（4）施工及维护需求

应充分考虑和土建的交叉作业施工，以及安装工序及条件，机电设备、管线对安装空间的要求，合理性确定管线的位置和标高，例如，机电管线综合时应当充分考虑现场实际做法导致结构梁体以及墙柱板的误差（±50mm 误差允许范围）；多层机电管线布置时应将截面较小，施工速度较快的管线布置上层，避免不同管线因工序不同产生冲突。

充分考虑系统调试、检测、布线和维修的要求，合理确定各种设备、管线、阀门等的位置和距离，避免后期运营维护困难的局面，例如，靠梁底布置桥架，应预留出不小于400mm的后期布线空间；布置在走廊内的机电管线，应预留出不小于400mm的维护检修空间。

（5）空间美观要求

机电管线综合应充分考虑各明装机电管线安装后外观整齐有序，间距均匀，例如，成排管线（含桥架）宜在同一位置翻弯；避免管线在短距离范围内多次翻“几”字弯；照明线槽应在一条线上。

（6）满足经济节约要求

机电管线综合应考虑成本因素，对于单价较高，施工难度较大应减少翻弯，路径最短，例如，大型高压桥架、母线应优先排布，同等条件下其他机电管线应避让大型高压桥架、母线。

2.机电管线综合设计成本控制的主要内容

随着建筑面积及规模越来越庞大，建筑物内部管线、系统复杂，机电管线综合设计是项目设计的重要环节，如何在有限的空间内合理排布各种管线（即机电综合管线），尽最大限度地节约可用空间，增强建筑物的空间感；如何合理契合施工工序，减少施工过程中的变更、作业冲突，助力提升施工现场施工管理等显得不可或缺。影响机电管线综合设计的主要控制内容包括：

（1）满足规范要求。

（2）满足功能使用要求。

（3）空间净高需求。

（4）施工及维护需求。

（5）空间美观需求。

（6）满足经济节约要求等。

8.4.3 BIM技术在管线综合设计中的应用

在机电管线综合设计的众多内容中，对空间净高内容的设计所显现的效益尤为突出。机电管线综合设计空间净高是优化建筑层高的主要因素之一，通过机电管线综合设计对建筑净高进行合理分析，在设计阶段使得建筑层高达到最优的结果。在机电管线综合设计中应用BIM技术，使得机电管线综合设计在建筑层高分析中的效果得到了进一步的加强，使得分析结果更精准合理。

在基于BIM技术的机电管线综合设计的众多应用点中，对建筑层高进行优化分析所取得的经济效果是对项目最具经济效益的指标之一。以下将从管线综合BIM技术的特点及机电管线综合BIM成本设计净高优化进行介绍。

1.管线综合BIM技术的特点

BIM技术是以从设计、施工到运营协调、项目信息为基础而构建的集成流程，它具有可视化、协调性、模拟性、优化性和可出图性五大特点。

（1）可视化

可视化，BIM技术将以往的线条式构件以三维立体实物图的形式展示在人们面前，将构件之间形成互动性和反馈性可视化，在BIM模型中，所有的过程都是可视的，它的可视化不仅仅是用来进行效果展示及生成报表，更重要的是在项目设计、建造、运营过程中进行沟通、讨论、决策。

(2)协调性

在设计过程中，各专业设计师往往会存在沟通不到位的情况，从而导致各专业之间出现碰撞问题，BIM模型可在建筑物建造前期对各专业的碰撞问题进行协调，并生成报告，帮助设计师进行修改，可以很好地在施工前就进行解决。

(3)模拟性

在设计时间方面，BIM可以对设计上需要进行模拟的一些事物进行模拟实验，例如，施工工艺模拟、紧急疏散模拟、日照模拟、热能传导模拟等；在招标投标和施工阶段可以进行4D模拟根据施工工序模拟实际施工，以确立合理的施工方案。

(4)优化性

整个设计、施工、运营的过程就是一个不断优化的过程，BIM模型提供了建筑物的实际存在的信息，包括几何信息、物理信息、规则信息。当项目复杂程度高到一定程度，参与人员本身的能力无法掌握所有的信息，需借助一定的技术和设备的辅助。利用BIM技术及与其配套的各种优化工具可以对复杂项目进行优化。

(5)可出图性

使用BIM绘制的图纸，不同于建筑设计院设计的图纸或者一些构件加工的图纸，而是通过对建筑物进行可视化展示、协调、模拟和优化以后，绘制出的综合管线图(经过碰撞检查和设计修改，消除了相应错误)、综合结构留洞图(预埋套管图)以及碰撞检查侦错报告和建议改进方案。

2.机电管线综合BIM技术设计净高优化

基于BIM技术的机电管线综合设计在建筑层高分析中的主要内容包括：BIM模型搭建、BIM模型净高分析。

(1)BIM模型搭建

根据设计图纸，搭建BIM模型，BIM模型搭建的深度及范围应与合同约定保持一致，BIM模型宜满足机电管线综合设计如下要求：

①信息完整性要求；

BIM模型中需包含所有设计图纸中包含的二维信息，包括但不限于管线类型、系统类型、管线尺寸、管线走向、设备基础等。所有构件图元信息须添加完整，包括但不限于设备类型、所属楼层、所属系统、主要内容、需求电力参数、设备规格等。

②模型完整性要求；

BIM模型中保证与设计图纸的意图一致，添加所有需要的构件，包括但不限于各类管线、管件、阀门、附件、末端以及设备等，各类设备的接口位置应与实际产品相符，BIM模型应完整反映机电管线的形体。

（2）BIM技术净高分析

BIM模型搭建完成后，将土建BIM模型链接进机电BIM模型中，分析结构布置形式，得到梁底净高分布情况，结合“8.4.2机电管线综合设计主控内容”梳理出不同区域的机电管线综合设计主控内容。

依据机电BIM模型，进行机电管线综合设计，通常机电管线综合排布的方法如下：

①定位排水管。

排水管为无压管，不能上下翻转，满足设计坡度。一般应将其起点（最高点）尽量贴梁底使其尽可能提高。沿坡度方向计算其沿程关键点的标高直至接入立管处或出户处。

②定位大型风管、大型桥架、母线、大型空调水管。

大型风管，需要较大的施工空间，所以接下来应定位各类风管的位置。风管上方有排水管的，安装在排水管之下；风管上方没有排水管的，尽量贴梁底安装，以提高项目的整体净高。

大型桥架、母线、大型空调水管造价较高，施工较为困难，且桥架后期需要布线，所以大型桥架、母线、大型空调水管宜横平竖直，尽量使其路径最短、翻弯较少。

③确定了排水管、大型风管、大型桥架、母线、大型空调水管的位置后，余下就是排布各类有压管道、桥架。

小型有压管道、小型桥架一般可以翻转弯曲，路由布置较灵活。此外，在各类管道沿墙排列时应注意以下方面：支管少、检修少的管道靠里，支管多、检修多的管道靠外；同类型管线靠拢布置，不同类型的管线之间适当预留不小于150mm的净间距；管线并排排列时应注意管线之间的间距，管线标高及翻弯位置宜保持一致，保持美观，同时要保证管道之间留有检修的空间；管线距墙，柱以及管线之间的净间距应不小于100mm。

④根据机电管线综合初步排布后，确定最底层管线净高，从而确定空间净高，将此净高与项目需求净高对比，如不满足，编写BIM校核报告，并提出合理意见，

与甲方、设计沟通，调整管线路由，或是调整管线尺寸，或是调整结构梁高，或是调整建筑局部布局等措施，最终完成机电管线综合设计后，净高满足要求，管线布置合理。

⑤设计净高分析成果。

在净高分析平面图中以图块+净高的方式体现项目不同区域的净高值（图8.4.3）。

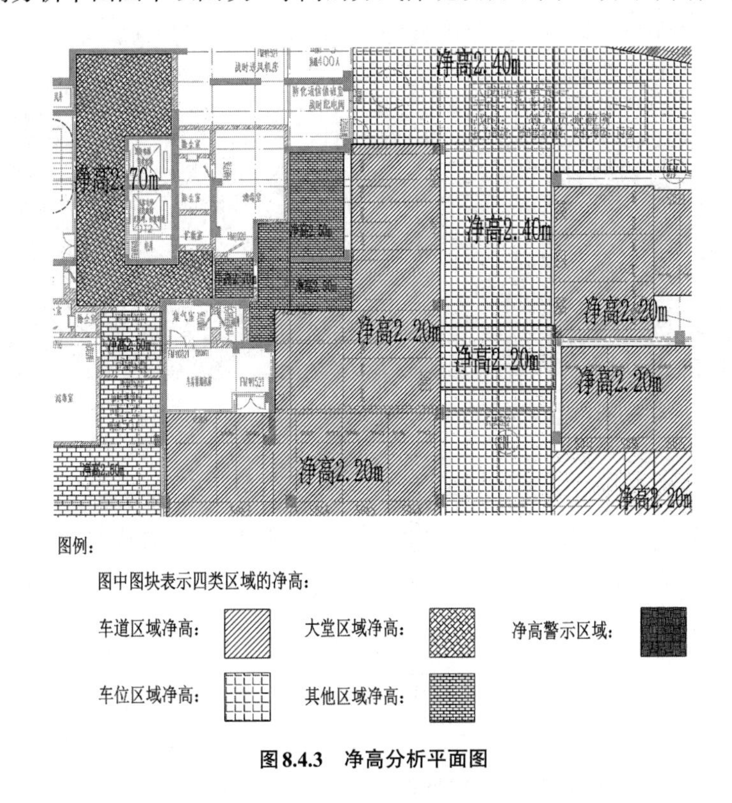

图8.4.3　净高分析平面图

8.4.4 项目案例

1.项目信息

项目为重庆医科大学附属永川医院新区分院建设工程（图8.4.4-1）。工程分期建设，本期工程建筑面积177870.45m²，床位数为1200张，包括D-1地块内门诊病房综合楼、发热门诊、液氧站、A2-8-1/01地块内学生公寓（2号、3号、4号、5号）、食堂及活动中心、门房及公厕。对门诊病房综合楼及两地块做BIM设计，建筑面积135699.45m²。针对项目设立BIM专项负责人全权负责BIM专项的协调对接，另建筑、结构、给水排水、暖通、电气专业BIM设计人各两人，动力、智能化专业BIM设计人各一人。

图8.4.4-1 重庆医科大学附属永川医院新区分院建设工程效果图

2.机电管线综合设计BIM成本控制——层高分析

机电管线综合经BIM建模后，赋予了机电管线标高、翻弯位置、空间定位等信息，较好地反映了机电管线施工后各管线实际状态。结合机电管线建模阶段赋予机电管线所属楼层、系统类型、材质、管径等信息，通过BIM软件明细表功能可快速提取机电管线工程量。传统统计机电管线工程量方式，以设计蓝图为基础，通过机电管线计量规则，即管道工程量计算以施工图所示管道中心线长度为准，以米(m)为计量单位，不扣除阀门、管件所占长度；风管工程量计算以施工图所示风管中心线长度为准，按风管不同断面形状的展开面积，以平方米(m^2)计量；桥架工程量计算以施工图所示桥架中心线长度为准，以米(m)为计量单位，计算机电管线工程量。

针对项目的机电管线综合设计，BIM机电管线综合设计在层高分析中所取得的成果为后续实施阶段及工程造价控制起到了至关重要的作用。其主要成果如下：

(1)公共区域医护走廊，该处层高4.50m，梁下净高3.75m，吊顶要求2.50m。原二维设计分析时该处有排风管200mm×200mm、排烟管630mm×400mm，2根300mm×100mm桥架；排布后净高2.16m(此净高未考虑建筑面层及最低层安装支架高度，实际净高小于2.5m)(图8.4.4-2)。不满足吊顶要求。经BIM机电管线综合设计调整后满足层高要求(图8.4.4-3)。

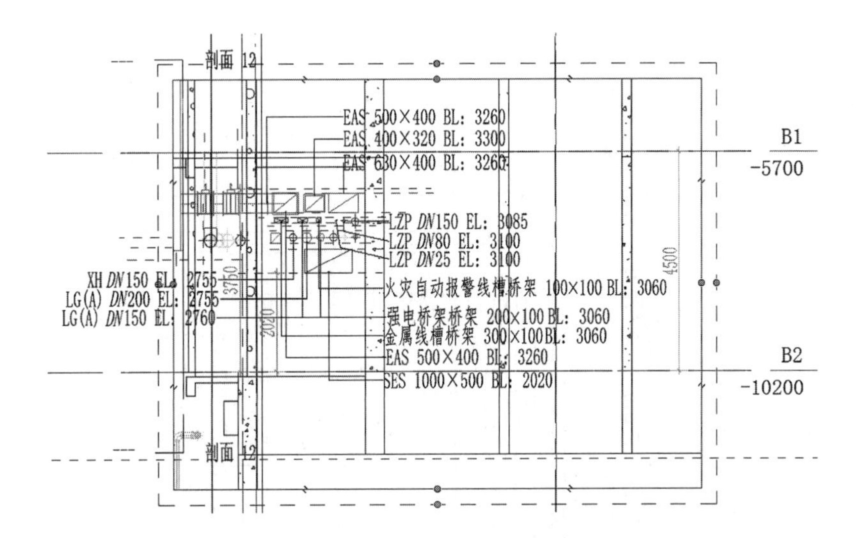

图8.4.4-2　原二维设计层高控制问题区域

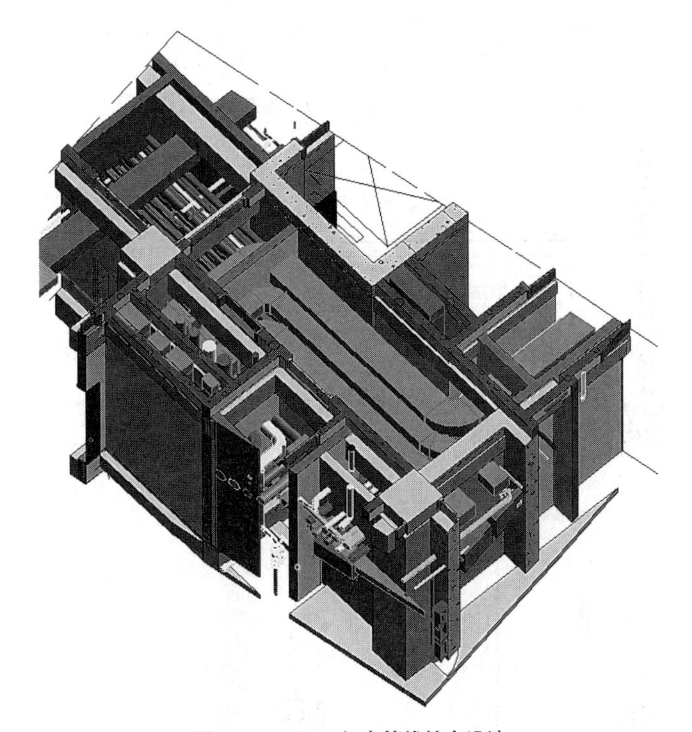

图8.4.4-3　BIM机电管线综合设计

（2）原二维设计中地下二层（局部）梁下净高3.25m。送风管与排风管在走道降板处交叉，排风管在走道内无足够距离翻弯避让（图8.4.4-4）。BIM机电管线综合设计修改风管路径，减少风管交叉，已达到最优层高控制（图8.4.4-5）。

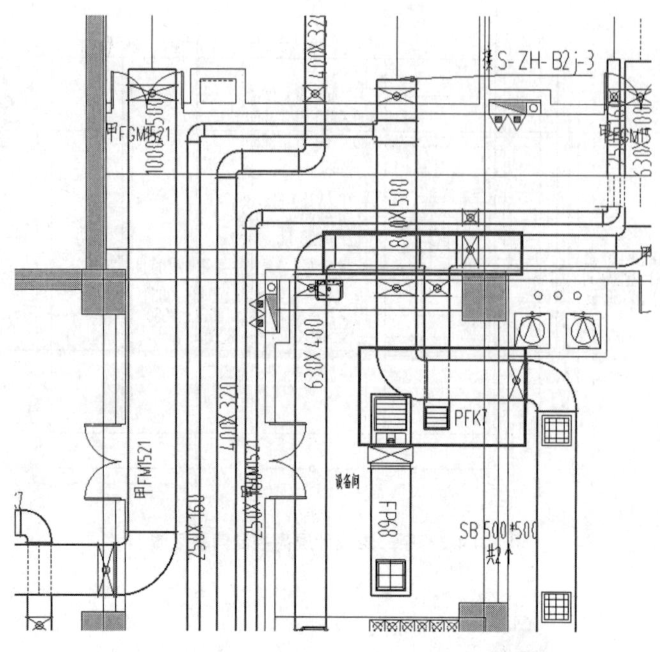

图8.4.4-4　地下二层（局部）原二维空调通风平面图

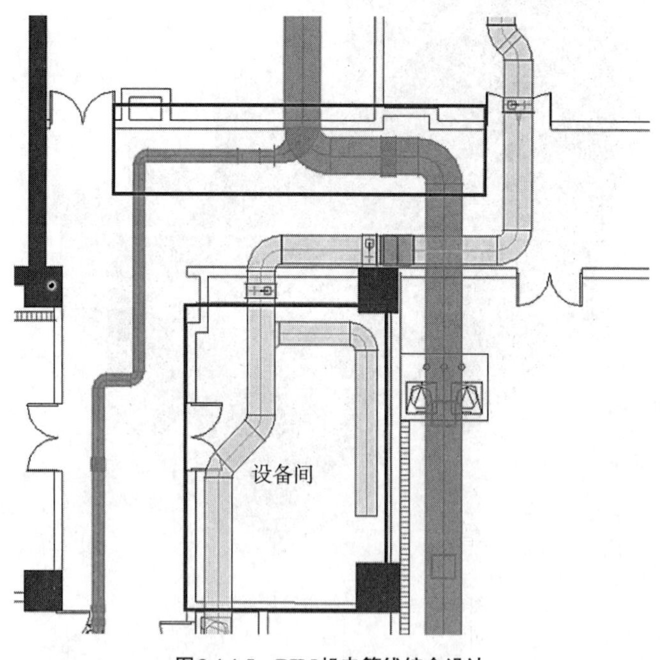

图8.4.4-5　BIM机电管线综合设计

（3）原二维设计中部分走道排布后净高只有2.4m（图8.4.4-6），加压送风管与新风管交叉，无多余空间翻弯。BIM机电管线综合设计修改新风管路径（图8.4.4-7），减少交叉，优化层高。

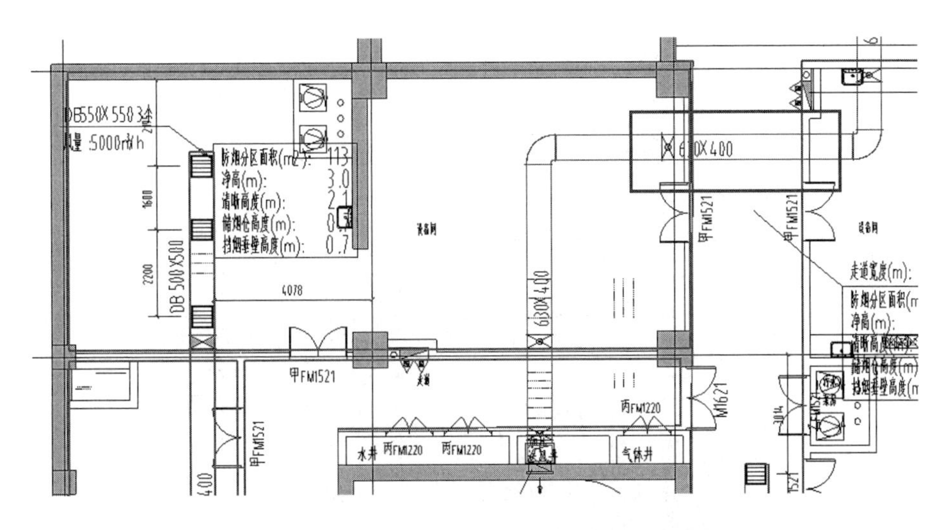

图8.4.4-6　地下二层（局部）原二维空调通风平面图

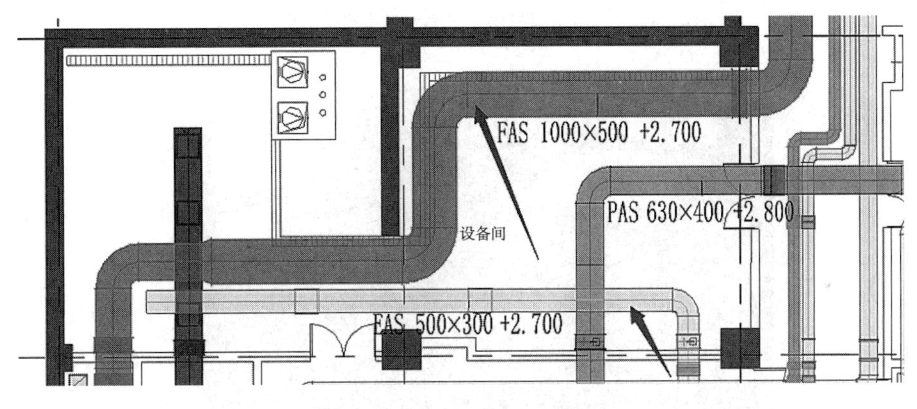

图8.4.4-7　BIM机电管线综合设计

（4）F1-3号风机房外走廊，该处层高4.80m，梁下净高4.00m，吊顶要求2.60m。该处有0.63m高新风管及1.00m风管上下交叉铺设，排布后净高2.60m（此净高未考虑建筑面层及最低层安装支架高度，实际净高小于2.60m）。不满足吊顶要求（图8.4.4-8）。BIM机电管线综合设计修改风管路径，减少风管交叉，已达到最优层高控制（图8.4.4-9）。

3.机电管线综合设计BIM工程量

基于BIM技术机电管线综合设计净高分析后的管线，利用明细表提取的机电管线工程量与传统统计机电管线工程量方式相比，具有如下优点：

1）快速高效

BIM机电管线综合设计完成后，可以快速地利用明细表统计机电管线的工程

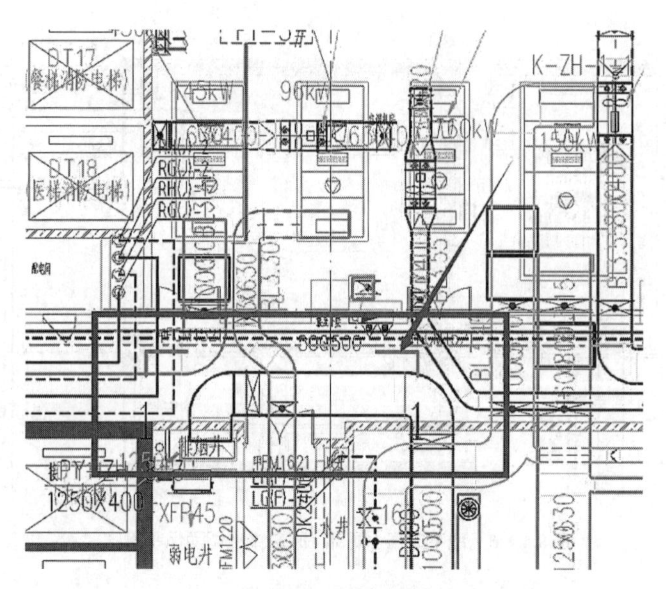

图8.4.4-8　F1-3号风机房外走廊原二维空调通风平面图

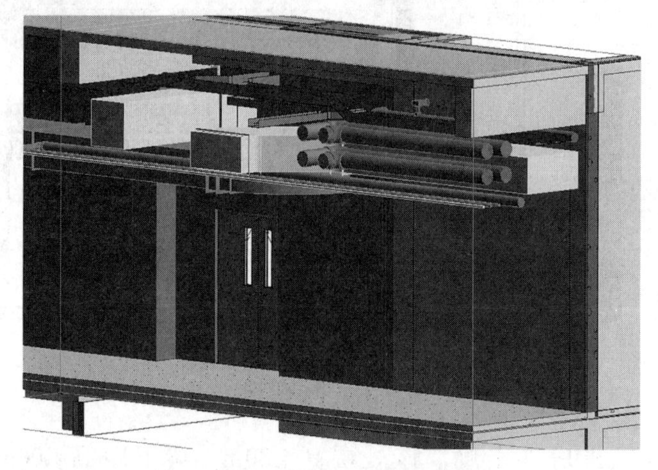

图8.4.4-9　BIM机电管线综合设计

量，而且利用机电管线的相关属性，例如，楼层、材质、阶段化等，分区域、分时间段统计工程量，随用随取。

2）工程量数据较为准确

设计蓝图上的机电管线大部分是表达管线的平面位置，对于竖向位置的表达不全面，机电管线综合，经BIM建模后，赋予了机电管线标高、翻弯位置、空间定位等信息，通过BIM软件的明细表（表8.4.4），完全统计BIM模型中的机电管线，比较切近现场施工实际用量。

BIM机电管线综合设计管线工程量明细表（局部） 表8.4.4

管道明细表				风管明细表				
系统缩写	尺寸（mm）	长度（m）	合计	系统缩写	尺寸（mm×mm）	长度（m）	面积（m^2）	合计
FQ	50	81.62	91	HF	850×120	27.49	53	30
FQ	75	70.47	35	PF	150×150	4.44	3	3
FQ	100	195.24	114	PF	160×120	2.90	2	2
FQ	150	13.00	1	PF	160×160	5.18	3	3
J	15	134.96	100	PF	200×120	14.96	10	8
J	20	21.89	21	PF	200×200	48.80	39	35
J	25	31.64	23	PF	200×300	6.32	6	5
J	32	19.95	10	PF	200×400	1.69	2	2
J	40	34.69	11	PF	250×120	1.61	1	1
J	50	22.83	13	PF	250×200	19.18	17	11
J	65	16.98	6	PF	300×100	4.81	4	1
J	80	3.84	3	PF	300×300	14.79	18	11
LRG	25	74.55	68	PF	300×320	3.02	4	3
LRG	32	8.19	6	PF	300×500	3.02	5	1
LRG	40	8.39	5	PF	320×120	8.98	8	3
LRG	50	19.33	11	PF	320×160	14.74	14	4
LRG	65	7.59	9	PF	320×200	1.81	2	1
LRG	75	12.07	7	PF	320×250	9.02	10	5
LRG	125	18.26	11	PF	320×300	2.50	3	1
LRG3	40	25.05	19	PF	320×320	23.53	30	13
LRG3	65	21.73	9	PF	320×400	9.56	14	2
LRH	25	90.20	89	PF	350×450	9.02	14	5
LRH	32	25.09	17	PF	400×120	0.80	1	1
LRH	40	12.07	9	PF	400×200	3.93	5	2
LRH	50	38.13	10	PF	400×250	3.44	4	1
LRH	65	7.26	3	PF	400×300	6.61	9	3
LRH	75	19.18	7	PF	400×320	34.36	49	10
LRH	125	18.55	10	PF	400×400	34.02	54	13
LRH3	40	44.17	65	PF	500×300	0.03	0	1
LRH3	65	21.26	9	PF	500×320	2.34	4	2
N	25	121.32	86	PF	500×400	35.29	64	12
N	32	11.76	5	PF	500×500	3.20	6	4

8.5 小结

本章主要讲述了BIM技术在设计阶段的应用，从坡地建筑场地竖向设计及其土方平衡分析、地基处理与深基础设计、高层与大跨度建筑设计、机电管线综合设计四个方面阐述了BIM造价在其中所发挥的作用，并通过实际项目案例加以印证。

第9章　BIM技术在深化设计中的应用

9.1 土建深化设计

9.1.1 土建BIM深化设计概述

在土建结构深化设计过程中，常遇到钢筋排布、特殊模板布置、二次结构设计、预留孔洞设计、节点设计、预埋件设计等应用内容，在BIM技术的辅助下，深化设计可以完成得更加智能、更加准确、更加高效。一些常规的深化手段无法克服的问题，通过BIM技术可以得到满意地解决。利用BIM深化设计模型成果，可以导出需要的工程量明细表，用于深化设计过程的成本控制。

9.1.2 土建深化设计常见问题分析

由于土建深化设计涵盖的内容、细节较多，即使各专业技术人员对深化设计的图纸达成了共识，在实际施工的过程中仍然出现没有意料到的问题，只有在施工过程或完成时才将问题暴露出来，造成整改或返工。传统土建结构深化设计中的钢筋排布、特殊模板布置、二次结构设计、孔洞预留设计、节点设计、预埋件设计等存在如下问题：

（1）传统土建结构深化设计中的钢筋排布依据二维施工图纸及国家建筑标准设计图集《混凝土结构施工图平面整体表示方法制图规则和构造详图》22G101-1，钢筋排布的质量往往依赖于现场作业人员的施工水平，作业精度和施工效率都较低。

（2）对于异形现浇混凝土结构、饰面清水混凝土等对模板布置有极高要求的混凝土结构。传统土建深化施工质量很难得到保证，缺乏自动化和提高施工效率的有效手段。

（3）过梁、构造柱等二次结构的传统土建工作，现场对于施工质量和工程的把控往往有较大的偏差，造成现场施工质量不佳，材料浪费普遍。

（4）对于穿墙管线孔洞、预埋件、预埋管、预埋螺栓，传统的二维施工图纸中表达得不够直观，经常出现碰撞的情形，不仅影响工程质量，同时对工程进度及成本均有不同程度的影响。

（5）对于土建施工中的重要结构节点，传统的做法是根据设计单位提供的节点详图对节点各组成部分、位置、几何尺寸进行重新深化设计内容，对于复杂和重要节点不仅很难保证质量，效率也较低。

9.1.3 基于BIM技术的土建深化设计内容

在土建BIM深化设计中，可基于设计文件及施工图纸创建现浇混凝土结构深化设计模型，完成钢筋排布、特殊模板布置、二次结构设计、孔洞预留设计、节点设计、预埋件设计等任务。其主要内容为：（1）钢筋排布深化设计；（2）特殊模板布置深化设计；（3）二次结构排布深化设计、交底、出图、出量；（4）孔洞预留及预埋件深化设计；（5）节点设计。

土建BIM深化设计表现出的独特优势主要包括以下几个方面：

1.快捷高效

BIM模型是一个信息集成度很高的“数据库”，视图只是这个“数据库”的一种外在表现形式。因此，对BIM模型的修改可以同步到对应的明细表及平、立、剖面图上，实现一一更新的同步设计，这大大提高深化效率。

2.减少施工过程中的验证操作

例如，利用BIM模型进行深化设计可以实现钢结构拼装过程的预演及拼装过程中的数据验证等，无须耗费人力物力进行实际的拼装验证，可节约大量预拼装人工和机械成本。

3.直观准确

BIM模型可直观准确地展示复杂部位的空间位置关系和属性信息，包括工艺流程、效果展示、材料性能等信息，非专业人士也能比较容易地读懂复杂部位的图纸信息。此外，运用BIM模型进行数据分析，保证深化设计的可靠性和准确性。

4.减少施工过程中的整改和返工

在深化设计阶段，BIM模型可以将建筑、结构、机电等专业整合在一起，可以全面检查各专业的协调结果，其中各专业之间的碰撞问题是检查的重点。通过“碰撞检查”功能可以发现设计人员没有发现的问题，使实际存在的问题提前暴露，从而提前对设计内容进行修改，减少施工过程中的整改和返工。

5.成本核算精准快速

深化设计后的BIM模型包含了二维图纸中长度、位置等信息，也包含了材料等信息。计算机可以快速地识别模型中的不同构件的几何物理信息，并对所有构件的用量进行统计，从而算出工程量。这种基于BIM模型的算量方法，可大大地简化算量的工作，减少人为的计算错误，可大大地节约人们的工作量和算量所花费的时间。

9.1.4 土建深化设计BIM模型

土建BIM的深化设计是以BIM模型为基础，不同专业的技术人员可以在虚拟的立体空间内查找问题并进行深化设计，这大大降低了设计人员的空间想象能力。深化设计完成后，专业技术人员还可以利用相关的软件对设计的结果进行检查，并对不合理的部分进行更改，让问题提前暴露，减少了施工过程中的整改和返工。相对于传统的深化设计而言，基于BIM模型的深化设计增加了基于模型的综合协调环节和新的二维图纸生成环节，弱化了深化设计的准备环节。

1.模型要求

（1）需建立BIM模型，模型中包括几何参数与空间参数，模型基于项目整体的轴网、标高建立，能够精准整合其他专业BIM模型，具备与其他专业BIM模型进行碰撞检查的条件。

（2）钢筋排布、特殊模板布置、二次结构设计、孔洞预留设计、节点设计、预埋件设计BIM模型几何信息应包括：准确的位置和几何尺寸；非几何信息应包括：类型、材料、工程量等信息。

（3）钢筋排布BIM模型内容应包含钢筋、套筒、预留预埋件、混凝土结构等；特殊模板布置包含模板、对拉螺栓孔，以及支撑架体等；二次结构设计应包含构造柱、过梁、止水反梁、女儿墙、压顶、填充墙、隔墙等；孔洞预留及预埋件模型应包含预埋件、预埋管、预埋螺栓、预留孔洞等；现浇混凝土结构节点模型应包含构成节点的钢筋、混凝土、型钢、预埋件等。

2.模型特点

BIM应用涉及建模软件、BIM应用平台等多种场景，但是对BIM模型的几何形体、信息要求是一致的，所以只从数据角度考虑，提出全过程成本管理对BIM模型的要求，在实际项目实践中根据所使用的软件进行调整。土建结构深化BIM模型数据准确性、完备性是BIM开展成本控制工作的基础，因此需要确保土建结构深化设计阶段BIM模型数据可靠、准确。一方面要保证土建结构设计BIM模型的图模一致性及规范性；另一方面要保证模型扣减与分类规则符合实际情况。具体模型要求如下所述：

1）图模一致性及规范性

目前，BIM在土建结构深化设计阶段的应用多数是基于二维图纸建立，模型和图纸之间没有关联，故有必要进行图模一致性审查。以民建项目为例，应重点审查建筑、结构、机电各专业构配件的名称、尺寸、空间位置、材质等信息与图纸是否一致。

2）扣减与分类规则

模型扣减与分类是利用BIM模型出具工程量的基础，不合理的模型扣减与分类会为工程量统计带来阻碍，只有经过模型扣减与分类检查、修正的BIM模型，才能输出有效工程量。扣减和分类主要考虑土建专业，根据现行的《建设工程工程量清单计价规范》GB 50500—2013清单项目设置，BIM模型构配件的优先级、信息规则及分类设置可参照如下要求，能最大限度满足工程量提取要求：

（1）较高强度混凝土构配件不宜被较低强度混凝土构配件重叠或剪切；混凝土强度相同的构配件，其中优先级较高的构配件不宜被优先级较低的构配件重叠或剪切，优先级相同的构配件不宜重叠；

（2）构配件应包含以下信息：构配件名称、混凝土类别、混凝土强度等级、模板类型（表9.1.4）。

构配件信息表　　表9.1.4

构配件名称	构配件优先级	构配件信息规则及分类设置
基础	1	1.应区分带形基础、独立基础、满堂基础、承台基础、设备基础等。 2.有肋式带形基础中肋与基础部分宜独立建模，基础部分按基础类型建模，肋按墙或其他类型建模，并对肋高信息进行表达。 3.箱式满堂基础中柱、梁、墙、板应独立建模，底板应按基础类型建模，柱、梁、墙、板应按相应类型建模。 4.框架式设备基础中柱、梁、墙、板应独立建模，基础部分应按基础类型建模，柱、梁、墙板应按相应类型建模
结构柱	2	1.应区分矩形柱、异形柱、暗柱等。 2.依附于柱上的牛腿和升板的柱帽应按被依附的柱类型建模
结构梁	3	1.应区分基础梁、矩形梁、异形梁、圈梁、过梁等
结构墙	4	1.应区分直形墙、弧形墙、短肢剪力墙（墙肢截面的最大长度与厚度之比小于或等于6倍的剪力墙）等。 2.L、Y、T、十字、Z形、一字形等短肢剪力墙的单肢中心线长0.4m时应按柱类型建模

续表

构配件名称	构配件优先级	构配件信息规则及分类设置
结构板	5	1.应区分有梁板、无梁板、平板、拱板等。 2.有梁板（包括主、次梁与板）中的梁与板可使用相同的板类型建模，此梁应区别于其他结构梁，工程量并入有梁板中。 3.板与现浇挑檐、天沟、雨篷、阳台连接时，外墙外边线以内按板类型建模，外边线以外按相应类型建模
建筑柱	6	构造柱构件的轮廓表达应与实际相符，即包括嵌接墙体部分（马牙槎）
建筑墙	7	当砌体垂直灰缝>30mm，采用C20细石混凝实时，应区分砌体与混凝土

注：1.优先级1为最高级，2次之，依此类推。
2.具体构配件的优先级还需结合实际工程所在地现行的定额计价规范确定。

9.1.5 土建深化设计BIM技术成控应用

土建结构BIM深化设计中的钢筋排布、特殊模板布置、二次结构设计、孔洞预留设计、节点设计、预埋件设计等，可以应用BIM技术进行成本控制（表9.1.5）。

土建结构BIM成本控制的主要内容　　表9.1.5

应用项	应用内容	成本控制要点	图示模型
钢筋排布深化设计BIM应用	依据施工图纸和国家建筑标准设计图集《混凝土结构施工图平面整体表示方法制图规则和构造详图》22G101-1，创建施工需要部分的钢筋模型，确保钢筋配置满足结构设计和构造要求。在钢筋BIM模型中表达钢筋的系列参数，包括钢筋的种类、直径、名称、分类等级、编号等内容，并可通过筛选器对定义参数进行筛选、控制显示颜色	钢筋排布成本模型中包括钢筋的品牌、种类、直径、名称、分类等级、编号、使用部位、价格信息等内容。适合在钢筋布置密集、排布困难、有特殊构造要求的部位使用	钢筋排布深化模型
特殊模板布置深化设计BIM应用	该项技术主要应用于异形现浇混凝土结构、饰面清水混凝土等对模板布置有极高要求的混凝土结构。BIM工程师可以利用Dynamo参数化程序设计模板铺贴排列规则，实现模板布置模型的自动化创建，极大提高建模效率。将原本一些复杂的模板节点通过BIM模型进行模板的定制排布，并最终形成模板深化设计图	模板排布成本模型中，可以通过模板品牌、类型、尺寸等信息统计使用量，通过优化切割模板数量和控制周转，降低模板消耗，实现成本控制	清水混凝土模板排布

续表

应用项	应用内容	成本控制要点	图示模型
二次结构排布深化设计BIM应用	三维模型环境更加适合开展现浇结构、机电管线综合与二次结构的空间关系设计，对过梁、构造柱等二次结构进行深化设计出图，形成砌体排布施工图，并作现场交底，提取工程量，有效把控现场施工质量，避免材料浪费，提升现场施工质量	通过对过梁、构造柱的模型创建，直接提取工程量，套入计算单价，进行二次结构成本控制	砌体排布模型
孔洞预留及预埋件深化设计BIM应用	结合施工图纸，对穿墙管线孔洞、预埋件、预埋管、预埋螺栓进行建模和碰撞检查，辅助后期设备及构件的安装。工艺节点展示时，应制作包括预埋螺栓在内的深化设计模型	通过孔洞预留深化模型，避免二次开孔造成本浪费。在预埋件模型中，统计预埋件类型、数量，对施工现场进行严格管控	孔洞预留设计
土建结构节点深化设计BIM应用	土建结构节点BIM模型内容包括钢筋、混凝土、型钢、预埋件、预留孔洞等，明确节点各组成部分的位置、几何尺寸内容，通过深化设计节点模型生成节点的平面、立面、剖面图纸，以及明细表，用于指导材料加工和施工	土建结构节点BIM模型，应可以完全提取需要的钢筋、混凝土、型钢、预埋件等的类型和工程量	预应力梁节点深化设计

9.1.6 项目案例

1. 项目基本信息

重庆公共运输职业学院扩建项目（一期）施工项目，位于重庆市江津区双福新区双庆路E15-3/02地块，地理位置较好，周边自然条件与人文环境优越。工程主要功能为教学楼。建筑面积60773.05m^2。项目包含实训楼、教学楼、学生宿舍、食堂、学校大门、运动场看台、门卫室。

2. 土建深化BIM成本控制

（1）通过甲方发的建筑、结构、水暖电等图纸，运用BIM软件建模（图9.1.6-1），建模过程中确保模型的精度和准确度。

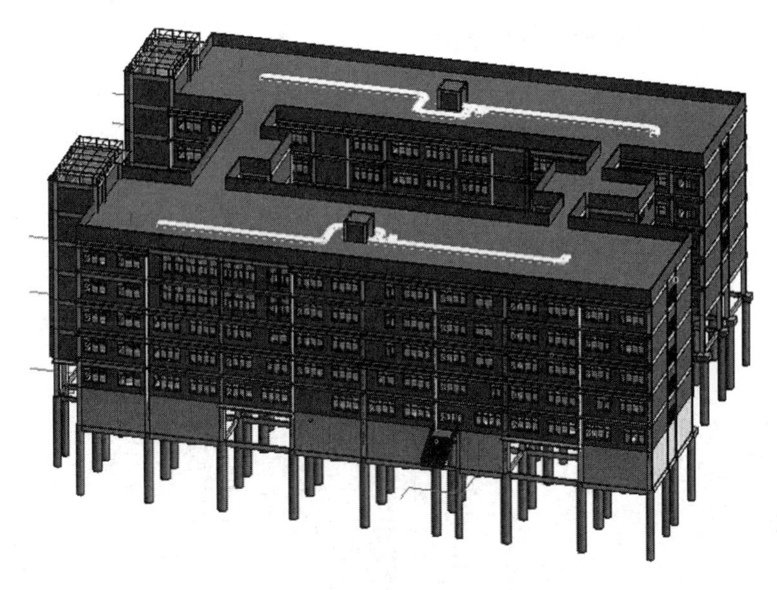

图9.1.6-1 BIM软件建模

（2）建立模型即为按图模拟施工，提前发现图纸错、漏、碰、缺（图9.1.6-2），提高项目质量，保证项目进度。

重庆公共运输职业学院扩建项目（一期）			
问题编号	007	编制人	
图号、图名	食堂建筑，结构施工图及总图	记录日期	2019.06.06
涉及专业	结构，建筑，总图	问题定位	
问题描述			
总图轴线与结构能一一对应（1轴到13轴总距离为57米），但与建筑单体不一致（1轴到13轴总距离为57.4米），导致建模时出现建筑，结构位置有误，请复核。			
图纸名称	食堂建筑，结构施工图及总图		
总图		建筑图	
结构图		三维模型	
答复意见			

图9.1.6-2 图纸错、漏、碰、缺检查报告

（3）清单量的统计，实现成本核算的一键化（图9.1.6-3），便于项目部快速地作出成本应对措施，提高成本管控能力。

<风管附件明细表 2>

A	B	C	D	E	F
族与类型	尺寸	成本	风管直径	风管宽度	合计
70℃矩形常开防火阀: 70℃防烟防火风阀 320*160	320x160-320x160			320	1
70℃矩形常开防火阀: 70℃防烟防火风阀 400*200	400x200-400x200			400	1
70℃矩形常开防火阀: 70℃防烟防火风阀 800*400	800x400-800x400			800	1
70℃矩形常开防火阀: 70℃防烟防火风阀 800*400	800x400-800x400			800	1
70℃矩形常开防火阀: 标准	630x320-630x320			630	1
70℃矩形常开防火阀: 标准	630x320-630x320			630	1
圆形软连接: 标准	1200ø-1200ø				1
圆形软连接: 标准	1200ø-1200ø				1
圆形软连接: 标准	1200ø-1200ø				1
圆形软连接: 标准	1200ø-1200ø				1
圆形软连接: 标准	600ø-600ø				1
圆形软连接: 标准	600ø-600ø				1
圆形软连接: 标准	400ø-400ø				1
圆形软连接: 标准	400ø-400ø				1
圆形软连接: 标准	400ø-400ø				1
圆形软连接: 标准	400ø-400ø				1
圆形软连接: 标准	320ø-320ø				1
圆形软连接: 标准	320ø-320ø				1
圆形软连接: 标准	600ø-600ø				1
圆形软连接: 标准	600ø-600ø				1
圆形软连接: 标准	600ø-600ø				1
圆形软连接: 标准	600ø-600ø				1
圆形软连接: 标准	800ø-800ø				1
圆形软连接: 标准	800ø-800ø				1
圆形软连接: 标准	800ø-800ø				1
圆形软连接: 标准	800ø-800ø				1
对开多叶调节阀-矩形-手动: 多叶调节风阀 800*20	800x200-800x200				1
对开多叶调节阀-矩形-手动: 多叶调节风阀 800*32	800x320-800x320				1
平行式多叶调节阀-圆形-手动-套筒: 70℃防烟防	600ø-600ø				1
平行式多叶调节阀-圆形-手动-套筒: 70℃防烟防	600ø-600ø				1
止回阀-圆形: 280℃防烟防火风阀 Φ1200	1200ø-1200ø				1
止回阀-圆形: 280℃防烟防火风阀 Φ1200	1200ø-1200ø				1
止回阀-圆形: 止回风阀 Φ1200	1200ø-1200ø				1
止回阀-圆形: 止回风阀 Φ1200	1200ø-1200ø				1
消声静压箱: 静压箱 2500*500*500	500x500-500x500				1
矩形对开多叶调节阀: 多叶调节风阀 800*400	800x400-800x400			800	1
矩形对开多叶调节阀: 多叶调节风阀 800*400	800x250-800x250			800	1
矩形对开多叶调节阀: 多叶调节风阀 1000*400	1000x400-1000x400			1000	1
矩形对开多叶调节阀: 多叶调节风阀 1000*400	1000x400-1000x400			1000	1
矩形对开多叶调节阀: 标准	630x320-630x320			630	1
矩形对开多叶调节阀: 标准	630x320-630x320			630	1
矩形对开多叶调节阀: 标准	630x320-630x320			630	1
矩形对开多叶调节阀: 标准	630x320-630x320			630	1
矩形排烟防火阀: 280℃防烟防火风阀 1000*500	1000x500-1000x500			1000	1
矩形排烟防火阀: 280℃防烟防火风阀 1000*500	1000x500-1000x500			1000	1
矩形排烟防火阀: 280℃防烟防火风阀 1000*500	1000x500-1000x500			1000	1

A	B	C	D	E	F
对开多叶调节阀-矩形-手动: 多叶调节风阀 800*20	800x200-800x200				1
对开多叶调节阀-矩形-手动: 多叶调节风阀 800*32	800x320-800x320				1
平行式多叶调节阀-圆形-手动-套筒: 70℃防烟防	600ø-600ø				1
平行式多叶调节阀-圆形-手动-套筒: 70℃防烟防	600ø-600ø				1
止回阀-圆形: 280℃防烟防火风阀 Φ1200	1200ø-1200ø				1
止回阀-圆形: 280℃防烟防火风阀 Φ1200	1200ø-1200ø				1
止回阀-圆形: 止回风阀 Φ1200	1200ø-1200ø				1
止回阀-圆形: 止回风阀 Φ1200	1200ø-1200ø				1
消声静压箱: 静压箱 2500*500*500	500x500-500x500				1
矩形对开多叶调节阀: 多叶调节风阀 800*400	800x400-800x400			800	1
矩形对开多叶调节阀: 多叶调节风阀 800*400	800x250-800x250			800	1
矩形对开多叶调节阀: 多叶调节风阀 1000*400	1000x400-1000x400			1000	1
矩形对开多叶调节阀: 多叶调节风阀 1000*400	1000x400-1000x400			1000	1
矩形对开多叶调节阀: 标准	630x320-630x320			630	1
矩形对开多叶调节阀: 标准	630x320-630x320			630	1
矩形对开多叶调节阀: 标准	630x320-630x320			630	1
矩形对开多叶调节阀: 标准	630x320-630x320			630	1
矩形排烟防火阀: 280℃防烟防火风阀 1000*500	1000x500-1000x500			1000	1
矩形排烟防火阀: 280℃防烟防火风阀 1000*500	1000x500-1000x500			1000	1
矩形排烟防火阀: 280℃防烟防火风阀 1000*500	1000x500-1000x500			1000	1
矩形排烟防火阀: 280℃防烟防火风阀 1000*500	1000x500-1000x500			1000	1
矩形排烟防火阀: 280℃防烟防火风阀 1000*500	1000x500-1000x500			1000	1
矩形排烟防火阀: 280℃防烟防火风阀 1000*500	1000x500-1000x500			1000	1
矩形排烟防火阀: 280℃防烟防火风阀 1000*500	1000x500-1000x500			1000	1
矩形排烟防火阀: 280℃防烟防火风阀 1000*500	1000x500-1000x500			1000	1
矩形排烟防火阀: 280℃防烟防火风阀 2000*550	2000x500-2000x500			2000	1
矩形排烟防火阀: 标准	2000x500-2000x500			2000	1
矩形止回阀: 标准	630x320-630x320			630	1
矩形止回阀: 标准	630x320-630x320			630	1
矩形止回阀: 止回风阀 320*160	320x160-320x160			320	1
矩形止回阀: 止回风阀 630*450	630x450-630x450			630	1
矩形止回阀: 止回风阀 800*320	800x320-800x320			800	1
矩形防火调节阀: 70℃防烟防火风阀 630*400	630x400-630x400			630	1
矩形防火调节阀: 70℃防烟防火风阀 630*400	630x400-630x400			630	1
矩形防火调节阀: 70℃防烟防火风阀 630*400	630x400-630x400			630	1
矩形防火调节阀: 70℃防烟防火风阀 630*400	630x400-630x400			630	1
矩形防火调节阀: 70℃防烟防火风阀 630*400	630x400-630x400			630	1
矩形防火调节阀: 70℃防烟防火风阀 630*400	630x400-630x400			630	1
矩形防火调节阀: 70℃防烟防火风阀 630*400	630x400-630x400			630	1
矩形防火调节阀: 70℃防烟防火风阀 630*400	630x400-630x400			630	1
矩形防火调节阀: 70℃防烟防火风阀 630*400	630x400-630x400			630	1
矩形防火调节阀: 70℃防烟防火风阀 630*400	630x400-630x400			630	1
矩形防火调节阀: 70℃防烟防火风阀 630*450	630x450-630x450			630	1
矩形防火调节阀: 70℃防烟防火风阀 800*320	800x320-800x320			800	1
矩形防火调节阀: 标准	630x320-630x320			630	1
矩形防火调节阀: 标准	630x320-630x320			630	1
矩形防火调节阀: 标准	630x200-630x200			630	1
矩形防火调节阀: 标准	630x200-630x200			630	1
矩形防火调节阀: 标准	630x200-630x200			630	1
矩形防火调节阀: 标准	630x200-630x200			630	1
矩形防火调节阀: 标准	630x200-630x200			630	1
矩形防火调节阀: 标准	630x200-630x200			630	1

图9.1.6-3 成本核算

（4）根据4号、5号楼钢筋模型，实现精准计算钢筋的工程量（图9.1.6-4～图9.1.6-6）。

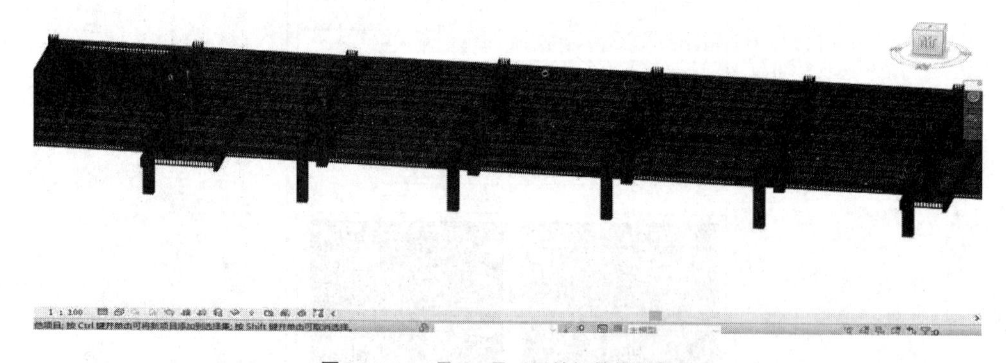

图9.1.6-4 4号、5号一层的钢筋模型展示

（5）二次结构作为建筑工程的主要组成部分，其细部节点繁多，传统的施工方式与现场管理条件难以实现精细化，以致施工现场对原材料切割的随意性较大，较普遍地存在着严重浪费、损耗的现象。项目旨在利用BIM技术于施工前将所有砌块、圈梁、构造柱、导墙、顶砖、门窗洞口及过梁的空间位置预先做好定位及统计（图9.1.6-7～图9.1.6-9），同时，将非标准砌块、非标准构件提前做好工厂试加

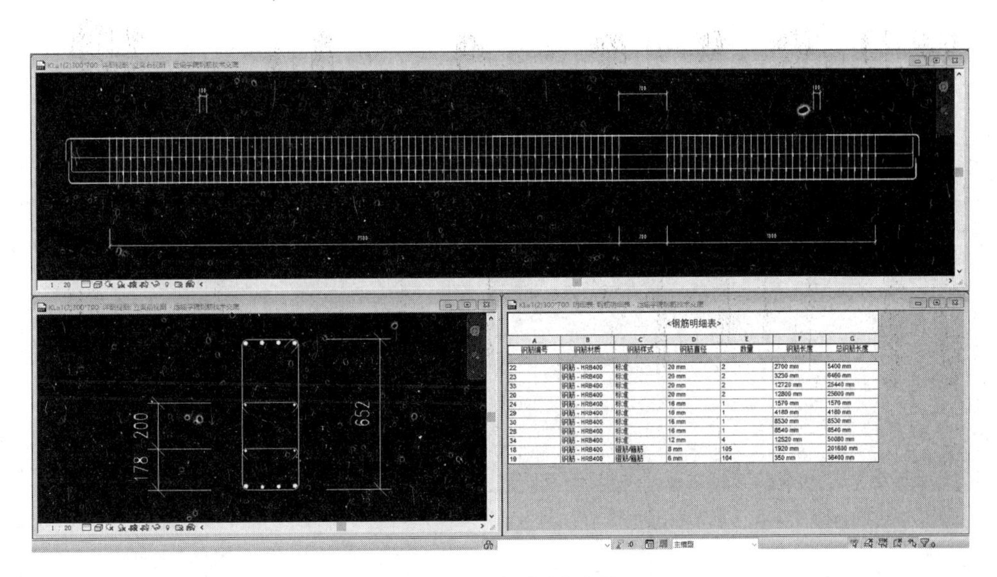

图9.1.6-5　局部钢筋出量

楼层名称	构件类型	钢筋总重kg	HPB300		HRB400									HRB500							
			6	8	6	8	10	12	14	16	18	20	22	10	12	14	16	18	20	22	25
首层	柱	25339.947				9083.48	469.12			1572.192	9229.1	5536.06									
	梁	53493.43	525.957		113.036	8430.79	1193.597	35.116		6.582				2222.152	914.7	482.649	2264.954	1694.288	23810.9	2180.722	8618
	现浇板	29455.499	8.691			29147.1	299.755														
	合计	107838.876	534.648		113.036	46661.3	1962.472	35.116		1578.774	9229.1	5536.06		2222.152	914.7	482.649	2264.954	1694.288	23810.9	2180.722	8618
第2层	柱	20210.182				9083.48	469.12			1167.936	5415.336	4074.315									
	梁	52493.43	525.957		113.036	8430.79	1193.597	35.116		6.582				2222.152	914.7	482.649	2264.954	1694.288	23810.9	2180.722	8618
	现浇板	29455.499	8.691			29147.1	299.755														
	合计	102159.111	534.648		113.036	46661.3	1962.472	35.116		1174.518	5415.336	4074.315		2222.152	914.7	482.649	2264.954	1694.288	23810.9	2180.722	8618
第3层	柱	17298.647				6773.48	469.12			4010.712	1075.2	4970.134									
	梁	53695.912	549		109.328	8226.13	1394.437							2271.222	920.198	467.94	2104.246	1934.088	23571.7	1598.416	10549.137
	现浇板	29430.148	8.691			29121.7	298.755														
	合计	100424.707	557.691		109.328	44121.3	2163.362			4010.712	1075.2	4970.134		2271.222	920.198	467.94	2104.246	1934.088	23571.7	1598.416	10549.137
第4层	柱	15785.52				6773.48	469.12			3575.32	1205.056	3762.543									
	梁	53695.912	549		109.328	8226.13	1394.437							2271.222	920.198	467.94	2104.246	1934.088	23571.7	1598.416	10549.137
	现浇板	28430.148	8.691			29121.7	298.755														
	合计	98911.58	557.691		109.328	44121.3	2163.362			3575.32	1205.056	3762.543		2271.222	920.198	467.94	2104.246	1934.088	23571.7	1598.416	10549.137
第5层	柱	15830.146				7172.3			232.36	2868.68	865.408	4083.59	807.81								
	梁	72859.416	481.751	52.08	120.146	10703.1	1144.759							1925.04	1320.458	489.893	2184.156	1630.324	30272.7	2212.701	20322.3
	现浇板	30841.29	6.709			27561.5	3273.097														
	合计	119530.852	488.46	52.08	120.146	45436.9	4417.856		232.36	2868.68	865.408	4083.59	807.81	1925.04	1320.458	489.893	2184.156	1630.324	30272.7	2212.701	20322.3
全部层汇总	柱	95014.442				38886.2	1876.48		232.36	12994.84	17790.1	22426.642	807.81								
	梁	285238.1	2631.665	52.08	564.874	44017	6320.927	70.232		13.164				10911.788	4990.254	2391.071	10922.556	8887.076	125036	9770.977	58656.574
	现浇板	148612.584	41.473			144099	4472.117														
	合计	528865.126	2673.138	52.08	564.874	227002	12669.524	70.232	232.36	13008.004	17790.1	22426.642	807.81	10911.788	4990.254	2391.071	10922.556	8887.076	125036	9770.977	58656.574

图9.1.6-6　4号、5号楼钢筋工程量

工并将所需构件、材料有针对性地提前运输至相应区域，以达到节约施工材料耗损率、降低施工成本等目的。

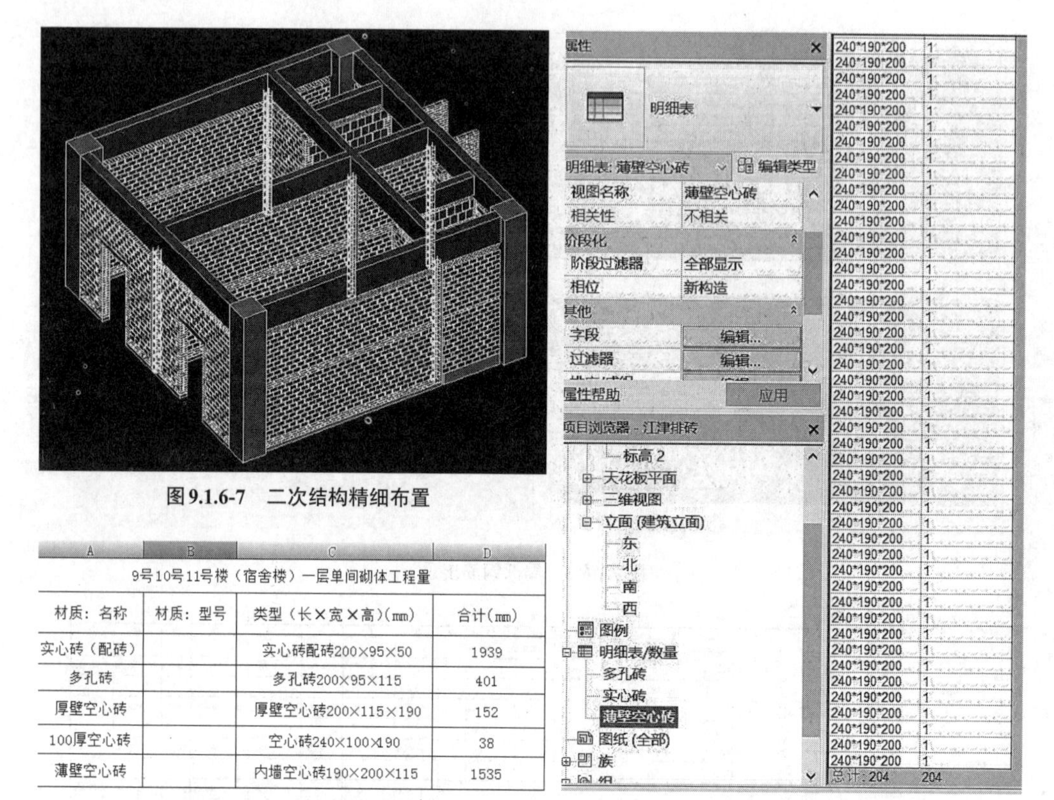

图9.1.6-7　二次结构精细布置

9号10号11号楼（宿舍楼）一层单间砌体工程量			
材质：名称	材质：型号	类型（长×宽×高）(mm)	合计(mm)
实心砖（配砖）		实心砖配砖200×95×50	1939
多孔砖		多孔砖200×95×115	401
厚壁空心砖		厚壁空心砖200×115×190	152
100厚空心砖		空心砖240×100×190	38
薄壁空心砖		内墙空心砖190×200×115	1535

图9.1.6-8　二次结构局部工程量统计

图9.1.6-9　二次结构工程量合计

9.2 机电深化设计

9.2.1 机电BIM深化设计概述

机电BIM深化设计分为专业工程深化设计和管线布置综合平衡深化设计，专业工程深化设计是在确定设备供应商、设备品牌后，由专业施工单位按原设计的技术要求进行二次设计，完成最后的施工图；管线布置综合平衡深化设计是根据工程实际将各专业管线设备在图纸上通过计算机进行图纸上的预装配，将问题解决在施工之前，将返工率降低到零点的技术。

9.2.2 机电深化设计常见问题分析

传统机电设计还处于基于CAD软件的二维的设计模式，CAD技术曾从手工绘图中解放了设计人员，大大地提高了设计效率。但它仍然只是一个二维绘图工具，仍存在如下问题：

（1）工作效率低、可视化差、交流困难、设计中常与其他专业发生冲突、资料信息管理困难等问题。

（2）常规的机电管线综合设计模式是使用2D图纸生成管线安装图纸，不过仅凭2D图纸生成的机电管线设计、安装和优化的目的较难完成，这类设计模式已经不符合当今工程项目的综合需求。

借助BIM技术的实际使用，设计人员在项目准备期就可以进行碰撞分析，即可找出2D图纸中的错误或者瑕疵。

9.2.3 基于BIM技术的机电深化设计主要内容

通过BIM技术深化设计，结合施工实际情况，对图纸进行细化，补充和完善。BIM深化设计后的图纸满足业主或设计顾问的技术要求，符合相关地域的设计规范和施工规范，并通过审查，图形合一，能直接指导现场施工。基于BIM技术的机电深化设计主要内容包括：

1.管线综合调整

需了解深化设计管线综合的布置主原则，同时还要了解管线综合的避让原则和管线综合的排布方法，采用的基本方法是在原有设计基础上做到最大净高；须减少翻弯数量，降低施工难度、节约部分成本，必要时可牺牲部分净高。

2.碰撞检查

利用BIM的三维技术在深化设计阶段，对已建成的BIM数据模型进行碰撞检查，将相关软件碰撞的问题进行优化设计。减少在建筑施工阶段可能存在的错误损失和返工的可能性，并且优化净空、管线排布方案，从而降低安装成本，提升项目的精细化管理。最后项目实施时，可以利用碰撞优化后的三维管线方案，进行三维可视化交底、施工模拟，提高在项目实施过程中与各方高效沟通的能力。

3.净高分析

BIM技术可自动分析不同区域、不同构件净高情况，自动输出标高分布色块图例。可按不同专业各种系统类型过滤分析，并支持实时净高分析。

4.协同开洞

协同开洞即基于BIM模型实现自动开洞、加套管，同时支持洞口查看与自动标注功能，实现一键出留洞图。

5.支吊架

利用BIM技术进行综合支吊架的设置，将空调风管、消防、水管、桥架等进行合理规划，在机电三维模型中进行支吊架形式及排布设计，实现建模计算一体化，解决计算难题，满足抗震要求，保障安全，节约成本，并导出综合支吊架分布平面图及支架大样图以指导施工。

9.2.4 机电深化设计BIM模型

1.模型要求

（1）基本原则。机电深化设计BIM模型应符合《建筑工程设计信息模型制图标准》JGJ/T 448—2018；《建筑信息模型设计交付标准》GB/T 51301—2018等现行国家标准的规定；深化、优化原则应符合相关现行设计及施工规范要求。

（2）工作模型的拆分。目前机电专业拆分模型可以按照建筑功能分开建模，具体拆分区域，可以和建筑等专业相统一；也可以分系统（分为给水系统、排水系统、消防系统、照明系统、弱电系统等）建模。

（3）文件命名规则。合理的文件命名可以加快文档查找浏览以及识别的速度，而且应当在项目开始初期就将命名规则定义完成，机电专业的命名规则应与建筑和结构专业的对应，专业间区分可用P代表给排水，M代表暖通，E代表电气。

（4）机电设备单元的制作要求。机电设备的单元分为多种格式：普通单元cel、复合单元bxc、参数化单元paz以及利用VBA（Visual Basic for Applications，简称VBA）编程得来的参数化单元，其中需要根据设备类型的不同选择合适的单元制作方法，才能在工作中提高效率。

（5）参数的设定。BIM的核心是信息，BIM软件在信息的储存和管理方面的能力较强。部分信息可以在图纸以及设备中进行表达，要求模型背后的数据必须合理及有效。

2.碰撞检测

先建立BIM模型，在BIM模型搭建软件中，Autodesk Revit和Autodesk Navisworks Manage应用得较为广泛，常用这两款软件对设备管线进行碰撞检测。

（1）在打开项目之后，在项目浏览器中，双击打开“三维”选项中的“三维视图”，切换至“协作”选项卡，选择“碰撞检测”下拉列表中的“运行碰撞检测”工具，Revit将会弹出“碰撞检测”对话框，点击选择需要进行检测碰撞的类型，点击“确定”（图9.2.4-1）。

（2）完成以上所有操作，Revit将会进行碰撞检测，完成之后，将会弹出“碰撞报告”对话框，点击其中碰撞点的“+”，将会展开下拉列表，将碰撞点的图元信息

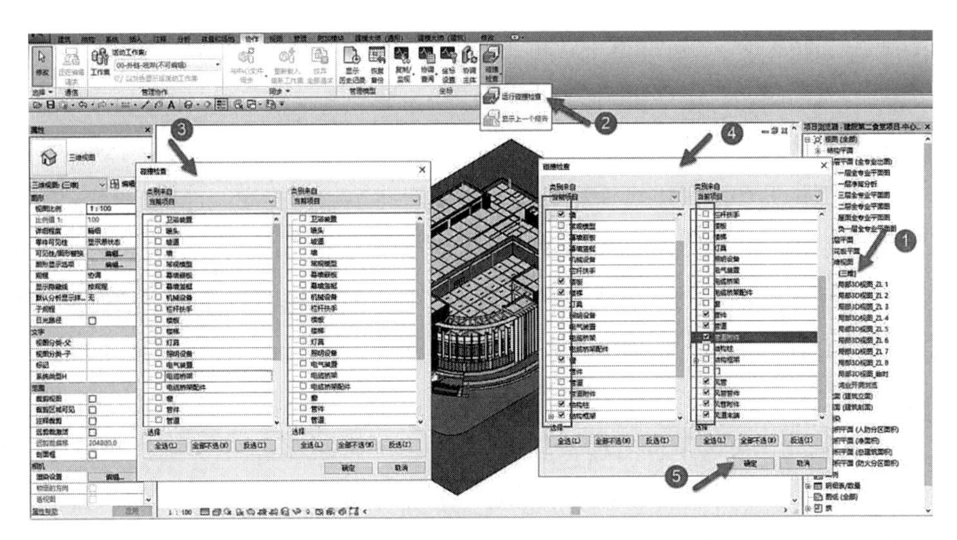

图 9.2.4-1　碰撞检测

显示（图9.2.4-2）。要查看其中一个有冲突的图元，请在“冲突报告”对话框中选择该图元名称，然后单击“显示”。当前视图会显示出问题。

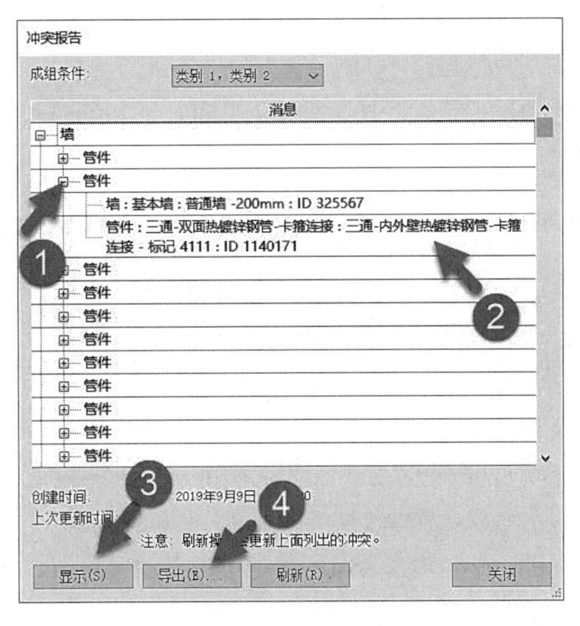

图 9.2.4-2　碰撞点图元信息

（3）要解决冲突，请在视图内单击，然后修改重叠的图元。“冲突报告”对话框仍保持可见。解决问题后，在“冲突报告”对话框中单击“刷新”。如果问题已解决，则会从冲突列表中删除发生冲突的图元。

(4) 在“冲突报告”对话框中，单击“导出”。输入名称，定位到保存报告的所需文件夹，然后单击“保存”。在“冲突报告”对话框中，单击“关闭”。

3.净高分析

在机电深化设计阶段进行深化分析，主要对建筑的功能空间净高进行分析，为深化设计作准备。在实际的工程项目中业主对空间的净高要求是非常严格的，在通常情况下，业主要求的净高需求较高，而往往会导致预留给设备管线的空间很小。而建筑的功能各不相同，结构形式多样，设备管线错综复杂，如何合理地布置设备管线达到业主的净高要求，在传统设计手段下，往往会绘制局部位置的剖面图，排布各专业的管线，可由于专业涉及较多，不可避免考虑不周全；同样在设计变更较多的情况下，对各个专业设计来说都是一个挑战。

如果深化设计团队采用协同的工作模式（在Autodesk Revit中称为“工作集”）进行设计，前期将建筑结构专业进行建模，统计出建筑梁底的高程、将业主的功能空间净高要求和天花的要求进行净高分析，最后在进行深化设计时，将设备专业管线进行建模，在得到准确的设备管线净空空间下进行设备管线深化。

房间区域颜色方案定义法净高分析：

(1) 在打开项目之后，在项目浏览器中，双击打开平面视图“1F净高分析”楼层平面。切换至“建筑”选项卡，选择“房间和面积”面板中的“房间”工具（图9.2.4-3）。

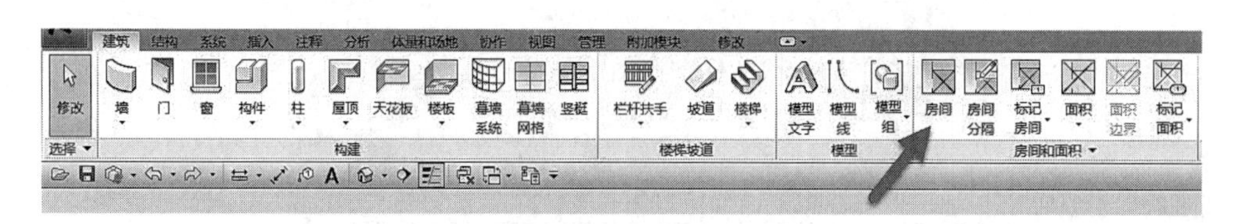

图9.2.4-3　选项卡

(2) 完成以上操作，Revit将会自动切换至“修改 | 放置房间”选项卡，点击选择“标记”面板中的“在放置时进行标记”工具，在属性面板中“标识数据”的“名称”输入“净高3.5m”，并移动至绘图区域中单击以放置房间，房间名称将会自动进行标注（图9.2.4-4）。

(3) 完成所有的净空区域放置（图9.2.4-5）。

(4) 添加颜色方案：选择“属性”选项卡中，“图形”选项中“颜色方案”工具，将会弹出“编辑颜色方案”对话框，如选择要为其创建颜色方案的类别为“房间”，选择方案1，设置方案定义的标题，设置颜色为“名称”，将会提出“不保留颜色”

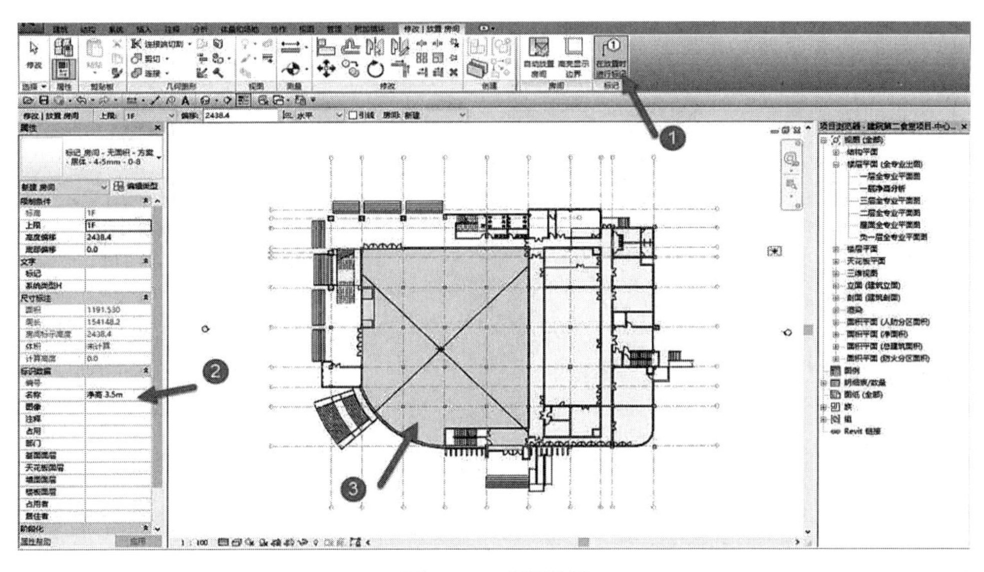

图9.2.4-4　标识数据

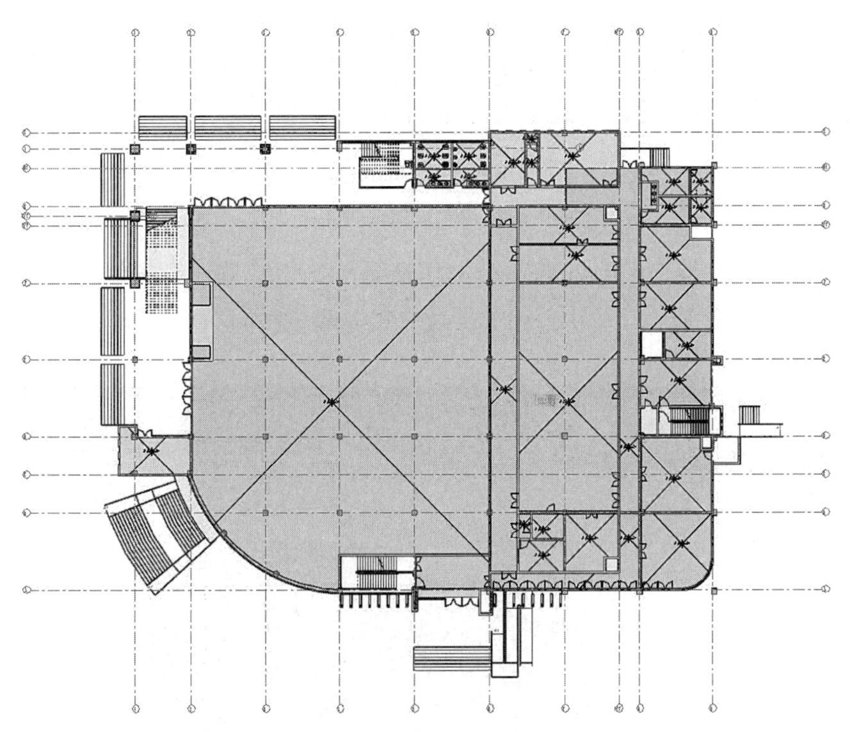
图9.2.4-5　净空区域放置

对话框，点击“确定”，Revit将会自动生成颜色配色（图9.2.4-6）。

（5）添加图例：切换至“注释”选项卡，点击选择“颜色填充”面板中的“颜色填充图例”工具（图9.2.4-7）。

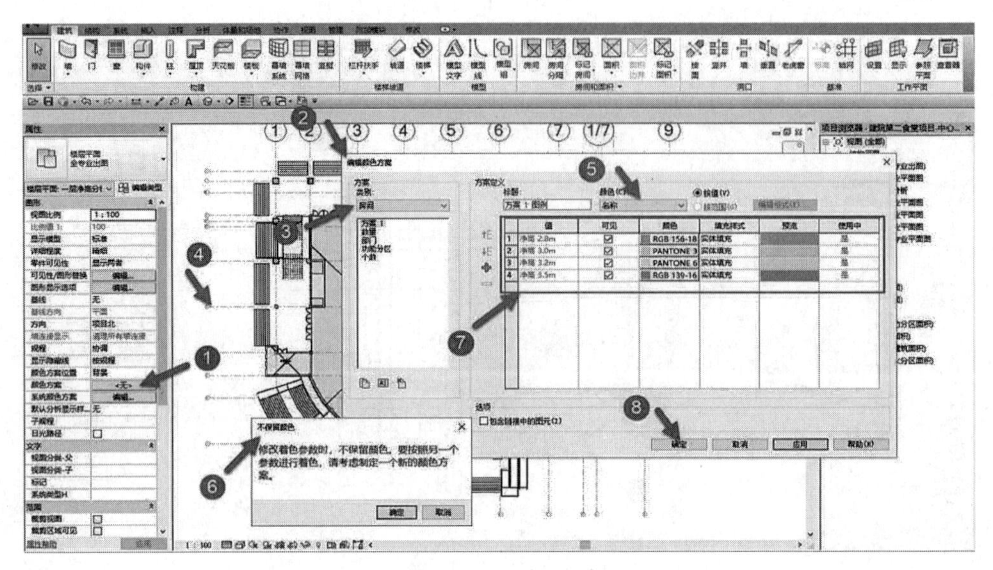

图9.2.4-6　自动配色

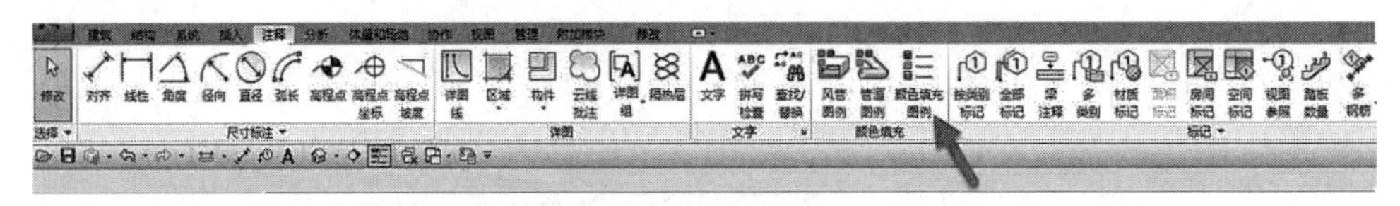

图9.2.4-7　颜色填充

（6）完成以上操作，Revit将会自动切换至“修改|放置填充颜色图例”选项卡，移动鼠标至绘图区域中，单击空白处，放置填充颜色图例（图9.2.4-8）。

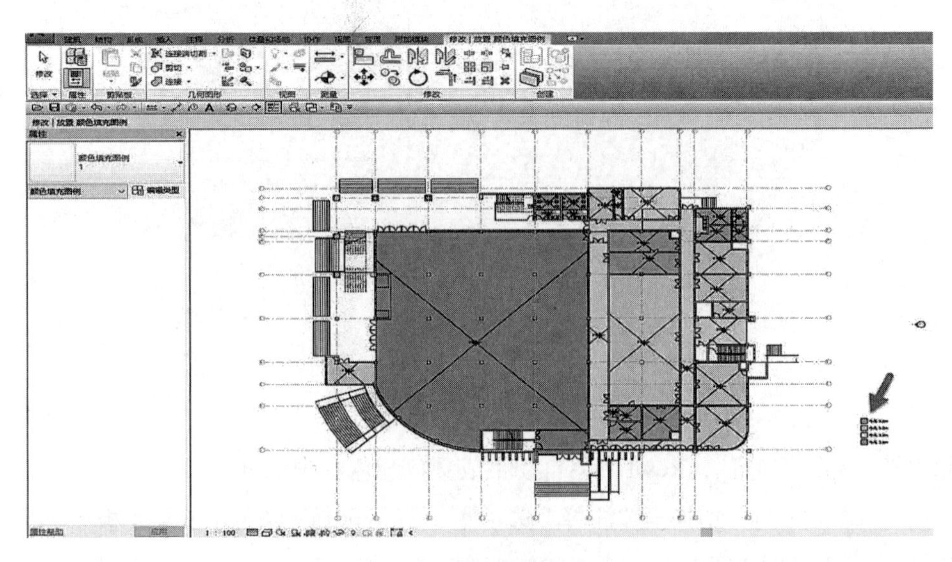

图9.2.4-8　放置填充颜色图例

4.支吊架

在传统支吊架安装的时候，常常需要考虑支吊架垂直槽钢的放置空间，斜撑形式与斜撑放置空间、支吊架的生根点、锚固方式与锚栓，以及设计反复变更图纸，而影响了支吊架的排布。

应用BIM技术进行支吊架排布，可直观地分析支吊架所需的空间及支吊架的类型。可在BIM模型中确定支吊架的生根点，预先在安装位置的结构里放置预埋件，避免了锚栓对结构的破坏。可通过BIM技术准确统计出各支点所需的支吊架及相应材料，便于把控。

支吊架的布置以抗震支吊架、支吊架的形式进行排布。

1）综合支吊架

支吊架进行综合设计优化，整合各专业管线单独设置的支吊架，达到节约材料、节省安装空间且管线安装美观的目的（图9.2.4-9）。

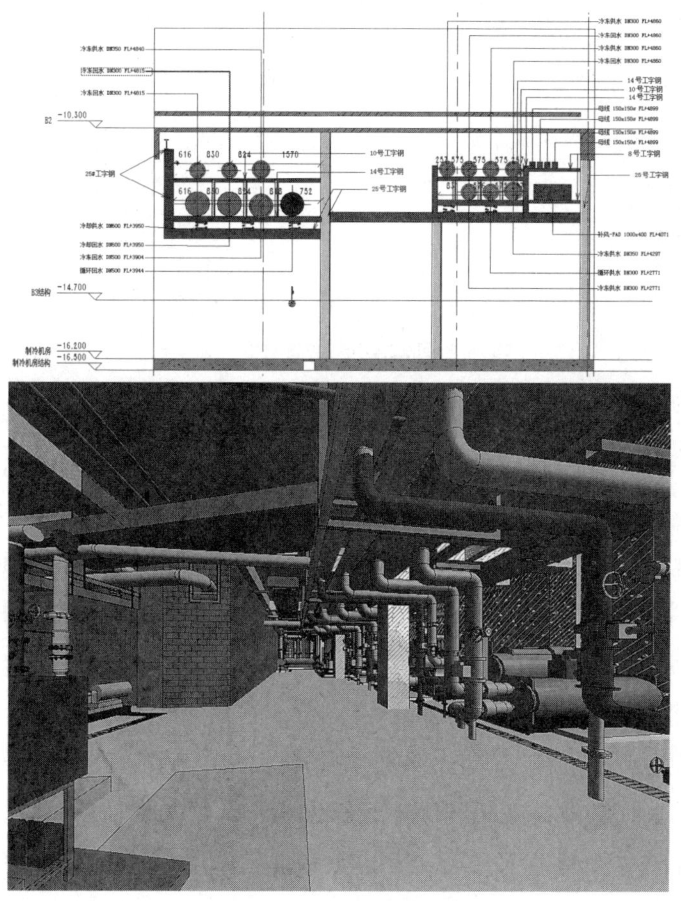

图9.2.4-9 支吊架设计优化

2）抗震支吊架

为了实行“预防为主”的方针，经抗震加固后的机电工程设施，当遭遇到本地区抗震设防烈度的地震时，可以减轻地震破坏，减少和尽可能防止次生灾害的发生，从而达到减少人员伤亡及财产损失的目的。机电抗震支架是限制附属机电工程设施产生位移，控制设施振动，并将荷载传递至承载结构上的各类组件或装置。以下是支吊架在不同情况下的选型。

（1）单管侧撑：支架间距不大于12m，适用于管径*DN*65～*DN*150给水、消防管道，用于抵抗地震时产生垂直于管道水平地震作用力，防止管道位移破坏管道。

（2）单管双撑：支架间距不大于24m，适用于管径*DN*65～*DN*150给水、消防管道，用于抵抗地震时产生垂直及平行于管道水平地震作用力，防止管道位移破坏管道（图9.2.4-10）。

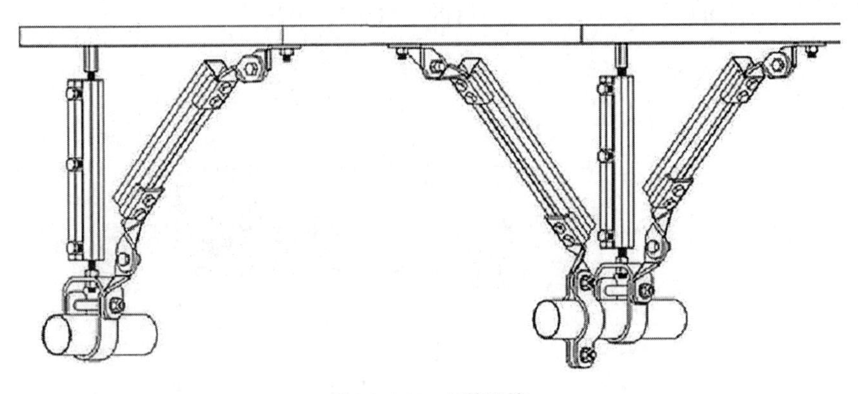

图9.2.4-10　单管双撑

（3）风管侧撑（图9.2.4-11）：支架间距不大于9m，适用于截面积大于等于0.38m^2风管管道，用于抵抗地震时产生垂直于管道水平地震作用力，防止管道位移破坏管道。

（4）风管双撑（图9.2.4-12）：支架间距不大于18m，适用于截面积大于等于0.38m^2风管管道，用于抵抗地震时产生垂直及平行于管道水平地震作用力，防止管道位移破坏管道。

（5）空调水管侧撑：支架间距不大于12m，适用于管径*DN*65以上空调水管道，用于抵抗地震时产生垂直于管道水平地震作用力，防止管道位移破坏管道。

（6）空调水管双撑：支架间距不大于24m，适用于管径*DN*65以上空调水管，用于抵抗地震时产生垂直及平行于管道水平地震作用力，防止管道位移破坏管道（图9.2.4-13、图9.2.4-14）。

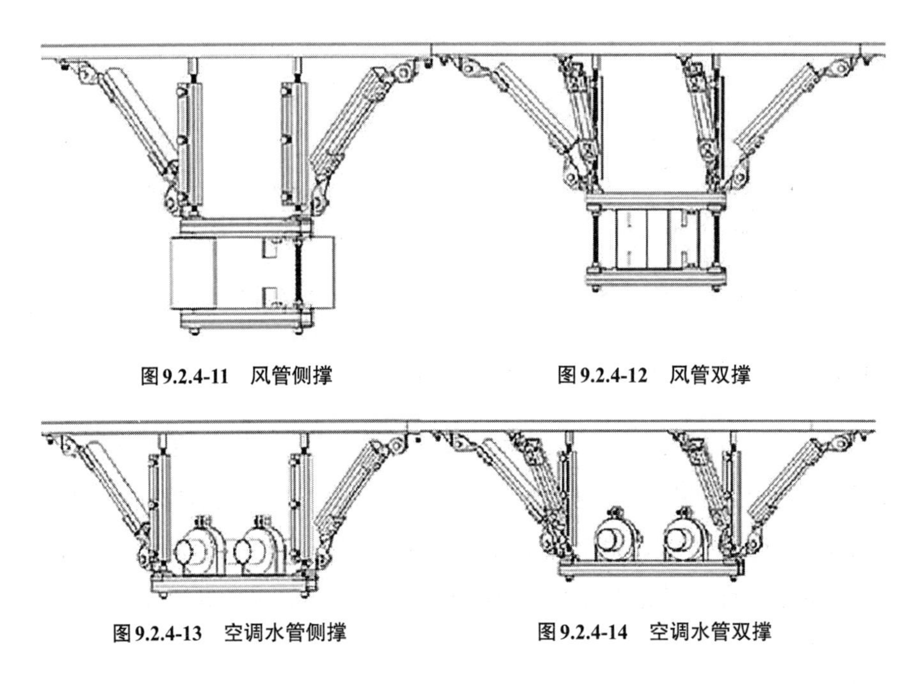

图9.2.4-11　风管侧撑　　图9.2.4-12　风管双撑

图9.2.4-13　空调水管侧撑　　图9.2.4-14　空调水管双撑

（7）多管侧撑（图9.2.4-15）：支架间距不大于12m，适用于管径*DN*65以上给水、消防、空调水管管道，用于抵抗地震时产生垂直于管道水平地震作用力，防止管道位移破坏管道。

（8）多管双撑（图9.2.4-16）：支架间距不大于24m，适用于管径*DN*65以上给水、消防、空调水管管道，用于抵抗地震时产生垂直及平行于管道水平地震作用力，防止管道位移破坏管道。

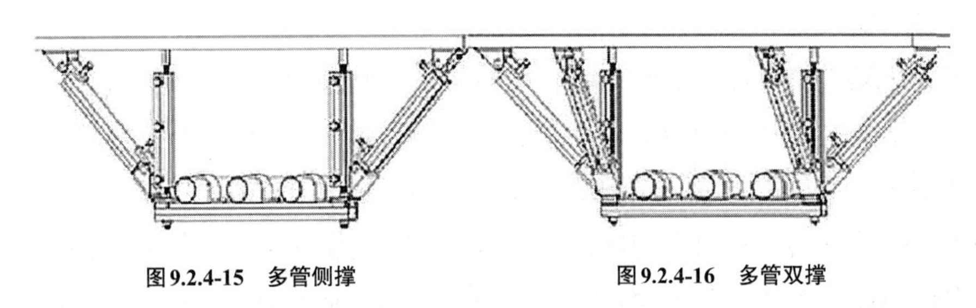

图9.2.4-15　多管侧撑　　图9.2.4-16　多管双撑

（9）跨专业组合侧撑：支架间距不大于9m，适用于满足机电抗震的所有管道，用于抵抗地震时产生垂直于管道水平地震作用力，防止管道位移破坏管道（图9.2.4-17）。

（10）跨专业组合双撑：支架间距不大于18m，适用于满足机电抗震的所有管道，用于抵抗地震时产生垂直及平行于管道水平地震作用力，防止管道位移破坏管道（图9.2.4-18）。

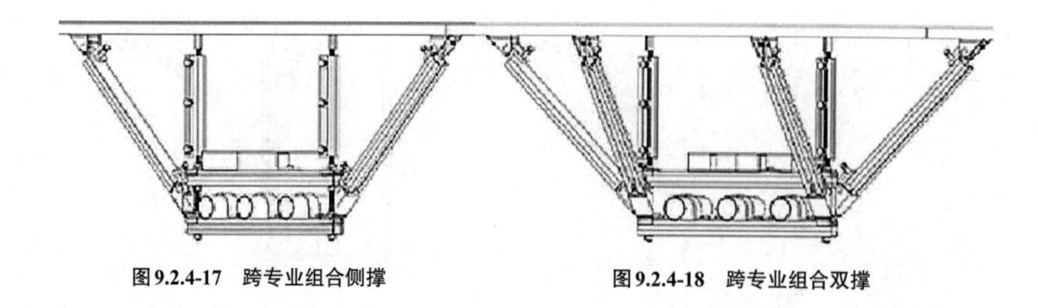

图9.2.4-17　跨专业组合侧撑　　　　图9.2.4-18　跨专业组合双撑

9.2.5 机电深化设计BIM技术成控应用

通过施工BIM深化设计技术控制成本主要是以原有设计单位的设计为基础，结合项目实施过程中的实际情况，在不影响安全及使用功能的前提下，对原有设计方案进行调整的一种方式，采用BIM技术进行成本控制的主要应用要点如下：

（1）改变原设计中对施工成本影响最大的主要材料，采取减少主要材料的使用等方式控制成本。

（2）改变原设计中造成施工工序组织复杂，工期较长的施工方法，通过缩短工期的方式控制成本。

（3）针对同一施工部位的不同专业施工时间，采取BIM施工图深化的方式。合理调整布局，减少碰撞、返工及浪费的方式控制成本。

9.2.6 项目案例

1.项目信息

龙湖礼嘉天街项目位于重庆两江新区礼嘉龙塘立交旁，总建筑面积为26.67万m^2。项目机电深化工程重点、难点在于精装净高要求高，机电专业多而繁杂，机电管线密集、管径大；管线设备施工难度高，任务重。对策：配置专业人员，基于BIM技术对机电管线进行空间排布优化以及净高分析控制，在满足净高要求以及考虑结构施工误差的同时，加强对管线是否满足空间检修以及现场施工的可行性复核；通过BIM的深化出图指导机电现场施工；BIM机电深化模型提取工程量进行现场成本控制。

2.机电深化工程BIM成本控制

1）创建BIM模型

依据设计图纸对土建、机电等专业模型进行搭建完成三维立体模型的构建（图9.2.6-1）。

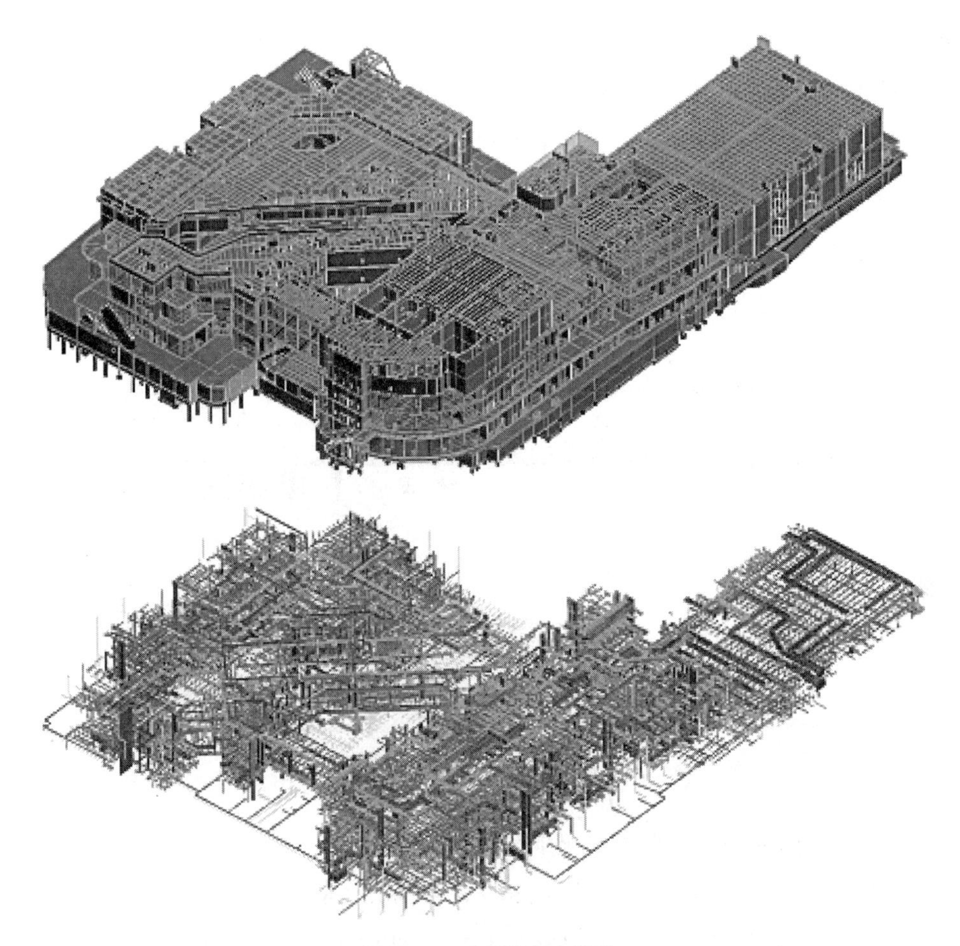

图9.2.6-1 土建及机电模型

2）车库机电管线综合排布原则

综合管网布置须满足车道净高2.4m、车位净高2.2m要求；主要管线的水平路由尽量在车位上空布置，管线宜采用共用支架；管线、桥架翻弯尽量在车位解决，保证车道清爽；车道最低为照明桥架和反向寻车桥架，车位最低为喷淋下喷，标高均满足净高要求。

（1）管线综合排布要点：完善机电管线连接方式以及优化模型的合理性，完成碰撞检查，解决机电与其他专业以及机电本专业之间的错、漏、碰、缺等问题。

（2）BIM模型中以下内容必须参与碰撞检查：管径≤*DN*50的无压管道（包含但不限于：冷凝水管、排水管）；对标高控制敏感的管道（包含但不限于：宽度大于1.2m障碍物下设置的喷淋支管）；抗震支吊架预留安装空间；疏散及指示灯箱预留安装空间。对于已完成选型下单生产的机电设备或集采设备及材料，必须按照实际尺寸进行建模。

(3)BIM模型必须考虑设备引入、安装、检修空间：BIM模型中防火卷帘安装高度满足层高要求，操作空间满足检修要求。地库卷帘需与柱帽交圈，保证地库净高；必须对机电系统进行竖向合模，包含但不限于风管、管道、母线、电缆等(图9.2.6-2)。

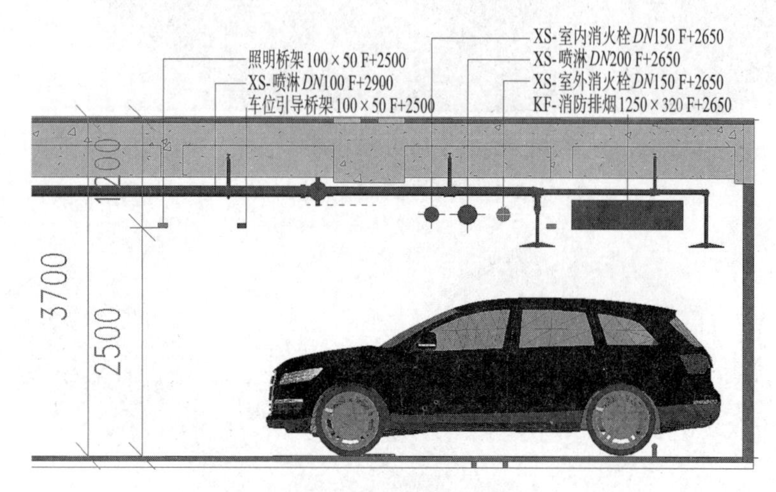

图9.2.6-2 车道净高控制

3)机电深化——商业管线综合排布原则

综合管网布置需满足公区净高4.2m，商铺净高3.6m要求；大尺寸管线布置在商铺内，保证公区高度；最大梁尺寸为1.2m，调整管线多在梁窝处交错，增大空间利用率；公区管线只布置一层，贴梁安装；风口等点位配合精装放置在精装设备带(图9.2.6-3)。

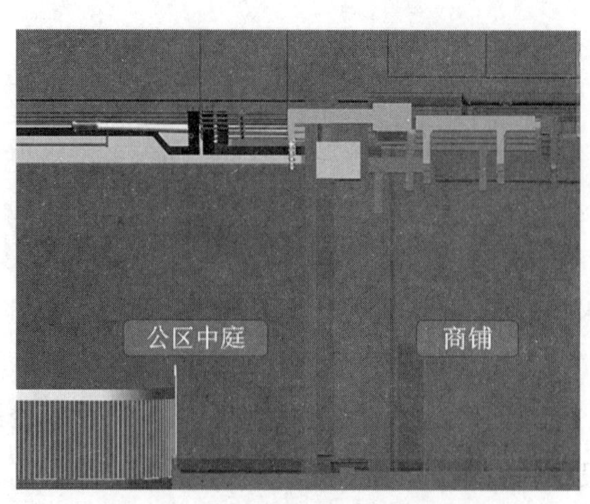

图9.2.6-3 商业机电管线综合排布原则

4）净高分析

对楼层各区域进行净高分析，并对净高存在问题的提出优化解决措施，便于二维设计师、业主方快速进行方案比选决策。该区域风管安装避开筒灯区域，满足灯带安装区域预留300mm，石膏板平顶区域预留150mm（图9.2.6-4）。

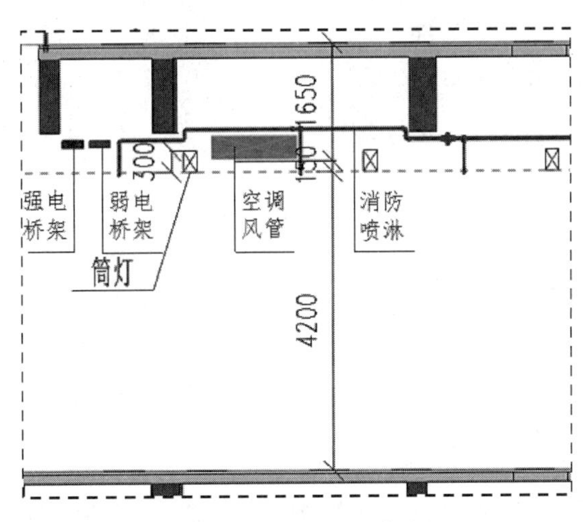

图9.2.6-4　L2层北区净高分析

5）BIM机电深化

（1）针对水平管道斜穿车道区域，可采取提前合并支路、管道路径优化等措施，管道路径与车道方向平行或垂直（图9.2.6-5）。

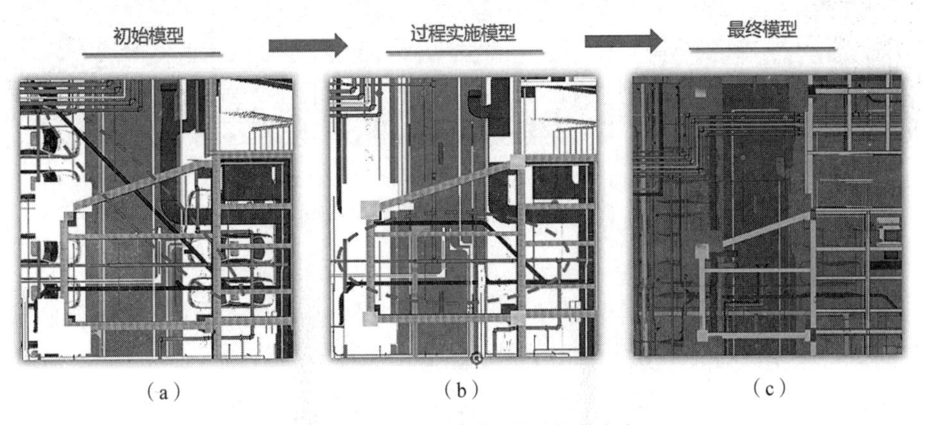

图9.2.6-5　BIM机电管线综合调整方案

（2）原设计*DN*450管道分两层排布，且冷却水采用U形管路，固定难度大，排布不够美观。管线综合思路：取消U形管路，取消管道变径，管道同层排布（图9.2.6-6）。

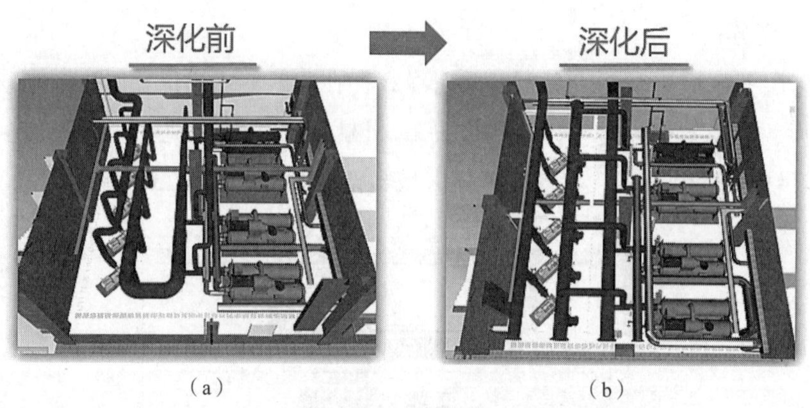

（a）　　（b）

图9.2.6-6　制冷机房

（3）经过设计阶段的BIM机电管线综合排布，碰撞检查，净高分析以及施工阶段的施工安装空间、现场的结构偏差以及预留的检修空间等方面的深化之后，出具BIM管线综合深化图，指导现场施工。美化了机电管线排布，节省了物料成本，极大地减少了误工、返工的现象（图9.2.6-7）。

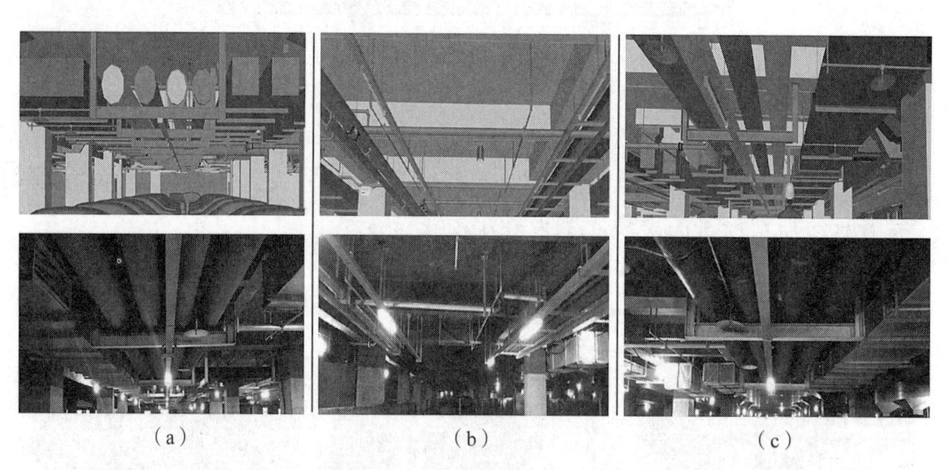

（a）　　（b）　　（c）

图9.2.6-7　BIM管线综合深化出图

6）工程量统计

基于施工阶段的BIM模型，对模型优化前和优化后的工程量统计，用于施工单位的设备采购以及工程量的核算（图9.2.6-8、图9.2.6-9）。

在机电深化设计BIM模型基础上，除了实现对机电深化设计后工程量统计工作，输出材料、型号、长度等工程量结果，同时深化设计模型集成相关信息后也会与计价软件进行对接，以实现后续的计价工作。

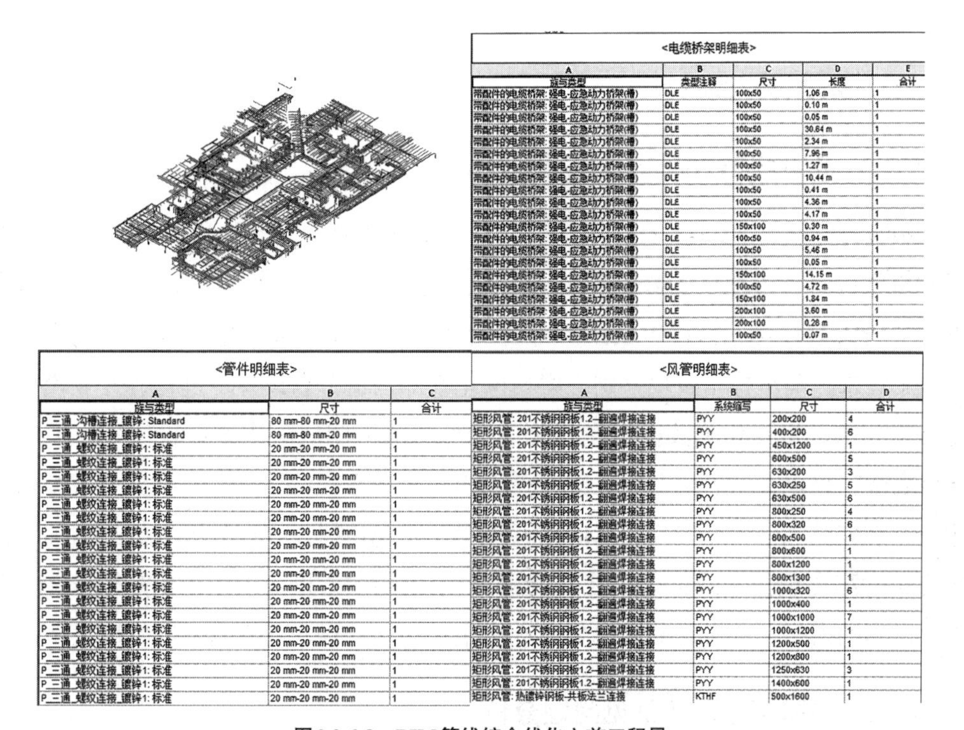

<电缆桥架明细表>

A	B	C	D	E
族与类型	类型注释	尺寸	长度	合计
带配件的电缆桥架: 强电-应急动力桥架(槽)	DLE	100x50	1.06 m	1
带配件的电缆桥架: 强电-应急动力桥架(槽)	DLE	100x50	0.10 m	1
带配件的电缆桥架: 强电-应急动力桥架(槽)	DLE	100x50	0.05 m	1
带配件的电缆桥架: 强电-应急动力桥架(槽)	DLE	100x50	30.64 m	1
带配件的电缆桥架: 强电-应急动力桥架(槽)	DLE	100x50	2.34 m	1
带配件的电缆桥架: 强电-应急动力桥架(槽)	DLE	100x50	7.96 m	1
带配件的电缆桥架: 强电-应急动力桥架(槽)	DLE	100x50	1.27 m	1
带配件的电缆桥架: 强电-应急动力桥架(槽)	DLE	100x50	10.44 m	1
带配件的电缆桥架: 强电-应急动力桥架(槽)	DLE	100x50	0.41 m	1
带配件的电缆桥架: 强电-应急动力桥架(槽)	DLE	100x50	4.36 m	1
带配件的电缆桥架: 强电-应急动力桥架(槽)	DLE	100x50	4.17 m	1
带配件的电缆桥架: 强电-应急动力桥架(槽)	DLE	150x100	0.30 m	1
带配件的电缆桥架: 强电-应急动力桥架(槽)	DLE	100x50	0.94 m	1
带配件的电缆桥架: 强电-应急动力桥架(槽)	DLE	100x50	5.46 m	1
带配件的电缆桥架: 强电-应急动力桥架(槽)	DLE	100x50	0.05 m	1
带配件的电缆桥架: 强电-应急动力桥架(槽)	DLE	150x100	14.15 m	1
带配件的电缆桥架: 强电-应急动力桥架(槽)	DLE	100x50	4.72 m	1
带配件的电缆桥架: 强电-应急动力桥架(槽)	DLE	150x100	1.84 m	1
带配件的电缆桥架: 强电-应急动力桥架(槽)	DLE	200x100	3.60 m	1
带配件的电缆桥架: 强电-应急动力桥架(槽)	DLE	200x100	0.28 m	1
带配件的电缆桥架: 强电-应急动力桥架(槽)	DLE	100x50	0.07 m	1

<管件明细表>

A	B	C
族与类型	尺寸	合计
P_三通_沟槽连接_镀锌: Standard	80 mm-80 mm-20 mm	1
P_三通_沟槽连接_镀锌: Standard	80 mm-80 mm-20 mm	1
P_三通_螺纹连接_镀锌1: 标准	20 mm-20 mm-20 mm	1
P_三通_螺纹连接_镀锌1: 标准	20 mm-20 mm-20 mm	1
P_三通_螺纹连接_镀锌1: 标准	20 mm-20 mm-20 mm	1
P_三通_螺纹连接_镀锌1: 标准	20 mm-20 mm-20 mm	1
P_三通_螺纹连接_镀锌1: 标准	20 mm-20 mm-20 mm	1
P_三通_螺纹连接_镀锌1: 标准	20 mm-20 mm-20 mm	1
P_三通_螺纹连接_镀锌1: 标准	20 mm-20 mm-20 mm	1
P_三通_螺纹连接_镀锌1: 标准	20 mm-20 mm-20 mm	1
P_三通_螺纹连接_镀锌1: 标准	20 mm-20 mm-20 mm	1
P_三通_螺纹连接_镀锌1: 标准	20 mm-20 mm-20 mm	1
P_三通_螺纹连接_镀锌1: 标准	20 mm-20 mm-20 mm	1
P_三通_螺纹连接_镀锌1: 标准	20 mm-20 mm-20 mm	1
P_三通_螺纹连接_镀锌1: 标准	20 mm-20 mm-20 mm	1
P_三通_螺纹连接_镀锌1: 标准	20 mm-20 mm-20 mm	1
P_三通_螺纹连接_镀锌1: 标准	20 mm-20 mm-20 mm	1
P_三通_螺纹连接_镀锌1: 标准	20 mm-20 mm-20 mm	1
P_三通_螺纹连接_镀锌1: 标准	20 mm-20 mm-20 mm	1
P_三通_螺纹连接_镀锌1: 标准	20 mm-20 mm-20 mm	1
P_三通_螺纹连接_镀锌1: 标准	20 mm-20 mm-20 mm	1

<风管明细表>

A	B	C	D
族与类型	系统缩写	尺寸	合计
矩形风管: 201不锈钢钢板1.2—翻遍焊接连接	PYY	200x200	4
矩形风管: 201不锈钢钢板1.2—翻遍焊接连接	PYY	400x200	6
矩形风管: 201不锈钢钢板1.2—翻遍焊接连接	PYY	450x1200	1
矩形风管: 201不锈钢钢板1.2—翻遍焊接连接	PYY	600x500	5
矩形风管: 201不锈钢钢板1.2—翻遍焊接连接	PYY	630x200	3
矩形风管: 201不锈钢钢板1.2—翻遍焊接连接	PYY	630x250	5
矩形风管: 201不锈钢钢板1.2—翻遍焊接连接	PYY	630x500	6
矩形风管: 201不锈钢钢板1.2—翻遍焊接连接	PYY	800x250	4
矩形风管: 201不锈钢钢板1.2—翻遍焊接连接	PYY	800x320	6
矩形风管: 201不锈钢钢板1.2—翻遍焊接连接	PYY	800x500	1
矩形风管: 201不锈钢钢板1.2—翻遍焊接连接	PYY	800x600	1
矩形风管: 201不锈钢钢板1.2—翻遍焊接连接	PYY	800x1200	1
矩形风管: 201不锈钢钢板1.2—翻遍焊接连接	PYY	800x1300	1
矩形风管: 201不锈钢钢板1.2—翻遍焊接连接	PYY	1000x320	6
矩形风管: 201不锈钢钢板1.2—翻遍焊接连接	PYY	1000x400	1
矩形风管: 201不锈钢钢板1.2—翻遍焊接连接	PYY	1000x1000	7
矩形风管: 201不锈钢钢板1.2—翻遍焊接连接	PYY	1000x1200	1
矩形风管: 201不锈钢钢板1.2—翻遍焊接连接	PYY	1200x500	1
矩形风管: 201不锈钢钢板1.2—翻遍焊接连接	PYY	1200x800	1
矩形风管: 201不锈钢钢板1.2—翻遍焊接连接	PYY	1250x630	3
矩形风管: 201不锈钢钢板1.2—翻遍焊接连接	PYY	1400x600	1
矩形风管: 热镀锌钢板-共板法兰连接	KTHF	500x1600	1

图 9.2.6-8　BIM 管线综合优化之前工程量

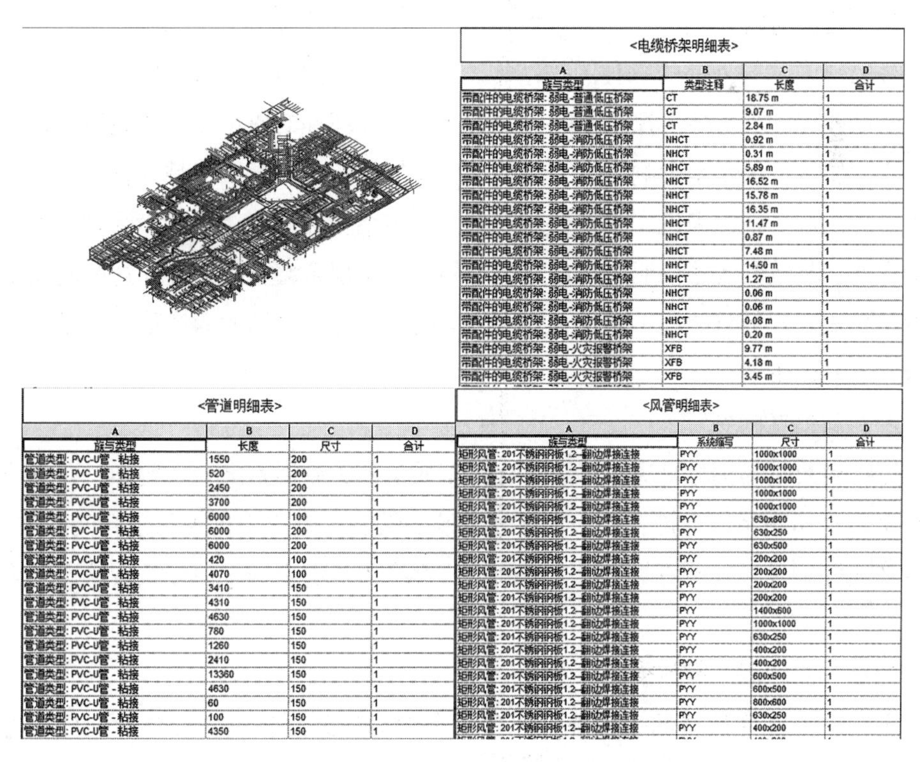

<电缆桥架明细表>

A	B	C	D
族与类型	类型注释	长度	合计
带配件的电缆桥架: 弱电-普通低压桥架	CT	18.75 m	1
带配件的电缆桥架: 弱电-普通低压桥架	CT	9.07 m	1
带配件的电缆桥架: 弱电-普通低压桥架	CT	2.84 m	1
带配件的电缆桥架: 弱电-消防低压桥架	NHCT	0.92 m	1
带配件的电缆桥架: 弱电-消防低压桥架	NHCT	0.31 m	1
带配件的电缆桥架: 弱电-消防低压桥架	NHCT	5.89 m	1
带配件的电缆桥架: 弱电-消防低压桥架	NHCT	16.52 m	1
带配件的电缆桥架: 弱电-消防低压桥架	NHCT	15.78 m	1
带配件的电缆桥架: 弱电-消防低压桥架	NHCT	16.35 m	1
带配件的电缆桥架: 弱电-消防低压桥架	NHCT	11.47 m	1
带配件的电缆桥架: 弱电-消防低压桥架	NHCT	0.87 m	1
带配件的电缆桥架: 弱电-消防低压桥架	NHCT	7.48 m	1
带配件的电缆桥架: 弱电-消防低压桥架	NHCT	14.50 m	1
带配件的电缆桥架: 弱电-消防低压桥架	NHCT	1.27 m	1
带配件的电缆桥架: 弱电-消防低压桥架	NHCT	0.06 m	1
带配件的电缆桥架: 弱电-消防低压桥架	NHCT	0.06 m	1
带配件的电缆桥架: 弱电-消防低压桥架	NHCT	0.08 m	1
带配件的电缆桥架: 弱电-消防低压桥架	NHCT	0.20 m	1
带配件的电缆桥架: 弱电-火灾报警桥架	XFB	9.77 m	1
带配件的电缆桥架: 弱电-火灾报警桥架	XFB	4.18 m	1
带配件的电缆桥架: 弱电-火灾报警桥架	XFB	3.45 m	1

<管道明细表>

A	B	C	D
族与类型	长度	尺寸	合计
管道类型: PVC-U管 - 粘接	1550	200	1
管道类型: PVC-U管 - 粘接	520	200	1
管道类型: PVC-U管 - 粘接	2450	200	1
管道类型: PVC-U管 - 粘接	3700	200	1
管道类型: PVC-U管 - 粘接	6000	100	1
管道类型: PVC-U管 - 粘接	6000	200	1
管道类型: PVC-U管 - 粘接	6000	200	1
管道类型: PVC-U管 - 粘接	420	100	1
管道类型: PVC-U管 - 粘接	4070	100	1
管道类型: PVC-U管 - 粘接	3410	150	1
管道类型: PVC-U管 - 粘接	4310	150	1
管道类型: PVC-U管 - 粘接	4630	150	1
管道类型: PVC-U管 - 粘接	780	150	1
管道类型: PVC-U管 - 粘接	1260	150	1
管道类型: PVC-U管 - 粘接	2410	150	1
管道类型: PVC-U管 - 粘接	13360	150	1
管道类型: PVC-U管 - 粘接	4630	150	1
管道类型: PVC-U管 - 粘接	60	150	1
管道类型: PVC-U管 - 粘接	100	150	1
管道类型: PVC-U管 - 粘接	4350	150	1

<风管明细表>

A	B	C	D
族与类型	系统缩写	尺寸	合计
矩形风管: 201不锈钢钢板1.2—翻边焊接连接	PYY	1000x1000	1
矩形风管: 201不锈钢钢板1.2—翻边焊接连接	PYY	1000x1000	1
矩形风管: 201不锈钢钢板1.2—翻边焊接连接	PYY	1000x1000	1
矩形风管: 201不锈钢钢板1.2—翻边焊接连接	PYY	1000x1000	1
矩形风管: 201不锈钢钢板1.2—翻边焊接连接	PYY	1000x1000	1
矩形风管: 201不锈钢钢板1.2—翻边焊接连接	PYY	630x800	1
矩形风管: 201不锈钢钢板1.2—翻边焊接连接	PYY	630x250	1
矩形风管: 201不锈钢钢板1.2—翻边焊接连接	PYY	630x500	1
矩形风管: 201不锈钢钢板1.2—翻边焊接连接	PYY	200x200	1
矩形风管: 201不锈钢钢板1.2—翻边焊接连接	PYY	200x200	1
矩形风管: 201不锈钢钢板1.2—翻边焊接连接	PYY	200x200	1
矩形风管: 201不锈钢钢板1.2—翻边焊接连接	PYY	200x200	1
矩形风管: 201不锈钢钢板1.2—翻边焊接连接	PYY	1400x600	1
矩形风管: 201不锈钢钢板1.2—翻边焊接连接	PYY	1000x1000	1
矩形风管: 201不锈钢钢板1.2—翻边焊接连接	PYY	630x250	1
矩形风管: 201不锈钢钢板1.2—翻边焊接连接	PYY	400x200	1
矩形风管: 201不锈钢钢板1.2—翻边焊接连接	PYY	400x200	1
矩形风管: 201不锈钢钢板1.2—翻边焊接连接	PYY	600x500	1
矩形风管: 201不锈钢钢板1.2—翻边焊接连接	PYY	600x500	1
矩形风管: 201不锈钢钢板1.2—翻边焊接连接	PYY	800x600	1
矩形风管: 201不锈钢钢板1.2—翻边焊接连接	PYY	630x250	1
矩形风管: 201不锈钢钢板1.2—翻边焊接连接	PYY	400x200	1

图 9.2.6-9　BIM 管线综合优化后工程量

9.3 幕墙深化设计

9.3.1 幕墙BIM深化设计概述

幕墙深化设计BIM技术是指基于设计院的幕墙概念设计、方案设计、施工图纸等相关资料，依托专业BIM深化设计软件平台，建立三维模型，并赋予几何参数与空间参数，对原幕墙方案进行深化设计，利用BIM可视化的特点，优化幕墙外立面效果、确定幕墙板块分割方案、深化细部构造节点设计、进行各专业模型碰撞检查、基于实际建筑数据精准深化设计等，基于BIM深化设计软件平台可直接导出幕墙工程量、深化图、加工图，借助物联网技术，可将幕墙三维模型数据精准传递至数控机床中，直接用于幕墙构件加工，避免传统二维设计图纸到三维加工模型转换过程出现信息缺失。依托幕墙深化设计BIM技术，可大量节省传统幕墙深化设计中的人力、物力，提高深化设计质量、构件的生产效率与加工精度。

9.3.2 幕墙深化设计常见问题分析

1.预埋件问题

幕墙作为建筑外部的一种围护结构，如同建筑主体结构外穿的一件衣服一样，必须借助相应的预埋件支撑幕墙的框架。所以，预埋件的质量、尺寸规格、预埋位置、施工要求等因素是影响幕墙工程施工质量的决定性因素。但是，就现阶段我国幕墙工程的施工情况来说，很多企业在建筑主体结构施工时，都因为受到各方面因素的影响，导致其无法按照施工设计图纸的要求预埋幕墙支撑构件。这些问题不仅影响了幕墙工程的整体施工质量和效率，同时也给建筑幕墙的后续使用和维护造成了极为不利的影响。

2.原料质量问题

原材料质量的优劣是决定幕墙工程施工质量的关键因素之一。例如，龙骨或者铝合金型材切割精度不符合要求，导致幕墙安装施工过程中出现的配合间隙过大；幕墙玻璃施工时，玻璃切割边缘未经处理，都会因为应力集中而导致玻璃出现破损的问题。

3.结构立柱以及梁问题

施工企业在建筑幕墙工程施工过程中难免会遇到建筑主体结构的立柱或者梁等，这就要求施工企业必须严格地按照施工设计图纸的要求，选择精确的计算模型和参数准确计算建筑幕墙的受力载荷，才能确保幕墙工程施工的质量符合工程设计要求。然而，当前我国很多的建筑幕墙工程在施工过程中，都存在着没有采用力学受力模型计算立柱承载力分布情况或者型材截面特性参数选择不准确等各方面的问题，导致幕墙工程施工过程中出现了型材受力不均的问题。此外，如果建筑主体结构中的立柱被设计为受压杆件或者杆件强度不达标的话，也会因为幕墙受力不均而导致幕墙工程出现施工质量问题。

9.3.3 基于BIM技术的幕墙深化设计主要内容

1.幕墙设计深化的原则

1）安全适用原则

幕墙作为建筑物的外围护结构，需具备承受交变风荷载、雪荷载、自重荷载、地震荷载、温度应力荷载等的能力，在设计使用寿命周期内幕墙应是安全的。幕墙的安全性是设计首要考虑的因素，所以在设计时应当对材料的选择和连接节点的设计等进行综合考虑和验算。

2）造型美观原则

在划分幕墙立面线条时，力求采用最合理可行的结构来完成设计师的创意及构思。并满足施工的可行和后期更换的可操作性。原则上应遵照原设计师和业主的初衷，在保证幕墙结构设计能实现的前提下尽量满足其想法、实现其想法，在此基础上进行合理的创意，使最终的幕墙产品具有较高的观赏性，充分展现幕墙的力与美。

3）经济合理原则

结构轻巧体现了设计师的匠心独运，是一种创造性的劳动，而且还能起到降低结构材料的重量，直接降低了造价。在满足结构安全的前提下，力求选择最合适的材料、更优的设计以达到满足幕墙的功能要求且经济合理作为幕墙设计的立足点。

4）环保节能原则

现代幕墙已不再仅仅对建筑起到装饰、外围护的功能，而是越来越深入地成为整个大厦的一个有机组成部分，越来越多地参与了整个大厦的隔热、通风、采光等功能建设。其对于整个大厦的环保节能性能的影响，已经到了至关重要的地步。幕墙的环保节能程度已成为人们衡量幕墙品质的一个重要指标。

2.建筑幕墙工程设计中的深化要点

1）与灯光连接的深化

现代建筑不仅白天是一座城市的靓丽风景，随着灯光在建筑外墙的应用，夜晚更使一座城市变得五彩缤纷。因此，在幕墙设计时其中一个深化要点就是提前对灯具及灯带的布置、固定、接线，在设计上作出安排，在材料加工时充分考虑客观需要。深化设计的具体内容有：灯具和灯带的位置确定；灯具及灯带的永久固定处理；相关灯具的电线在幕墙表面的隐藏和在幕墙内部的有序、可靠连接；灯具和灯带、线路的检修和更换。

2）主龙骨材料结构的深化

近些年，随着人们审美观念的提升，使得建筑外观更趋于特色化。使得各种幕墙结构形式应运而生。相对于以往用得最多的铝结构幕墙，新的钢结构幕墙、钢铝组合结构幕墙也越来越受到行业的青睐。因此，在设计时可以对比分析不同材料结构作为一个深化要点，来达到甲方和建筑师需要的外观效果和节约成本的目的。其中铝结构幕墙的优点有：重量轻、耐腐蚀、装饰效果好；缺点有：防火性差，强度低、弹性模量小在层高较大或风荷载较大的幕墙中难以胜任。钢结构幕墙优点有：强度高、防火性能较强，价格低廉，可拉弯应用曲面结构；缺点有：易腐蚀、自重大。钢铝组合结构幕墙可以综合以上两种结构幕墙的优点但也会产生新的问题，例如，电化腐蚀，安装难度加大。因此通过了解不同材料的性能、新的技术、甚至新的方法和思想来为建筑幕墙选择更合适的材料结构便成了幕墙设计一个不可缺少的要点。

3）后置埋板与连接件的焊接深化

因当前建筑幕墙施工，很多情况是在主体结构施工完后，才考虑幕墙工程的设计，因而幕墙设计多采用化学螺栓固定后置埋件将荷载传递到建筑主体，而后置埋件的设计及施工质量至关重要，关系到整个幕墙系统的结构安全。首先，把埋件钢板与连接件焊为一体，再用化学螺栓固定于主体结构上。这样就避免了焊接对化学螺栓的减弱作用，保证了后置埋件的承载力；其次，可在设计时尽量采用组合后置埋件，以确保焊接对化学螺栓的减弱后埋件仍具有一定的承载能力。

4）跨变形缝处的连接深化

首先，对于主龙骨跨越了变形缝，不利于传力且不利于随主体结构变形；其次，后置埋件的位置对应于主龙骨的位置不能居中。因此，要进行跨变形缝处龙骨的连接深化，首先，将后置埋件固定安装在变形缝的一侧，通过转接件连接一段水平方钢跨越变形缝，如果方钢太长，其端部可设置一个埋件安装连接件通过螺栓与方钢连接，螺栓孔对应变形方向开腰形孔使其可滑动。

5）建筑外门窗、雨篷、护栏的协作处理

建筑的裙楼往往设计有大量的门窗、雨篷、护栏等建筑构件，这些构件不可避免地与建筑幕墙产生了交集，其相交部位处理的好坏不仅会影响建筑外墙的美观，而且会直接影响建筑的功能。这部分深化设计的主要内容有：门窗和雨篷及护栏的位置、分格除满足其本身功能要求外，还要与幕墙整体风格协调一致；门窗和雨篷及护栏的高度除满足本身功能要求外，其受力构件应与幕墙协调一致，可单独分开，也可连成整体，具体视实际情况而定；门窗和雨篷及护栏的宽度与幕墙竖向龙骨协调一致。

6）玻璃幕墙室内拆装的深化

当前，建筑幕墙玻璃的自爆问题严重，并且长期无法找到合适的解决办法，现实情况大多是玻璃自爆后通过吊篮或吊车室外高空作业进行更换，这样既不经济又非常不安全。因此玻璃幕墙室内的拆装成了亟待解决的问题。为了有效地解决此问题，就要在设计上对幕墙拆装进行深化，设计可将幕墙上所有玻璃能从室内进行拆装更换的构造或装置，保证幕墙拆装的安全性。具体内容如下：首先，对于隐框幕墙通过将玻璃块材与其背面的金属框形成整体，通过金属框与龙骨连接，从而同步将玻璃安装于幕墙上，更换时从室内拆卸损坏的玻璃块；其次，通过将数块玻璃组成一个小幕墙单元，设置轨道机构整体控制幕墙单元，可使之水平平移或小幅度转动，不但能拆装小幕墙单元本身的玻璃，还能清理和拆装旁边的玻璃块材；再次，改进玻璃的安装固定方式，如玻璃内外固定采用易拆卸的压条使之能从内、外两个方向均可以自由拆卸更换玻璃，或者玻璃安装最后一道工序采用室内压条固定使其可从室内单方向拆卸。这一点对于明框幕墙容易做到。对于隐框幕墙则有点困难，则需要对幕墙立柱横梁前端进行深化使其占用空间减小使玻璃既能从室内拆装又不影响室外观看时隐框幕墙的效果。

9.3.4 幕墙深化设计BIM造价模型

1.三维建模

根据设计图纸或设计方案，依托专业BIM深化设计软件平台，基于项目统一的轴网、标高、建筑及结构模型，建立参数化幕墙模型。

2.外立面造型设计优化

利用BIM软件，实施各种异形曲面、双曲面和复杂造型设计，利用可视化特点，优化不合理的造型部位，辅助设计方及业主方进行方案选型。

3.幕墙板块设计

利用BIM软件，对幕墙表皮进行板块分割设计，确定在保证装饰效果的前提下有利于加工、运输及施工的最优方案。

4.细部构造节点设计

利用BIM软件，对幕墙龙骨、连接固定件、幕墙边角、洞口、交界处、梁底收边等细部构造节点进行深化设计，优化适用于实施工程的细部构造做法。

5.碰撞检查

整合建筑、结构、钢结构等模型，对各专业间BIM模型进行碰撞检查，出具碰撞报告，提前解决专业间碰撞问题。

6.基于实际建筑数据精准深化设计

运用三维扫描技术采集现场建造数据，基于点云数据对幕墙BIM模型进行深化设计，从设计源头上吸收施工误差，提高现场幕墙安装进度与质量。

7.三维出图

利用深化完成的幕墙BIM模型，导出工程量表、深化图、加工图，指导现场实施与生产，减少传统出图的繁冗程序。

8.数字化加工

将最终的幕墙深化BIM模型数据，导入数控机床系统中，实现设计数据的无损传递，提高加工品质，减少从设计到加工各个环节中的材料浪费。

9.3.5 幕墙深化设计BIM造价成控应用

1. BIM技术在工程量计算方面的应用

BIM技术作为新一代计算机辅助技术得到广泛应用，该技术能够在工程项目全生命周期进行数据传递和共享，具有很多优势。BIM 技术可视化、可协调性的优势，能进一步提高工程质量，有效地控制施工成本，促进企业获得更大的经济效益。我们目前使用的广联达算量BIM软件大大地提高了算量的准确性和速度，解决了我们在投标、结算、核算成本过程中手工计算繁杂、审核难度大，工作效率低等问题。

2.施工质量管理

施工建设过程中，充分利用 BIM 技术应用手段控制工程质量。例如，通过建立三维实景模型，比较真实地反映施工现场及周围环境条件，方便施工场地的布置和交通组织。也可利用 BIM 相关软件进行施工模拟，使施工人员在施工前先熟悉和掌握施工内容与施工流程，再利用 BIM 相关软件进行施工过程模拟，使操作人员对施工过程进行总结，并对施工质量进行总结。也可通过 BIM 技术协同管理，对施工进度、施工安全和施工质量实施监控，查看现场实际情况与设计要求是否有偏差，以便及时纠正。

3. 施工图及模型导出、材料统计

在幕墙工程施工过程中，经常会出现一些因素，导致产品功能使用出现冲突，空间构造产生矛盾，所以，作为幕墙工程的设计师，必须提前利用 Revit 软件来搭建完善的三维立体模型，这样才能更好地进行碰撞检查，提前防止出现施工碰撞以及遗漏的问题。同时设计师提前利用BIM 技术，能够更好地对存在问题及时进行调整，对设计方案进行优化和改进。

9.3.6 项目案例

1. 项目信息

重庆江北国际机场T3B航站楼项目是全球建筑面积最大的单体卫星厅，项目总建筑面积约36万 m^2，由主楼和四条指廊组成，其中主楼分为地上四层，地下二层。项目幕墙面积13万 m^2，由主楼和四条指廊组成，幕墙体系包括拉索玻璃幕墙、百叶幕墙、竖明横隐玻璃幕墙、石材幕墙、铝单板幕墙、钢框架夹具式幕墙，其中不锈钢拉索幕墙3万 m^2。

2. 幕墙BIM成本控制

重庆江北国际机场T3B航站楼项目，全专业全过程运用BIM技术，采用BIM高新技术，以数字化、信息化和可视化的方式提升项目建设水平，做到精细化管理，达到项目设定的安全、质量、工期管理目标。

1）参数化建模

幕墙BIM工作流程第一步，便是通过犀牛软件建立高精度BIM模型。项目通过建筑师的立面图纸进行优化建立表皮模型，使用GH插件对幕墙节点图纸进行参数化建模（图9.3.6-1、图9.3.6-2）。

2）碰撞检查

通过三维扫描逆向建模，并与各专业模型进行空间碰撞检测，从而进行方案、节点深化，发现并解决各类问题超过900余处，调整GH参数快速优化幕墙系统类型、确定立面分格尺寸、连接方式等，模具费用节省67.5万元，面材工费节省51.3万元（图9.3.6-3）。

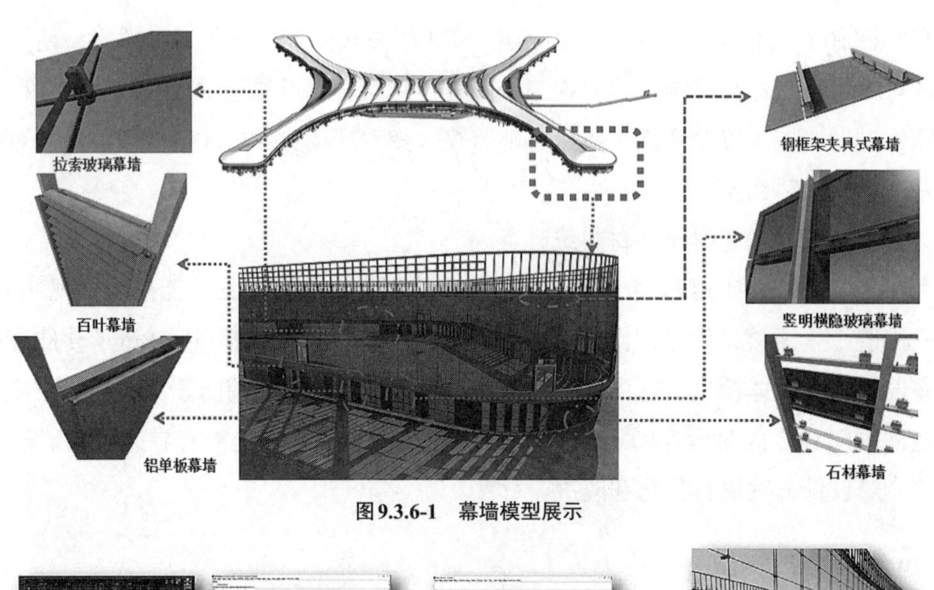

图9.3.6-1　幕墙模型展示

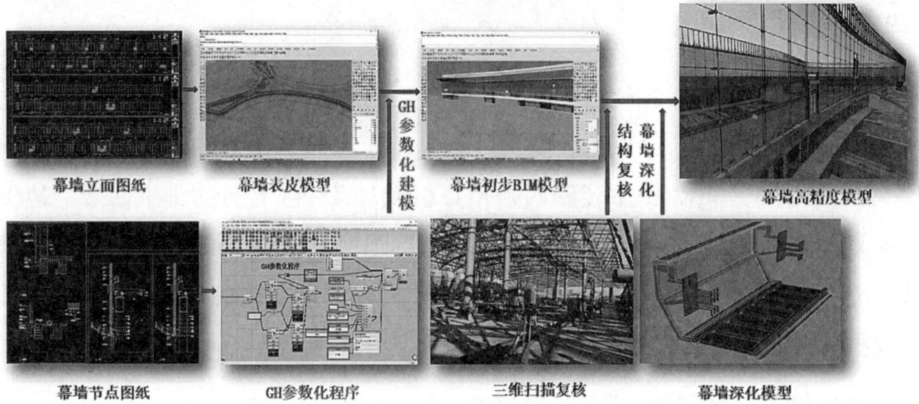

图9.3.6-2　幕墙建模流程

幕墙-机电碰撞检查反馈表

项目名称		重庆江北国际机场T3B航站楼及第四跑道工程		单项工程	T3B航站楼
建设单位		重庆机场集团有限公司		BIM咨询单位	重庆大学
设计单位		中国建筑西南设计研究院有限公司		施工单位	浙江亚厦幕墙有限公司
序号	定位	碰撞情况	截图示意		
1	C-W-EL105	通气管（id: 1940669）与石材幕墙碰撞			
2	C-W-EL105	多个电缆桥架（部分ID: 1945901）与幕墙埋件、立柱碰撞			
3	C-W-EL105	电缆桥架（部分ID: 2071208）与埋件、立柱碰撞			

图9.3.6-3　幕墙碰撞检查报告表

3）三维深化设计

通过优化后方案再根据现场土建结构返回尺寸，对细部节点的构造进行深化，修改GH参数从而快速地进行三维建模，从而形成高精度BIM模型。项目所有材料均从模型中提取，按实际尺寸下料，使模型指导工厂加工一直到后续现场安装。到目前统计得出材料损耗率从2%降低至0.21%，节省了费用近214.6万元（图9.3.6-4）。

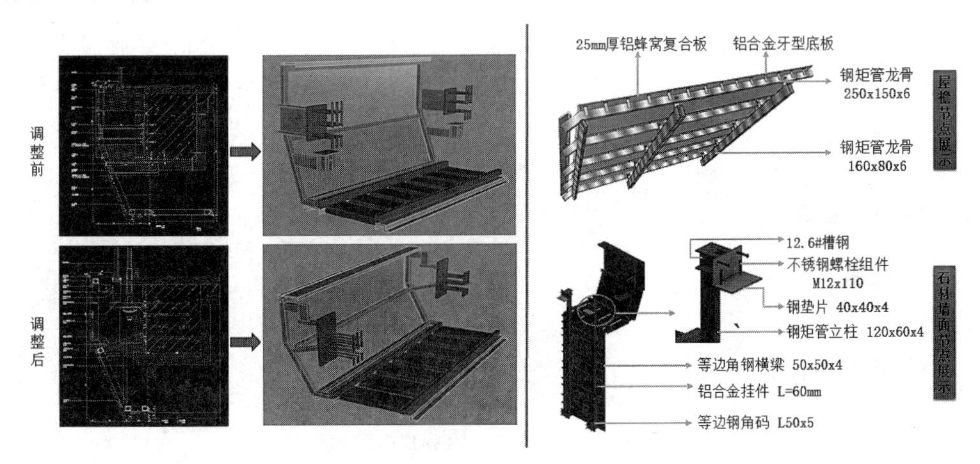

图9.3.6-4 幕墙优化过程展示

4）幕墙RIR工作流

通过RIR（Rhino Inside Revit，简称RIR），将Rhino模型中的几何信息和非几何信息导入进Revit中，生成Revit模型，配合其他专业协同运用模型（图9.3.6-5）。

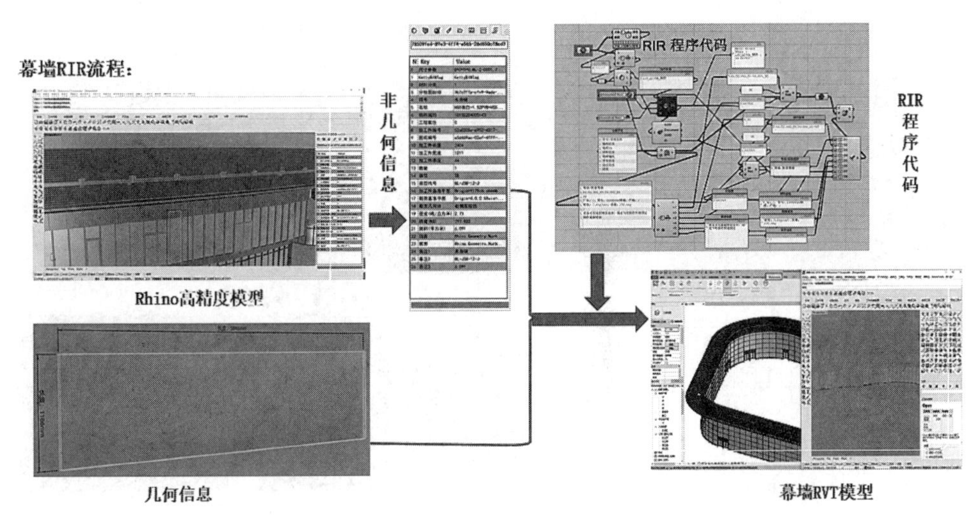

图9.3.6-5 幕墙RIR流程

5）幕墙BIM深化模型加工

通过精度达到LOD400的BIM深化模型，利用GH程序导出STP（Spanning Tree Protocol，简称STP）格式模型，导入到数控加工设备进行CAM（Computer Aided Manufacturing，简称CAM）加工，既通过设备拾取起几何参数对原材料进行自动化加工，保证幕墙施工精度（图9.3.6-6）。

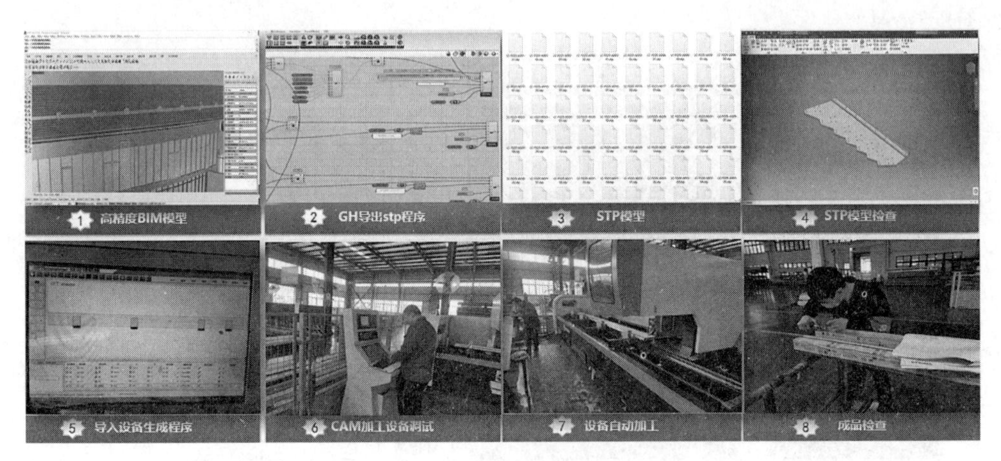

图9.3.6-6　幕墙BIM深化模型加工流程

6）三维安装定位

利用BIM模型输出的数据，配以全站仪定位技术，实时跟踪复测现场安装数据，将现场安装过程出现的误差，在该轴线内进行消除，避免出现累积误差（图9.3.6-7）。

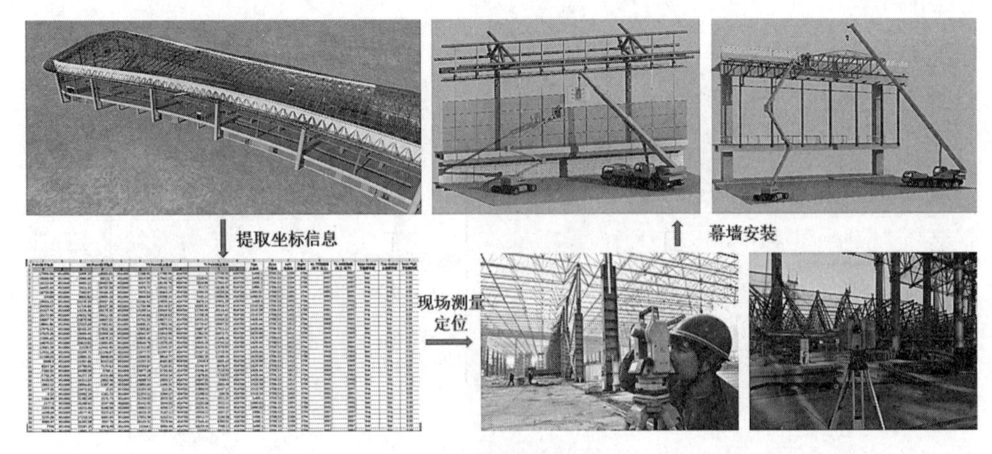

图9.3.6-7　幕墙定位安装

7）幕墙工程量统计

对幕墙工程量可以一键统计，批量出工序明细表、加工图，组框图等，减少人为出错的机率，提高了30%的工作效率（图9.3.6-8）。

10130110001047	钢板加工件	GJ-JJ11-07A	JG-JJ11-07A	个	72		千克
10130110001047	钢板加工件	GJ-JJ11-12A	JG-JJ11-12A	个	28		千克
10130110001047	钢板加工件	GJ-JJ11-12B	JG-JJ11-12B	个	28		千克
10130110001047	钢板加工件	GJ-JJ11-13A	JG-JJ11-13A	个	32		千克
10130110001047	钢板加工件	GJ-JJ11-13B	JG-JJ11-13B	个	32		千克
10130110001047	钢板加工件	GJ-JJ11-14	JG-JJ11-14	个	36		千克
10130110001047	钢板加工件	GJ-JJ11-14B	JG-JJ11-14B	个	36		千克
10130110001047	钢板加工件	GJ-JJ11-15	JG-JJ11-15	个	36		千克
10130110001047	钢板加工件	GJ-JJ11-15B	JG-JJ11-15B	个	36		千克
10130110001047	钢板加工件	GJ-JJ11-16	JG-JJ11-16	个	36		千克
10130110001047	钢板加工件	GJ-JJ11-16B	JG-JJ11-16B	个	36		千克
10130110001047	钢板加工件	GJ-JJ11-41A	JG-JJ11-41A	个	32		千克
10130110001047	钢板加工件	GJ-JJ11-41B	JG-JJ11-41B	个	32		千克
10130110001047	钢板加工件	GJ-JJ11-42	JG-JJ11-42	个	72		千克
10130110001047	钢板加工件	GJ-JJ11-45	JG-JJ11-45	个	72		千克
10130110001047	钢板加工件	GJ-JJ16-03A	JG-JJ16-03A	个	4		千克
10130110001047	钢板加工件	GJ-JJ16-03B	JG-JJ16-03B	个	4		千克
10130110001047	钢板加工件	GJ-JJ16-04A	JG-JJ16-04A	个	4		千克
10130110001047	钢板加工件	GJ-JJ16-04B	JG-JJ16-04B	个	4		千克
10130110001047	钢板加工件	GJ-JJ16-07MA	JG-JJ16-07MA	个	8		千克
10130110001047	钢板加工件	GJ-JJ16-12MA	JG-JJ16-12MA	个	4		千克
10130110001047	钢板加工件	GJ-JJ16-12MB	JG-JJ16-12MB	个	4		千克
10130110001047	钢板加工件	GJ-JJ16-13MA	JG-JJ16-13MA	个	4		千克
10130110001047	钢板加工件	GJ-JJ16-13MB	JG-JJ16-13MB	个	4		千克
10130110001047	钢板加工件	GJ-JJ16-14MA	JG-JJ16-14MA	个	4		千克
10130110001047	钢板加工件	GJ-JJ16-14MB	JG-JJ16-14MB	个	4		千克

图9.3.6-8 幕墙工程量统计表

9.4 装饰装修深化设计

9.4.1 装饰装修BIM深化设计概述

装饰装修BIM深化是在设计单位提供的装饰施工图和效果图的基础上，结合施工现场实际情况，对原图纸进行细化、补充和完善，为施工作最后的把控。目前国内装饰设计单位对具体施工工艺经验欠缺，对施工实际情况又缺乏理解，因此设计单位交付的施工图普遍无法按图施工。特别是较大规模的工程施工过程中，工程项目管理体制和程序都复杂，设计单位结合施工现场实际情况及时修改完善施工图比较困难，无法应对各类施工中出现的问题。结果导致工程不断返工，给工程成本把控带来巨大挑战。深化设计后装饰施工图纸应该满足业主的技术、功能、美观要求，符合相关国家省部地方现行的设计规范和施工规范，并通过审查，能直接指导现场施工和验收。深化设计是装饰施工承包单位必须提供的一种服务。对于原设计深度不够的工程招标，装饰项目承包单位的深化设计服务能力无疑成为衡量选择装饰承包商重要依据之一。深化设计的存在体现了一家装饰工程施工承包单位的专业能力、设计实力以及对装饰工程问题全方位的解决能力。

9.4.2 装饰装修深化设计常见问题分析

随着人们对生活环境要求的不断提高，建筑装饰装修工程的质量也得到了高度的重视。从我国建筑装饰装修工程的施工现状来看，其主要特点是敷设于建筑表面，所以建筑装饰装修工程的施工必须以结构主体为载体才能进行施工。工程在施工的过程中会受到很多因素的影响，例如，空间的限制、施工环境的限制、工程具体结构的限制等。同时，由于施工过程中所涉及的工序较多，施工环节也较为复杂。因此，会在很大程度上给工程的施工安全带来威胁。此外，建筑装饰装修设计风格各不相同，装修材料多种多样，使建筑装饰装修施工工艺呈多样性；换句话说，同一空间的施工要通过多道工序、多种工艺来完成，而同一道工序也可以采用不同的施工工艺来达到相同效果。

9.4.3 基于BIM技术的装饰装修深化设计主要内容

BIM软件进行装饰装修深化参数化设计（三维建模）、虚拟现实展示、碰撞检测和材料统计等一体化设计，大大提高了室内装修设计的效率，减少了错漏风险，最大可能性地保证了施工的可能性。

参数化设计是BIM技术最大的特点。将BIM技术运用到装饰装修深化工程设计中，无论隔断还是墙面、地面、吊顶的设计，都对其内部构造以及材质进行了详细的记录。通过绘制室内三维模型的同时，还生成了详细的明细表、施工图、详图等。在完成方案设计的同时，也完成了施工图绘制。一举两得，有很高的应用价值。

9.4.4 装饰装修深化设计BIM造价模型

装饰装修深化工程BIM应用，作为BIM技术使用频率最高、最易产生价值的应用，可快速落地以BIM指导施工。

（1）建立装饰工程全专业模型，基于各专业图纸及模型，完成建筑项目范围内装饰排布的优化。优化方案经现场技术部门及设计单位确认后按楼层导出平面图，布置大样图，复杂位置剖面图等，完成相关审核流程后，交付现场施工班组使用（图9.4.4-1）。

图9.4.4-1 BIM装饰效果图

（2）出具各装饰模型二维图（图9.4.4-2）。

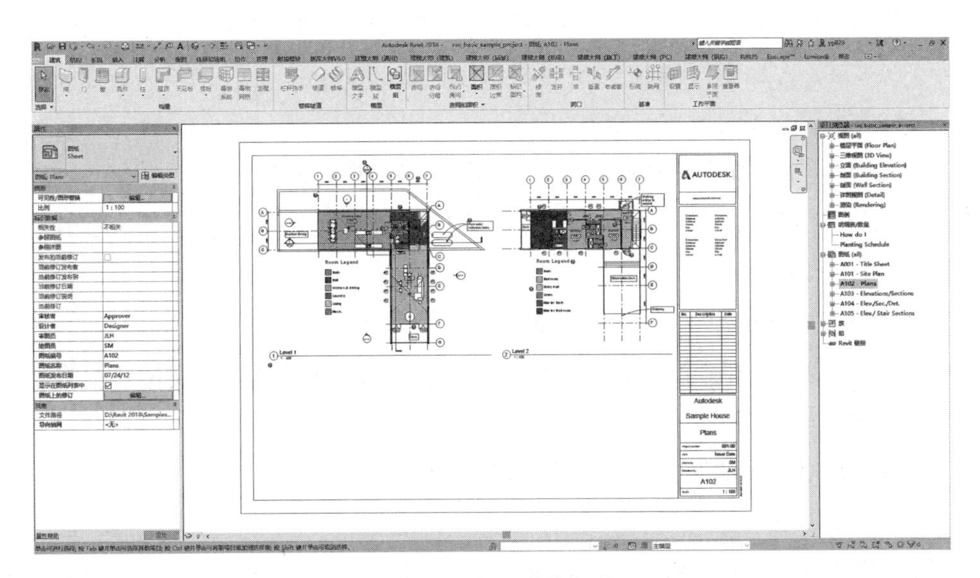

图9.4.4-2 BIM装饰出图

（3）BIM室内模型指导施工。运用BIM应用施工中指导工程实施，施工人员呈现技术方案，使施工重点、难点部位可视化，提前预见相关问题，确保工程质量。

（4）BIM装饰装修深化模型数据统计。装饰装修深化项目的工程造价控制、工程量统计是编制工程预算的基础工作，具有工作量大、费时、繁琐、要求严谨等特点，工程量统计方法的改进不仅有利于加快概预算速度、减轻概预算人员的工作量、提高概预算质量，而且对于增强审核及审定透明度都具有非常重要的意义。

BIM技术应用于工程量统计，可以提高工作效率，提升概预算质量。明细表功能已经可以很方便地帮我们统计数据，但距离规范要求的清单明细还有一定距离。

9.4.5 装饰装修深化工程BIM造价成控应用

BIM模型在装饰造价中的成控应用突破了传统模式，它不仅能一模到底在详细的施工图设计中进行施工图装饰项目工程计量计价，还能前置到设计阶段，在初步设计阶段进行装饰设计概算指标分析，为项目进行实时装饰指标控制提供有力依据，在后期的竣工阶段，通过BIM模型的高精度实时同步管控，更能无时间节点的统计出结算工程量，为竣工计量大大缩短了时间，节约了人力物力。

9.4.6 项目案例

1.项目信息

老干活动中心改造工程，位于重庆市九龙坡区渝州路160号。该建筑已经使用36年，共3层，占地面积1252.09m^2，建筑面积3985.46m^2，主体结构为砖混结构。

装饰装修深化工程重点、难点如下：

（1）BIM装饰装修深化模型需按照现场测量数据进行调整。

（2）设计图纸中缺失施工落地信息的深化设计（如地板铺贴排版、吊顶工艺与构造尺寸的深化设计）。

（3）不同施工阶段所需的交底信息的创建、整理与交付方式。

（4）与业主、监理、设计以及其他专业承包方的衔接、协同与交付及相关信息的汇集与共享问题。

2.基于BIM技术的装饰装修深化工程的造价控制

1）创建吊顶模型

模型深化并形成交付资料对吊顶施工交底进行协同，通过模型对吊顶的平面布局进行出图，使用色彩标识系统对吊顶构件进行标记表示，利用三维图像对详图节点进行细部表达（图9.4.6-1）。

2）墙地面瓷砖铺贴模型

深化墙地面瓷砖铺贴模型，使得各个构件在虚拟环境中做到契合并避免碰撞和盲点，然后基于优化后的模型对瓷砖铺贴专项施工进行平立面出，以此为基础进行现场瓦工技术交底（图9.4.6-2、图9.4.6-3）。

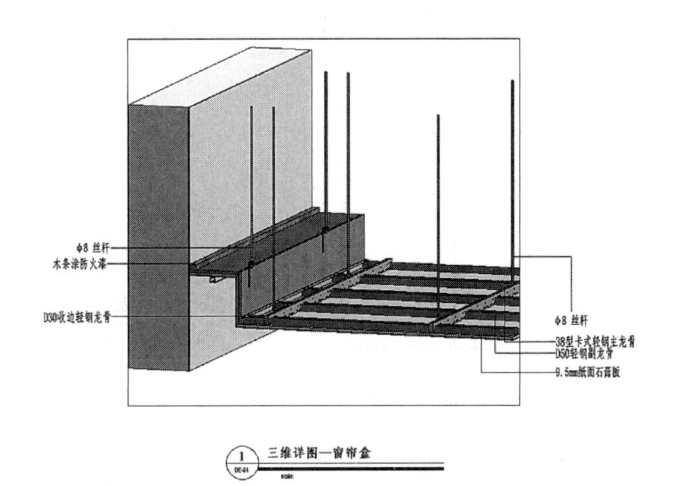

图 9.4.6-1 局部吊顶模型展示

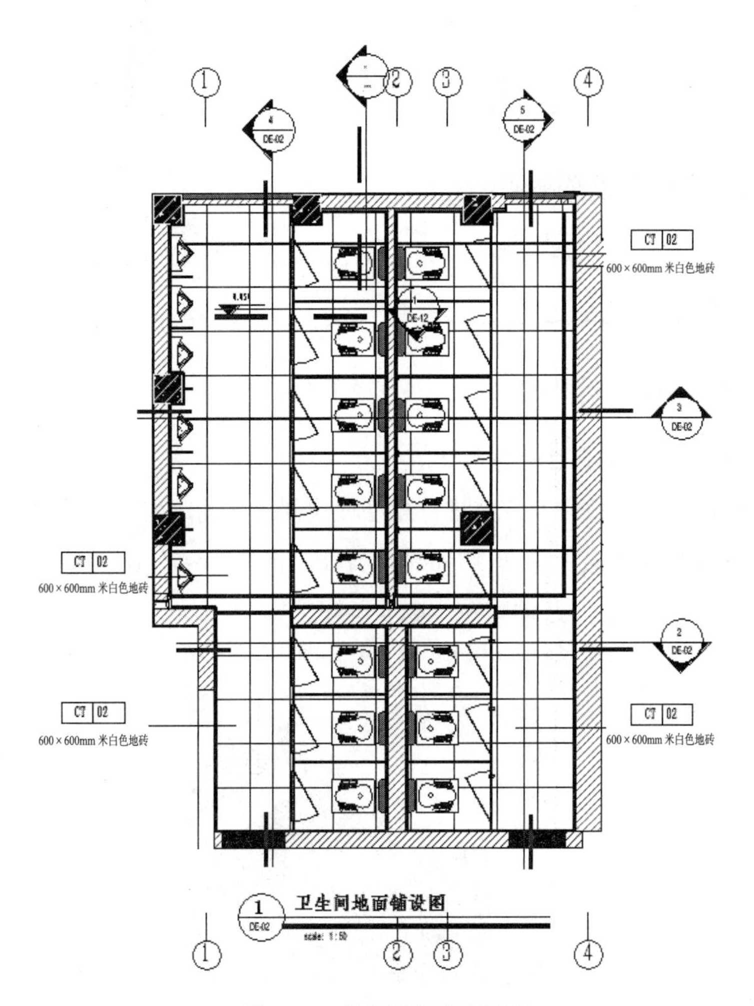

图 9.4.6-2 地面瓷砖平面图展示

3）排水系统模型

项目中的给排水系统预先在模型空间中进行布设，待优化至满足碰撞规避、材耗最低并满足点位功能后进行图面三维表达，同时对不同区域和管道性质的平面布设进行出图表达，以方便现场施工定位（图9.4.6-4）。

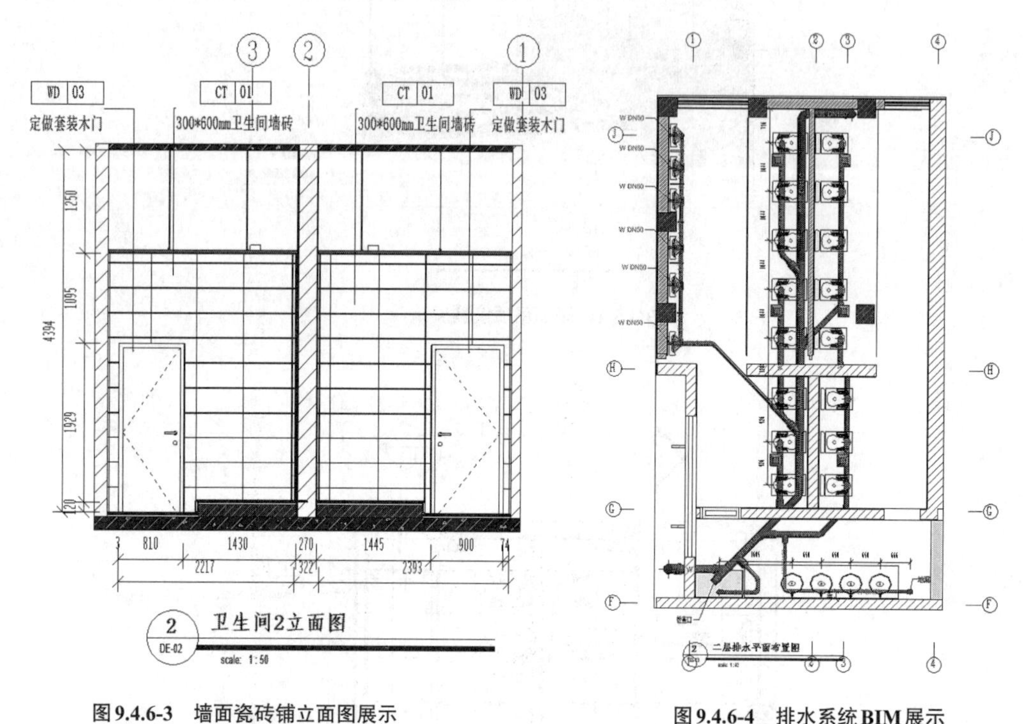

图9.4.6-3　墙面瓷砖铺立面图展示

图9.4.6-4　排水系统BIM展示

4）新建墙体定位指导施工现场

对新建墙体的施工方式以及定位进行模型优化并出图确定现场放线的方位及尺寸，并对相关墙体后期墙面装饰进行立面图纸表达（图9.4.6-5、图9.4.6-6）。

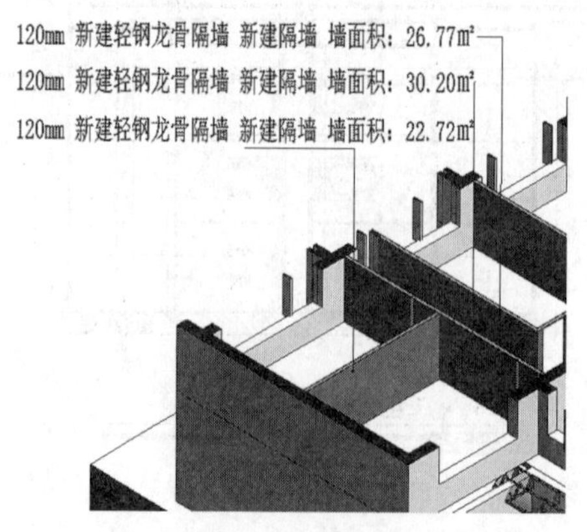

图9.4.6-5　新建墙体展示

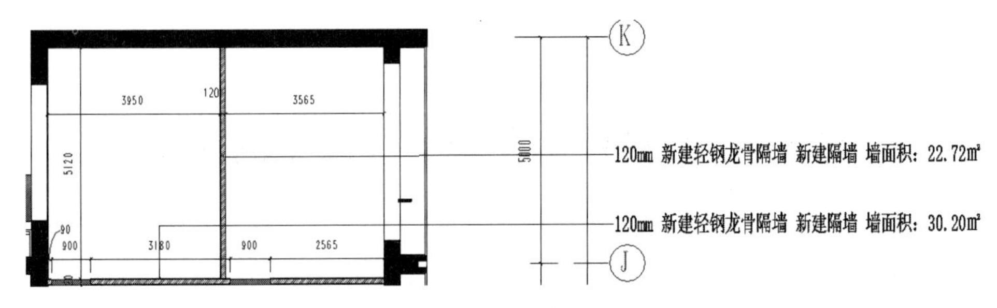

图9.4.6-6　新建墙体定位展示

5）装饰工程量统计

使用明细表对项目中各个阶段和工序的具体材耗做精确统计，这个流程务必做到图-表一致，并通过集成化工段施工指导图，对每个阶段的材料采购以及进场时间进行统计与核准，以保证项目成本管控以及施工过程资料的完整（图9.4.6-7）。

<新建窗明细表>

A	B	C	D	E
类型	类型注释	类型标记	窗面积（m²）	合计（处）
圆形铝合金窗φ700mm	新建铝合金窗	Cd=700	0.000	1
定做白色铝合金窗800 x 2100mm	新建铝合金窗	C0821	1.680	1
定做白色铝合金窗900x1200mm	新建铝合金窗	C0912	2.160	2
定做白色铝合金窗1000 x 1800mm	新建铝合金窗	C1018	3.600	2
定做白色铝合金窗1000 x 2100mm	新建铝合金窗	C1021	6.300	3
定做白色铝合金窗1550 x 1800mm	新建铝合金窗	C1618	5.580	2
定做白色铝合金窗1760 x 2100mm	新建铝合金窗	C1821	3.696	1
定做白色铝合金窗1800 x 1200mm	新建铝合金窗	C1812	2.160	1
定做白色铝合金窗1800 x 2100mm	新建铝合金窗	C1821	3.780	1
定做白色铝合金窗1800x900mm	新建铝合金窗	C1809	6.480	4
定做白色铝合金窗1900 x 2100mm	新建铝合金窗	C1921	7.980	2
定做白色铝合金窗2180x3200mm	新建铝合金窗	C2243	13.952	2
定做白色铝合金窗2400 x 2100mm	新建铝合金窗	C2273	20.160	4
定做白色铝合金窗2400×1200mm	新建铝合金窗	C2412	17.280	6
定做白色铝合金窗3000 × 1200mm	新建铝合金窗	C3012	28.800	8
定做白色铝合金窗3000×2100mm	新建铝合金窗	C3021	94.500	15
定做白色铝合金窗3300×2100mm	新建铝合金窗	C2416	6.930	1
定做白色铝合金窗3900 × 1200mm	新建铝合金窗	C3912	70.200	15
定做白色铝合金窗3900×2100mm	新建铝合金窗	C3921	139.230	17
定做白色铝合金窗3900×2300mm	新建铝合金窗	C3923	71.760	8
定做白色铝合金窗4170×2400mm	新建铝合金窗	C4124	20.016	2
防火窗2180x1200mm	新建铝合金窗	C2253	5.232	2
100			531.476	100

图9.4.6-7　装饰工程量统计

9.5 小结

本章以土建深化设计、机电深化设计、幕墙深化设计和装饰装修深化设计四个部分为依托讲述了BIM技术在深化设计中的应用，其核心在造价成控，并从实际工程项目出发，详细分析了BIM技术如何在设计造价成控中发挥作用。

第10章　BIM技术在施工组织中的应用

10.1 施工场地布置

10.1.1 施工场地布置BIM概述

施工场地布置是项目施工组织设计的一项重要内容，也是项目施工的前提和基础，合理科学的场地布置方案能够降低项目成本、确保工期、减少安全隐患，最终使得项目目标得以实现。

（1）促进施工现场布置规范化：由于施工场地有限，施工现场布置往往采取交叉作业，现场施工机具布置不规范、现场管理人员的处理不当等因素在一定程度上就导致了施工现场的秩序混乱，增加了现场的施工难度。为尽可能消除现场的安全隐患，有效开展施工现场作业，必须保证施工现场布置的规范化。运用BIM技术可以合理计算施工作业面积，优化布置现场材料运输空间，模拟临时性建筑物位置，细化交通线路和管线布置，提高施工场地利用率，在保证现场人工安全作业的同时，避免不合理因素的出现，降低现场交叉作业的影响。

（2）模拟施工环节方案优化选择：在施工场地布置中，BIM技术与传统的方法相比，BIM技术虽也花费时间创建模型以及收集相关构件族库，但其直观的三维模型及信息可共享的特点能快速进行方案的对比以及物料的准确统计，为方案的优选和场地物料的管理提供可靠依据，大大节省时间和精力，同时也为项目创造直观的经济效益。另一方面，通过准确的三维模型，同比例展示不同构件及单体在场地中的作用及位置关系。综合分析可能产生的安全冲突问题，并且可对发现的问题快速提出合理有效的解决方案。避免了传统的二维平面效果图因为尺寸颜色等情况产生失真，有不同的方案也无法及时调整和展示。BIM技术的出现可有效解决这一问题，使平面布置变得更科学更经济更完善。

（3）合理运用资源精准成本控制：在施工场地布置中，场地的合理利用及物料精确把控至关重要，若不能精确的统计出工程量，很有可能造成物料采购超量，通过BIM技术根据企业标准化管理手册提前建立精确的临时设施模型，运用BIM技术发挥本身自动化算量功能，提供准确的工程量清单，大大降低实际计算中人为因素引起的误差，提高施工效率，做好现场材料和堆场布置的精准化管理，科学控制预算成本。

10.1.2 施工场地布置常见问题分析

随着施工活动中各项技术的进步与发展，对于现场布置的要求也越来越高，以往的传统平面布局形式很难将每个施工阶段可能面临的施工问题考虑清楚，导致在实际施工过程中因场地布置不合理存在施工安全隐患、施工空间交叉冲突、重复二次搬运等问题已经不能适应现代化管理的要求。而BIM技术主要是根据项目的相关数据和内容建立三维立体模型，并结合现场实际进度安排，通过施工现场布置方案的模拟来明确具体工作中存在的问题，可以进行及时地调整和优化，保障与施工计划和设计等相统一，简化工作难度，提高管理质量水平，但是要根据现场布置的特点和具体原则进行，确保布置方案的合理、科学，从以往的布置方式和工作形式来看，利用该技术，不但可以提高工作效率和质量，而且可以实现对施工动态模拟，保证各个工作的衔接性，从而保障施工活动有条不紊地进行（图10.1.2-1、图10.1.2-2）。

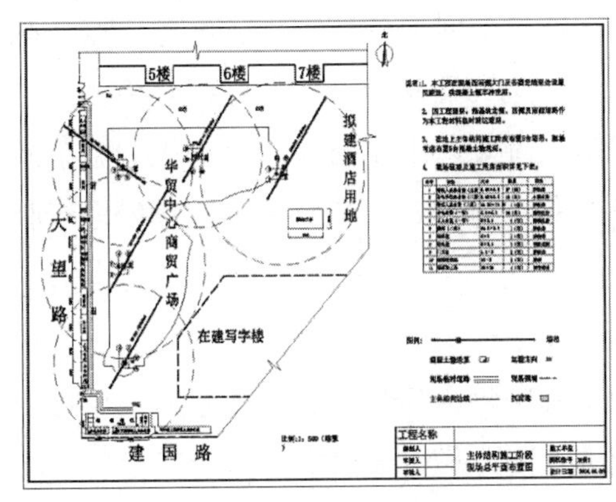

图10.1.2-1 传统的二维平面布置

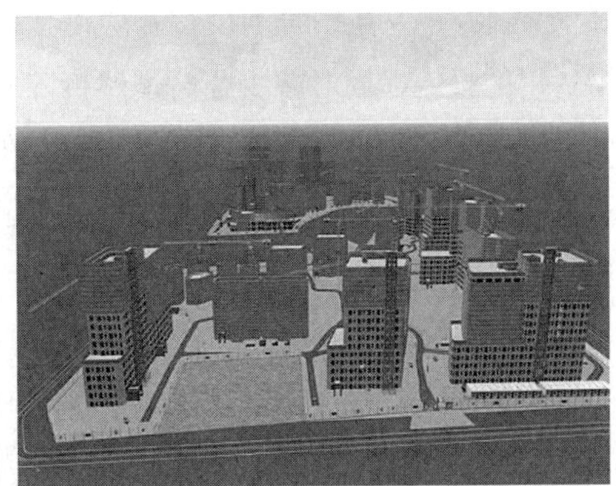

图10.1.2-2 BIM三维场地布置

10.1.3 基于BIM技术的施工场地布置主要内容

1.施工大门、围挡

施工大门、围挡是企业形象的展示，体现企业形象的窗口，施工围挡多采用绿色环保，现场围挡既提升了企业形象也美化了城市景观。施工现场宜考虑设置两个以上大门，大门应考虑周边路网情况、转弯半径和坡度限制，大门的高度和宽度应满足车辆运输需要，尽可能考虑与加工场地、仓库位置的有效衔接，在施工场地策划阶段利用BIM技术结合企业文化、绿色环保理念等要求对施工大门、围挡进行提前布置，更加直观形象（图10.1.3-1）。

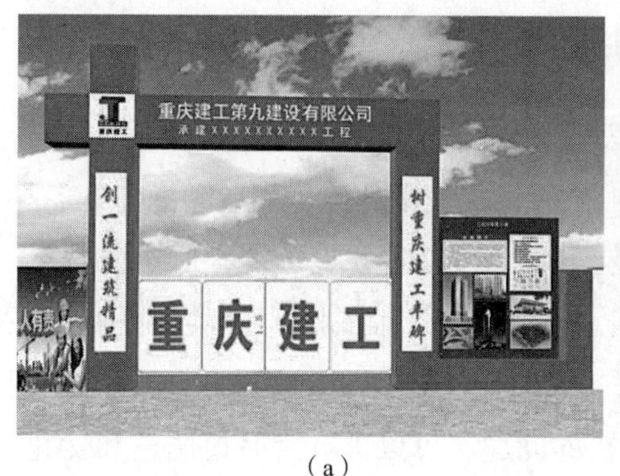

（a）

（b）

图10.1.3-1　施工大门、围挡

2.施工道路

施工临时道路布置要保证车辆行驶畅通且有回转余地，宜设置成环行道路覆盖整个施工区域，保证各种材料能直接运输到材料堆场，减少二次搬运，提高工作效率。临时道路设计尽量能够利用原有道路，或根据总体规划设计的要求，提前做好永久道路的基层，再利用该基层在其表面铺设临时面层作为现场施工道路，减少费用的投入，同时减少临时道路拆除时所产生的建筑垃圾，做到绿色施工，也可以采用装配式临时道路，重复利用。在施工阶段运用BIM技术提前策划施工道路，通过模拟车辆的行进路线及不同车辆会车的过程，保证场地内车辆安全行驶（图10.1.3-2）。

3.临水临电及消防设施

临水临电布置是施工现场正常生产的基础保障，其管线的合理布置不仅对工期、安全造成直接影响，还可有效节约成本。因此临电线路应避免与其他管道同侧，同时要综合考虑现场的总用电量，合理布设变压器和配电箱。临水、临电的布设应尽量使管道、管线的布设距离最短，并优先采用暗管布设；利用BIM技术对管线进行优化布置，既提高了效率，又节约成本。

4.办公区、生活区

办公区、生活区的布置不仅是企业形象的展示，也是项目生产的后勤保障，办

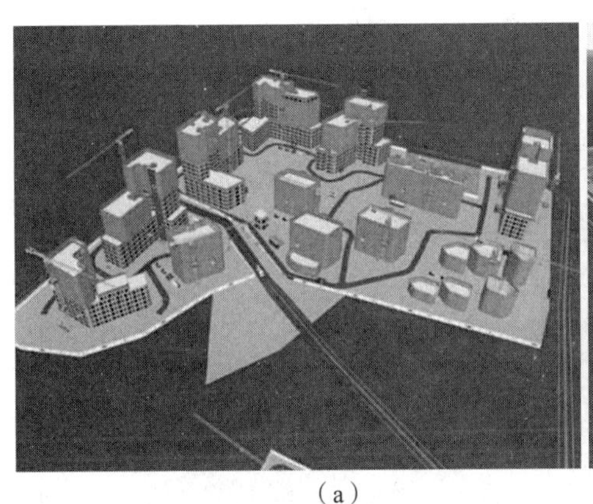
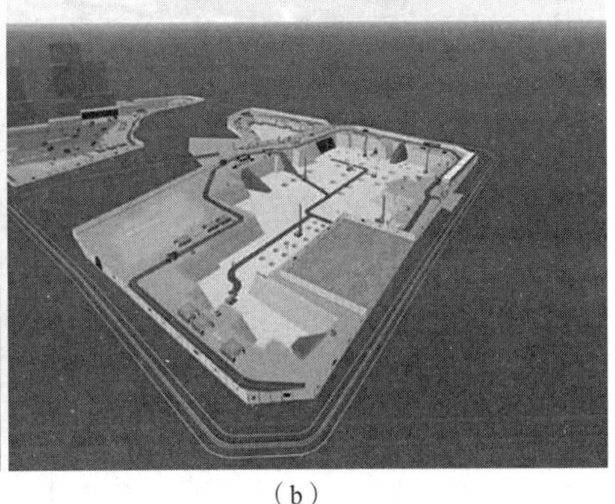
（a）　　（b）

图10.1.3-2　施工道路

公区、生活区应统筹安排、合理布局，必须具备安全、消防、卫生防疫、环境保护、防汛、防洪等要求，同时还应遵循经济原则，办公区与生活区应分开布置，尽量选用可以重复利用的设施设备。利用BIM技术提前对办公区、生活区进行模拟布置、分析，有效地优化施工场地布置方案，达到合理、美观的效果（图10.1.3-3）。

图10.1.3-3　办公区、生活区布置

5.储存加工设施布置

储存、加工设施的合理布置对现场安全文明施工及安全生产起着关键的作用，储存设施和加工设施的布置除考虑总体运距，还应达到方便运输并满足消防安全要求，尽量采用可多次周转的工具式设施。运用BIM技术对加工棚和材料堆场进行合理布置，确保施工道路、机械、材料堆场及加工棚之间关系合理（图10.1.3-4）。

图10.1.3-4 钢筋房布置

6.构件堆放场地

构件的堆放场地必须以方便后期的吊装为前提，吊装设备规划除了考虑起重机的覆盖范围和起重能力，还需考虑防撞效果和起重机械的站位影响，利用BIM技术对吊装工艺进行可视化模拟，最大程度上排除吊装过程中的不确定性，为吊装作业提供安全保障(图10.1.3-5)。

图10.1.3-5 模拟吊装

7.大型机械布置

施工现场大型机械位置的选择需要综合考虑各施工方的需求、储存设施和加工设施的位置、机械之间的避让距离以及与周边建筑及环境的水平安全距离，保证大型机械覆盖主要的施工区、加工区和堆料区，安装时避让基础、主体结构及重要结构位置，同时还应考虑其附属物的安装、拆除等影响因素，应尽量满足不同施工阶段需求。通过BIM技术模拟大型机械的位置，分析大型机械的覆盖范围、安拆条件，让施工现场的布置更加合理（图10.1.3-6）。

图10.1.3-6　塔式起重机的布置

8. 脚手架设置

脚手架设计与施工一直是建筑工程的关键部分，BIM技术实现了脚手架架体搭设的三维可视化效果，使得架体各杆件之间的位置关系直观明了，方便指导施工；同时依托相关的设计计算软件，可对架体进行安全计算、计量，便于脚手架材料的精细化统计管理，也对脚手架安全系统进行高度模拟保障，最大限度地降低施工风险，节约施工成本。

10.1.4　施工场地布置BIM模型

1. 实地考察、收集数据

（1）在对现场进行深入踏勘前，应索取地质勘查报告、地上地下管线图以及已拆除建筑物的结构施工图等资料，组织相关技术人员（施工员、安全员、水电负责人等）对现场进行实地深入考察，充分了解到现场的详细实情。掌握以下的情况并收集相关资料（图10.1.4-1）。

（2）通过对现场的实地踏勘，初步确定好现场的临时设施的布置位置，绘制好施工现场平面布置图草图。

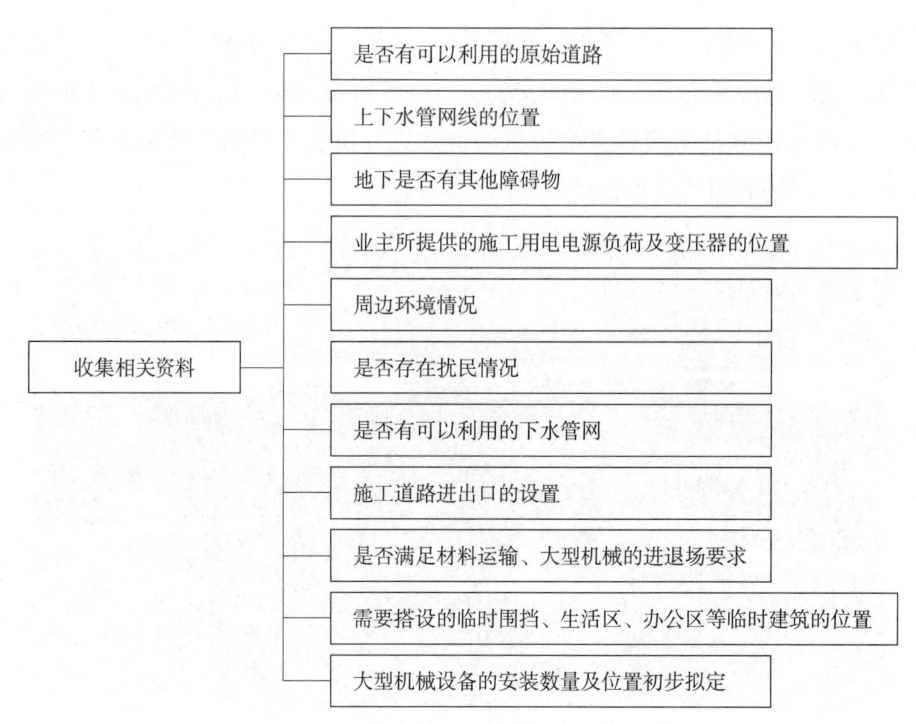

图10.1.4-1　实地考察阶段需收集相关的资料

2.论证对比、优化方案

现场布置方案应召集相关人员进行充分讨论，结合现场情况多方案论证对比，充分考虑各个方案存在的不利因素及有利因素，作到施工现场能够满足生产、安全文明、绿色施工等需要，再确定最终方案。

3.合理布局、节约占地

(1)部分工程由于现场可占用面积少，如何设置好钢筋加工区、木工加工区等材料加工操作棚，对确保工程顺利施工至关重要，尤其基础施工阶段四周土方开挖放坡给一些加工区域的布置造成影响。针对这种情况建议：

a.可以将基础部分的钢筋加工实行场外加工配送。

b.充分利用基础阶段的分段流水作业分区域设置好加工区，为克服四周工作面狭小的问题，还可以利用搭设平台来增加原材料的加工或堆放的使用面积。

(2)临建的布置应有利施工人员安全、文明施工、环境保护的需要，同时还要考虑到现场的布置合理、经济实用，如：

a.现场的食堂厕所应靠近给排水管道，以减少管道的设置。

b.临时配电房与现场变压器的距离还应视已有施工电缆的规格数量，还要考虑到加工区域二级配电箱的设置距离。

c.根据场地的实际情况，可将职工临时设施实行场外租赁解决，做好职工上下班的交通安排，制订好职工上下班的交通安全措施等。

（3）对噪声比较大的木工加工棚、混凝土泵房：

a.应设置在封闭的防护棚（房）内。

b.要尽量设置在远离居民生活区、商业区、办公区的地方，减少对附近的扰民影响。

（4）办公区的设置应考虑到企业的形象建设，尽可采用可周转的活动房搭设，最大限度地节约用地。尽量设置在进出口附近，做好生活区、办公区与施工区域分开设置，中间设置必需的隔离措施。

4.结合工程特点、设置大型机械

（1）大型机械的布置对正常施工起到重大作用，尤其是塔式起重机、施工电梯、混凝土泵车的位置直接影响到其他加工区域的设置及整个现场材料设备的运输。塔式起重机、施工电梯安装位置应充分考虑到其工作半径、钢筋等加工区、预制构件堆放、钢结构构件堆放的位置，尽最大能力地满足整个施工现场的材料水平、垂直运输，减少劳动力的使用（图10.1.4-2）。

（2）进场后应提前将塔式起重机基础施工好，确保安装时，基础混凝土强度达到设计要求。

（3）塔式起重机安装时还应考虑到塔式起重机的顶升、附墙与主体结构的连接部位，拆除时机械进退场所需的环境场所。

（4）狭小施工场的建筑工程以临街建筑居多，故在拆除时，可考虑通过占用人行道路或街道来进行塔式起重机等垂直运输机械的拆除，如需占用，应提前做好

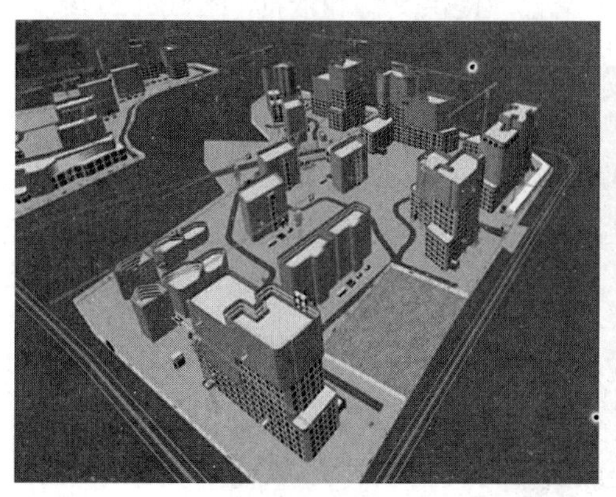

（a）

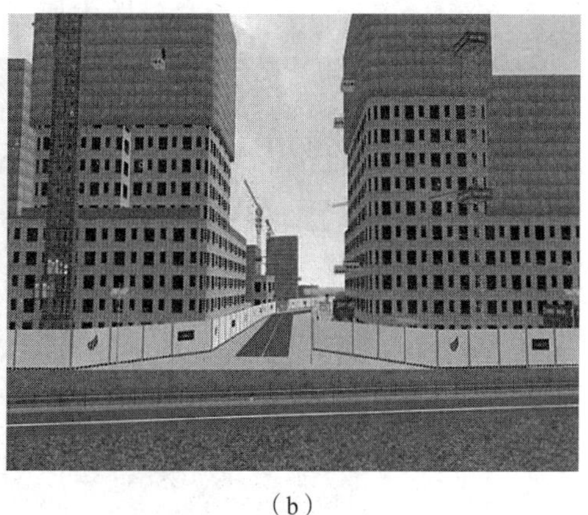

（b）

图10.1.4-2　塔式起重机布置

占道的申请办理相关手续，经公安交通、市政、城管等上级管理部门批准后方可占道，使用完毕后应及时恢复。

5.组织分段流水作业，增加施工面

（1）在带有地下车库的工程施工时，合理安排工序组织分段流水作业，将只有地下车库而无上部结构的部位先施工出来，可将车库顶作为材料堆放、材料加工场地。若在地下车库顶堆放材料时，上部荷载不得超过车库顶部结构的设计荷载，施工前应与设计部门做好沟通、验算，防止因超负荷，造成车库顶板结构出现裂缝。

（2）根据地下车库面积的大小合理划分好加工区域，做好分类整齐堆放。同时还可以充分利用低跨屋面作为部分材料加工堆放场所。

6.分阶段布置现场，做到整洁有序

为减少狭小的施工现场管理难度，应针对各个阶段合理布置，即对前期准备阶段、基础阶段、主体阶段、装修阶段进行分阶段布置，根据各个阶段的施工特点，现场所需用的机械设备、材料的供应情况、各专业作业班组等不同，分别绘制好平面布置图，由项目部统一负责实施，分阶段划区域，定责任进行管理，已经布置好的现场还应经常注意维护保养。

10.1.5 施工场地布置BIM成控应用

1.施工区段划分

合理划分施工段是确保工程有序施工的保证，BIM技术可提高施工组织协调的有效性，BIM模型是具有参数化的模型，可以集成工程资源、进度、成本等信息，在进行施工过程的模拟中，实现合理的施工流水划分，并基于模型完成施工的分包管理，为各专业施工方建立良好的工作面协调管理提供支持和依据（图10.1.5-1）。

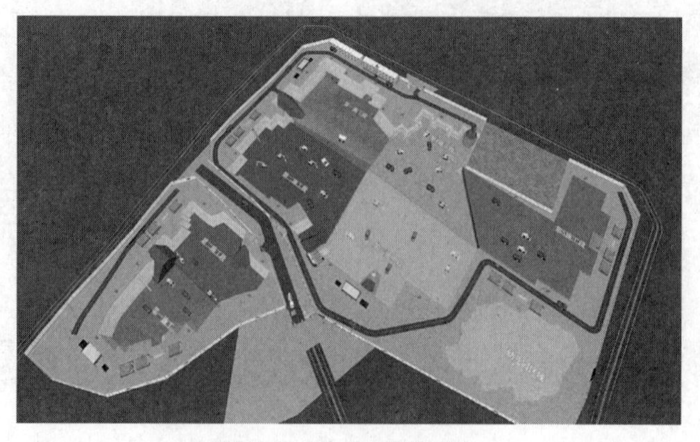

图10.1.5-1　施工区段划分

2. 碰撞检查

在大型机械设备进场之后，规范其作业位置及作业半径，保证不会与其他设备设施发生碰撞。借助BIM技术对不同机械设备之间的空间关系进行模拟，找出在作业过程中可能会出现碰撞的地方，在施工的过程中加以防护（图10.1.5-2）。

图10.1.5-2 塔式起重机碰撞检查

3. 工程量统计

在场地布置完成之后可以通过对模型进行工程量的统计，将各构件的数量以报表的形式统计出来，形成真实可靠的工程量报表，方便造价控制。软件的建模规则是完全依据现行的工程量清单计价规则，不会存在因为建模规则的问题而产生错算、漏算、多算的现象。此外，使用软件建立完成场地布置BIM模型之后，就形成了资产使用信息库，将使用的材料设备等记录在案，进行资产管理，避免因施工现场人员混杂，设备使用情况统计不及时而造成财产损失的问题（图10.1.5-3）。

4. 建立安全文明施工设施BIM构件库

借助BIM技术进行企业安全文明施工设施样板构件建模，并对样板构件进行尺寸、材质等相关参数的定义，形成企业统一的安全文明施工设施标准构件库。施工场地布置常用的现场围挡、材料堆场、洗车池、施工电梯等施工设施，都可以利用BIM软件的族创建功能，建立相应的安全文明施工设施BIM标准构件库，根据构件定义的尺寸、材质等相关参数，为施工设施的制作与安置提供准确的数据支持（图10.1.5-4）。

总量统计

序号	构件名称	规格	工程量	单位	单价	总价	时间(天)	备注
1	⊟ 外脚手架		597.73	m				
2	外脚手架:	28500mm	301.03	m		0	1	落地脚手架
3	外脚手架:	151430mm	296.7	m		0	1	落地脚手架
4	⊟ 硬化地面		16288.33	m2				
5	B1B2阶段(	200mm	1600.13	m2		0	130	硬化地面
6	扬尘覆盖	200mm	604.23	m2		0	1	硬化地面
7	消防登高(	200mm	1182.09	m2		0	1	硬化地面
8	硬化地面	200mm	12901.88	m2		0	1	硬化地面
9	⊟ 砌体围墙		322.93	m				
10	万科砌体[	240mm	322.93	m		0	1	砌体围墙
11	⊟ 广告牌围墙		482.45	m				
12	八牌二图[	20mm	7.27	m		0	1	广告牌围墙
13	最外围围]	20mm	475.18	m		0	1	广告牌围墙
14	⊟ 木栅栏围挡		23.16	m				
15	木栅栏围:	10mm	23.16	m		0	1	木栅栏围挡
16	⊟ 角门		2	个				
17	角门1	1000mm	1	个		0	1	角门
18	角门2	1000mm	1	个		0	1	角门
19	⊟ 拟建建筑		14	个				
20	1#		1	个		0	1	拟建建筑
21	1#6F		1	个		0	1	拟建建筑

+ - 刷新总价 导出Excel

图10.1.5-3 工程量统计分析

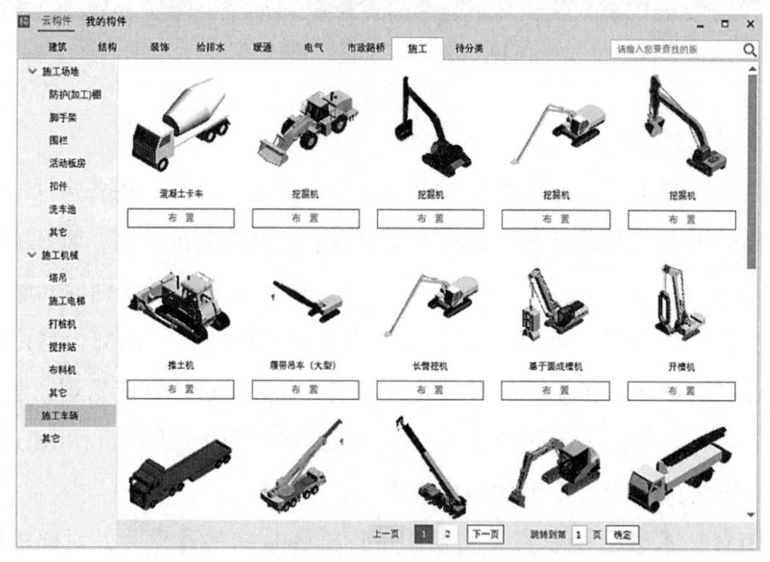

图10.1.5-4 企业族库建立

10.1.6 项目案例

1.项目信息

工程由1号～18号楼、21号～22号楼、S-1号～S-3号楼、M-1号～M-4号楼及其地下车库组成，使用功能为住宅、幼儿园、配套用房、地下车库，总建筑面积192586.78m^2，其中车库建筑面积56733.05m^2，建筑层数15F/-1F。工程结合使用要求和相关规定，通过BIM技术合理分布场地内各种构筑物、道路、材料堆放场地、加工场地、办公生活场地、消防安全及绿色文明设施等施工要素进行场地布置。

2.施工场地布置BIM成本控制

（1）模型搭建。导入现场总平面布置图作为参照，利用BIM技术创建施工现场地形、周边环境；创建施工围墙以及施工场地大门，根据总平面图创建拟建建筑物，按照相关规定和图纸要求布置临时施工道路；确定大型机械位置，依次安排材料堆场和材料加工场地；布置现场施工人员的临时生活设施和管理人员的办公场所；布置场地内临时水电管网以及防火措施，并利用BIM模型对施工场地进行虚拟布置、优化布置和施工模拟；最后根据设置好的工程阶段，导出各个阶段构件工程量清单，直接提出基础施工阶段、主体施工阶段、装饰装修阶段工程量。

（2）效果展示（图10.1.6-1～图10.1.6-9）。

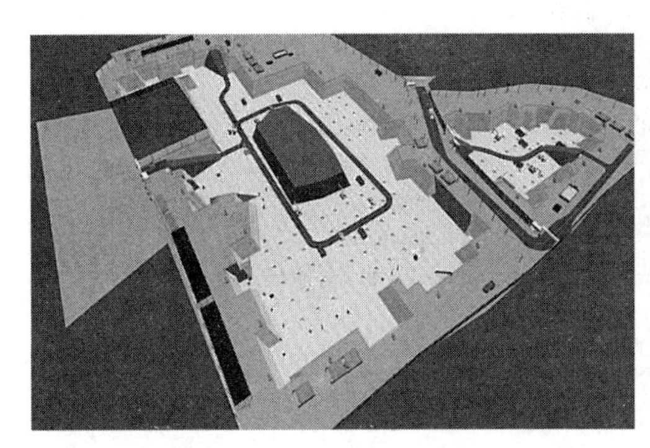

图10.1.6-1　土石方阶段

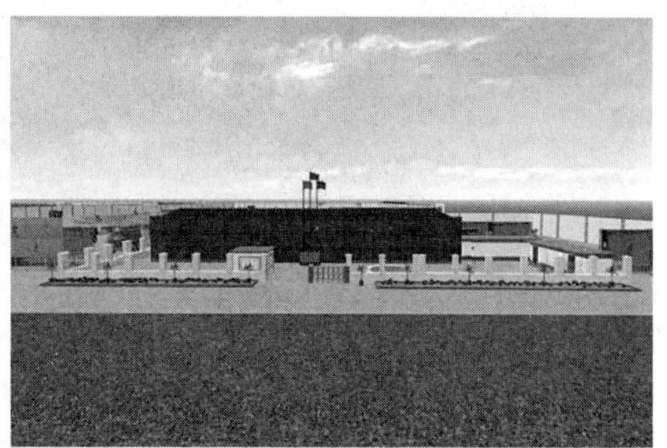

图10.1.6-2　办公区、生活区

图10.1.6-3　施工模拟阶段

图10.1.6-4　主体施工阶段

图10.1.6-5　施工模拟阶段

图10.1.6-6　装饰施工阶段

图10.1.6-7　效果图阶段

分阶段统计

总量统计　分阶段统计

序号	构件名称	规格	工程量	单位	单价	总价	时间(天)	备注
1	⊟ 土方阶段					0		
2	⊟ 硬化地面		3618.44	m2				
3	B区底	200mm	1490.02	m2		0	1	硬化地面
4	C区底	200mm	1460.84	m2		0	1	硬化地面
5	硬化地	200mm	667.58	m2		0	1	硬化地面
6	⊟ 砌体围墙		539.55	m				
7	砌体围	240mm	539.55	m		0	5	砌体围墙
8	⊟ 彩钢瓦围		46.1	m				
9	彩钢瓦	50mm	46.1	m		0	2	彩钢瓦围
10	⊟ 矩形门梁		1	个				
11	矩形门	9000mm	1	个		0	1	矩形门梁
12	⊟ 电动伸缩		9	m				
13	电动伸	9000mm	9	m		0	1	电动伸缩
14	⊟ 角门		1	个				
15	角门	2000mm	1	个		0	1	角门

+　-　刷新总价　导出Excel

图10.1.6-8　分阶段工程量统计

总量统计

总量统计　分阶段统计

序号	构件名称	规格	工程量	单位	单价	总价	时间(天)	备注
1	⊟ 外脚手架		42.32	m				
2	4#楼外架	4500mm	42.32	m		0	51	落地脚手架
3	⊟ 硬化地面		8690.02	m2				
4	A区底板	200mm	1226.06	m2		0	1	硬化地面
5	B区底板	200mm	1490.02	m2		0	1	硬化地面
6	C区底板	200mm	1460.84	m2		0	1	硬化地面
7	D区底板	200mm	1127.54	m2		0	1	硬化地面
8	E区底板	200mm	1346.27	m2		0	1	硬化地面
9	F区底板	200mm	1371.71	m2		0	1	硬化地面
10	硬化地面	200mm	667.58	m2		0	1	硬化地面
11	⊟ 砌体围墙		539.55	m				
12	砌体围墙	240mm	539.55	m		0	5	砌体围墙
13	⊟ 彩钢瓦围挡		46.1	m				
14	彩钢瓦围	50mm	46.1	m		0	2	彩钢瓦围挡
15	⊟ 矩形门梁大门		1	个				

+　-　刷新总价　导出Excel

图10.1.6-9　总工程量统计

10.2 复杂场地地基基础

10.2.1 复杂场地地基基础BIM概述

建筑结构施工阶段，桩基施工作为建筑施工的基础环节，通常桩基数量多、模型体量大，建模周期较长，桩基设计与场地地质情况密不可分。常规方式通过查看地质勘察报告中各勘探孔柱状图与桩基设计位置进行识别对比，读取每根桩基设计位置岩层标高，结合桩基设计嵌岩深度，从而预估每根桩基设计底标高，此方法工作量大、效率低、易出错。在桩基工程中，利用Revit与Civil 3D以及Dynamo可视化编程软件相互结合的方式，快速提取桩基设计图纸信息、创建地质数值模型，基于模型快速生成桩基设计底标高信息与各类土层开挖量、桩基工程量等数据，解决桩基工程建模效率低、数据提取难、易出错的难题，将BIM技术更加深入地应用于桩基工程中。通过分析不良地质情况，分析对比泥浆护壁、二次成孔、钢护筒等不同护壁措施，实现成本精细化管控。

10.2.2 复杂场地地基基础常见问题分析

在进行地基基础的设计之前，须进行详细的地质勘查，对地基的详细勘察能够为基础设计提供相关资料，例如，地基土质、土层分布、水位高低、地基土层承载力大小、局部有无异常情况等。然而工程实际中，对于复杂场地地质条件的勘察往往不能做到精准和详尽，这就导致后续基础设计的精细化程度不高，不能为基础成本的有效控制提供切实准确的依据。例如，传统的桩基础设计中，设计单位根据地勘报告进行桩基础设计时，由于对地质条件土、岩层分布不能准确把控，设计资料仅提出嵌岩深度和桩径的要求，对于桩长仅限定范围或者给出估算参考值，这在很大程度上造成基础成本的不可控性，成为后续影响工程进度和造价的因素。

10.2.3 基于BIM技术的复杂场地地基基础主要内容

基于BIM技术的复杂场地地基基础主要内容如下所述：

1.三维地质模型

在传统勘察数据中，包含一些剖面图、柱状图、钻孔平面图来表达地质地层构造情况，易出现偏差，且工作量大。利用BIM技术进行三维地质模型的构造，对岩层和土层的情况进行模拟，可了解相关地层分布，依照已有图纸进行桩基础模型的构建，有机整合多种专业技术，实现BIM三维地质模型桩长校正。

2.围护结构模型

项目围护结构主要是素桩和荤桩共同结合，所以在建模前需将其族文件创建起来，并通过各种不同颜色对其定义区分，在Revit建模软件中进行项目的设定，并依照项目信息进行标高、轴网的创建，将素桩和荤桩族的文件导入其中，显示出CAD图，并导入到BIM软件中。建模时，可将施工参数充分体现出来，直接将构件位置、材质、尺寸等信息反映出来，包括工程中的一些参数。

10.2.4 复杂地质桩基础BIM模型

1.地质模型创建

由于Civil 3D软件不能够直接识别地质勘察报告中地层信息，因此地质柱状图中平面*XY*坐标、素填土、强风化、中风化等每一种地质岩层标高数据需要进行人工处理，编制地质数据Excel表格。数据统计过程中，如遇到岩层分布复杂时，对其中中等风化各类岩层进行归纳合并，减少Civil 3D软件地质模型曲面易混乱问题。通过Civil 3D软件快速生成地质岩层模型，配合Civil 3D曲面处理功能实现地质实体模型的创建（图10.2.4-1）。

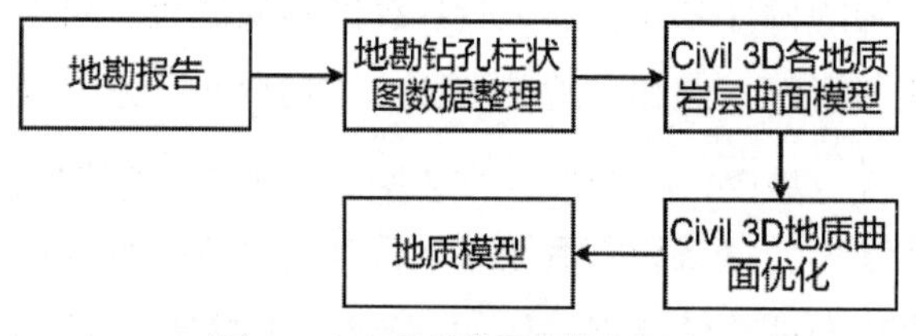

图10.2.4-1　地质岩层建模流程图

2.桩基础模型创建

创建Dynamo参数化程序，利用桩芯平面*XY*坐标生成桩基础定位模型，并载入桩基础参变族，通过Dynamo与Excel数据关联，使数据信息映射到模型尺寸上，包括平面坐标点位、桩径、桩长、桩顶标高等信息。将持力层地质曲面模型与桩基础模型进行耦合计算得出预估嵌岩长度，并将数据以Excel表格的形式批量导出，用于指导桩基础施工（图10.2.4-2、图10.2.4-3）。

10.2.5 复杂地质桩基础BIM成控应用

选择Revit作为模型整合平台，使用Revit材质库功能为地质模型添加真实的材

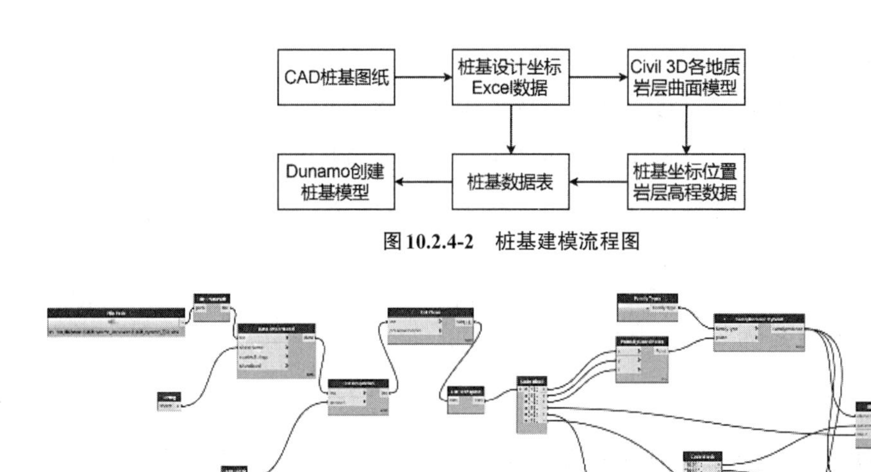

图10.2.4-2　桩基建模流程图

图10.2.4-3　Dynamo程序流

质，进入族编辑模式进行“空心剪切”操作，将桩基模型与地质模型进行重合。通过Revit整合后的模型，使用剖切即可任意查看地质与桩基的信息关联，使隐蔽在地下的结构变得更加直观，便于现场施工作业人员在旋挖成孔过程中更好地判断桩基深度。通过Revit明细表功能快速统计土方分层开挖工程量、桩基工程量，可视化桩基与岩层分布（图10.2.5）。

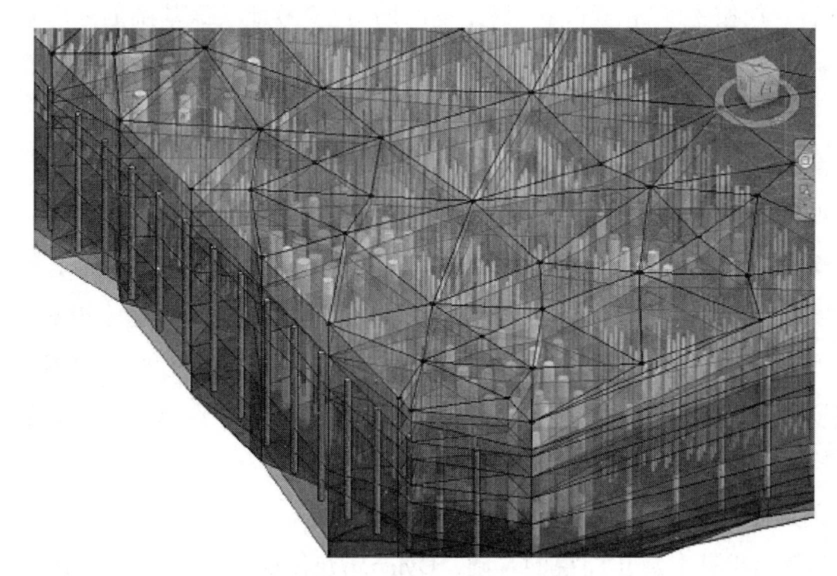

图10.2.5　地质模型与桩基础模型整合

通过Revit软件即可提取出每一根桩基的所有设计信息、持力层高程、桩底标高、桩基在各地质层中的长度等数据，软件通过自动计算便可得到桩基混凝土体积参数。桩基土石方开挖量是其工程造价的重点，通过模型得到各层地质构造的开挖量，计算土方与石方开挖量，计算土石比，方便现场合理调配机械设备和安排工期，提高了基坑开挖的施工效率。

10.2.6 项目案例

1. 项目信息

重庆市城建档案馆新馆库建设项目位于渝北区空港新城同茂大道与东三路相交处。项目由9栋塔楼、4栋交通体、8个钢连廊和2层裙房组成。建设用地总面积约3.635万m^2，总建筑面积约11.22万m^2，建筑高度49.2m，地下车库及设备用房4.13万m^2。项目属于多重超限建筑，主体钢结构总用钢量约19000t，装配率为69.96%。项目主要由档案库房、办公区、展示区、报告厅、机房、连廊、地下车库及生化池等配套设施组成。

工程2号地块深基础处采用桩基础，其中有166根旋挖成孔灌注桩，勘察区地质构造位于重庆—沙坪向斜南西翼，场内及邻近未发现断层，岩层呈单斜产出，根据钻探揭示深度和地表地质调查，勘察区内地层主要为第四系全新统人工素填土（Q_4^{ml}），第四系全新统残坡积（Q_4^{el+dl}）粉质粘土，侏罗系中统新田沟组（J_{2x}）页岩、泥质粉砂岩、泥岩。根据本次勘察，2号地块深基础范围内未发现滑坡、危岩崩塌、泥石流、采空区、地面塌陷、河道、墓穴、防空洞、孤石等不良地质。

2. 复杂场地地基基础BIM成本控制

1）收集数据

通过项目桩基设计图纸、柱状图、地勘报告等，熟悉桩基工程内容，对桩基进行自编号等前期工作，利用报告、图纸、柱状图等已有桩基资料进行桩基原始数据收集，将桩基自编号、桩基编号、设计桩径、桩长、设计标高、桩芯坐标、桩底高程、桩顶高程等所需数据整合至Excel表格中（图10.2.6-1），为Dynamo参数化建模提供数据支持。

2）创建桩基族

桩基族是桩基参数化建模的基础，Dynamo建模前需在Revit中创建一个桩基族，设置好参照平面，在参照平面位置设置桩底标高，将桩底标高设置为拉伸起

	A	B	C	D	E	F	G	H	I	J	K
1	序号	桩基自编号	桩基编号	设计桩径d（mm）	嵌岩深度H_r	设计基础顶标高（$H1$）（m）	建议基础底标高（$H4$）（m）	桩芯坐标X	桩芯坐标Y	桩芯坐标Z 持力层高程	桩芯坐标Z 建议桩底高程
2	101	Z101	ZH-9	1200	1600	370.85	345.49	87159.076	66370.623	348.7097	347.1097
3	120	Z120	ZH-4	1450	1850	370.85	341.21	87130.335	66341.904	352.5173	350.6673
4	103	Z103	ZH-14	1800	2200	370.85	348.56	87143.470	66361.959	352.3595	350.1595
5	104	Z104	ZH-14	1800	2200	370.85	349.75	87133.474	66356.374	351.535	349.335
6	102	Z102	ZH-13	1500	1800	370.85	348.50	87150.496	66365.886	352.5299	350.7299
7	117	Z117	ZH-11	1400	1700	370.85	348.58	87155.910	66356.198	351.5849	349.8849
8	118	Z118	ZH-11	1400	1700	370.85	349.63	87147.268	66351.368	350.6424	348.9424
9	105	Z105	ZH-11	1400	1700	370.85	348.38	87124.920	66351.592	348.7242	347.0242
10	159	Z159	ZH-1	1900	5400	370.85	346.67	87138.690	66370.512	352.2314	346.8314
11	160	Z160	ZH-1	1900	5400	370.50	345.62	87134.397	66378.194	352.1182	346.7182
12	162	Z162	ZH-1	1900	5400	370.85	347.49	87128.695	66364.927	350.4982	345.0982
13	145	Z145	XZH-9	1500	1500	370.85	344.43	87197.139	66355.808	359.8769	358.3769
14	146	Z146	XZH-9	1500	1500	370.85	346.60	87189.878	66351.816	357.367	355.867
15	144	Z144	XZH-9	1500	1500	370.85	346.95	87204.471	66359.905	348.4653	346.9653
16	143	Z143	XZH-9	1500	1500	370.85	343.54	87211.761	66363.979	347.9483	346.4483
17	79	Z79	XZH-8	1000	2000	370.85	345.78	87213.329	66407.297	352.3526	350.3526
18	93	Z93	XZH-8	1000	2000	370.85	345.57	87216.012	66402.496	351.8678	349.8678
19	108	Z108	XZH-8	1000	2000	370.85	344.50	87219.696	66395.982	351.146	349.146
20	123	Z123	XZH-8	1000	2000	370.85	345.56	87221.475	66386.473	348.9577	346.9577
21	142	Z142	XZH-8	1000	2000	370.85	343.54	87212.839	66361.946	348.4304	346.4304

图 10.2.6-1　桩基数据整理

点，拉伸终点关联设置为桩顶标高（图 10.2.6-2）。桩基高程单位为米（m），项目单位也相应设置为米（m）（图 10.2.6-3）。

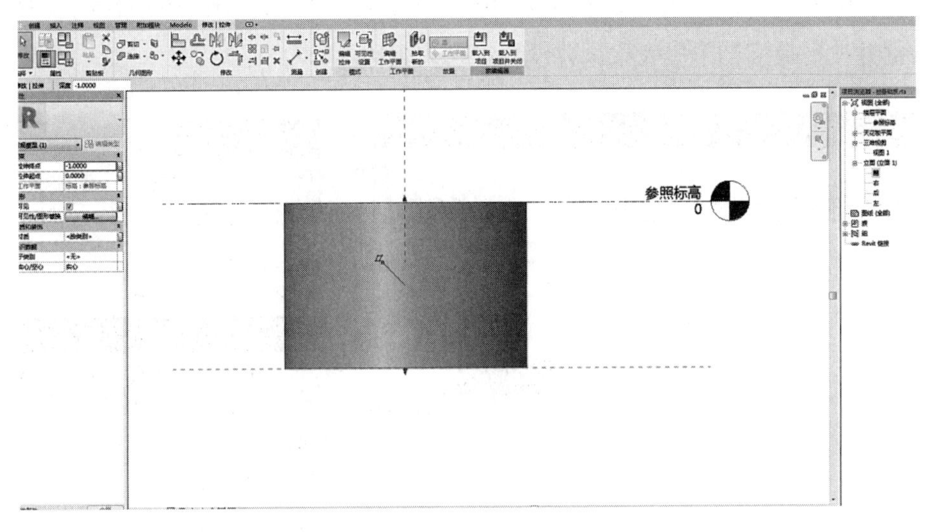

图 10.2.6-2　创建桩基族

图10.2.6-3　设置项目单位

3）处理表格

将上述整理好的Excel表格数据导入到Dynamo软件中（图10.2.6-4），具体步骤如下：

（1）通过File Pash节点选择文件路径。

（2）通过File From Pash节点将文件路径转换为文件。

（3）利用Data.ImportExcel节点从Microsoft Excel电子表格中读取数据。按行读取数据并按行返回到采集表中，并设置工作表名称。

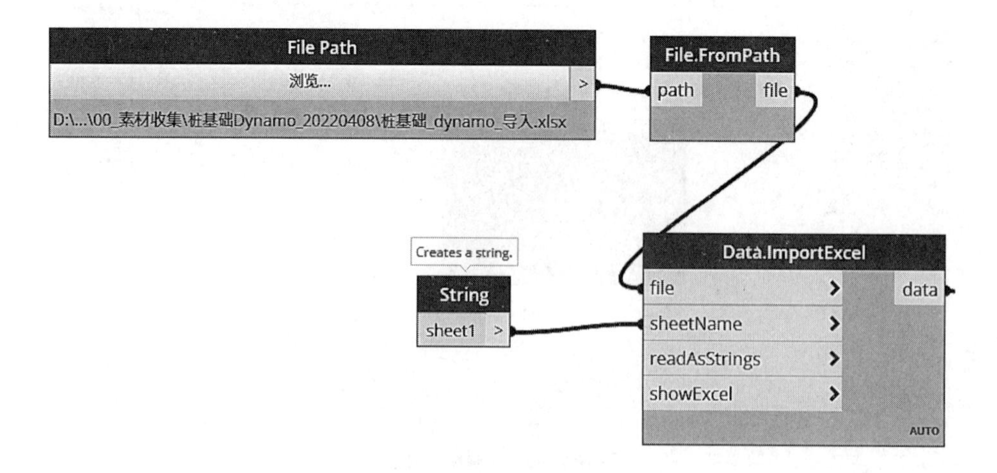

图10.2.6-4　导入数据

（4）利用List节点给出列表第一项和最后一项，并将数据列表横行和竖列进行置换，使桩号、桩径等数据各自成为一个列表（图10.2.6-5）。

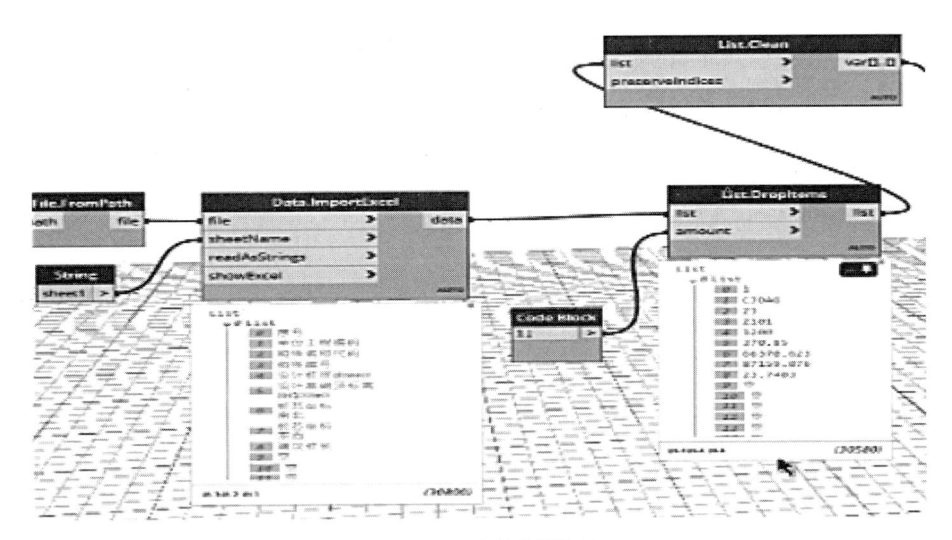

图10.2.6-5 表格数据处理

4）创建桩坐标

通过上述整理好的数据列表，利用节点单独提取桩芯坐标点X、Y数据列表，确定桩基二维平面位置（图10.2.6-6）。

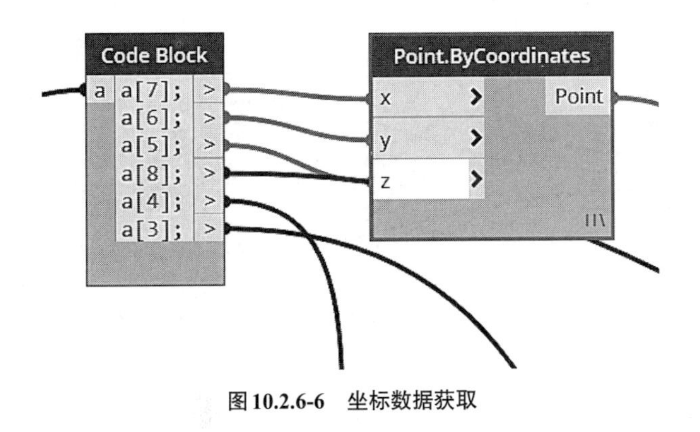

图10.2.6-6 坐标数据获取

5）模型交互及批量放置族（图10.2.6-7）

（1）选择模型交互，在Dynamo中通过上述创建好的桩基名称找到族类型并放置运行，使Revit与Dynamo进行模型交互。

（2）复制桩基并重命名，每一个桩基获得一个ID，运行便得到桩基的粗略模型。

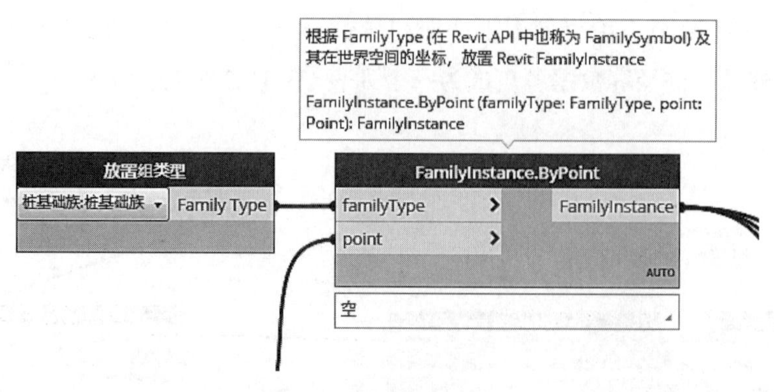

图10.2.6-7 批量放置族

6）获取桩基所需参数

通过上述导入的数据列表，利用软件Element.Set Parameter By Name节点分别从上述整理好的数据列表中获取桩径、桩长、桩基自编号等所需数据，将其赋值连接到批量放置的族类型节点上，运行程序得到完整桩基模型（图10.2.6-8、图10.2.6-9）。

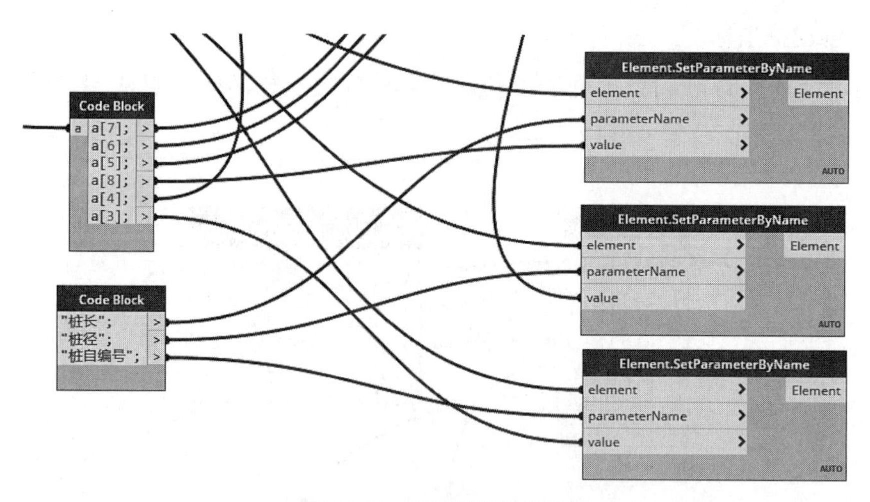

图10.2.6-8 获取桩基所需参数

7）链接至场地模型

将上述通过Dynamo参数化创建的桩基模型链接至项目已建好的持力层地质模型中（图10.2.6-10），可清晰观察出桩基在持力层中的入岩情况（图10.2.6-11），通过三维模型进行可视化交底通过模型全方位讲解施工重难点、施工区域情况，为桩基施工提供有力保障。

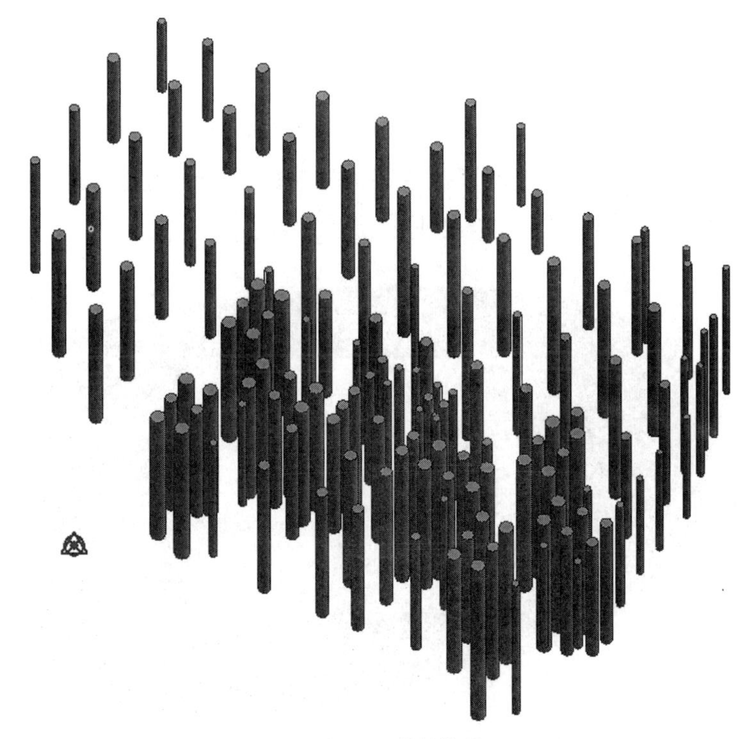

图10.2.6-9　桩基模型

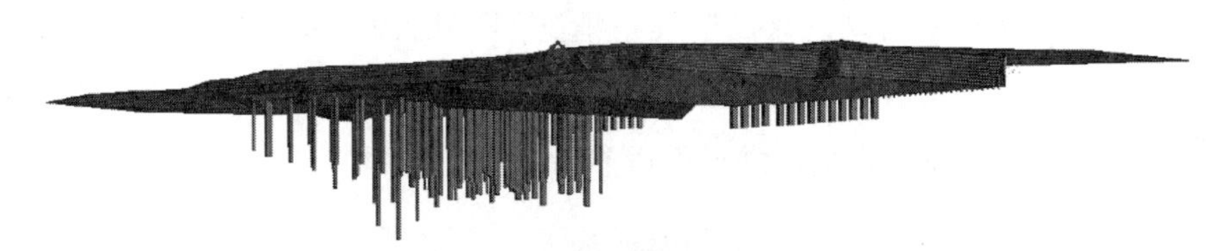

图10.2.6-10　桩基模型链接场地模型

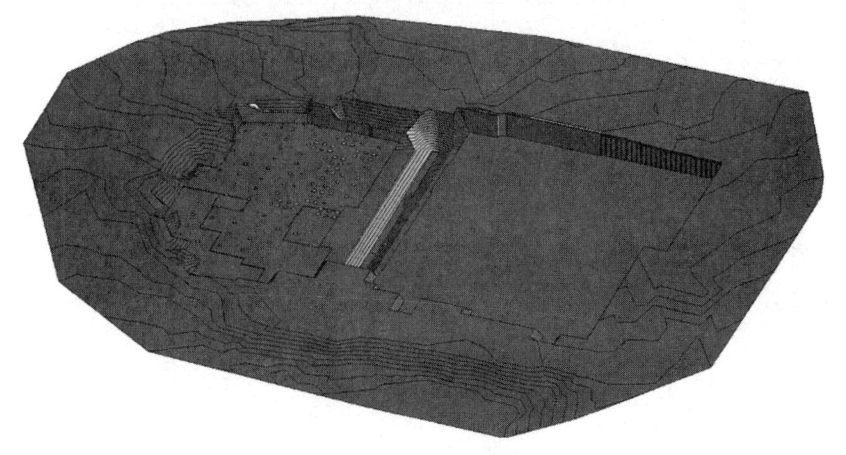

图10.2.6-11　合并模型

8）提取工程量

传统桩基工程量统计为人工核算，工作量大，BIM桩基模型是一个带有信息的模型，在前期模型创建中已经设置了桩长、桩径等参数，软件通过自动计算便可得到体积参数，通过明细表即可提取每根桩基的桩径、桩长、体积等所需参数（图10.2.6-12），为后续施工提供混凝土工程量的参数值。

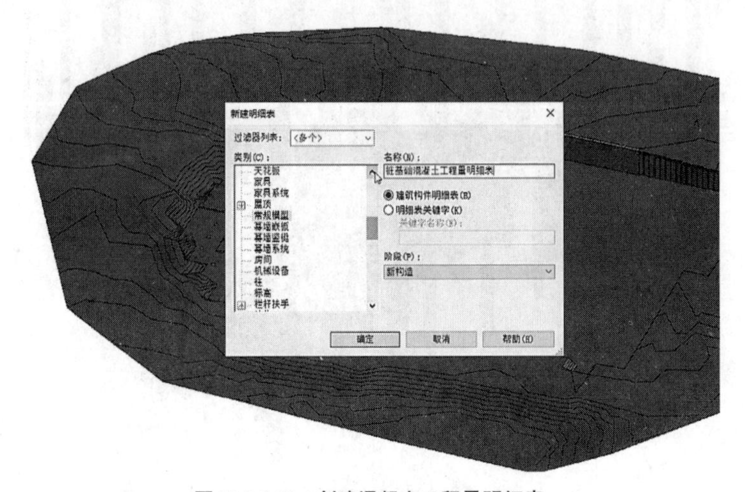

图10.2.6-12　创建混凝土工程量明细表

项目可以根据桩基自动统计的工程量情况（图10.2.6-13），提前策划，按区域判断人工、机械的投入，根据现场实际情况反馈到模型中进行记录，逐步提升项目整体策划能力，也为商务人员提供工程量参考及验证依据。

<桩基明细表>

A	B	C	D	E
族	桩自编号	桩径	桩长	体积
桩基础族	Z101	1	24	26.85 m³
桩基础族	Z120	1	20	33.33 m³
桩基础族	Z103	2	21	52.65 m³
桩基础族	Z104	2	22	54.75 m³
桩基础族	Z102	2	20	35.56 m³
桩基础族	Z117	1	21	32.27 m³
桩基础族	Z118	1	22	33.72 m³
桩基础族	Z105	1	24	36.68 m³
桩基础族	Z159	2	24	68.10 m³
桩基础族	Z160	2	24	67.43 m³
桩基础族	Z162	2	26	73.01 m³
桩基础族	Z145	2	12	22.04 m³
桩基础族	Z146	2	15	26.48 m³
桩基础族	Z144	2	24	42.21 m³
桩基础族	Z143	2	24	43.12 m³
桩基础族	Z79	1	20	16.10 m³
桩基础族	Z93	1	21	16.48 m³
桩基础族	Z108	1	22	17.05 m³
桩基础族	Z123	1	24	18.76 m³
桩基础族	Z142	1	24	19.18 m³
桩基础族	Z124	1	25	19.58 m³
桩基础族	Z125	1	26	20.05 m³
桩基础族	Z141	1	26	20.23 m³

图10.2.6-13　桩基明细表

通过传统的翻模方式，利用Revit创建桩基模型，存在工程量大，操作过程繁琐耗时，并且难以定位、参数难以确定等问题，Dynamo通过提取数据、创建程序来批量生成相关模型，能够快速轻松的解决上述难以操作的问题。在桩基工程中，利用Dynamo进行桩基建模的创建，通过已建模型提取工程量，提高了工作效率和计算准确性，为桩基工程提供了辅助参考量及复核参数。通过三维模型进行可视化交底，为现场施工管理提供了技术支持。

10.3 施工工艺虚拟展示

10.3.1 构配件预拼装BIM概述

预拼装是构配件在工厂预先进行拼装的一个过程，将分段制造的大跨度柱、梁、桁架、支撑等构件，特别是用高强度螺栓连接的大型钢结构、分块制造和供货的钢壳体结构等，利用BIM技术在出厂前进行整体或分段分层临时性组装的作业过程。用以检查构件的加工精度，是控制质量、减少加工误差造成的返工、保证构件在现场顺利安装的有效措施。

非标构配件因构件为非标准化构件，加工精度不容易把控，安装顺序也有别于传统的安装方法，利用BIM技术通过对非标准构件进行预拼装，提前发现构件加工中可能出现的精度问题，模拟非标构件安装的顺序，制定合理的安装方案。

10.3.2 构配件预拼装常见问题分析

通常情况下，钢结构构配件在加工过程中受机械加工精度、人为因素以及环境因素的影响，造成构配件误差过大、加工错误、构件变形以及可能影响到安装的各类缺陷，造成不必要的返工和工期延误，影响构配件现场拼装质量和结构安全。

(1) 构配件安装最易出现的问题是：钢梁、柱以及拼装好的框架的轴线尺寸偏差；连接板的角度；螺栓孔位的偏差；腹板、翼缘过大的焊接变形；螺栓无法锁紧的部位；不易现场焊接的部位。如不通过预拼装是很难发现这些细小的问题，但又的的确确会在构件安装时对构配件安装造成不同程度的影响。

(2) 对于超过一个运输单元的钢梁，通常会采用变截面，这样就会在变截面的地方进行分段，分段位置现场采用端板连接。如果加工过程中端板与构件之间的角度控制不好，就会造成钢梁上翼缘不在一条直线，引起屋面板不平，带来漏水隐患，严重的会改变构件受力状态影响结构安全。

（3）构配件安装的顺序不合理，或者没有制定合理的安装方案，可能会造成构件在安装过程中受力不合理而引起结构变形，造成安装过程中的安全事故或影响结构正常使用。或者造成后续部分构件安装困难，影响安装进度。

10.3.3 基于BIM技术的构配件预拼装主要内容

通常情况下，预拼装的方法主要有现场实体预拼装和虚拟预拼装。

（1）现场实体预拼装。构件在工厂加工完成后，需要在现场或厂区内进行预拼装，一般分为立体预拼装和平面预拼装。复杂异型结构为立体预拼装，可设卡具、夹具等，其他结构一般为平面预拼装，预拼装的构件应处于自由状态，不得强行固定。立体预拼装需要与现场施工几乎相同的设备、场地、人工和时间，成本相对较高。即使采用平面预拼装方案代替立体预拼装方案，效果没有立体预拼装直观，其成本依然比较高。

（2）虚拟拼装。采用三维数字技术，将钢结构分段构件及钢结构支座进行三维扫描，在计算机中模拟拼装形成分段构件的轮廓模型，与深化设计的BIM模型拟合比对，数字之差便是构件的加工误差，然后对加工误差进行分析，指导工厂对存在的问题进行处理，确保构件能够正常安装。

10.3.4 构配件预拼装BIM模型

构配件预拼装，首先基于BIM技术搭建构配件BIM模型，以实现构配件的后续预拼装。预拼装主要包括实体预拼装及虚拟拼装两方面。

1.实体预拼装施工技术

（1）在拼装场地上放出预拼装单元的轴线、中心线、标高控制线和各构件的位置线，并复验其相互关系和尺寸等是否符合图纸要求。

（2）在拼装场地上焊接临时支撑、垫铁、定位器等。

（3）按轴线、中心线、标高控制线依次将各构件吊装就位，然后用拼装螺栓将整个拼装单元拼装成整体，其连接部位的所有连接板均应装上。

（4）拼装过程中若发现尺寸有误，栓孔错位等情况，应及时查清原因，认真处理。

（5）预拼装后，经检验合格，应在构件上标注上下定位中心线、标高基准线、交线中心点等。同时在构件上编注顺序号，作出必要的标记。必要时焊上临时支撑和定位器等，以便按预拼装的结果进行安装。

（6）按照与拼装相反的顺序依次拆除各构件。

（7）在预拼装下一单元前，应对平台或支承凳重新进行检查，并对轴线、中心线、标高控制线进行复验，以便进行下一单元的预拼装。

2.虚拟拼装施工技术

（1）根据设计相关资料和加工安装方案等技术文件，在构件分段与胎架设置等安装措施可保证自重受力变形不致影响安装精度的前提下，建立设计、制造、安装全部信息的拼装工艺BIM模型，与土建、安装模型整合，通过模型导出分段构件和相关零件的加工制作详图（图10.3.4-1、图10.3.4-2）。

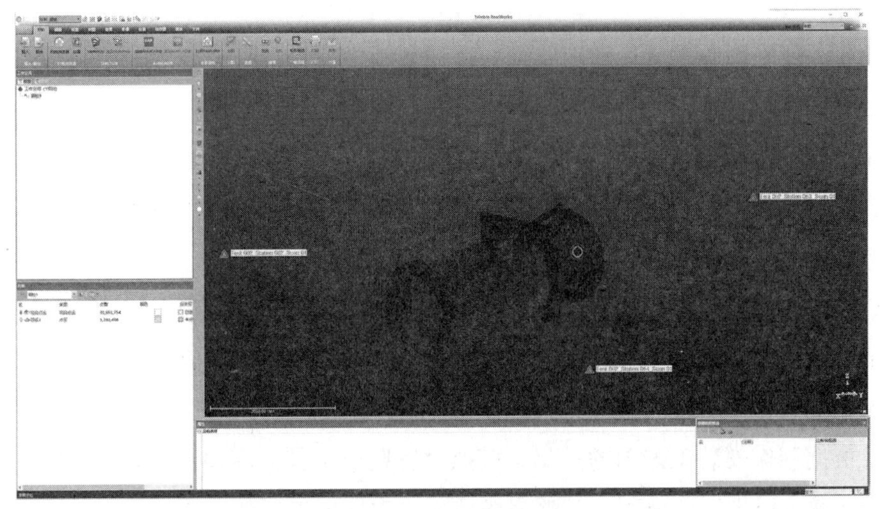

图10.3.4-1 钢柱扫描点云模型

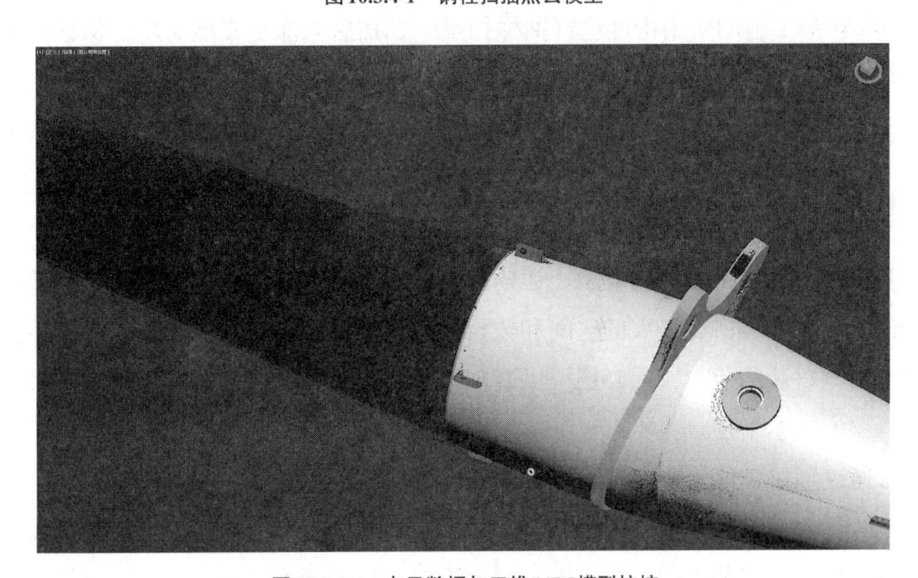

图10.3.4-2 点云数据与三维BIM模型校核

（2）利用三维扫描仪（以Trimble三维激光为例）对现场已完成的钢结构支座及其混凝土结构进行扫描。

a.制作三维扫描仪的定位标靶纸，将标靶纸固定在要扫描的施工现场，保持标靶纸周围视野开阔，每个标靶纸之间的间距不大于20m，每个项目不少于三张。

b.利用全站仪对各个标靶纸的坐标进行测量，获得标靶纸坐标。

c.架设三维扫描仪，对现场支座进行扫描，第一站需对仪器进行调平及数据设置，每站应扫描到三个标靶纸。

d.对扫描出来的数据及测量的标靶纸坐标进行整合，在计算机中进行拟合生成三维扫描模型。

（3）构件制作验收后，利用三维扫描仪建立实体构件模型。

a.将构件放置水平，且平稳，可以不进行站点设置。

b.三维扫描仪对构件进行扫描。

c.对扫描数据进行整合处理，导入BIM软件与深化设计模型进行对比，获得生产公差，将生产公差代入后续深化过程。

（4）计算机模拟拼装过程，进一步调整模型。

a.将支座扫描模型导入公差调整后的深化设计模型进行整合。

b.根据模型整合在一起进行再次调整。

c.根据制作安装工艺图的需要，模拟设置胎架及其标高和各控制点坐标。

（5）通过模拟后的模型，调整完毕后，再次导出工厂加工图。

（6）对加工出的所用构件进行抽样扫描，扫描后与深化模型对比，保证公差在规定范围内。

（7）对整个批次的抽样结果进行汇总处理，以便下一次构件生产时进行调整。

10.3.5 预拼装BIM成控应用

实体预拼装常见于构件复杂、运输超限及现场安装条件差的情况下，需要耗费较多的人力物力、占有较大的空间和较长的时间。采用虚拟预拼装技术可以最大限度地节约预拼装的成本，同时还可以直观地制定出施工顺序，减少可能返工带来的工期延误、成本增加。主要有以下应用要点：

1.通过预拼装优化安装方案

钢构件由于重量大，一般工厂会提前预制加工好后运抵现场，如果现场安装才发现问题将影响安装进度，造成不必要的返工。通过预拼装技术，提前对构配件进行预拼装，提前模拟构配件安装的先后顺序，检查各工序之间衔接顺序的合理性，隐蔽部位施工的可操作性等，提高构件安装质量、节约工期。

2.提高了机械利用效率

在预拼装过程中，不断优化各工序之间的先后顺序，制定最佳的安装方案，根据方案可以确定最优的机械配置方案，减少现场设备闲置时间，提高机械设备的利用效率，降低构件安装机械设备成本。

3.合理重复利用临时措施

通过预拼装技术，提前预判临时措施的需求数量，根据安装进度确定临时措施的周转次数，在保证安装安全和进度的情况下，可以最大限度地重复利用，提高临时措施的二次利用率，降低安装成本。

10.3.6 项目案例

1.项目信息

重庆龙兴足球场位于重庆两江新区龙盛片区城市功能核心区，占地面积约303亩，总建筑面积16.69万m^2，其中地下一层，地上五层。重庆龙兴足球场屋盖平面呈椭圆形，结构形式为悬挑平面桁架+立面单层网壳，建筑投影南北长283m，东西宽252m，钢结构屋面最大高度为59.5m，罩棚悬挑长度约54～58m，屋盖径向主桁架共计68榀，罩棚立面曲杆通过成品铸钢固定铰支座支承于6.550m平台的主体结构上，钢筋密集交汇，定位、安装难度大。

2.施工工艺虚拟展示BIM成本控制

(1)利用三维激光扫描仪对大面积混凝土面、钢结构节点、钢结构前后主体进行扫描逆向建模，进行平整度检测、精确定位、测量观测等应用，控制工程施工质量，实体校核(图10.3.6-1～图10.3.6-3)。

图10.3.6-1　仪器扫描结果

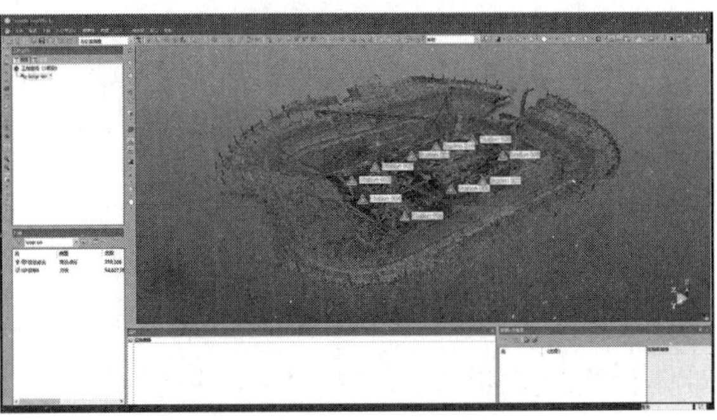

图10.3.6-2　扫描逆向建模

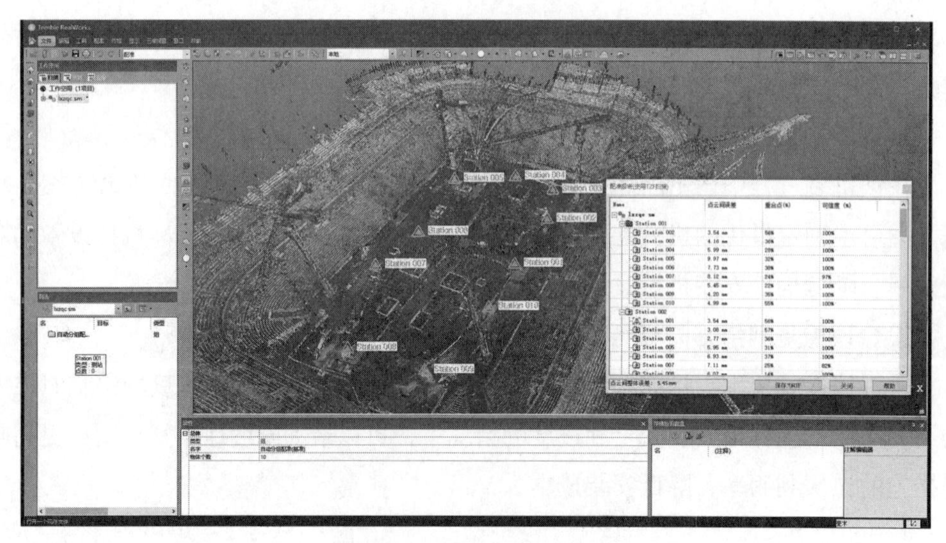

图10.3.6-3　扫描结果误差分析

（2）主体钢结构扫描，逆向建模后辅助檩条及铝板幕墙的深化（图10.3.6-4、图10.3.6-5）。

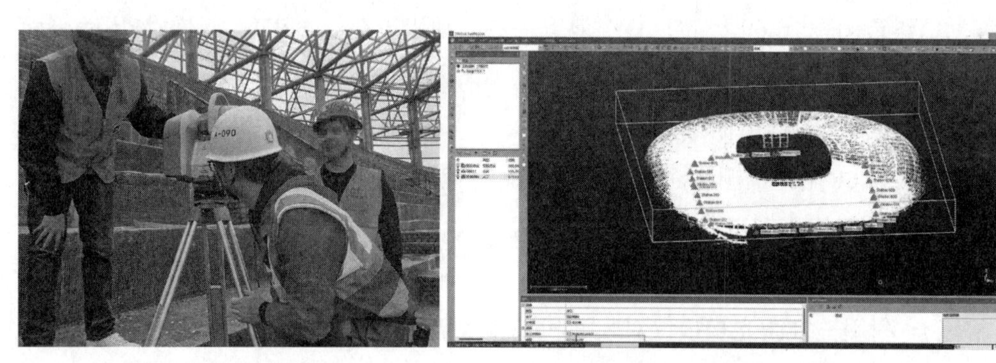

图10.3.6-4　现场扫描过程　　　　图10.3.6-5　主体钢结构模型生成

10.4 施工质量和安全管理简述

10.4.1 增强现实AR技术

增强现实AR（Augmented Reality，简称AR）技术是一种将真实世界信息和虚拟世界信息“无缝”集成的新技术，是把原本在现实世界的一定时间空间范围内很难体验到的实体信息（包括视觉、声音、味道、触觉等信息）通过电脑等科学技术，模拟仿真后再叠加，将虚拟的信息应用到真实世界，被人类感官所感知，从而达到超越现实的感官体验。增强现实技术包含了多媒体、三维建模、实时视频显示及控制、多传感器融合、实时跟踪及注册、场景融合等新技术与新手段。

应用AR技术，将BIM三维虚拟模型准确融合到项目现场，快速复核待建、在建、已建施工内容，例如，在机电房安装前，进行AR场地查验和管线现场排布交底，在安装完成后对走向、管径、排布、高度进行复核。通过下发问题整改通知单的形式，落实到具体责任人。也可以将预留洞口等BIM模型，融入施工现场，判断洞口是否按要求留设，减少二次成孔等额外成本（图10.4.1-1、图10.4.1-2）。

图10.4.1-1　AR机电管线综合复查

图10.4.1-2　AR外墙装配式挂板安装复查

10.4.2 BIM+AR系统

1. BIM+AR系统概述

BIM集成了建筑工程项目的全部信息，AR可以用全新的方式将传统的数据信息创新性地、直观地呈现给使用者，提升建筑工程项目的施工质量、安全及信息化管理水平。因此，BIM+AR系统满足了建筑工程全生命周期对信息的需求，同时克服了项目现场不能携带庞大的信息储存、处理设备的阻碍，具有较高的应用价值。BIM+AR系统，指集成了BIM和AR，可用于建筑项目全生命周期的信息处理和呈现方式。在这个系统中，应用BIM集成项目全生命周期的数据信息，应用AR来直观呈现项目信息（图10.4.2）。

2. BIM+AR系统实现流程

在BIM+AR系统的实现流程中，BIM准备、数据传输及信息展示为该系统的三个关键性实施步骤，针对关键步骤进行研究将助力使用者搭建BIM+AR系统。

（1）BIM准备

BIM准备为BIM+AR系统的关键性实施步骤之一，主要工作包括利用BIM对

图10.4.2　BIM+AR项目展示

项目信息进行处理、建立虚拟建筑模型及模型处理优化等，包括轻量化处理、材质处理及信息参数处理，以期提升数据传输的效率，加强AR对虚拟建筑模型的展示效果。BIM准备是BIM+AR系统的前提。

①基于Revit-3DMax-Unity的轻量化处理。BIM虚拟模型中信息量巨大，严重影响系统设备的计算效率，因此，需要对虚拟建筑模型进行轻量化处理。轻量化处理的原则是合理地平衡模型质量要求和设备运行流畅度之间的关系，在满足模型质量要求的前提下，尽可能提高设备运行时的流畅度。具体处理方法包括，基于系统设备的计算性能，选择模型合适的优化等级和优化程度，使用3DMax软件对虚拟模型进行轻量化处理。

②基于Revit-3DMax-Unity的材质处理。在材质信息方面，Revit软件支持"Autodes Generic"材质，3DMax软件支持.FBX文件格式的标准材质和多维子材质。材质信息需要导入Unity软件，然而，目前Unity只支持.FBX文件格式而不支持"Autodes Generic"材质，因此，材质处理工作必须经由3DMax软件。3DMax可以准确读取"Autodes Generic"材质，并将其转换为标准材质或者多维子材质，再以.FBX文件格式导入到Unity中，Unity会正确地读取.FBX文件的材质与贴图。

③基于Revit-插件-Unity的信息参数处理。以.FBX文件格式导入Unity中的文件，除构件元素名称外并不包含其他任何信息参数，这对信息参数的展示和人机交互产生很大制约。为进一步增强AR展示效果，在轻量化处理、材质处理的同时，需要对项目的信息参数进行处理。信息参数处理一般基于插件，目前市场上的"一键导出"插件，例如，上海殊未信息科技有限公司的"BVP3D插件"，可以将BIM

模型信息参数导入Unity，简化BIM+AR系统的开发工作。

（2）数据传输

数据传输是BIM+AR系统的关键性实施步骤之一，指建筑工程项目全生命周期中信息在不同软件平台之间的传输。BIM+AR系统中信息主要在Revit、3DMax及Unity三个软件平台之间进行传递。

（3）信息展示

信息展示指BIM+AR系统的信息展示及交互功能。系统将项目信息直观展示给使用者，使用者获取信息后可进行信息交互。信息展示需要进行AR开发，SDK（Software Development Kit，简称SDK）是AR的开发引擎，能降低开发者的学习成本和时间成本。将选用的SDK导入Unity软件，即可进行BIM+AR系统的开发工作。

经过BIM准备、数据传输及信息展示三个系统关键性实施步骤，最终的BIM+AR系统是可执行的程序，其可以单独运行，不需要依赖其他的软件环境，具有较高的适用性。

3. BIM+AR系统构建

BIM+AR系统构建具体步骤如下：

（1）BIM建模

在平面设计图的基础上建立BIM模型，建成的BIM模型是后续BIM处理工作的基础。

（2）独立模型

所开发的AR实景可视化系统需实现独立构件的BIM模型查看及名称、材质等基本文本信息的查看功能。因此，需对基础BIM模型进行深度建模，获得独立构件的BIM模型及相关文本信息。

（3）分层处理

AR实景可视化系统需实现分层查看功能。对于有大量的幕墙和结构的工程，为能更加清晰地展示幕墙等的建筑进度，需要对整体BIM模型进行分层。

（4）轻量化处理

BIM模型数据量大，将导致模型加载速度过慢，在实时加载BIM模型时，现有设备的计算能力无法满足模型加载的流畅性要求，因此，有必要对BIM模型进行轻量化处理。

基于项目AR技术选型推荐结果及BIM处理工作，系统，该系统可以在电脑端、手机端、平板电脑端进行使用。

10.4.3 基于BIM+AR系统的施工质量和安全管理

基于BIM+AR的施工质量和安全管理主要体现在以下几个方面：

1.现场监管

摄像头为AR实景可视化系统提供了实时的现场信息，且兼具现场管控功能，可以提升项目人员对项目的管理能力和管理水平，例如，通过摄像头的实时摄影功能可以及时发现施工人员的不规范施工行为，提升项目的安全性。

2.平面图示意

通过AR实景可视化系统实现了实时查看项目平面设计图纸的功能。平面设计图纸可与BIM三维模型配合使用，助力使用者更全面地了解项目情况，例如，项目管理人员可能习惯传统的图纸查看方式，平面设计图的提供可以给这部分项目管理人员提供过渡期，使其能更流畅地开展工作。

3.独立模型查看

AR实景可视化系统实现了独立构件的BIM模型查看功能，该系统可同步展示构件名称、材质等文本信息，使管理人员能及时获取模型细节信息，提升对BIM模型的细节把控能力，与此同时，项目管理人员能够及时查看某个构件的施工进度，提升管理工作的细度。

4.虚实互动

AR实景可视化系统可叠加虚拟BIM模型和真实施工现场，实现了虚实互动，AR直观展示了BIM模型和施工现场真实环境的叠加效果，虚拟模型在真实环境中的注册较为精准，两者的叠加没有明显违和感。虚实互动功能可对比项目虚拟建成效果和真实建设进度，以提升项目的进度管理水平。

5.分层查看

AR实景可视化系统实现了BIM模型的分层查看功能。通过分层查看功能，该系统能直观展示结构、幕墙和建筑的BIM模型，有助于项目管理人员分析项目整体进度及结构、幕墙、建筑三个层次的工程进度。

6.环境漫游

环境漫游指使用者在虚拟建成环境中360° 漫游来直观观察项目建成后的效果。使用者既能在建筑内部漫游以观察项目的细节建成效果，又可通过模型预览进行整体漫游。与其他主要作用于进度监控的功能选项不同，漫游功能主要展示项目建成后的整体效果，并与环境充分作用，呈现最真实的漫游体验，为使用者提供了最接近真实、最立体的项目建成后效果。

将AR技术选型推荐平台应用在建筑工程项目中，经过BIM建模以及其他相关工作，最终运用AR实景可视化系统成功满足了现场监管、平面图示意、独立模型查看、虚实互动、分层查看、环境漫游六个功能需求，应用效果达到预期。

10.5 小结

本章侧重于BIM技术在施工阶段中的施工组织方面的应用，该章从施工组织中的施工场地布置、复杂场地地基基础、施工工艺虚拟展示、施工质量和安全管理等方面着眼，较为全面的讲述了BIM造价技术如何在施工组织中的产生与发展，如何在实际项目中落地并产生价值。

第11章　BIM技术在施工措施管理中的应用

11.1 脚手架工程

11.1.1 脚手架工程BIM概述

脚手架工程是建设工程项目中的关键部分。基于脚手架较高的力学性能、可操作性和实用性，成为建设工程项目施工较为常用的工具。然而，传统脚手架工程大多是架子工在施工现场根据二维平面图纸设计排放布局，导致在设计及施工阶段存在着诸多问题，低效、安全风险高，成本难以控制等，不仅会造成材料浪费，也将会引起项目施工阶段的安全隐患，由于脚手架设计和布局出现问题而造成的重大经济损失或者人员伤亡的情况数不胜数。建筑信息模型基于先进的三维数字技术，囊括了多样化的建筑工程项目信息，实现了项目实体和功能向数字化的转化。借助BIM脚手架软件，促成脚手架工程建模能够基于三维可视化条件下构成，同时科学校核脚手架工程安全测算，使最终建模达到工程实际要求，进而有效弥补传统脚手架设计和施工阶段出现的缺陷和不足。

11.1.2 脚手架工程常见问题分析

一般情况下，传统脚手架使用的工程管理方式并不够精细化，在实施中缺少专业的员工培训，在搭设以及使用脚手架时工人较少经过专业培训，这在极大程度上影响到后续的安全使用，也会对项目周期产生影响。

1.设计阶段

由于各个工程项目均是一次性的，所以脚手架工程均要重新设计。如果采用传统的设计方式和图纸，则极易出现错误，例如，在搭设中会存在主体结构与脚手架碰撞的状况，设计之后也并未根据设计图进行优化分析，这均是传统脚手架工程施工中常见的问题，甚至是在设计中并未按规范设计导致的，必然会在极大程度上增加危险概率。

2.搭设阶段

这一阶段并未对原材料的质量、尺寸是否合格予以验证，同时没有充分作好搭设准备，未客观地统计材料用量，对于脚手架动态模拟也并未展开。此外，在搭设中，相关人员并没有经过事前的培训，也并没有根据已有的操作规范开展施工。

3.使用阶段

在脚手架使用中，因为没有对管理层员工以及架体状态做好定位监控，导致存在安全隐患时并不会有预警提示，若发生安全事故则是非常严重的后果。传统的施工作业现场较少采用严格的门禁管理，也并不会识别外来人员，导致施工作业现场可能会出现混乱的情况，与此同时，管理层在日常管理中也有不足之处，例如，施工现场项目比较繁琐，纸质记录不够准确，效率较低，即使发现问题不能在第一时间解决。

4.拆除阶段

拆除脚手架的过程中，并没有基于事先确定好的规范开展施工。例如，整体或者数层拆除，造成脚手架整体缺乏稳定性，出现整体性坍塌事故。此外，在拆除时也非常混乱，没有对相关人员以及脚手架的架体开展动态监控，导致拆除过程中并未按照事先布置的场地予以归类。

11.1.3 基于BIM技术的脚手架工程主要内容

现阶段脚手架工程中没有充分运用BIM技术。然而从客观角度而言，随着互联网技术以及信息技术的发展，BIM对于脚手架工程有非常大的作用，主要体现在：

（1）在脚手架设计阶段使用三维建模以及动态模拟提前作好设计，即分析减少施工中可能存在的风险及问题。

（2）在施工过程中对脚手架施工进行信息化安全管理，并且将大数据、云计算等各项数据运用到脚手架工程中以发挥作用。

BIM技术在脚手架工程中的运用能够很大程度上减少事故发生率、提高工程进度及脚手架工程施工质量的，并且通过运用信息化管理能够减少物资以及人力资源的投入，极大地控制成本。

11.1.4 脚手架工程BIM模型

脚手架附着在建筑结构主体上进行搭设及应用的，因此，脚手架软件应用的第一步是建立建筑物或构筑物的实体模型。建筑物或构筑物的建筑及结构BIM模型（图11.1.4-1）可以通过三种方式进行建立，第一，将二维施工图纸直接导入脚手架软件，整体识别率和准确率达90%左右，实现二维直接转三维；第二，利用BIM软件建立好建筑物或构筑物的主体模型，导入脚手架软件。第三，通过脚手架软件自带的建模功能，进行楼层及轴网设置，按类快速创建结构构件，手动布置搭建模型。基于第一步建筑物或构筑物 BIM 模型的建立，此阶段将通过脚手架软件对架体进行深化设计。BIM 脚手架模型的建立由工程特征参数设计、杆件材料及施工安全参数设置、架体布置及编辑、配模配架四大部分构成。

在完成支撑体系整体思路梳理后，即可对所有的脚手架按照模数进行设计（图11.1.4-2），模板配置时，可根据施工需要选择节点细部的处理方法，同时可对拼模参数、模板体系参数、高支模标准、周转参数等进行参数设定。完成所有参数

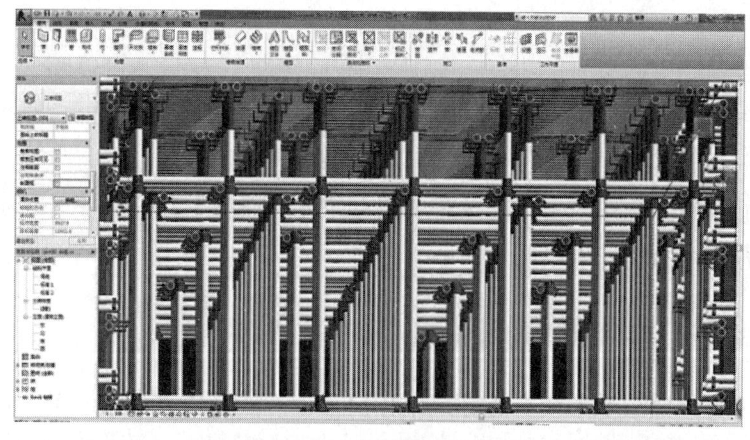

图11.1.4-1　脚手架BIM模型

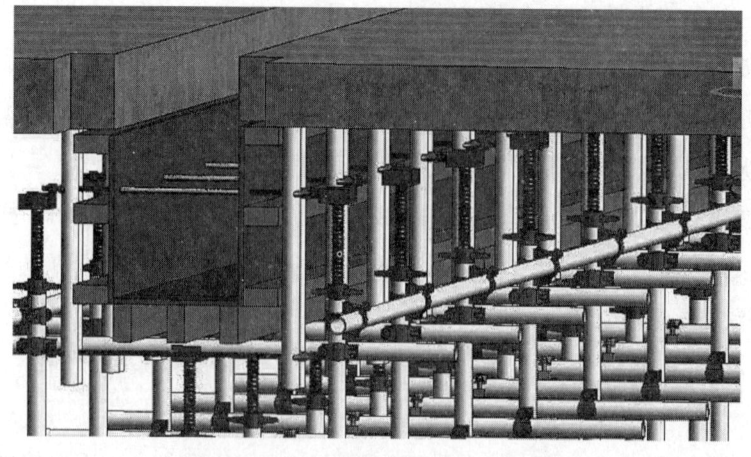

图11.1.4-2　脚手架工程配模设计BIM模型

设定后，利用BIM模板脚手架设计软件中一键快速配模，相对传统的手动配模方式，利用该软件进行设计，一方面可以极大提升了配模工作效率，另一方面可以将技术工作人员从手工配模中解放出来。

利用BIM技术对脚手架工程的参数设置及快速配模后，可根据结构类型、划分区域等的不同需要导出相应的设计成果，最后软件自动计算出不同类型的结构构件所使用的模板、钢管、扣件螺栓等材料的使用数量。输出结果中包含了配模完成后各种不同尺寸的脚手架工程加工配料表，同时也可根据软件三维可视化功能清楚地看到具体构件相应位置。

11.1.5 脚手架工程BIM技术成控应用

借助BIM技术脚手架设计软件，将人从传统繁琐的手工计算逐渐转变为软件快速高效的自动计算，提高工作效率，有效解决传统脚手架方案编制工作中精度低、易出错的缺陷。智能进行架体布置，对架体布置进行合理优化；自动测算材料用量，生成工程量统计表进行成本控制。有以下应用要点：

1.提高脚手架方案编制及计算效率

在传统编制模板及脚手架施工组织设计及施工方案时，由于缺乏对规范要求的熟悉，实施性模板及脚手架专项施工方案包括模板支架平面布置图、典型梁构件详图、关键节点大样图等繁重、枯燥的工作，这往往成为编制实施性施工方案的一大困难，即使施工方案最终勉强编出，但是用于直接指导工人施工的技术交底也不能很好地阐明方案意图，尤其是在复杂节点上不能直观地指导现场工人施工。但是通过借助BIM技术模板脚手架设计软件，在软件中完成相应脚手架参数设定后可一键完成受力计算、钢管及扣件用量统计及优化等功能，从而将人从传统繁琐的手工计算逐渐转变为软件快速高效的自动计算，这不仅提高了工作效率，更为有效解决传统脚手架方案编制工作中精度低、易出错的缺陷问题。

2.架体布置及优化

脚手架架体的布置可以通过手动布置及智能布置两种方式来实现，两者区别在于：首先，手动布置主要间距参数由使用者手动输入具体数值，而智能布置则会从构造要求设置的范围值中选取计算；其次，手动布置不考虑计算能否通过，智能布置则会计算方案能否通过。智能布置是根据上文中工程特征参数以及施工安全参数的设置，通过智能计算引擎及智能布置引擎，计算复核架体间距、材料性能的安全性，将架体协调拉通，在不影响架体安全性的前提下合理匀称布置架体，软件带有一键生成功能，点击即能自动生成（图11.1.5-1）。

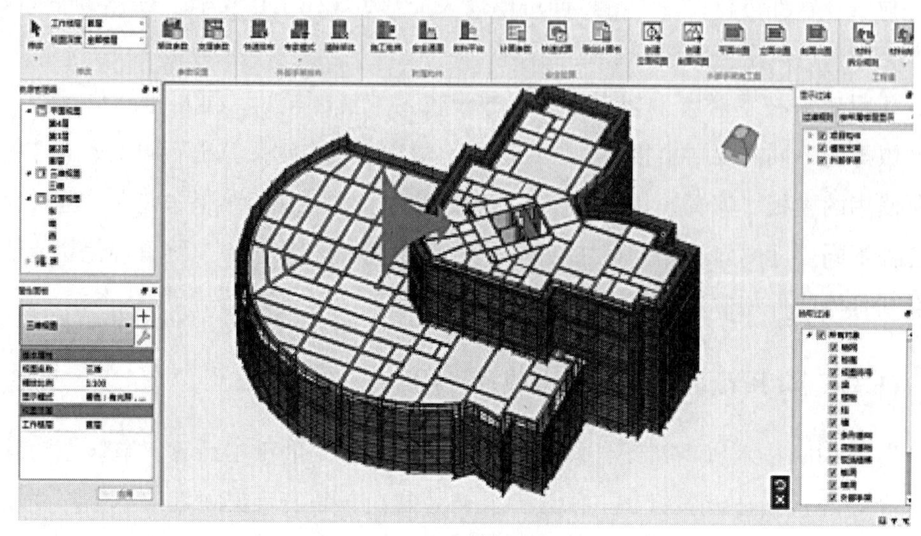

图11.1.5-1 架体一键生成

3.施工图及模型导出、材料统计

脚手架软件将基于BIM三维模型，自动生成可指导施工的平面图、立面图以及剖面图（图11.1.5-2），区别于传统二维图纸，利用BIM技术可在模型任意位置剖切三维视图并输出高清图片（图11.1.5-3）。同时，自动测算材料用量，生成工程量统计表（图11.1.5-4）。

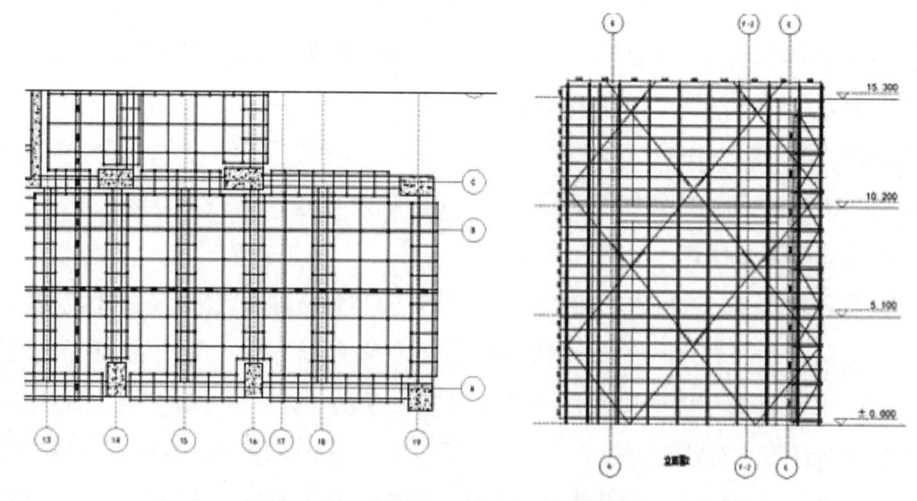

图11.1.5-2 平面图、立面图以及剖面图

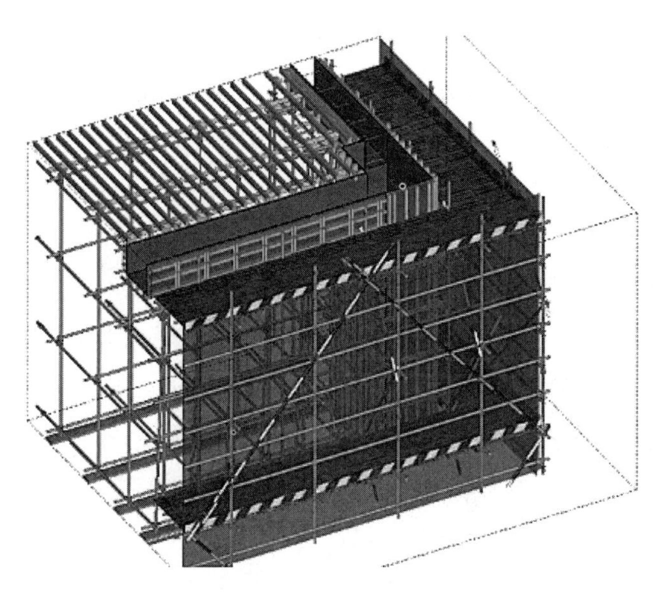

图11.1.5-3　任意位置三维视图

杆件汇总说明

杆件	用途	规格	单位	数量
首层				
钢管Φ48x3.0mm	立杆			
		L-2700	根	692
		L-2400	根	287
		L-2000	根	23
		L-300	根	8
	水平杆			
		L-6000	根	357
		L-4500	根	221
		L-3000	根	376
		L-2700	根	62
		L-2400	根	28
		L-2000	根	77
		L-1800	根	28
		L-1500	根	53
		L-1200	根	351
		L-900	根	195
		L-600	根	121
		L-300	根	129
	主次楞			
		Φ48x3.0mm	米	5540
汇总				
钢管Φ48x3.0mm	立杆			
		L-2700	根	692
		L-2400	根	287
		L-2000	根	23
		L-300	根	8
	水平杆			
		L-6000	根	357
		L-4500	根	221
		L-3000	根	376
		L-2700	根	[illegible]

图11.1.5-4　工程量统计表

利用BIM技术快速统计出不同型号、标准的脚手架用量后，导出相应的结果，对工程作业人员进行相应的技术交底，现场作业人员按照技术交底规定的要求加工所需数量。利用BIM技术架管及扣件能从根本上减少不必要的材料浪费，极大提升架管扣件的利用率。施工过程中根据施工进度计划，结合软件统计架管、扣件的阶段性使用数量来控制材料进场量，利用该种方式在确保材料进场数量满足现场施工要求的同时很大程度地减少了材料现场大面积积压的问题，增加了施工场地的有效利用率，无形中更提升了周转材料及项目资金的周转效率。利用BIM模型可以直观地对作业人员进行三维模型化技术交底，可提高现场实操作业人员对技术交底内容更加直观全面的认识，减少由于传统的技术障碍造成现场返工，影响项目工期及成本的压力。

架管扣件使用BIM脚手架软件自动计算后，可基本实现现场所需材料集中加工、架管、扣件定量采购。控制架管由于加工尺寸误差、架体由于技术规范不熟悉造成的材料浪费，进一步促进了项目绿色施工的水平。利用BIM技术进行施工现场脚手架组成材料运输及现场堆放模拟，保持现场整洁，堆放集中，优化劳动量，降低工程成本，避免凌乱丢失，提高安全文明施工水平。

11.1.6 项目案例

1.项目信息

某酒庄厂房建设项目，建筑面积19216.22m²，其中地下建筑与地上建筑的面积分别为7150.1m²、12066.12m²。整体建筑由5栋组成，分别为：1号楼三层、2号楼两层、3号楼Ⅰ段五层与Ⅱ段三层、4号楼三层、5号楼两层。项目4号楼为酒庄厂房的综合配套楼，本文将4号楼作为研究对象进行BIM脚手架软件的应用。

4号楼一层层高4.2m，二层层高3.5m，三层层高6.71m，框架/剪力墙结构，独立基础，工程设防烈度8度，从脚手架方面来看，无论是结构脚手架还是装修脚手架都采用了扣件式脚手架，并且按照国家的相关规定完成脚手架的搭建。从整个工程进度来看，2019年4月5日、5月5日、9月20日、10月30日分别完成了开凿、基坑土方施工、地上主体结构、二次结构这些工作。2020年4月30日装修施工完成，2020年5月15日竣工验收，总工期425天。项目脚手架工程重点、难点如下：

（1）建筑结构外形不规则，阴阳角较多，在阳台以及空调板等特殊区域出现突出式的结构，伸缩缝部位较为复杂。在这些关键部位中，脚手架需要实施有效的防护以及合理安全的搭建，从而能够使施工的安全性得到有效保障，这同时也会进一步影响到整个施工进度的推进。

（2）本工程层高较高，对于连墙件的布置要综合考虑。

（3）4号楼主体施工期间经历1个雨季，架体的稳固性直接影响到工人的生命安全及建筑物的质量安全。脚手架基础的硬化处理，脚手板的防滑处理，架体沉降预防等都是工程的重点管理项。

（4）工程位于旅游山村，因此在施工过程中必须体现保护环境、节约资源的可持续发展思想，将工程施工对风景优美的山区整体环境影响减小到最低程度，外防护架搭设的合理美观性也受到考验。

2.脚手架工程BIM成本控制

建筑信息模型是BIM技术的应用基础，在脚手架工程中，技术的应用首先需要以CAD图纸为基础实施翻模，通过Revit实现对拟建建筑物三维立体模型的构建。

1）创建主体模型

案例主要为BIM技术在外防护架工程中的应用，因此只创建结构模型即可，结构模型创建：熟悉图纸、确定轴网、构建柱、梁、板，零星构件，完成结构模型（图11.1.6-1）。

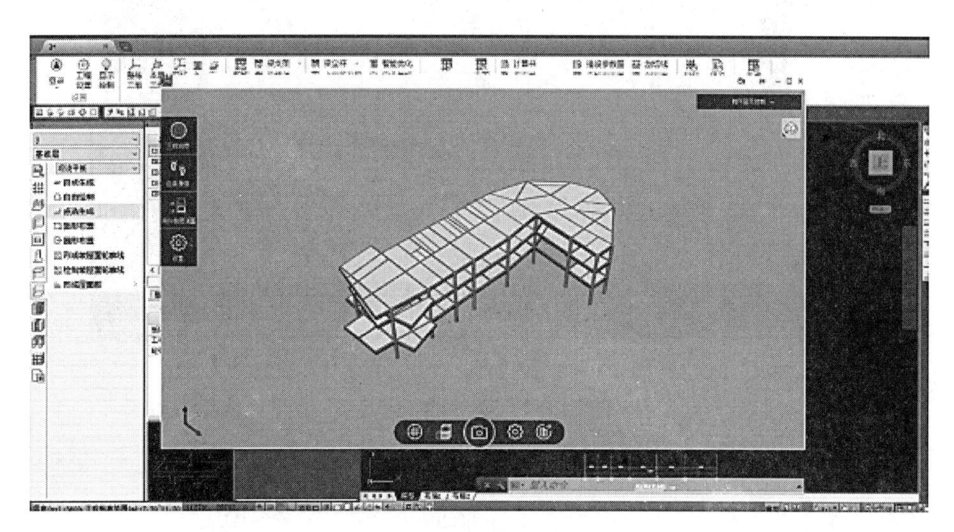

图11.1.6-1　酒庄结构模型

2）脚手架模型搭建

上述结构模型导入脚手架设计软件中后，创建出脚手架架体模型（图11.1.6-2）。

3）成果导出

（1）图纸：4号楼脚手架架体搭建好以后，通过软件可快速导出架体三维图（图11.1.6-3），局部三维高清图（图11.1.6-4）。

（2）计算书：通过工程参数的提前设置，软件将对架体进行自动力学求解，通过计算书一键生成功能键可直接导出4号楼脚手架计算书（图11.1.6-5）。

（3）脚手架材料统计表：根据前文步骤的架体排布及力学安全验算，自动测算4号楼的脚手架材料用量并输出材料统计表（图11.1.6-6）。

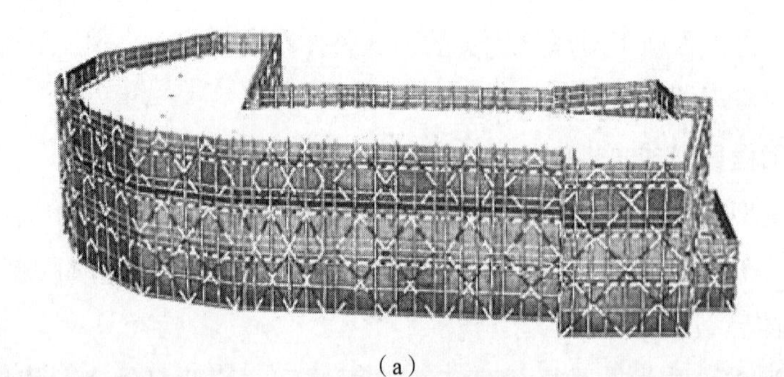

（a）

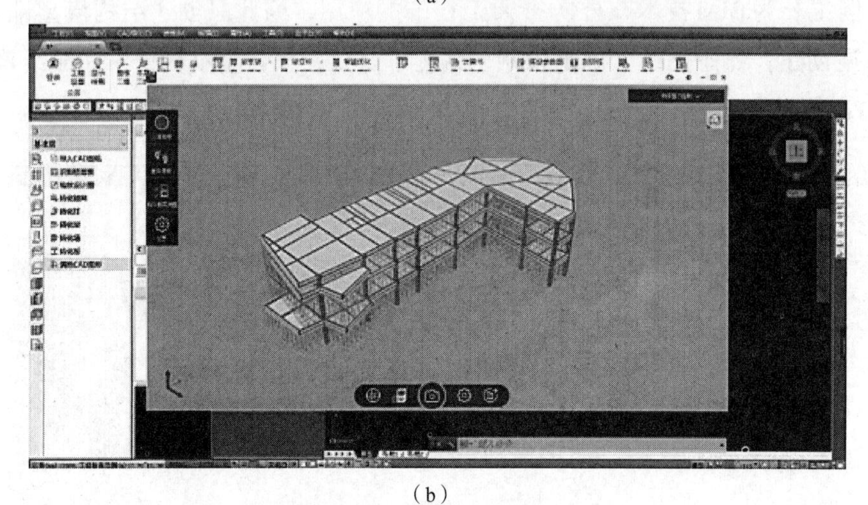

（b）

图11.1.6-2　脚手架架体模型

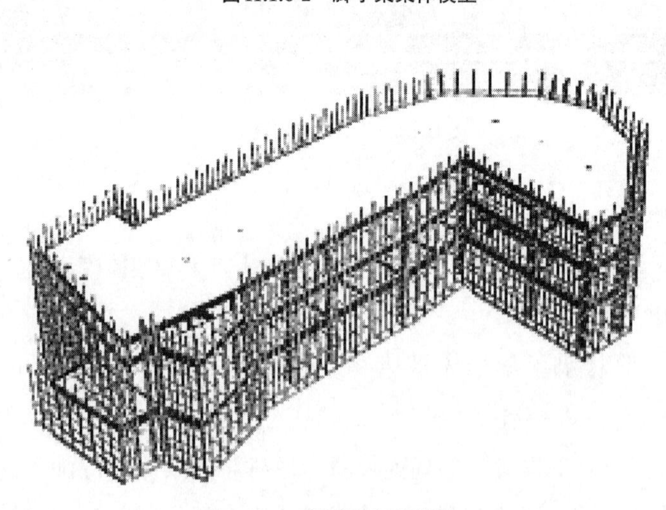

图11.1.6-3　脚手架架体模型

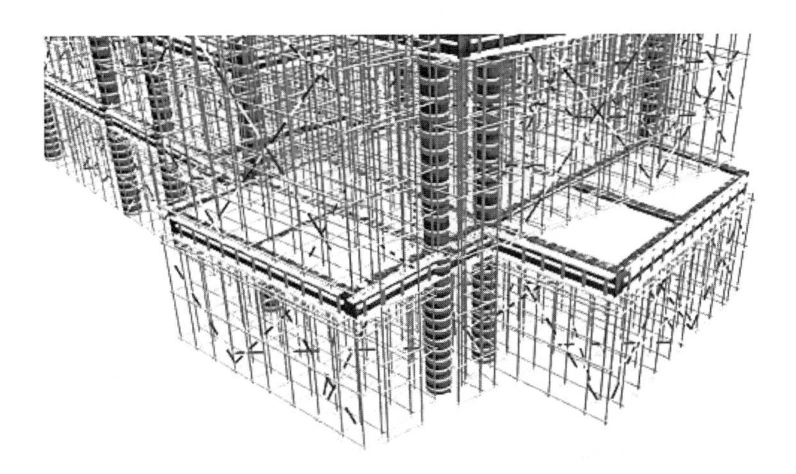

图 11.1.6-4　局部三维高清图

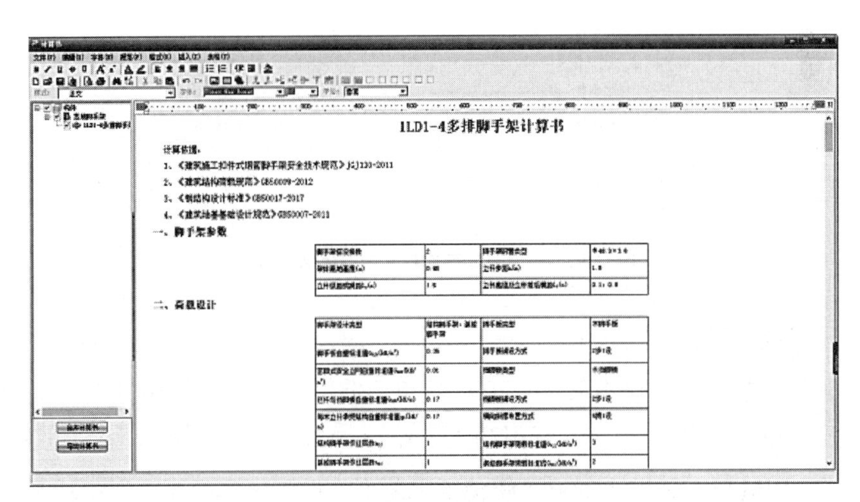

1LD1-4多排脚手架计算书

计算依据：

1、《建筑施工扣件式钢管脚手架安全技术规范》JGJ130-2011

2、《建筑结构荷载规范》GB50009-2012

3、《钢结构设计标准》GB50017-2017

4、《建筑地基基础设计规范》GB50007-2011

一、脚手架参数

二、荷载设计

图 11.1.6-5　酒庄4号楼脚手架计算书

脚手架材料统计

序号	构件信息	单位	工程量
1	[illegible]	m	[illegible]
1.1	钢管(Φ48.3×3.6)	m	[illegible]
2	[illegible]		
2.1	钢管(Φ48.3×3.6)	m	[illegible]
3	[illegible]	m	[illegible]
3.1	钢管(Φ48.3×3.6)	m	[illegible]
4	[illegible]	m	[illegible]
4.1	钢管(Φ48.3×3.6)	m	[illegible]
5	[illegible]	m2	[illegible]
5.1	竹笆脚手板	m2	[illegible]
6	[illegible]	m	[illegible]
6.1	[illegible]	m	[illegible]
7	[illegible]	m	[illegible]
7.1	钢管(Φ48.3×3.6)	m	[illegible]
8	[illegible]	m2	[illegible]
8.1	[illegible]	m2	[illegible]
9	[illegible]	[illegible]	172
9.1	[illegible]	[illegible]	172
10	[illegible]		
10.1	[illegible]	m	[illegible]
11	[illegible]	个	[illegible]
11.1	[illegible]	个	[illegible]
12	[illegible]	个	[illegible]
12.1	[illegible]	个	[illegible]

图 11.1.6-6　酒庄 4 号楼脚手架材料统计表

（4）专项施工方案：软件根据工程特征参数自动生成4号楼脚手架专项施工方案（图11.1.6-7）。

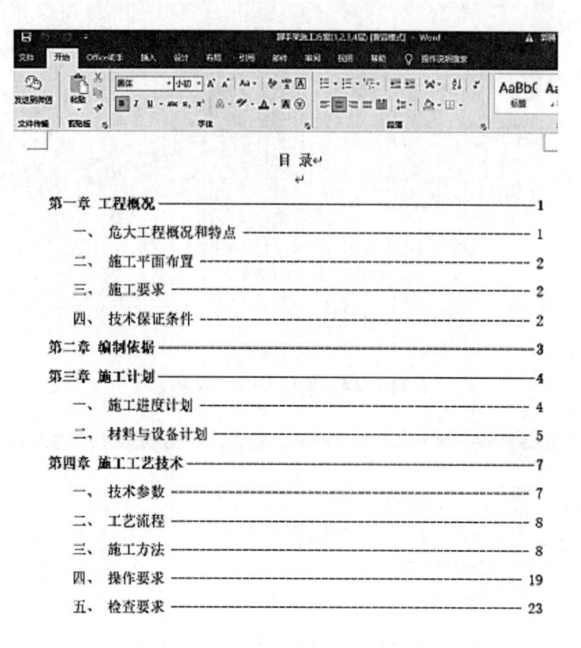

目 录

第一章 工程概况 ——— 1
一、 危大工程概况和特点 ——— 1
二、 施工平面布置 ——— 2
三、 施工要求 ——— 2
四、 技术保证条件 ——— 2
第二章 编制依据 ——— 3
第三章 施工计划 ——— 4
一、 施工进度计划 ——— 4
二、 材料与设备计划 ——— 5
第四章 施工工艺技术 ——— 7
一、 技术参数 ——— 7
二、 工艺流程 ——— 8
三、 施工方法 ——— 8
四、 操作要求 ——— 19
五、 检查要求 ——— 23

图11.1.6-7　酒庄4号楼脚手架专项施工方案

4）项目成本对比

通过以上引入BIM技术的酒庄项目与同为框架结构，体量相当的类似项目在传统模式下设计施工的对比，可得到以下结论：基于图纸三维可视，方案详细，交底彻底，BIM技术辅助下的返工较传统工艺下，返工概率减小，返工耗时相应减少。成本方面：精准材料统计，合理规划材料机械租赁周期及用量，减少材料无效滞留时间，租赁费用，电费及管理费，窝工及返工人工费减少（表11.1.6）。

成本方面功效对比（单位：万元）　　　　**表11.1.6**

项目	传统技术	BIM技术	BIM/传统
脚手架材料租赁费（数量×天数×单价）	50	40	0.8
搭设阶段人工费用（个数×工时×单价）	12	9.6	0.8
电费及管理费	5	4	0.8
返工阶段人工费用（个数×工时×单价）	2	0.12	0.06

表11.1.6中，利用BIM技术导出的材料清单帮助管理人员合理规划材料租赁批量及天数，从而降低了脚手架材料的无效占用及临时调用租赁费用共计10万元。根据优化后的专项施工方案，由传统模式下每3个架子工配2个杂工转变为每2个架子工配1个杂工，从而减少搭设阶段人工费用2.4万元。总进度的提前，使电费及现场管理费降低1万元。返工减少后，返工阶段人工费降低到0.12万元。

11.2 模板工程

11.2.1 模板工程BIM概述

模板工程是建筑工程施工过程中重要的组成部分。模板工程目前存在设计阶段采用人工配模效率低、由于设计方案得不到优化致使成本增加和材料管理混乱等问题。基于BIM技术的模板工程方案确定过程和管理方法，包括以下三个方面：

1.智能算法的优化配模

教材使用改进UV网格算法和改进遗传算法两种优化配模的算法。改进UV网格算法以优先标准版布置为原则，具有速度快、配置整齐等优点。通过对比传统算法，将模板配模比作排样问题，提出改进遗传优化配模算法，分别对排样方法、编码形式、交叉方式、交叉概率、变异概率、保留政策作出改进，不仅考虑优先布置标准板，还考虑了模板切割时的利用率。通过比较两种算法配模结果与模板设计软件配模结果进行对比，在配模速度和配模的材料用量方面优于设计软件。

2.基于BIM的模板工程优化

通过优化定额消耗量计算公式，并与BIM技术结合，提出适用于实际工程的模板方案成本公式。然后通过BIM设计软件和智能优化配模方法进行方案设计。设计时根据材料类型、尺寸和支撑类型进行组合，快速生成多种方案，再利用模块化计算快速计算成本，最终使用层次分析法量化评价标准，对模板方案进行评价。

3.模板材料管理库和模板定额库进行精细化管理

建筑工程中模板材料具有体量大、种类多等特点，如果进行粗放式管理成本将会大大提高。通过数据库编制了模板管理库，以记录和分析模板使用情况实时反映模板资源状况。模板定额库中不仅包含国家和地方的模板定额子目，还编制了可以实现动态调整的企业定额模板库。

本节在设计方面提出两种改进算法实现模板智能优化配模，应用BIM技术对模板工程方案进行优化设计。在施工管理方面分别编制材料管理库和定额库对材料和成本进行把控，从而提升管理的精细化程度。

11.2.2 模板工程常见问题分析

目前我国模板工程主要通过CAD绘图方式进行辅助设计。CAD技术在绘图方面是由手工绘制转变到电脑绘图的一种技术上的飞跃，使图纸绘制效率更高而且以数字形式易于保存。但是CAD只是改变了生产的工具，却并没有挖掘和放大生产的内容。随着建设工程规模和复杂程度的不断提高，基于CAD技术的传统设计方法的弊端也逐渐暴露。首先，设计信息内部关联性低。CAD只是一种绘图工具，表现的是建筑相关的图形，但是一张图纸上很难表现出全部的建筑信息，所以就会造成信息内部关联性不高，无法形成图数一体的数据结构。其次，设计成果直观性差。目前工程设计的常见现象是多个设计人员共同进行一个单体建筑的设计。这种方法可以减轻设计人员的工作量，多人协作可以加快设计进度。但是同时会产生设计人员由于沟通不及时导致的设计问题，这些问题在二维图纸中很难被发现，这不仅是设计人员之间沟通的问题，设计成果在与业主、施工单位沟通时，随着工程规模的增大沟通难度同样也在增加。

模板作为工程中的周转性材料，具有用量大、损耗多和费用高等特点，实际施工过程中模板材料管理困难，模板工程材料管理存在的问题包括：

1.材料堆放场地受限

通常受施工场地范围的限制，各种材料和机械分别放置在有限的空间范围内，模板材料用量大，很难实现某种材料一次性购买到位。

2.材料保存

受到天气等影响因素，有些材料会出现锈蚀或者弯曲变形的现象。若大批量购买材料，则会造成安全问题和经济损失。例如，胶合板材料因下雨导致泡水发生变形的现象，会使材料的力学性能变化致使板材发生变形，以至于影响到结构安全和施工安全并且造成经济上的损失。

3.材料领用混乱

施工中材料领用时，会出现无凭证领料、领料人员混乱、领料登记混乱等现象，直接造成经济损失。

没有一个科学有效的计划和管理体系，将会出现因材料供应不及时导致窝工、材料保存不当造成损失、管理混乱导致材料浪费等现象。

11.2.3 基于BIM技术的模板工程主要内容

1. 基于BIM技术的优化配模方法

基于BIM技术的优化配模方法，第一种是基于Dynamo的改进。这种方法以标准板为主要布置原则，实现了两种模型布置形式，和人工配模相比缩短了配模消耗时间，便于施工。经过随机测试发现，由于自适应程度不足，该算法布置时会出现小尺寸模板的情况，需要手动调整布置方式或尺寸，而且算法没有考虑切割时模板的利用率。基于第一种方法的不足之处，把模板布置类比成二维排样问题，设计第二种改进遗传算法进行优化配模。改进遗传算法进行优化配模设计流程，第一步对排样问题进行介绍，第二步提出改进的启发式最低水平线排样方法和适合模板的排样公式，第三步基于传统遗传算法，对编码、选择、变异和保留等部分提出了改进。对改进遗传算法的适应度函数，提出了两种不同原则的配模公式，再通过大量测试得出数据，进行对比之后最终确定公式。使用改进遗传算法对改进布置时出现问题的板进行重新配模，成功解决了配模时出现小尺寸模板的问题。

2. 基于BIM技术的模板方案优化

模板方案优化核心思想是如何在保证结构安全的前提下，尽量节省材料消耗，从而达到降低成本的效果。目前在模板方案阶段主要面临以下问题：

（1）模板布置方面。模板布置若想得到相对节约材料的配模方案，随着支模面积增多，工作难度也随之增大。

（2）支撑布置方面。模板工程实施前需要进行支撑体系中面板、次楞和主楞的抗弯、抗剪强度还有挠度的计算，以及立杆承载力和地基承载力等计算，而且不同类型、不同尺寸规格的支撑结构消耗量也不同。模板实施前计算是模板方案选型中比较复杂的一个环节。模板方案若使用人工计算，计算量大且过程十分繁琐，会导致错误和消耗时间长等情况发生，所以在制定模板方案过程中使用BIM技术，快速输出结果，辅助进行方案决策，是保证计算结果正确，确保模板结构安全的方法之一。

11.2.4 模板工程BIM模型

通过BIM技术建立三维模板工程BIM模型（图11.2.4-1、图11.2.4-2），以实现优化配模方法、优化模板设计方案及模板材料管理库和模板定额库的精细化管理。BIM模型应包含模板、木枋、紧固件、临时支撑等构件信息，确定模板配模平面布置及支撑布置，标注出不同型号、单块模板尺寸、平面布置规格、数量及排列尺寸的形式及间距。结合BIM模型，对模板进行快速配模，对梁、板、柱等尺寸及编号设计出配模图，优先对整块模板进行布置，合理切割使用、减少模板的切割，降低模板损耗量，结合周转材料工程量对施工流水段进行调整，提高模板的周转次数和效率，优化资源配置。

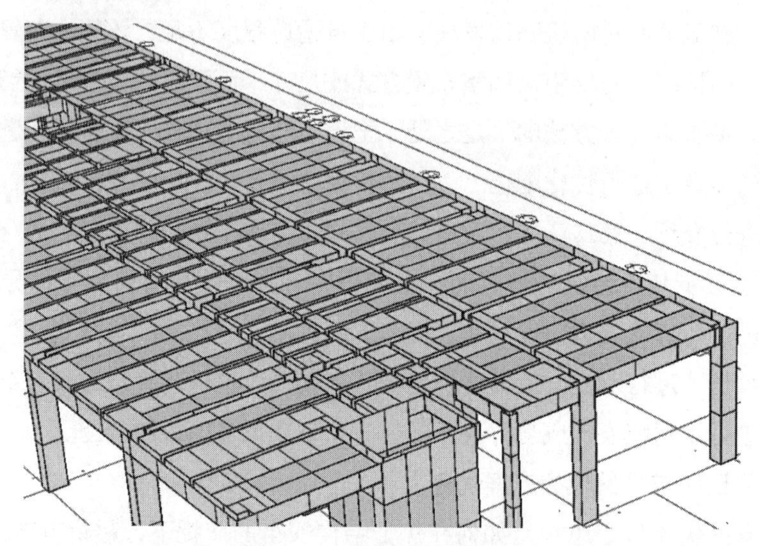

图11.2.4-1　模板工程BIM模型

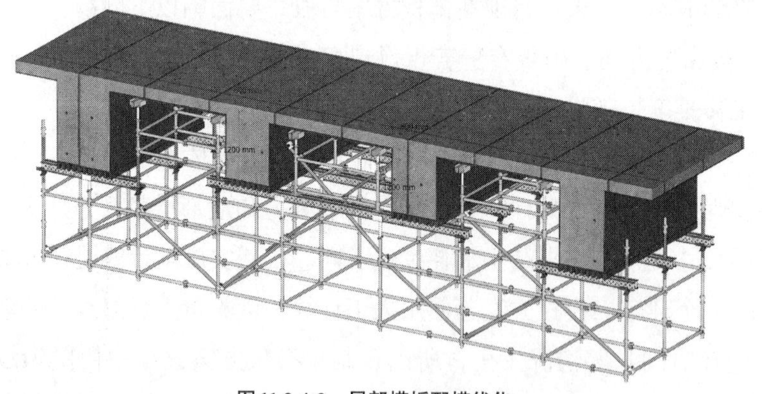

图11.2.4-2　局部模板配模优化

11.2.5 模板工程BIM技术成控应用

使用BIM技术进行模板工程成本控制要点主要包括以下内容：

（1）使用BIM技术可以快速生成多种面板材料和支撑类型的组合搭配方案。模板布置效率和支撑安全计算方面不仅速度快，还可以保证结果安全性和正确性，极大地解放了劳动力，成倍地缩短了时间，提高工作效率。

（2）基于BIM技术三维可视化的特点，专家论证时能对高支模、异形结构等特殊的模板布置情况进行重点查验，更方便地查验结构布置是否合理。施工过程中进行复杂节点部分的技术交底时，三维立体模型能够让施工人员更好地理解复杂节点的操作步骤。

（3）基于BIM技术的材料统计功能，统计出模板的面积、木枋的长度、钢管支撑的长度和扣件的个数等工程计划量，施工时可以根据BIM技术生成的工程计划量制定材料采购计划。

（4）利用BIM模型快速导出支撑体系平面布置图、节点图、剖面图，同时直接导出方案书和计算书，辅助施工方案编制、验证、分析等，可以作为构件安全验算的数据支撑。

（5）可视化交底结合BIM模型，对模板、支撑体系进行快速布置，利用三维可视化模板对重难点及复杂部位进行施工工艺交底，使作业人员对施工工艺流程和质量要求有了直观的视觉理解。

（6）通过对模板工程施工全过程进行模拟，形成交底模型和工艺模拟视频，对模板的配模要求、支模架搭设的搭设方式、搭设间距、扫地杆、扣件、顶托的设置要求进行详细介绍，从而确定合理的施工方案来指导施工。

11.2.6 项目案例

1.项目信息

某20层办公楼建筑，该建筑主体结构形式采用框架—剪力墙结构，分为地下2层和地上18层。地上建筑中，除1层层高5.4m和2层层高4.8m外，其余楼层的层高均为4.5m。本文主要选取地上建筑进行模板方案设计。经过工程量统计，此建筑地上18层的模板工程量为38012.1m^2，其中梁、板、柱、墙模板工程量汇总，见表11.2.6-1。

各构件模板工程量　　表11.2.6-1

构件名称	模板工程量（m^2）
梁	8205.35
板	13686.94
柱	4188.9
墙	11930.91
汇总	38012.1

2.模板工程BIM成本控制

1）模板方案实施步骤

在软件中导入图纸及快速生成主体结构（品茗的BIM模板设计软件识别图纸、快速建模的功能。方案设计时，先对结构图纸进行拆分，然后按层数分别导入。通过快速建模功能，按照柱、墙、梁、板顺序生成主体结构）；模板配模（可以自动识别所需要配模的构件，直接输入标准板尺寸即可。模板设计软件通过修改配模规则可以选择不同尺寸的模板进行配置，选择需要配模的构件，完成模板配置）；选用面板材料类型及支撑类型；进行智能布置以及安全检查；方案结果导出。

2）模板设计方案

两种优化配模算法对工程进行胶合板模板布置，选取标准层第七层的楼板部分为例，将结果和设计软件结果对比。因为楼板面积相对较大且优化效果直观，所以选取楼板部分为比较对象。第七层模板布置三维模型如图11.2.6所示，第七层楼板配模对比结果见表11.2.6-2。

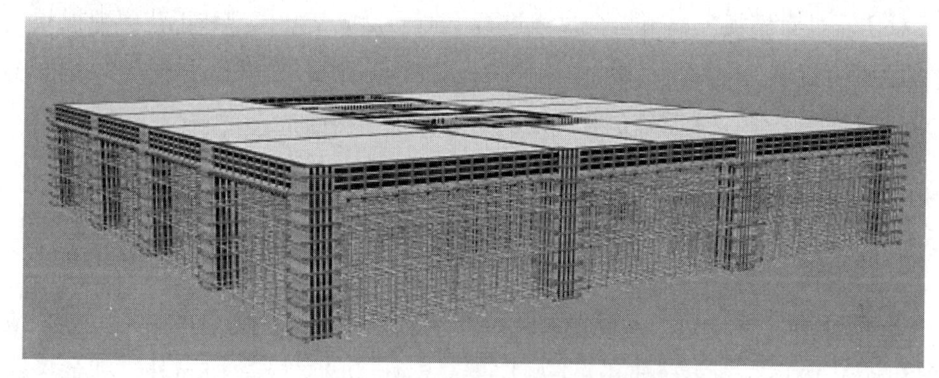

图11.2.6 第七层模板布置三维模型

第七层楼板配模结果对比 表11.2.6-2

布置尺寸和方法	非切割板数（张）	切割板数（张）	总板数（张）
品茗 1220×2440mm 布置	167	105	272
改进UV网格 1220×2440mm 竖排布置	195	63	258
改进UV网格 1220×2440mm 横排布置	185	73	258
遗传算法 1220×2440mm 布置	170	93	263
品茗 915×1830mm 布置	340	124	464
改进UV网格 915×1830mm 竖排布置	374	86	460
改进UV网格 915×1830mm 横排布置	360	100	460
遗传算法 915×1830mm 布置	343	120	463

首先从消耗的板数量方面进行比较。根据对比发现，在两种不同的模板尺寸情况下，两种优化算法在整板布置和模板的利用率方面都优于设计软件配模的结果。总板数方面同样也是少于计算软件的数量。通过比较两种方法配模结果发现，改进UV网格算法在标准板布置数量方面优于改进遗传算法，但是对比配置效果图，从实际施工操作方面考虑，改进UV网格算法在靠近梁边的部位，会出现切割板排布过多的现象，意味着板材切割的次数比改进遗传算法多，会增加施工工作量。

3）模板工程成本计算

通过对比本工程选用的三种模板材料最低成本方案发现，铝模板由于采购单价高和周转次数的局限，购买方案成本大于租赁方案。虽然钢模板的采购单价最高，但是由于目前二手钢材的回收价格同样也高，致使钢模板的残值率较高，加上最低成本的胶合板模板方案，大钢模板—胶合板混合模板的成本在此次方案比选中费用最少。对比排序得出，钢木混合模板的成本最低，胶合板次之，铝模板的成本最高。三种模板材料最低成本方案（表11.2.6-3）。

三种模板材料最低成本方案 表11.2.6-3

内容	竹胶板 1220-15-4080 盘扣式	铝模板租赁形式	大钢模板—胶合板混合模板
成本（元）	2435001.49	2527804.65	2349049.77

11.3 临时施工设施

11.3.1 临时施工设施BIM概述

临时施工设施（以下简称临时设施）是为保证施工和管理的正常进行而临时搭建的各种建筑物、构筑物和其他设施。包括：临时搭建的职工宿舍、食堂、浴室、休息室、厕所等临时福利设施；现场临时办公室，作业棚，材料库，临时铁路专用线，临时道路，临时给水、排水、供电等管线，现场预制构件、加工材料所需的临时建筑物以及化灰池，储水池，沥青锅炉等。临时设施一般在基本建设工程完成后拆除，但也有少数在主体工程完成后，一并作为交付使用财产处理。而临时施工设施是指该临时设施的尺寸、功能、形状等不同于传统临时设施，通过相关研究表明，临时施工设施相较传统临时施工设施具有结构复杂、造型多变、搭设难度大等特点，建设成本增加量可达20%～30%。为此引入BIM对临时施工设施的具体特点进行技术分析，对现有临时设施进行有效地改进和加强，充分发挥其功能价值。

11.3.2 临时施工设施常见问题分析

建筑业在当前我国的经济发展中，属于支柱产业之一，近年来，随着建筑业的迅猛发展，建筑安全已成为一个值得关注的焦点，尤其是在建筑临时设施的安全管理方面至今还没有引起足够的重视，一些建筑临时设施的安全监管也暴露出较多的问题。由于建筑临时设施安全引发的事故从某种程度上也反映出人们在建筑临时设施方面疏于管理，特别是在搭建、设置、使用等方面都片面认为是临时设施，加上考虑到成本和拆除等因素，故没有引起足够的重视，由建筑临时设施所引发的安全事故呈逐年上升的趋势，这无疑给我们敲响了警钟。

1.建筑施工临时设施建设的各相关方对其安全性重视不够

建筑施工临时设施的建设方因其具有临时特性，故此对其投入能省则省，能简单就简单；搭建临时设施的施工人员有的是施工单位后勤服务公司，也有的是厂家在当地招募的“街头部队”。工人师傅有句话比较贴近这样的情况——“竖起来就行”。这样的重视程度肯定是不够的。

2.临时设施安全问题具有潜伏性

建设工程施工过程中，自上而下，从政府安全监督机构到施工单位安全管理人员，对主体工程建设安全施工重视程度是毋庸置疑的，但是对于临时设施的安全各方的关注度都远远不够，导致其安全隐患一直处于“潜伏”状态。

3.临时设施安全问题具有易发性

近些年来气候变化展现的异常性，再加上临时设施安全问题的易被忽视和具有潜伏性的特质，一旦气候异常，例如，遇强风暴的袭击等，其安全所存在的隐患，就会招致事故的发生。近些年，这样的报道处处可见，有的是屋顶被掀，有的是墙体被刮倒，有的甚至整体倾覆。

4.临时设施安全问题具有递延性

临时设施大多作为现场管理、施工人员办公、生活场所、仓库，安全问题一旦造成事故发生，轻则影响现场人员的办公生活，重则危及生命财产安全，同样也会波及主体工程的正常施工，造成不可估量的损失。

11.3.3 基于BIM技术的临时施工设施主要内容

利用BIM技术可视化、协调性、模拟性、优化性、可出图性、一体化性、参数化性、信息完备性等优势（图11.3.3），主要有以下应用内容：

（a）

（b）

（c）

图11.3.3 楼梯防护栏杆、临边防护、外防护密目网

1.材料算量

Revit的“明细表”功能对项目进行算量统计，计提给物资部进行材料采购，防止造成材料浪费，并根据材料单价、人工费计算最终成本，衡量分包报价，确保分包造价可控。

2.指导施工

根据Revit模型对临时设施的施工工序进行模拟，模拟结果以节点效果图、视频的方式对工人进行施工交底。其可视化的形象展示较CAD图纸愈加促进了工人对临时设施施工工序的理解，避免了后序工作先施工、先序工作后施工所导致成品过度保护、成品破坏返工及施工失误返工等情形的发生，有效降低了成本损耗，节省了临时设施建设工期。

3.进度形象

参与方利用无人机对现场施工状况进行航拍记录，从整体上把控施工工况，分析未按进度计划时间节点完成的原因，从而制定相应解决措施，例如，调整施工工序为各作业方提供施工工作面，提高临时设施的施工效率。同时，形象进度记录便于在过程中及时地对施工效果进行监督、验收，保证最终的施工效果与方案设计完全一致，提高临时设施的施工质量。

4.质量安全巡检

通过企业开发的“智慧项目管理”App对临时设施施工过程中存在的质量、安全问题进行全方位的深入排查与监督，及时对质量、安全隐患处进行拍照上传并作好问题记录，实时反馈给现场施工管理人员对问题进行限期整改落实，整改后对同一位置进行拍照上传，实现质量、安全隐患及事故的闭合管理。同时，将App上的质量及安全问题记录进行汇总，并在总分包协调会议上进行质量安全教育，提升了总承包管理的效率和质量。

11.3.4 临时施工设施BIM模型

临时施工设施BIM模型基本要求及实现步骤如下：

（1）统筹规划施工总平面布置，集成相关信息搭建施工总平面BIM模型，施工区域划分和临时场地占用应符合项目总体施工部署和施工流程的需要，避免相互干扰。

（2）进行临时施工设施方案设计，应合理根据建筑形式进行设计，力求材料用量省、施工便捷、安全高效、重复利用率高。

（3）搭建临时施工设施BIM模型，临时施工设施的建设应符合消防、卫生、环保和节约用地的有关要求。

（4）检查临时施工设施BIM模型，应符合国家行政法规、现行标准规范的规定及施工现场临时设施建设专项施工方案和施工组织设计中的相关要求。

（5）材料统计及成本控制。

11.3.5 临时设施BIM技术成控应用

临时设施BIM技术成控应用要点如下所述：

（1）应用BIM技术要提高临时施工设施经济性，主要体现在方案设计、材料选型、安全验证与论证、现场施工管理以及临时设施检查验收等方面。

（2）应用BIM技术有效规避临时施工设施不合理布置影响到工程施工安全、质量和生产效率的问题。

（3）临时设施在建筑施工现场对安全成本起到重要作用，例如，需搭建具有警示作用的临时设施，还需在外墙涂刷时使用脚手架，这样就要使用BIM建模，提供临时设施的三维结构，确保临时设施在该建筑中的安全性。

11.3.6 项目案例

1.项目信息

某工程项目异形脚手架、临时栈桥、临时安全警示设施等临时施工设施的成功应用。

2.临时施工设施BIM成本控制

1）异形脚手架

异形脚手架是异形的建筑防护施工脚手架，其形状随异形建筑结构的变化而变化。形式复杂多变，一般有曲面、折线、弧形等形式。具有结构复杂、造型多变、搭设难度大等特点。异形脚手架现场施工前应进行技术交底、安全教育，严格按照设计方案进行搭设，质量跟踪验收，发现问题随时整改，在施工场地周围拉设警戒带，做好安全防护。

2）临时栈桥

栈桥作为一种施工通道，是为工程建设服务的一项大型临时结构，尤其在跨江、跨河甚至跨海大型桥梁建设中，在船只无法靠近的情况下，通过栈桥完成施工作业成为一项有效常用的工程措施。栈桥具有规模大、载荷重、结构复杂等特点。栈桥设计时，需要收集地质、气象、水文以及通过栈桥的各种机械资料、构件资料，栈桥平面位置的确定要结合主体工程施工方法进行全面分析，确保方便作业、施工通道畅通。

3）临时安全警示设施

施工方案中规定了警示围护的位置，并给出了警示围护需要的栏杆，采用BIM技术模拟施工现场的环境，明确警示围栏的使用位置和使用数量，经过模拟之后，警示围栏东南角位置调整了一下，原本设计的是直接圈起来，实际东南角位置有停放土方的区域，需要向外扩充警示围栏，把土方位置圈起来，这样避免土方存放出现问题，BIM模拟施工现场的环境，规范好警示围栏的具体位置，比原本方案设计中节约了9%的围栏材料。

11.4 安全防护设施

11.4.1 安全防护设施BIM概述

随着工程项目不断增多，从业人员也越来越多、流动性大、施工工期长、工种复杂等施工行业特点，导致施工现场的安全管理具有较大难度。若施工现场安全防护设施不到位，安全防护管理措施不完善等，容易导致安全事，造成人员伤亡及经济损失，严重威胁建筑工程的生产安全。因此，做好安全防护工作，对于保障现场施工人员生命安全有着至关重要的意义。

建筑施工事故统计数据表明，高处坠落依然是发生概率最高的事故。而能够有效避免高处坠落事故的措施，就是在临边、洞口等作业部位合理地设置防护栏杆。利用BIM技术进行防护栏杆三维模型的创建，可直观反映防护栏杆的设置位置以及与建筑结构的碰撞等问题，通过调整防护栏杆的设置位置以达到安全防护设施优化布置的目的，为标准化施工提供方便，进而减少高处坠落事故。

11.4.2 安全防护设施常见问题分析

住房和城乡建设部官方统计数据显示，2019年全国房屋市政工程领域共发生生产安全事故904起、死亡773人，事故起数较上一年同比上升了7.62%（图11.4.2-1），死亡人数较2018年增加了39人，同比上升了5.31%（图11.4.2-2）。

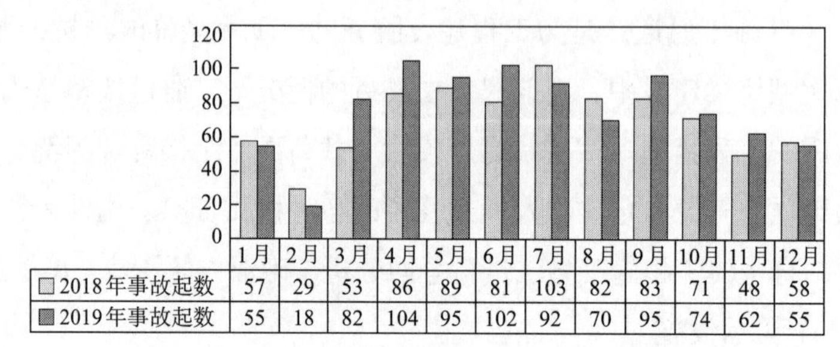

	1月	2月	3月	4月	5月	6月	7月	8月	9月	10月	11月	12月
2018年事故起数	57	29	53	86	89	81	103	82	83	71	48	58
2019年事故起数	55	18	82	104	95	102	92	70	95	74	62	55

图11.4.2-1　某年全国房屋市政工程生产安全事故起数情况

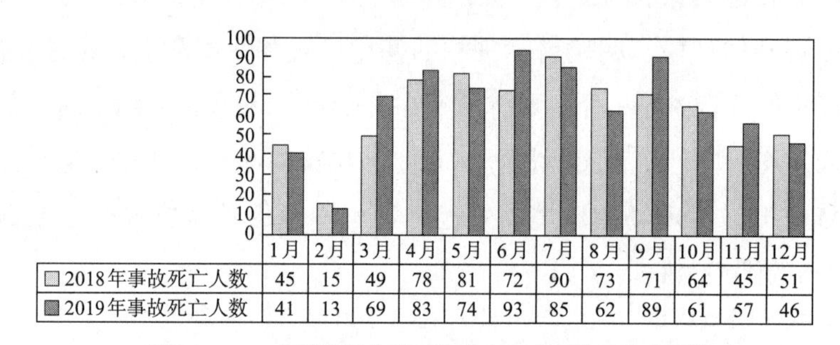

	1月	2月	3月	4月	5月	6月	7月	8月	9月	10月	11月	12月
2018年事故死亡人数	45	15	49	78	81	72	90	73	71	64	45	51
2019年事故死亡人数	41	13	69	83	74	93	85	62	89	61	57	46

图11.4.2-2　全国房屋市政工程生产安全事故死亡人数情况

1.人的不安全行为

由于现场作业人员安全意识淡薄、安全知识缺乏，管理人员疏于管理，在施工过程中存在违章指挥（例如，项目管理人员指派作业人员穿越吊装区域）、违章作业（例如，现场作业人员未按照规范要求进行高处作业）、违反劳动纪律（例如，不正确佩戴个人劳动防护用品）的“三违”现象；作业人员操作失误（例如，作业人员在进行高空作业时安全带没有按要求高挂低用）；分散注意力行为（例如，作业前忽视对周围环境的观察，盲目进行登高作业导致坠落）等危险行为的发生。

2.物的不安全状态

物的不安全状态主要有：没有安全防护设施或安全防护设施不符合规范要求（例如，临边作业没有设置防护栏杆或防护栏杆的高度低于1.2m）；安全防护装置失效（例如，防护栏杆和建筑物做刚性连接的位置不牢靠，垂直运输机械的安全限控装置失灵导致机械倾翻碰撞作业平台，致使正在作业平台上的人员发生高处坠落，以及施工升降机出现冒顶坠落）；个人劳动防护用品有缺陷（例如，安全帽、安全带有破损或结构不完整，起不到安全防护作用而导致作业人员发生坠落伤亡事故）。

3.安全管理缺陷

安全管理缺陷主要表现为：安全管理制度不健全（例如，安全生产责任制不完善）安全技术措施无针对性，不具有可操作性（例如，施工组织设计文件中的安全技术措施没有针对具体施工项目特点设置，流于形式，无法指导项目的施工安全甚至会对项目的安全开展造成误导）；未按要求对高处作业人员开展安全教育、安全技术交底（例如，按照以往工程开展经验认为风险很低或者认为针对隐患都已经做了安全防范措施，作业人员凭经验进行高空作业，未发现在建施工项目的新增隐患）；施工现场隐患整改不到位（例如，安全防护设施损坏但未及时修复）；标志标牌缺少（例如，未在高处坠落风险较大区域设置醒目提醒标牌，未在危险区域设置公告牌等）。

11.4.3 基于BIM技术的安全防护设施主要内容

施工现场安全防护包括临边防护、洞口防护、井道防护、安全通道及防护棚、外脚手架防护、避雷和外电防护、悬挑式钢平台等七大建筑施工工地现场常见的防护。

1.临边防护

（1）施工现场内的作业区、作业平台、人行通道、施工通道、运输接料平台等施工活动场所，坠落高度基准面2m及以上进行临边作业时，应在临空一侧设置防护栏杆，并应采用密目式安全立网或工具式栏板（图11.4.3-1）。

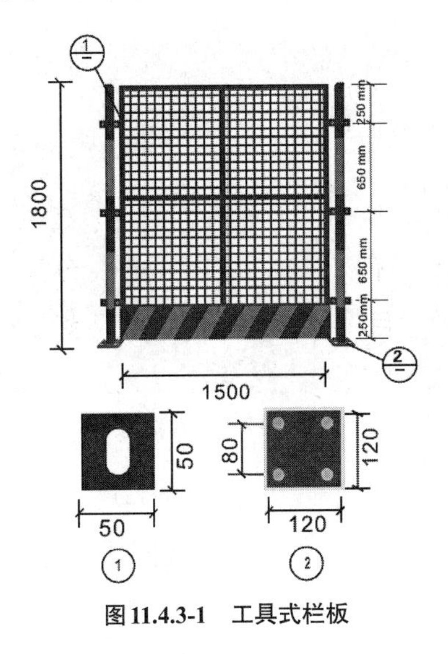

图11.4.3-1 工具式栏板

（2）防护栏杆整体构造应使防护栏杆任何处，能经受任何方向的1KN的外力而不发生明显变形或断裂。当栏杆所处位置有发生人群拥挤、车辆冲击或物体撞击等可能时，应加大横杆截面，加密柱距。

（3）防护栏杆由上下两道横杆及栏杆立柱及高度不低于180mm硬质挡脚板组成，上杆离防护面高度不低于1.2m，下杆离防护面高度不低于0.6m，横杆长度大于2m时，应加设栏杆柱。

2. 洞口防护

（1）在地面、楼面、屋面和墙面等有可能使人和物料坠落，其坠落高度大于或等于2m的洞口处的高处作业需要做好洞口防护（图11.4.3-2、图11.4.3-3）。

图11.4.3-2　洞口防护1

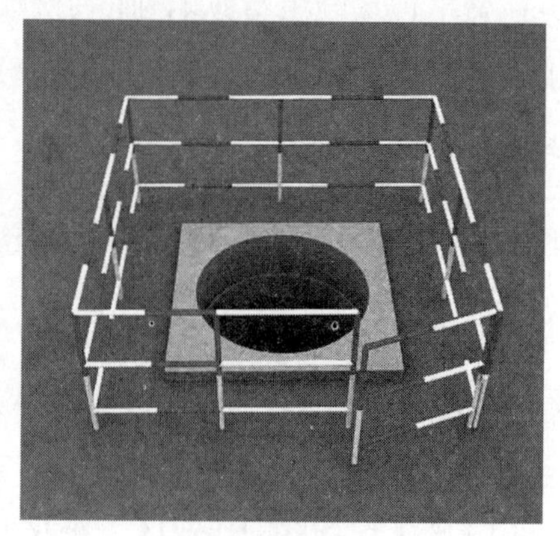

图11.4.3-3　洞口防护2

（2）当垂直洞口短边边长小于500mm时，应采取封堵措施（图11.4.3-4）。

图11.4.3-4　封堵措施

（3）当垂直洞口短边边长大于或等于500mm时，应在临空一侧设置高度不小于1.2m的防护栏杆，并应采用密目式安全立网或工具式栏板封闭，设置挡脚板（图11.4.3-5）。

图11.4.3-5　工具式栏板封闭

（4）当非垂直洞口短边边长大于或等于1500mm时，应在洞口作业侧设置高度不小于1.2m的防护栏杆，下设180mm高的踢脚板，防护栏杆距离洞口不得小于200mm，并应采用密目式安全立网或工具式栏板封闭，栏杆表面刷黄黑相间警示漆，洞口应采用安全平网封闭（图11.4.3-6）。

图11.4.3-6　工具式栏板封闭

（5）边长大于1500mm小于5000mm的洞口，应设置以扣件扣接钢管而成的1000×1000mm网格，并在其上满铺盖板或安全平网（图11.4.3-7）。

（6）边长大于5000mm的洞口，直接在洞口周边200mm处搭设防护栏杆，设置180mm高的踢脚板。

图11.4.3-7　安全平网

3.井道防护

（1）电梯井、管井必须设置防止人员坠落和落物伤人的防护设施，并加设明显标志警示。电梯井洞口、宽度超过400mm管井洞口等竖向落地洞口，必须设置防护门（图11.4.3-8）。

图11.4.3-8　防护门

（2）井道内应每隔两层且不超过10m应搭设一道硬质隔断，每两层水平硬质隔断之间应增设一道安全平网（图11.4.3-9）。

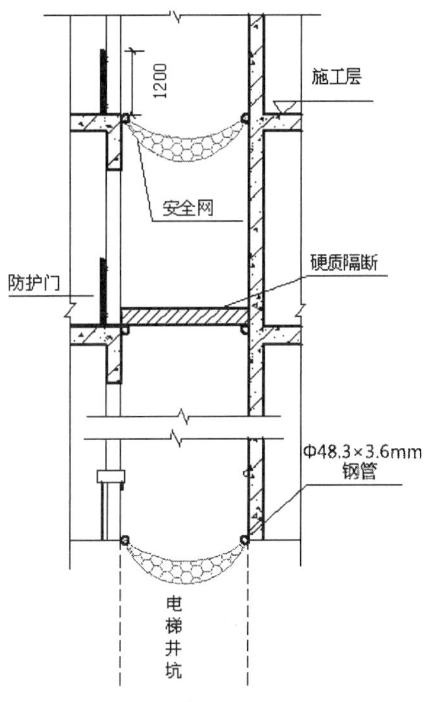

图11.4.3-9 电梯井安全平网

4.安全通道及防护棚

（1）当临街通道、场内通道、出入建筑物通道、施工电梯及物料提升机地面进料口作业通道处于坠落半径内或处于起重机起重臂回转范围内时，必须设置防护棚和防护通道，以避免发生物体打击事故。

（2）安全通道及防护棚的顶部严密铺设双层正交竹串片脚手板或双层正交18mm厚木模板的水平硬质防护，及封闭的防护栏或挡板（图11.4.3-10），整体应能承受10kPa的均布静荷载。

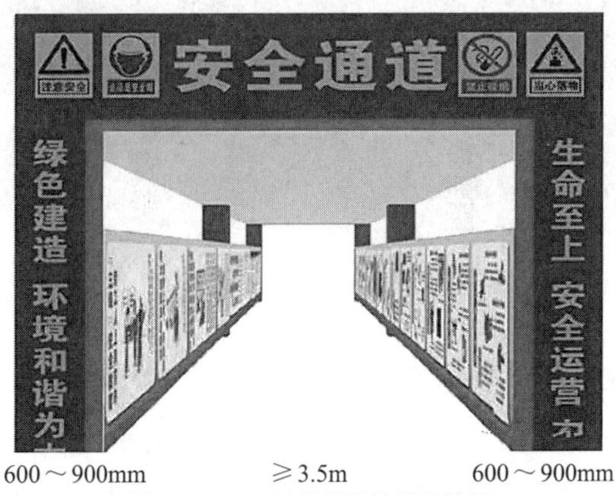

图11.4.3-10 封闭的防护栏及挡板

（3）当采用钢质板或与其等强度的其他材料搭设时，可采用单层硬质防护搭设，钢板厚度不应小于3mm，当采用单层硬质防护搭设时，上部 700mm处应设置水平兜网。

（4）安全通道侧边应设置隔离栏杆，引导行人从安全通道内通过，必要时满挂密目网封闭。处于施工人货电梯、物料提升机坠落半径内的地面进料口和安全通道顶部应采用双层防护，空间较大的应设计格构柱支撑，需要夜间施工的，应设置照明装置。

5.外脚手架防护

（1）悬挑脚手架悬挑梁应根据悬挑架荷载及悬挑长度等情况具体确定。施工用悬挑脚手架宜采用16号以上工字钢作为主悬挑梁，外挑段不宜超过1.50m，锚固段不小于外挑段的1.25倍。严禁采用脚手架钢管作为主挑梁。采用槽钢作为主挑梁时应有防侧弯措施。

（2）附着升降式脚手架外立面必须满挂密目安全网，并在其内侧加挂孔径不大于25mm钢板网，单片式架体和中间断开部位的端头，也应满挂密目安全网和钢板网。架体底部应采用硬质封闭（图11.4.3-11），并用密目网及水平安全网兜底。

图11.4.3-11　架体硬质封闭

（3）连墙件应靠近主接点位置，偏离主节点的距离不得大于300mm。一字型、开口型脚手架的两端必须设置刚性连墙件，连墙件的垂直间距不得大于建筑物的层高，且不得大于4m。开口型双排脚手架的两端均须设置横向斜撑。

6.避雷和外电防护

（1）施工现场内的起重机械、井字架及龙门架等机械设备，若在相邻建筑物、构筑物的防雷装置的保护范围以外，则应按照相应规定安装防雷装置。

（2）避雷装置应包括接闪器、引下线和接地装置。

（3）在建工程（含脚手架具）的外侧边缘与外电架空线路的边线之间的小安全操作距离应满足相关要求。

（4）施工现场的机动车道与架空线路交叉时的最小垂直距离应满足相关要求。

7.悬挑式钢平台

（1）使用塔式起重机等机械向建筑楼层转运材料，不能直接吊运至建筑结构楼层内时，必须采用定形制作的悬挑式钢平台（图11.4.3-12）。

图11.4.3-12　悬挑式钢平台

（2）平台应以工字钢或槽钢作主、次梁，满铺脚手板，以螺栓与钢梁固定，或满铺4mm厚钢板，与钢梁焊接固定。平台的搁置点和锚固点，必须牢固固定于稳定的主体结构上，且应可靠连接。

（3）平台两边各设前后两道斜拉钢丝绳，靠内一道为保护绳，每一道钢丝绳应能承载该侧所有荷载。钢丝绳应采用专用的钢丝绳夹连接，钢丝绳卡的规格与数量应与钢丝绳直径相匹配，且不得小于4个。建筑物锐角利口围系钢丝绳处应加衬软垫物（图11.4.3-13）。

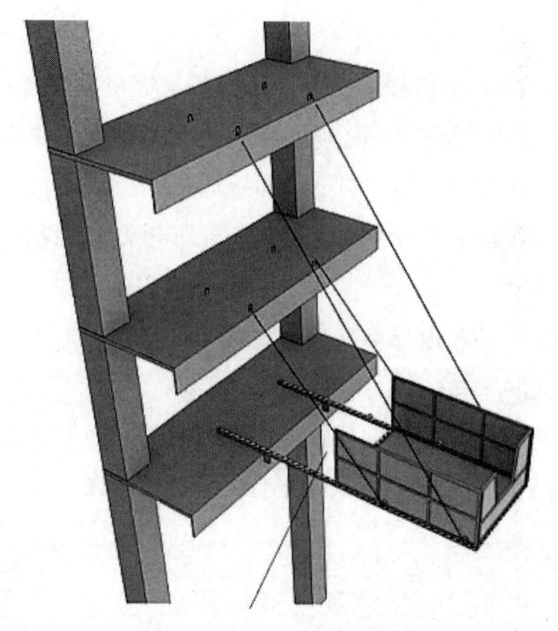

图11.4.3-13　斜拉钢丝绳平台

（4）平台上应设置四个拉环，以固定斜拉钢丝绳。另设置四个吊环便于安装时塔式起重机吊运。吊运平台时应使用卡环，不得使用吊钩直接钩挂吊环。拉环及吊环应用HPB235圆钢制作，与主梁搭接焊，焊接长度不小于150mm，焊缝高度不小于6mm。

（5）悬挑式操作平台的外侧应略高于内侧，平台左右两侧必须装设固定的不低于1.2m的防护栏杆，满设钢板网或模板硬质防护，下口设置200mm高钢制踢脚板，封闭严密。端部装设内开式活动格栅门，加装薄钢板封闭，吊运长料时打开。

11.4.4 安全防护设施BIM模型

以临边、洞口防护栏杆为例介绍BIM模型的搭建。在利用Revit进行防护栏杆建模时，除了必须满足防护栏杆的构造要求以外，所有防护钢管均采用红白相间的警示色油漆进行标记。具体建模步骤如下：

（1）准备工作。准备三种材质贴图：栏杆红白油漆竖向材质贴图、栏杆挡脚板红白油漆斜向材质贴图以及金属钢丝网贴图（图11.4.4-1）。

（2）防护栏杆BIM建模。首先，打开Revit软件，新建一个建筑样板，选择“建筑”选项卡下的“栏杆扶手”，在白色绘图区域绘制一段系统自带的栏杆模型。在“项目浏览器”—“轮廓”—“矩形扶手”下新建“挡脚板——20×180”和

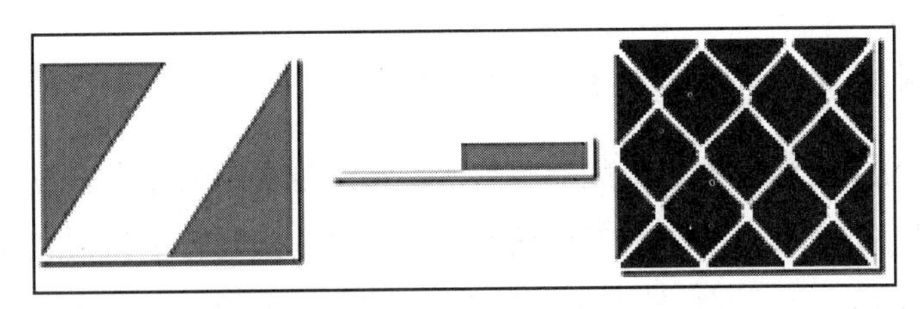

图11.4.4-1　防护栏杆材质贴图

"钢丝网——1×1200"的轮廓。其次，修改栏杆扶手类型名称，重命名为防护栏杆—1200mm（防护栏杆高度为1200mm）；修改栏杆参数，顶部扶栏高度设定为1200mm，栏杆类型设定为圆形—40mm（直径40mm的圆形钢管）。然后在材质浏览器中新建三种材质，分别重命名为栏杆——红白油漆、护栏——钢丝网、挡脚板——红白油漆。修改栏杆的扶栏结构（非连续）参数（图11.4.4-2）。再更改顶部扶栏类型中圆形——40mm的材质为防护栏杆——红白油漆。

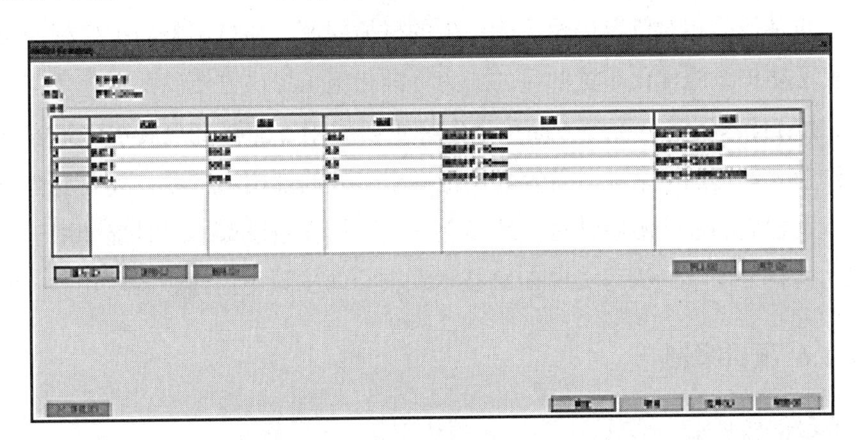

图11.4.4-2　防护栏杆结构编辑（非连续）

（3）基坑周边与电梯井口防护栏杆BIM模型（图11.4.4-3）。

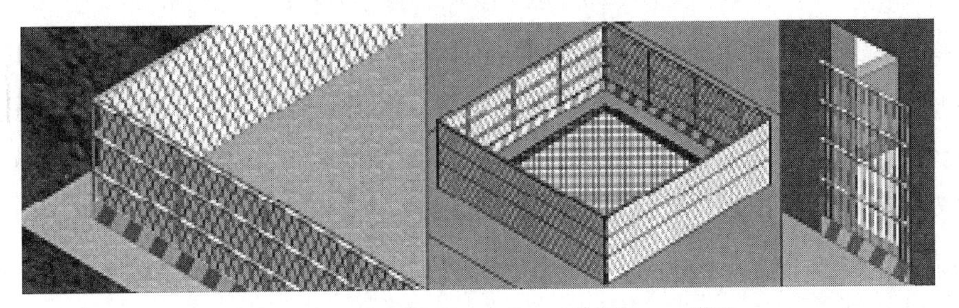

图11.4.4-3　基坑周边、电梯井口防护栏杆BIM模型

11.4.5 安全防护设施BIM技术成控应用

传统的建筑施工活动中对于危险源的辨识和评价都是依靠安全技术人员凭借自身的专业知识来进行分析的。施工现场安全防护设施的设置也是依靠安全技术人员根据防护设施的平、立、剖等二维平面图信息结合作业人员的工作经验而进行的，无法准确展示安全防护设施的真实效果，加之不同建筑物建筑环境的差异性以及安全技术人员专业能力的限制和主观因素的影响，导致对安全防护设施的设置标准不统一，防护设施与建筑环境的相对位置存在偏差或者出现碰撞等问题，影响现场安全文明施工的整体效果，甚至出现拆除返工的现象。基于以上种种问题，安全防护设施BIM技术成控应用要点如下所述：

（1）可以利用BIM三维建模技术，建立施工现场安全防护设施——防护栏杆的标准化模型，通过BIM的三维可视化和模拟施工的功能，可以直观反映安全防护设施与建筑环境的相对位置以及可能产生的碰撞问题，通过调整防护栏杆的设置位置达到安全防护设施优化布置的目的，为标准化施工提供方便。

（2）BIM技术在安全管理方面可以发挥重要作用，能够直观展示建筑安全危险源，让作业人员更加清楚地了解容易出现安全事故的部位和工序，提高安全防范意识。在识别相应的危险源后针对性地建立安全防护设施模型，同时统计用于安全防护措施的材料工程量，从而实现BIM技术在安全防护设施搭建中的应用。

11.4.6 项目案例

1.项目信息

项目位于重庆市南岸区广阳湾滨江区域，西临长江，与广阳岛东岛头隔江相望。项目占地332亩，总建筑面积11.9万m^2，总投资17亿元，由A区（行政办公、展示）、B区（综合教学、文体）和C区（宿舍、餐厅）三大部分组成。

项目采用EPC工程总承包模式，工程质量要求高、工期紧，施工阶段对工程造价控制要求严格。项目共计38栋单体建筑，依山就势而建，是典型的山地建筑和群体建筑，对项目施工安全生产管理提出了很高的要求，项目在施工过程中，必须将安全生产放在首位，同时做好安全防护设施的成本控制，保障建筑施工项目的安全施工。

2. 安全防护设施BIM成本控制

1）基于BIM模型进行安全防护设施成本控制的优势

传统安全防护设施费用计算有两种，一是按工程内容单独计量，二是按系数计算，无论哪一种计算方式，对于施工单位而言，利用BIM可视化、可模拟、数据集成的特点，合理、科学地作出前期安全策划，才能达到现场安全文明施工目标，又可以减少浪费。

2）安全防护策划

首先根据BIM模型和现场实际情况提前作好场地规划，结合现场实际施工，以及后续工程进展，识别施工过程中可能发生的诸如高处坠落、坍塌事故、物体打击、起重伤害、机具伤害以及触电事故等危险源，识别出相应的危险源之后，有针对性地作出相应的解决措施，确定好安全防护设施搭设位置、防护设施类型。并在策划过程中，考虑不同时期安全防护设施的二次利用，从而节省开支，减少项目的投入成本。

3）BIM安全布置

安全防护设施策划完成后由项目管理人员及监理工程师审批，审批通过后在BIM模型中搭建安全防护设施模型（图11.4.6-1）。

图11.4.6-1　安全防护设施模型

常见的一些模型可以通过Revit插件进行布置，也可以通过Revit创建构件库（族库）或者Fuzor、BIMMAKE等可视化施工模拟软件进行布置。安全防护设施模型也可用于安全防护装置安装或搭设的三维交底工作。

4）安全投入计划清单

根据BIM成果，导出安全防护设施材料清单，包括安全警示标志标牌、钢管、扣件、防护网等安全防护措施及安全防护用品（图11.4.6-2）。

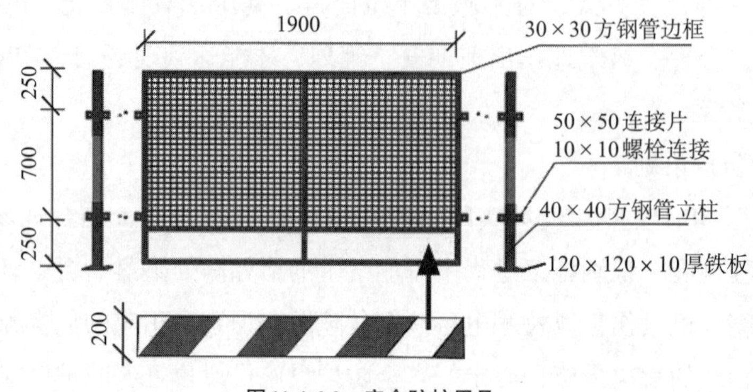

图11.4.6-2　安全防护用品

5）现场安全布置

按安全防护策划进行现场安全防护设施的安装，采用BIM三维辅助交底，指导正确安装，避免出现返工或经常性移动的现象，造成设施损坏或人工上的浪费（图11.4.6-3）。

图11.4.6-3　安全防护设施安装

11.5 小结

本章主要讲述了BIM技术在施工措施管理中的应用，从脚手架工程、模板工程、临时施工设施、安全防护设施四个部分阐述了BIM技术在其中相较于传统的施工措施管理所到带来的突破，并借助工程实例，详尽分析了BIM技术如何在其造价成控中发挥作用。

第12章　复杂形体精确计量

12.1 装配式遮阳构件

12.1.1 装配式遮阳构件BIM概述

在国家经济飞速发展的今天，人们的生活质量普遍提升，房屋建筑也从最基本的需求不断向更高层次提升，以低碳、节能、环保等为目的的绿色可持续建筑日益发展，因此在进行建筑设计的同时，节能方面的遮阳、通风、采光等条件应该进行必要的考虑。然而，我国的建筑模式相对而言仍比较传统，很难满足现代社会发展需要，以及达到可持续发展的要求，并且我国现阶段人口老龄化逐步加剧，未来劳动力会相对减少，因此预制装配式建筑在未来有很大的发展空间，遮阳设施作为预制装配式建筑的一部分，合理地将BIM技术运用到预制装配式建筑上，将会在很大程度上解决装配式遮阳构件计量上的各类问题，将会对大批量使用遮阳构件的预制装配式建筑的发展有着推动作用。

12.1.2 装配式遮阳构件算量常见问题分析

建筑遮阳设计应考虑智能化、全过程、复合化、地域化、生态化等五种要素。传统的遮阳构件存在如下方面的问题：

1. 标准化程度低

传统的遮阳构件标准化程度低，无法通过对遮阳构件的重复与变化形成节奏感，呈现韵律与动感之美。利用遮阳构件创造层次感与光影效果，使得整个建筑造型更加丰富。

2. 智能化程度不足

传统的遮阳构件没有与建筑各功能构件的联系，没有考虑采光口与阳台、外廊、检修道、屋顶、墙面的综合遮阳设计，使遮阳构件与建筑本身融为一体。

3.遮阳效果不显著

传统的遮阳构件不能实现自然通风、遮挡辐射、减少能耗（包括热负荷和冷负荷）、隔绝噪声等目标的有机统一。

BIM技术和装配式相结合的装配式遮阳构件的成功应用将能有效地解决上述问题。

12.1.3 基于BIM技术的装配式遮阳构件算量主要内容

装配式清水混凝土遮阳构件算量主要通过BIM技术对大面积、大体积的非标准装配式构件进行统一建模，通过深化设计进行合理拆分，减少不规则构件类别，提高组成构件的标准化水平，以减少工厂加工模具、连接件数量，实现装配式构件深化设计、制造、运输、安装全过程的精细化管理。遮阳构件为建筑主体结构外挂构件，因此建筑结构的主体模型精细度为LOD300即可满足要求。

所选取的案例工程主要使用Revit软件，建立的土建模型主要涉及塔楼与裙房主体结构、交通体主体结构、现浇饰面清水混凝土，仅需要BIM模型与图纸表达的建设内容一致，模型细度达到LOD300即可（图12.1.3-1、图12.1.3-2）。

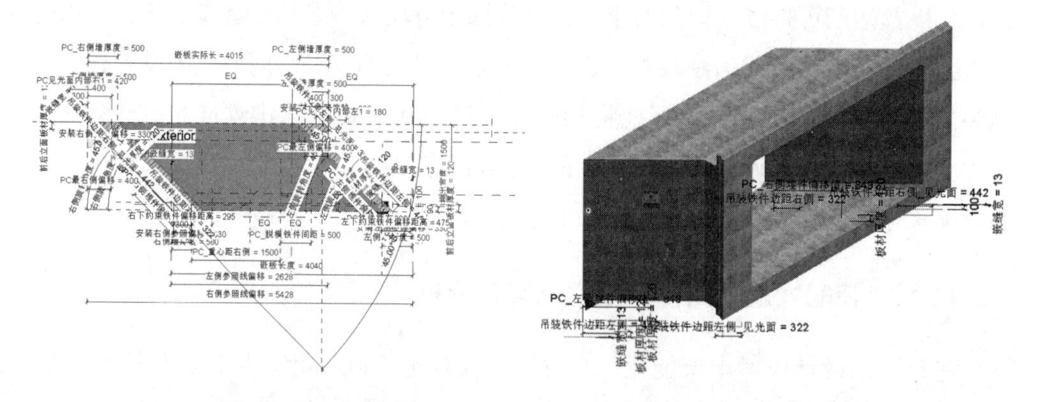

图12.1.3-1　遮阳构件参数定义示意图

图12.1.3-2　遮阳构件三维示意图

12.1.4 装配式遮阳构件BIM算量模型

建筑能耗占社会总能耗的28%，采取必要有效的遮阳措施能有效减少建筑能耗，节约大量能源，因此利用BIM技术和装配式相结合的新型装配式遮阳构件来提升遮阳节能优势是建筑遮阳的一大趋势。如何应用BIM技术进行装配式遮阳构件的精确计量是当前的主要工作。

1.精细计量模型搭建

（1）由于Revit软件本身的建模原理，若采用常规模型创建构件族，容易出现模型种类多、类型不容归纳、修改调整异常复杂、绘制工作效率低，绘制装配式清水混凝土遮阳构件模型效果，不但达不到想要的模型效果，还不能提取模型中的图元信息。鉴于上述原因，项目采用幕墙命令，将外墙模型按照拆分方案拆分为每一个幕墙嵌板，按照每一个幕墙嵌板所在的位置形状对外墙深化模型进行精细化建模，利用参数化进行对墙板建模，通过明细表提取构件、铁件、螺栓孔眼等工程量，实现项目预制清水混凝土构件投入材料的精细化管理。

（2）由于大部分项目装配式清水混凝土围护结构体量大，建模标准、定义参数、命名方式等均须统一，且唯一，可容性、易读性较高，否则后续采用Dynamo参数化出图比较困难、容易造成混乱，需要人工统一修改工作量大。

2.特殊造型造价控制注意事项

（1）应梳理特殊造型设计、施工的重难点，有针对性策划解决方案，是否可以通过新材料、新工艺优化特殊造型，以降低施工难度，通过节约工期、材料等方面实现成本的优化。

（2）BIM模型的创建，应明确建模标准和细度，通过参数化手段创建特殊造型构件，确保模型精度。

12.1.5 装配式遮阳构件BIM算量成控应用

建筑遮阳技术的使用能够减少建筑能耗的20%～30%，对可持续性建筑的发展帮助很大，而预制装配式建筑是建筑未来发展的一大趋势，两者对于建筑的发展都意义重大。

根据某工程装配式遮阳构件的应用情况，经初步分析论证，原施工图装配式遮阳板拆分方案板片数量过多、拼缝多，增加质量控制难度同时构件形制不稳定，需要增加额外的辅助措施。因此提出优化方案，将装配式遮阳板拆分成整体回字型构件，调整后板片数量减少、拼缝减少，同时回字型构件形制比原方案构件形制更加稳定，质量控制更有利。详见新旧装配式遮阳构件方案对比表（表12.1.5）。

新旧装配式遮阳构件方案对比表 表12.1.5

项目	原方案	新方案
构件类型		
数量	2856块	1428块
成本	因板片种类多样，此处采用相对成本的比较方法	(1) 连接铁件减少，同时连接方式变化，可减少钢结构梁； (2) 安装数量减少，结合工期缩减，塔式起重机使用、人工费用均降低50%
质量	(1) 板片数量多，拼缝多，增加质量控制难度； (2) 构件形制不稳定，需要增加额外的辅助措施	(1) 板片数量减少，拼缝减少，对质量控制更加有利； (2) 回型构件形制比原方案构件形制更加稳定，质量控制有利； (3) 优化连接方式，节约悬挑部分钢梁，优化钢梁550t
工期	因构件复杂按每片60分钟预安装固定时间，按6台塔式起重机+3台汽车式起重机考虑，若每天工作8小时，预计吊装时间为4938×60÷60÷9÷8=68.58天，悬挑钢梁吊装时间计入主体施工时间	单个构件安装时间下降为40分钟，安装总台班减少1554个台班，减少安装时间约22天，该部分板片安装工期缩短75%，另可节约悬挑部分水平钢梁安装
安全	板片数量多，运输、堆放、安装各工序的安全管理难度随之上升	板片数量减少，对安全管理更加有利，铁件安装操作方便，便于安全管理

12.1.6 工程案例

1. 项目信息

重庆市城建档案馆新馆库建设项目位于渝北区空港新城同茂大道与东三路相交处，总建筑面积约11.22万m^2，项目按照“两基地三中心”五位一体基本功能要求，以及国家档案馆建设标准，高标准定位、高起点规划、高标准设计、高质量建设，打造“全国一流、行业第一”档案馆。项目将建设成为体现国家中心城市水平的新时代地标建筑，充分展示重庆城市发展变迁、建设成就的重要平台，充分体现城建系统建设美丽重庆、创造宜居环境的重要窗口，充分满足市民美好生活，成为参与了解国情市情、记住乡愁的爱国主义教育基地，有助于城建档案更好地服务社会各项事业（图12.1.6-1）。

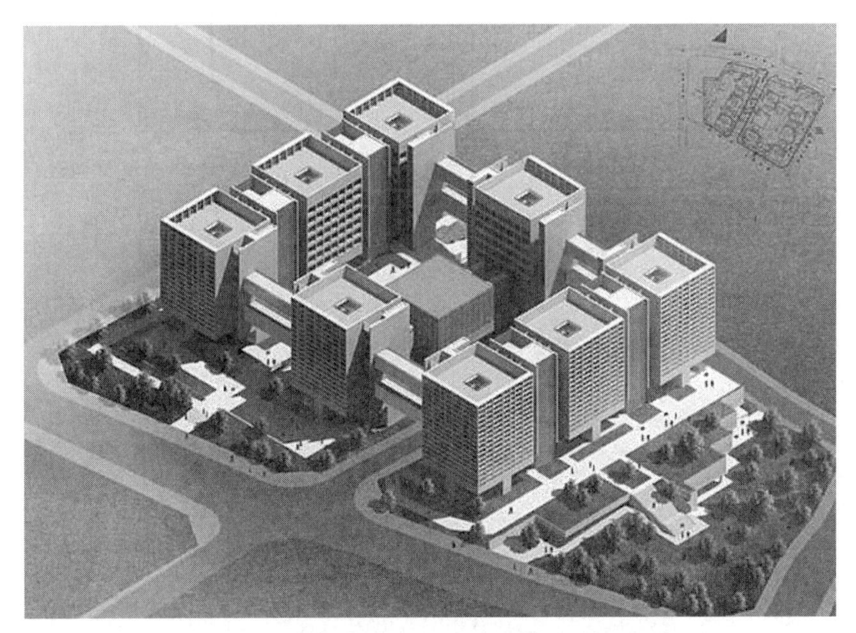

图12.1.6-1　重庆市城建档案馆新馆库建设项目BIM模型

2.装配式遮阳构件BIM成本控制

装配式遮阳构件在重庆市城建档案馆新馆库建设项目大范围应用。原设计装配式遮阳构件为U字形整体构件+底板组成，构件总数2856块。通过BIM技术深化设计，将预制清水混凝土遮阳构件拆分成回型整体构件，构件总数1428块。相较于原设计方案，构件总数减半；可通过优化连接方式，节省悬挑部分钢梁600t；可减少1554个安装台班，安装工期缩短75%（图12.1.6-2、图12.1.6-3）。

12.2 异形空间算量

12.2.1 异形空间BIM概述

随着材料科学的进步以及设计施工技术的提升，目前异形空间越来越频繁地使用于建筑设计中，其具备饱满的视觉冲击性，为人们提供了多元化的审美。异形空间是区别于常规矩形、规则多边形的空间形式，通常具备结构不规则、曲面变化多样、受力复杂、材料工艺要求高等特性。对于设计、施工及工程造价认定具有一定

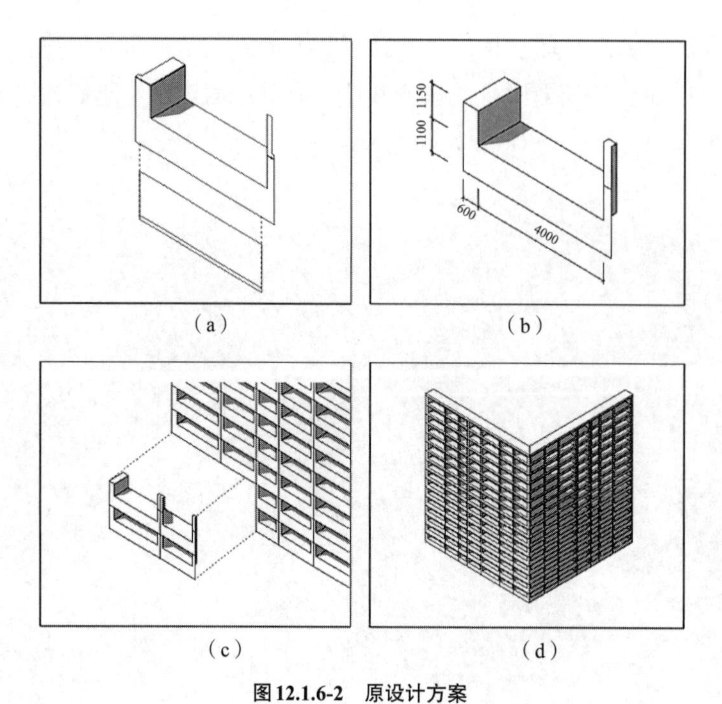

图12.1.6-2　原设计方案

(a)单个构件拆分;(b)单个构件组合;(c)单层构件组合;(d)整栋构件组合

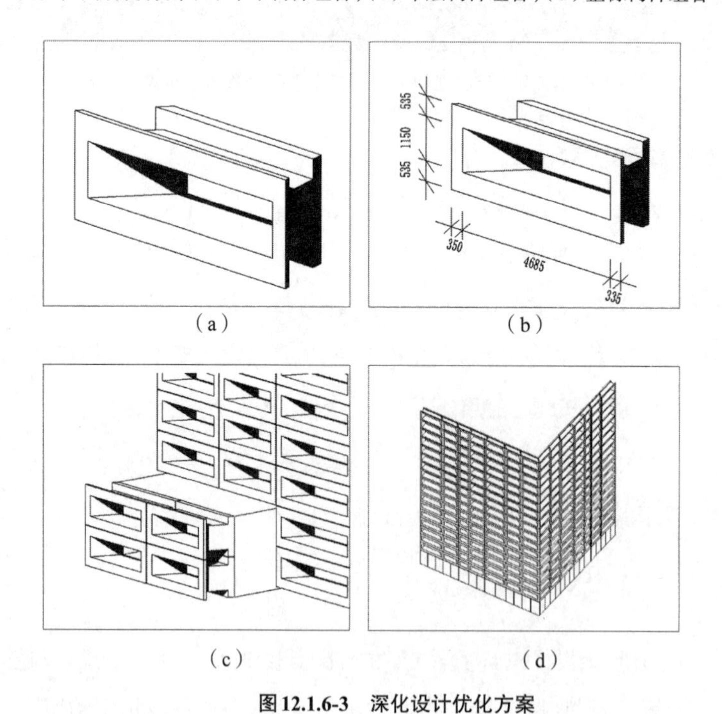

图12.1.6-3　深化设计优化方案

(a)单个构件拆分;(b)单个构件尺寸;(c)单层构件组合;(d)整栋构件组合

的难度，其复杂的结构构造和精细化的建造要求，使得设计和施工过程中产生大量的信息，由于缺乏一个集成处理数据的平台，导致信息间的传递与共享受到阻碍，延长了设计周期且加大了工作量。随着BIM技术开始在异形建筑工程的设计和建造中普及并发挥关键作用，这一问题得到了解决。

利用BIM技术进行异形空间工程量计算主要有两种模式：

（1）直接计量，指通过BIM软件（如Autodesks Revit）依据设计施工图纸等与工程量计算相关的经济技术文件建立BIM模型，并将与工程计量相关的各类信息添加入构件完善之后，通过软件自带的构件统计功能，依照已有规范中设定的计算规则和方式实现构件计量信息的集成，计算出工程量信息并输出到Excel等软件完成工程计量信息的数据处理和分析。

（2）间接计量，指通过建模软件和计量软件分开计量的方式，具体由通过二次开发的方式处理BIM模型数据，例如，广联达通过GFC（GFC是指广联达BIM算量插件GFC）二次插件实现把BIM模型中的数据导入到GCL（GCL指的是广联达土建算量软件GCL）算量软件中去，原理是利用通过API（Application Programming Interface，简称API）实现BIM模型数据的提取与专业的造价软件进行对接；另外一种是利用开放式的数据库实现连接的方式来实现工程计量，是在BIM建模软件上进行集成BIM模型和计量功能，例如，现有的比目云和斯维尔等软件通过运用ODBC（Open Database Connectivity，简称ODBC）实现BIM建模软件中的数据库访问，进行工程量的统计。

12.2.2 异形空间算量常见问题分析

传统的异形空间工程量计算方法主要采用手工算量、Excel软件表格算量及自动算量软件。手工算量的缺陷主要体现在频繁出现主观差错，易重复劳动，工作强度大，并且一旦出现差错就必须重新计算。Excel软件算量的问题主要体现在算量人员需一边翻图纸，一边手动输入数据，同时还要随时注意构件及其对应的扣减关系，要逐个列举构件算量表达方式，在具体操作中仍面临很多繁琐的操作环节，其并没有摆脱手工算量重复、繁琐的劳动。自动算量软件主要立足于清单计算规则，对于操作者而言只要事先设置构件属性，并按照图纸标注，确定具体构件的方位，即可充分发挥软件的作用，自动汇总出工程量。结合图纸维度又分为二维算量软件和三维算量软件。针对复杂的异形空间工程量的计算，采用基于BIM技术的三维算量软件在工程量的可检查性、精度等方面具有明显的优势。

12.2.3 基于BIM技术的异形空间算量主要内容

BIM工程量计算技术原理是：以Revit为基础数据平台，以插件开发为实现方法。通过将设计图纸（CAD数据）不失真地读入基础数据平台，借助插件开发成果，自适应地对CAD数据中的图层和标注进行辨识。在此基础上，基于图层和标注的辨识结果，实现各类构件的工程量计算。对于大型、异形的空间结构，特别是曲面造型复杂的幕墙，其面板规格不一，杆件的尺寸多样化程度高，材料用量、工程量的提取等工作难度较大。经过深化设计后的幕墙模型，可以依靠软件的统计功能，对各项工程的工程量进行准确提取，为工程的预算和管理等工作提供必要的数据支持。

1.算量模型构建

基于BIM技术的三维算量软件，其主要是以构建的三维模型作为核心基础，构建的模型质量会直接影响工程量最终计算结果的准确性。结合三维软件的辅助作用，对相关工作内容直接建立BIM模型，并通过对BIM模型进行碰撞检查，能够及时发现不合理的设计并制定整改方案，针对其中复杂性较高的节点开展精细化构建，尽可能解决工程量计算偏差的问题。为提高BIM算量模型数据的全面性和精准性，需对图源参数信息进行准确设置，相关内容既涉及几何信息，又包含物理信息。例如，在建立土建工程模型的过程中，可以使用“2F”对两道墙体进行标注，然而在实际施工过程中，这两道墙体一道是结构剪力墙，一道为建筑砌筑墙。在对墙体工程量计算的过程中，如果按同一类别对这两道墙体进行综合计算，必然会导致最终得到的工程量清单编制内容准确性受到影响。因此，必须对设计方案模型进行修改，确保方案模型能够与建筑工程算量规范相契合。

2.模型拆分应与工程量的分项对应

工程在进行工程算量计算时，应结合建筑项目实际施工特征，将BIM模型进行拆分，以实现工程量统计的精细化。在拆分过程中要结合工程造价相关的内容，严格按照建筑项目具体楼层区域以及不同施工专业的要求开展，要使建筑工程量计算的构件与各分项工程之间保持对应关系，从而确保被拆分的模型构件与建筑工程整体工程量的计算分类逐一对应。

3.模型中算量标准应与实际情况一致

在应用BIM模型进行算量计算过程中，为了确保提取的工程量可以直接进行算量分析，则需要三维模型的几何数据与实际情况高度一致。因此，在设计过程中，在构建算量标准时，不仅要掌握规则量和实际净量的具体情况，更要对二者建立关联并对比分析，确保通过三维模型提取出的所有量值都为规则量，使BIM模型的作用得到有效发挥。例如，在BIM模型建立过程中，要将施工材料的真实信息纳入其中，从而为后续工程量统计工作的有效开展提供可靠保障。

4.工程量清单的编制应合理分类

在编制建筑工程量清单的过程中，不同的工程内容，对应的工程量清单编制方式也存在明显差异。例如，在开展混凝土施工的过程中，不同的区域或不同的分项工程所使用的混凝土数量以及型号都会有差异。因此，每个施工环节都需要结合实际情况对工程量清单编制进行分类细化，确保工程量清单编制的准确性。当工程量计算结束之后，还需要与对应的算量标准有效结合，确保工程量清单能够充分满足工程项目各阶段的施工要求。作为建筑工程造价中的常用算量模式，工程量清单以BIM技术中的三维计算方法作为基础，对工程量计算进行有效整理、分类，针对不同的分项算量目标生成独立的清单，这样就能够根据工程项目建设的实际进度，科学调度不同阶段的对应清单内容，确保不同阶段的生产要求得到充分满足，并有利于各阶段的成本控制。

12.2.4 异形空间BIM模型

对于无法直接利用公式及常规投影法计算出工程量的异形空间、造型等，通过BIM软件建立三维空间模型（图12.2.4-1），在空间上进行一比一还原。通过BIM技术处理异形空间结构时，会采用参数化的建模手段，其中包括对应Revit的Dynamo，对应Rhino的Grasshopper等，通过参数化的形式为异形空间结构赋予信

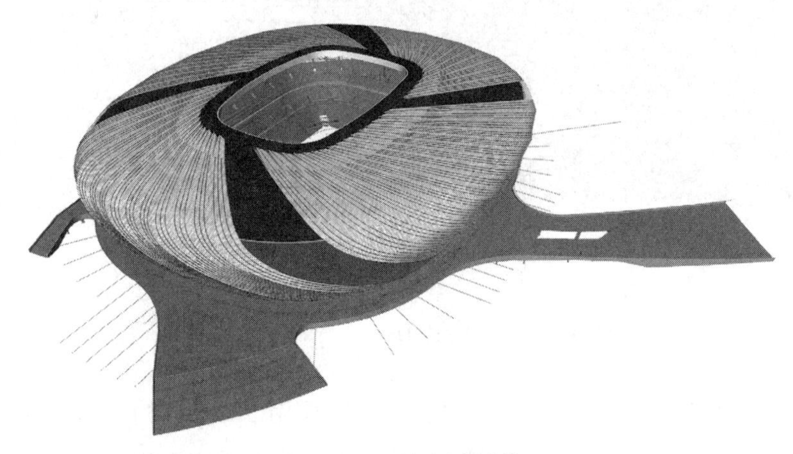

图12.2.4-1　异形空间建模

息的同时便于后期直接通过参数调整的方式进行模型的修改调整，构建BIM模型（图12.2.4-2），基于该模型进行异形空间工程量的提取（图12.2.4-3）。

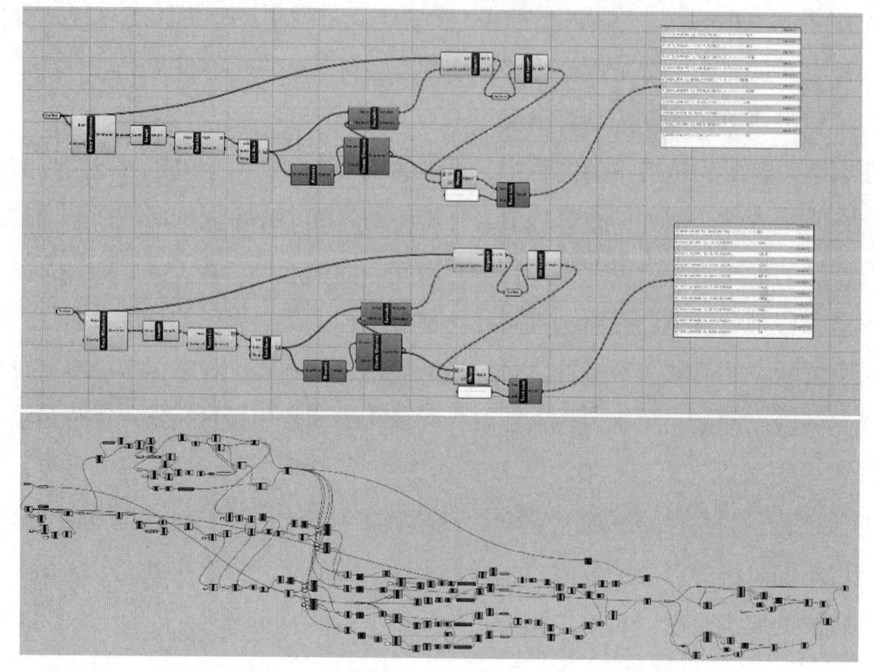

图12.2.4-2　参数化建模

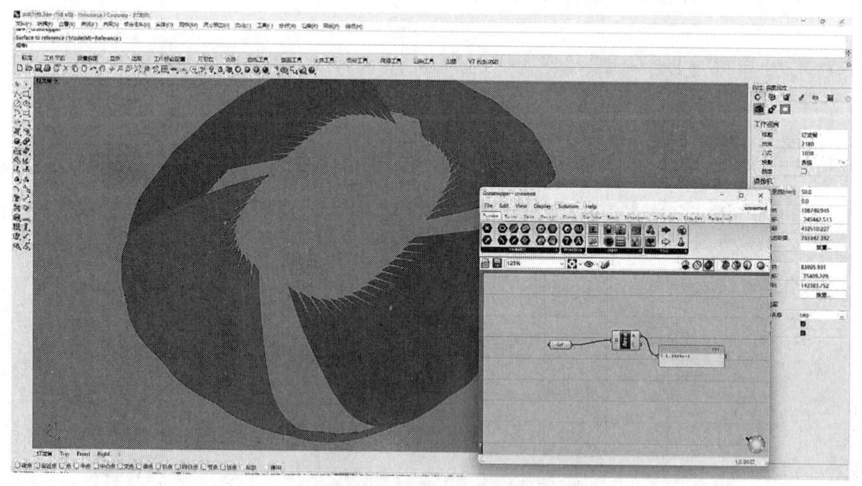

图12.2.4-3　工程量提取

12.2.5 异形空间BIM算量成控应用

利用BIM技术进行异形空间算量的造价成控应用以幕墙结构为例。传统幕墙结构的成本是依据展开的表面积来计算的，简单的幕墙构件表面积是规则多边形面积的总和。然而随着异形幕墙的出现，在传统CAD里面通过测量高度和长度的计算方法在异形幕墙构件的表面积计算时已经无法使用。BIM软件则可以通过内置的计算机程序快速准确地计算所有幕墙构件的面积等信息，实现了幕墙工程的成本管理。

1.成本管理的目标

（1）事前管理：科学的预算管理是将各项生产费用有效控制在计划成本范围内，从而实现项目的目标成本。根据项目的目标成本、合约规划和预算模型自动形成预算指标体系，以保证预算指标的准确性、可追溯性、可执行性。

（2）事中控制：通过设置成本费用的预警指标和临界值，来实现成本费用核心指标的实时预警，跟踪投入的成本费用所承担的人、材、机周转材料、设计变更以及违约奖罚等成本要素。

（3）事后分析：将基于合同计划的结算管理和个别零散项目的结算管理标准化，减少对结算结果的人为影响，提高结算效率。通过统一业务结算，特别是对材料供应和外包的质量评估，以及对设备操作的评估，实现评估过程的可靠性和标准化。

2. BIM成本管理

BIM5D模型是将项目成本信息和三维模型相结合而建立的，利用BIM5D模型可以实现项目的成本管理，为施工过程中的组织、协调等工作提供依据。

（1）快速准确计算工程量：由于BIM模型构建的信息具备可运算的能力，BIM软件可以自动提取这些信息，依据构件的型号、几何、物理等信息，采取相应的计算规则，自动完成工程量的统计。

（2）合理控制设计变更：当成本信息发生改变时，BIM5D模型能够主动地识别改变的内容，计算变更的工程量，并将计算的结果迅速反映到施工项目管理人员那里，使他们能够及时掌握工程造价的变更内容。不仅如此，设计变更的记录会被保留在BIM5D模型中，可供管理人员在必要时进行查看（图12.2.5）。

（3）提高造价信息的集成共享率：施工单位可借助 BIM 平台充分了解竣工项目的造价信息，构建当前项目信息的BIM模型，利用BIM模型提取出各参建方需要的成本信息，解决了传统手工核算的繁杂。

（4）实现成本动态监测和合理分配资源配置：在施工过程中，利用BIM技术可对项目成本实施动态管理。通过动态的成本监测，能够在问题发生之前，提早预测出来并进行妥善解决，结合自动生成的施工进度和成本报告，对项目资源进行合理的二次分配，避免了工程预算超支，并且确保了施工过程中资源的合理利用，提高管理项目成本控制的能力。

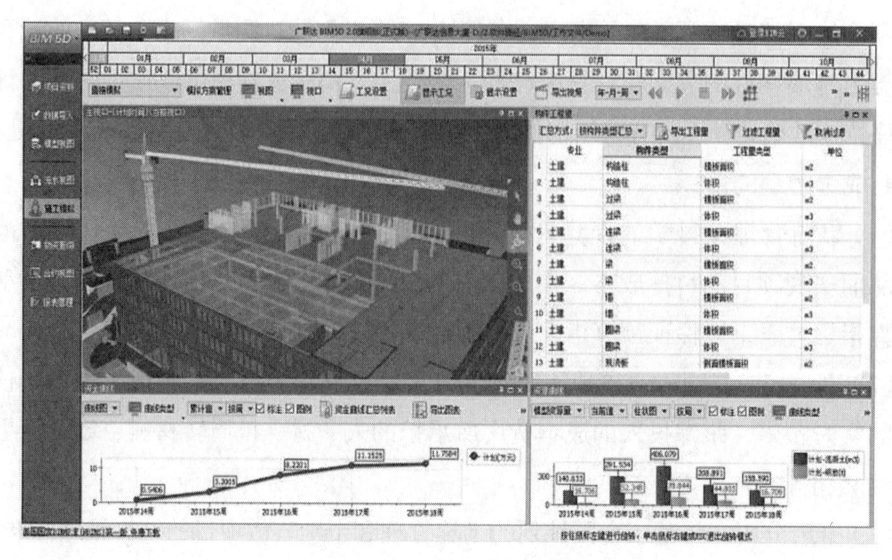

图12.2.5　BIM5D管理平台

12.2.6 工程案例

1.项目信息

A项目位于广东省深圳市，本文中作为案例分析的是项目的幕墙分项工程，A项目的三维模型(图12.2.6-1)。项目主体结构类型为框架结构，建筑物幕墙高度26.05m，建筑面积约5000m^2，其中幕墙面积约为3600m^{2}且设计使用年限不低于25年。工程幕墙系统种类繁多，涵盖玻璃幕墙、石材幕墙、钢栏杆、铝板雨棚等多种幕墙系统。

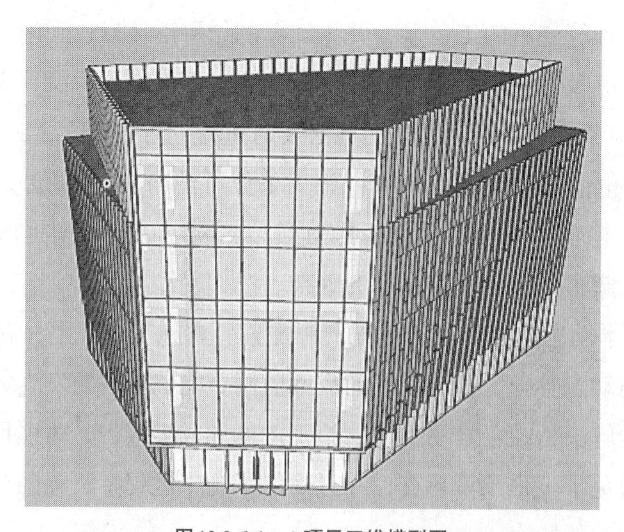

图12.2.6-1　A项目三维模型图

工程外立面造型复杂，外立面主要由铝板幕墙、玻璃幕墙、石材幕墙等幕墙形式组成，且幕墙系统交接收口处节点复杂。其中铝板幕墙系统由865块规格尺寸、角度各异的铝板组成，这对幕墙板块、龙骨下料加工图的准确性及对现场施工提出了很高的要求，若安装精度控制不好将严重影响建筑整体的立面效果。对玻璃幕墙、铝板幕墙、铝龙骨立柱等构件的单元板块进行逐层、逐个的渐变设计，并且通过对这些渐变的单元板块进行施工工艺的调整、构造设计的调节，从而使外幕墙外立面渐变倾斜的形态得以实现。

由于幕墙工程具备以上工程特点，因此存在各专业深化设计难度大、加工精度控制要求高、施工组织管理难度大等技术难点，而将设计构思最终实现并完成设计和建造都离不开BIM技术的支撑。将BIM技术引进到项目的幕墙工程算量及造价控制中，为项目遇到的上述技术难题找到了解决方案。

2.异形空间BIM成本控制

1）软件选择

项目为达到设计意图及加工、施工等阶段的应用，最终选择基于BIM技术的应用效益分析Revit软件为项目的建模工具，原因有以下几点：

（1）Revit是建筑工程领域应用最广泛的BIM设计软件，已经相对比较成熟，并且用户界面简洁友好，操作简单易上手。

（2）应用Revit能够创建其他格式的交换文件并依此实现Revit与不同类型的BIM软件之间的信息交互和数据互通。利用专业软件的不同侧重使得这些不同格式的文件可以帮助项目完成交互作业，例如，模型导入到Navisworks中进行设计方案的审核和优化，导入到鲁班和广联达BIM算量软件中进行造价成本管理等，从而使三维模型的用途得到了延伸。

2）建模流程

（1）将A项目幕墙工程所搭建的BIM模型按照构件的种类进行拆分，主要分为结构模型、埋件模型、龙骨模型、面板模型、打胶扣盖模型等，并依此建立建模目标文件（图12.2.6-2、图12.2.6-3）。

（2）依据CAD图纸中幕墙构件的设计方案，通过Revit软件中的族编辑器在常规模型、自适应族或概念体量等基础上通过拉伸、放样、融合等命令功能设计出具备参数化特征的族文件，并按照构件的种类添加参数标签和约束公式，使其主要尺寸可通过内置参数自动驱动构件的尺寸变化。将所有构件的单元板块的族文件依据其种类、材质等工程信息进行编号区分，便于进行构件的统计查找（图12.2.6-4）。

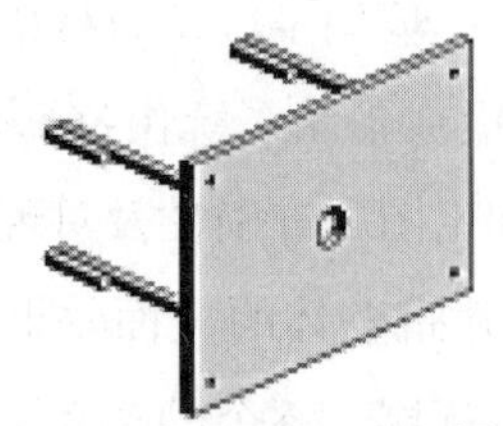

图12.2.6-2　埋件族的创建

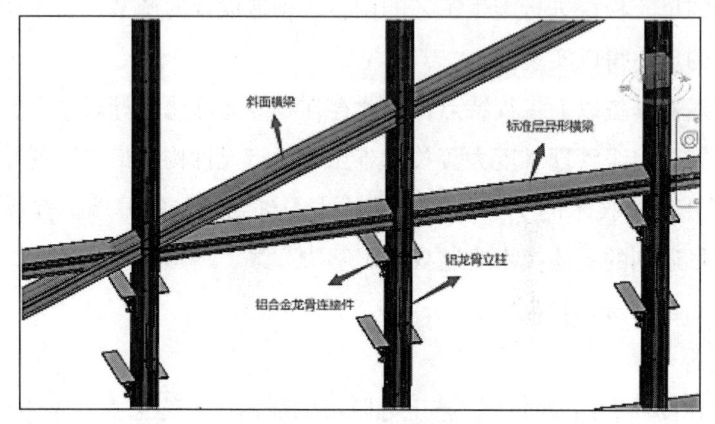

图12.2.6-3　龙骨的组成

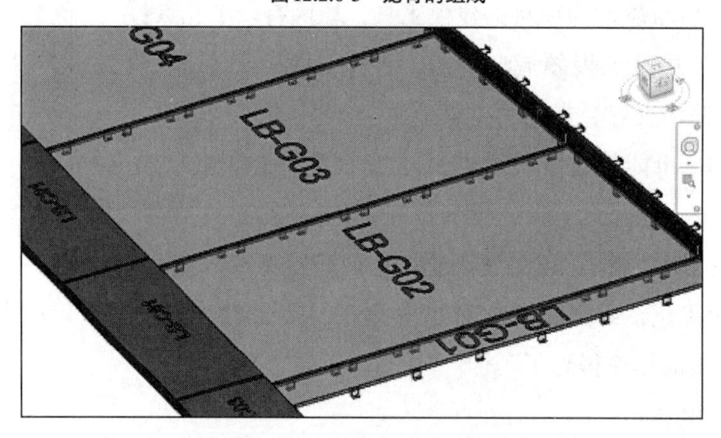

图12.2.6-4　面板族的创建和拼装

（3）根据CAD图纸的轴网和标高，将创建好的族文件载入到各个构件模型的项目中，并通过轴网和标高的定位将构件族完成组合装配，从而生成不同构件的模型（图12.2.6-5）。

（4）在Revit中结构模型项目文件的基础上，通过Revit链接将各个板块的模型文件导入进来，建模完成的A项目幕墙工程模型（图12.2.6-6）。整体BIM模型将幕墙工程的全部项目相关信息进行了整合和集成，可在此基础上完成碰撞检测、加工图设计、施工模拟等其他工作。

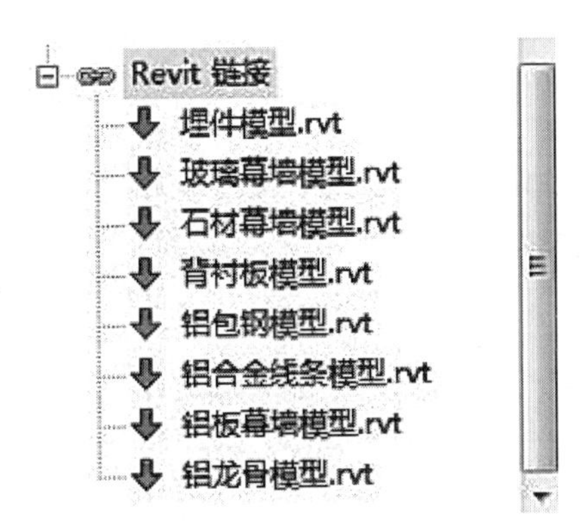

图12.2.6-5　Revit链接构件模型

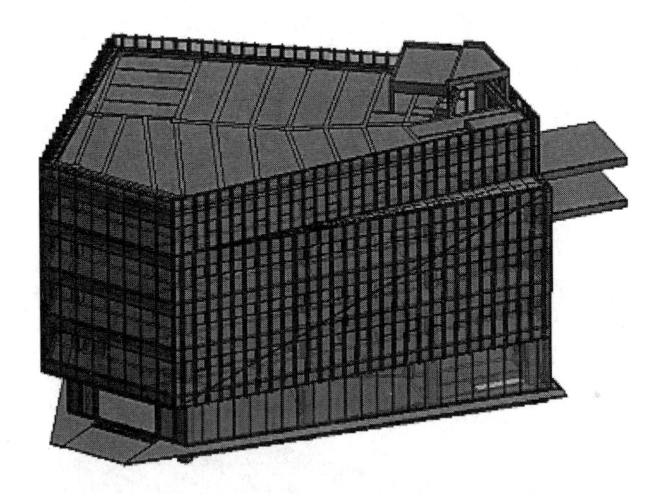

图12.2.6-6　A项目幕墙工程BIM模型图（真实效果）

3）数字化加工

通过BIM模型可以精准地对每一块幕墙构件进行信息处理，看上去复杂且庞大的数据在BIM模型中就可以轻松储存同时也方便其他项目参与方获取。在幕墙的加工阶段应用BIM技术主要是为了解决两个方面的技术难题，分别是BIM与数控机床技术的结合和预制构件的信息化预拼装。项目幕墙工程共有865块类型、尺寸各异的异形铝板幕墙，如果利用CAD绘制二维平面加工图，不仅存在庞大的数据信息，而且难以清晰表达异形铝板幕墙的构造，加工时依靠人工识图效率低下错误率高。通过BIM加工模型指导构件的数字化生产加工，解决异形复杂构件加工问题，不仅提升了生产效率也确保了构件的加工精度（图12.2.6-7）。

4）材料组织管理

深圳市A项目幕墙工程建设复杂，包含很多不同类型的幕墙构件，仅铝板雨棚

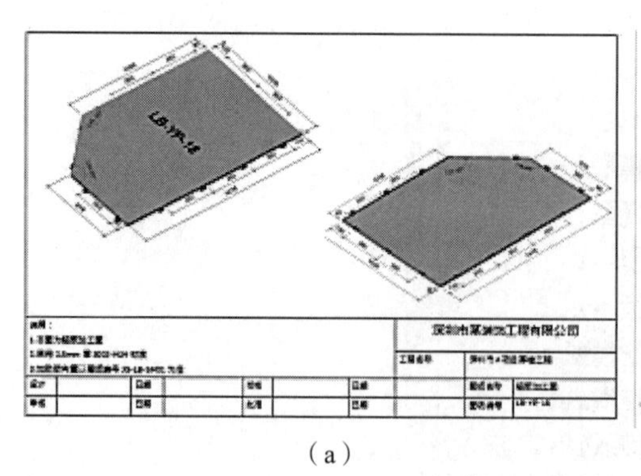

(a)

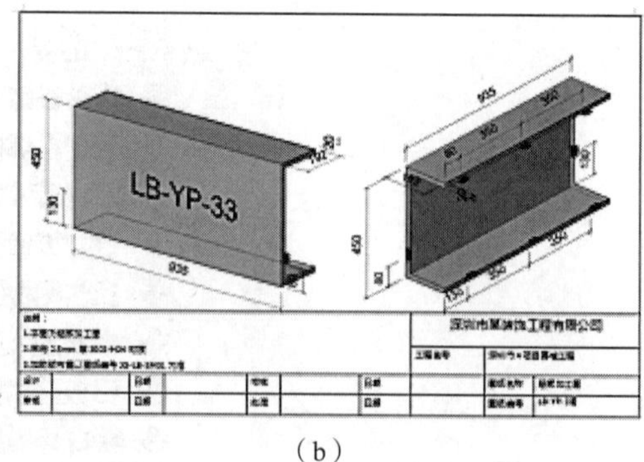

(b)

图12.2.6-7　异形铝板加工图

幕墙就有38种不同尺寸的铝板，合计共150块铝板，导致材料进场后人工筛选编号费时费力，运用BIM技术进行材料管理可以高效精准地识别幕墙材料的铝板编号、幕墙类型、材料下单时间、材料进场时间、材料安装时间、维修记录、材料生产厂家等信息，大大提升了进行材料组织管理的工作效率（图12.2.6-8、图12.2.6-9）。

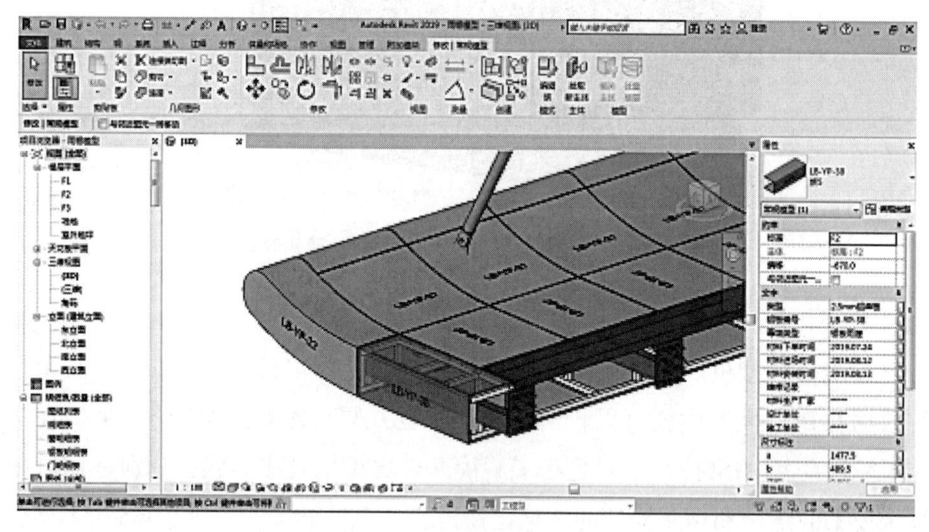

图12.2.6-8　幕墙材料数据

5）效益分析

基于上述过程，对深圳市A项目实际幕墙工程进行基于BIM造价技术的效益分析，并将数据统计在下表中（表12.2.6）。

<铝板明细表>

A	B	C	D	E	F	G	H	I	J
幕墙类型	铝板编号	合计	材料下单时间	材料进场时间	材料安装时间	维修记录	设计单位	施工单位	材料生产厂家
铝板雨篷	LB-YP-01	1	2019.07.24	2019.08.08	2019.08.09		*****	*****	*****
铝板雨篷	LB-YP-02	1	2019.07.24	2019.08.08	2019.08.09		*****	*****	*****
铝板雨篷	LB-YP-03	2	2019.07.24	2019.08.08	2019.08.09		*****	*****	*****
铝板雨篷	LB-YP-04	2	2019.07.24	2019.08.08	2019.08.09		*****	*****	*****
铝板雨篷	LB-YP-05	15	2019.07.24	2019.08.08	2019.08.09		*****	*****	*****
铝板雨篷	LB-YP-06	14	2019.07.24	2019.08.08	2019.08.09		*****	*****	*****
铝板雨篷	LB-YP-06	1	2019.07.24	2019.08.08	2019.08.13	记录。	*****	*****	*****
铝板雨篷	LB-YP-07	9	2019.07.24	2019.08.08	2019.08.09		*****	*****	*****
铝板雨篷	LB-YP-08	1	2019.07.24	2019.08.08	2019.08.09		*****	*****	*****
铝板雨篷	LB-YP-09	1	2019.07.24	2019.08.08	2019.08.09		*****	*****	*****
铝板雨篷	LB-YP-10	1	2019.07.24	2019.08.08	2019.08.10		*****	*****	*****
铝板雨篷	LB-YP-11	1	2019.07.24	2019.08.08	2019.08.10		*****	*****	*****
铝板雨篷	LB-YP-12	2	2019.07.24	2019.08.08	2019.08.10		*****	*****	*****
铝板雨篷	LB-YP-13	15	2019.07.24	2019.08.08	2019.08.10		*****	*****	*****
铝板雨篷	LB-YP-14	1	2019.07.24	2019.08.08	2019.08.10		*****	*****	*****
铝板雨篷	LB-YP-15	1	2019.07.24	2019.08.08	2019.08.10		*****	*****	*****
铝板雨篷	LB-YP-16	1	2019.07.24	2019.08.08	2019.08.10		*****	*****	*****
铝板雨篷	LB-YP-17	33	2019.07.24	2019.08.08	2019.08.10		*****	*****	*****
铝板雨篷	LB-YP-18	1	2019.07.24	2019.08.08	2019.08.10		*****	*****	*****
铝板雨篷	LB-YP-19	1	2019.07.24	2019.08.08	2019.08.10		*****	*****	*****
铝板雨篷	LB-YP-20	1	2019.07.24	2019.08.08	2019.08.10		*****	*****	*****
铝板雨篷	LB-YP-22	1	2019.07.24	2019.08.12	2019.08.13		*****	*****	*****
铝板雨篷	LB-YP-23	1	2019.07.24	2019.08.12	2019.08.13		*****	*****	*****
铝板雨篷	LB-YP-24	9	2019.07.24	2019.08.12	2019.08.13		*****	*****	*****
铝板雨篷	LB-YP-25	1	2019.07.24	2019.08.12	2019.08.13		*****	*****	*****
铝板雨篷	LB-YP-26	1	2019.07.24	2019.08.12	2019.08.13		*****	*****	*****
铝板雨篷	LB-YP-27	9	2019.07.24	2019.08.12	2019.08.13		*****	*****	*****
铝板雨篷	LB-YP-28	1	2019.07.24	2019.08.12	2019.08.13		*****	*****	*****
铝板雨篷	LB-YP-29	1	2019.07.24	2019.08.12	2019.08.13		*****	*****	*****
铝板雨篷	LB-YP-30	9	2019.07.24	2019.08.12	2019.08.13		*****	*****	*****
铝板雨篷	LB-YP-31	1	2019.07.24	2019.08.12	2019.08.13		*****	*****	*****
铝板雨篷	LB-YP-32	1	2019.07.24	2019.08.12	2019.08.13		*****	*****	*****
铝板雨篷	LB-YP-33	1	2019.07.24	2019.08.08	2019.08.10		*****	*****	*****
铝板雨篷	LB-YP-34	1	2019.07.24	2019.08.08	2019.08.10		*****	*****	*****
铝板雨篷	LB-YP-35	15	2019.07.24	2019.08.08	2019.08.10		*****	*****	*****
铝板雨篷	LB-YP-36	1	2019.07.24	2019.08.08	2019.08.10		*****	*****	*****
铝板雨篷	LB-YP-37	1	2019.07.24	2019.08.08	2019.08.10		*****	*****	*****
铝板雨篷	LB-YP-38	1	2019.07.24	2019.08.12	2019.08.13		*****	*****	*****
		180							

图 12.2.6-9 铝板雨棚明细表

效益分析表 表 12.2.6

目标层	类别	准则层	指标	数据收集项	单位	数据
BIM 效益评价指标体系	直接效益	经济方面	节约的成本	成本节约率	%	3.05
	间接效益	产品方面	提升的质量	合格品率	%	100
			节约的工期	工期节约率	%	10.71
			可持续性	项目各方调查打分	分	90
			可预制性	预制构件比率	%	90
		管理方面	减少的信息要求	因 BIM 技术减少的信息要求次数	次	7
				总信息要求次数	次	11
			减少的变更	因 BIM 技术减少的变更次数	次	6
				总变更次数	次	11
			减少的诉讼/赔偿	因 BIM 减少的诉讼或索赔次数	次	2
			安全性提升	事故数量	次	0
		战略方面	客户满意度	合同履约率	%	100

12.3 小结

本章以装配式遮阳构件和异形空间算量为依托讲述了BIM技术在复杂形体精确计量中的应用，其核心在工程计量。该章分别从装配式遮阳构件和异形空间算量的概述、常见问题分析、算量的主要内容、BIM模型、BIM算量成控应用等方面，详细分析了BIM技术在复杂形体精确计量中的作用，并辅以实际已落地的项目加以佐证。

第13章　工程造价控制信息化发展趋势

前言背景：

新兴产业和新兴业态是竞争高地。随着2015年7月1日国务院印发《关于积极推进"互联网+"行动的指导意见》(国发〔2015〕40号)，"互联网+"上升为国家战略，新兴信息技术如雨后春笋般涌现，在信息技术飞速发展的10年间，顶层设计方面，不断推动移动互联网、云计算、大数据、物联网等新兴技术与实体经济融合，促进传统行业的转型升级。住房和城乡建设部"十四五"建筑业发展规划指出，"建筑工业化、数字化、智能化水平大幅提升，建造方式绿色转型成效显著"，促进新一代信息技术与建筑业实现深度融合，催生一批新产品、新业态、新模式，壮大经济发展新引擎，是2035年行业的远景目标。

立足于新发展阶段，随着新一代信息技术的成熟应用，建筑业对工程造价信息化提出了新的要求，在先进制造业、新一代信息技术深度融合发展方面有着巨大的潜力和发展空间，《工程造价信息化发展研究报告》指出，总体而言，我国工程造价信息化还处于发展的初级阶段，很多地方政府针对工程造价信息的收集与发布、信息源管理、计价依据动态管理、市场调节等内容，出台了地方规章、政策性文件和数据标准，但系统性、完整性、严密性、实施效果等均存在较多问题，既是艰巨的挑战也是发展的新机遇。

工程造价的信息化发展是利用信息技术提高管理能力、工作效率，使工程造价形成科学化、标准化、便捷化的工作模式，从而为建筑业提供更为精确的造价方案、成控方案，促进实现精细化、集约化管理。围绕核心目标，工程造价、成本控制方面信息化发展主要呈现三种趋势：

一是信息技术不再是单一的割裂的技术，而是以BIM+为代表的信息技术"系统集成"的整合应用，通过将5G移动通信、云计算、人工智能、虚拟现实、区块链、数字货币、物联网、人机交互等新一代信息技术的集成创新，构建系统平台，在造价算量、物资采购、成本控制、进度管理等项目全生命周期进行系统化的应用管理。

二是基于“万物互联”的物联网技术衍生的应用，一方面，通过物联网感知，采集相关数据，为下一步数据的存储、处理、分析提供数据来源；另一方面，通过“万物互联”实现建筑机器人技术、3D打印技术、自动化技术等通过取代传统劳动力，带来的造价成本构成的新形态。

三是通过虚拟/增强现实技术与智慧城市、元宇宙等技术的融合发展，构建出的新维度的空间视角与产业形态带来的双重机遇与挑战。

13.1 基于BIM+信息系统集成技术应用

以新一代信息技术为代表的数字时代的到来，为工程造价行业带来了新的发展机遇，通过工程造价与BIM、大数据、云计算、区块链、人工智能等技术的深度融合，BIM+综合平台作为表现形式，BIM作为建筑领域的先进技术，在信息表征、存储、计算、管理、应用、共享等方面有着巨大的优势。充分利用行业长期积累的海量数据，从中挖掘和总结出工程造价行业的发展规律和新知识，为未来的工程建设和监管提供新动能。目前我国工程造价行业对于人工智能、大数据技术的运营仍然处于平台搭建、数据收集和规范化的初级阶段，存在“技术壁垒”“数据孤岛”“数据多而无序”等问题有待进一步解决。

13.1.1 应用的形式与价值（以应用的广泛性作为排序）

（1）BIM技术：建筑信息模型技术作为建筑行业信息化重要技术之一，广泛应用工程项目全生命周期各个阶段（包括规划、设计、施工、运维等），是以计算机辅助设计为基础的多维模型信息集成技术，通过对参建各方和多专业协同信息的交换与共享，实现对建筑及基础设施物理特征和功能性的数字表达。时至今日，很多资深行业从业者认为BIM就是信息化的代言词，也客观地反映了BIM对于建筑行业的应用价值与其重要性。其应用的主要价值：①为工程造价信息提供协同共享平台，打破信息壁垒、促进数据流动；②实现BIM模型实物量计量计价；③帮助对工程造价实现精细化管理与全过程管控。

（2）云计算技术：通过网络将可伸缩、弹性的共享物理和虚拟资源池以按需自服务的方式供应和管理的模式，提供可用的、便捷的、按需的网络访问。云计算服务分为基础设施服务（Infrastructure as a Service，简称IaaS）、平台即服务（Platform as a Service，简称PaaS）、软件即服务（Software as a Service，简称SaaS）。依托大规模数据存储、强大的远程算力，其具备虚拟化、共享性、扩展性、可靠性等优势，其应用的主要价值：①作为网络层信息技术，为智能建造业务管理平台提供部署平台；②根据智能建造业务需要为智能建造工程造价数据分析提供算力支撑；③将项目参建各方、各阶段造价成果进行数据集成，实现业务协同。

（3）大数据技术：大数据指的是大小超出常规的数据库工具获取、存储、管理和分析能力的数据集，即由数量巨大、结构复杂、类型众多的数据构成的数据集，其具有规模性、多样性、高速性、价值性。其应用的主要价值：①形成工程造价数据库，为投资决策、设计概算和限额设计、工程交易清标评标提供数据支持；②实现项目全过程的成本管控与数据决策，包括但不限于大数据采购、物资成本价格预测等。

（4）区块链技术：区块链核心技术包括分布式账本、非对称加密、共识机制、智能合约等，其在金融、电子商务、公共服务等领域应用较为广泛，区块链技术相比传统技术具有两大核心特点：一是，数据难以篡改、二是，去中心化。其应用的主要价值：①工程建设项目档案实施过程数据（包含物资采购等成控范畴）防篡改；②政府职能部门对于数据监管的客观真实性提供保障。

（5）AI技术：人工智能是利用智能算法，开发用于模拟、延伸和扩展、创造一种新的智能系统，数字计算机或者由数字计算机控制的机器，模拟、延伸和扩展人类的智能，通过感知环境、获取知识并通过训练学习，使用知识获得最佳结果的理论、方法、技术和应用系统。其并不是简单的自动化，而是集合数据、算法、算力、应用场景于一体的复合型的智能系统。其应用的主要价值：①智能编制、审核工程造价成果文件；②自动实现工程量计算、二维转三维模型；③实现企业工程造价数据库的智能分析与预警决策。

13.1.2 技术综合应用案例

（1）项目名称：重庆电子工程职业学院实习实训大楼I施工阶段技术应用。

（2）基本情况：项目位于重庆市沙坪坝区大学城东路76号重庆电子工程职业技术学院校内西门。建设用地：24357.81m^2，总建筑面积38496.82m^2。2019年11月8日开工，2021年7月2日竣工验收（图13.1.2-1）。

（3）技术应用：以BIM技术为基础，结合云计算技术、物联网技术、互联网技术、AI技术、大数据技术、VR/AR技术构件综合平台（图13.1.2-2），使用斯维尔

（a）　　　　（b）

图13.1.2-1　项目效果图、建筑信息模型

基于Revit的BIM算量软件进行施工深化模型BIM算量，有效的核算招标工程量清单（图13.1.2-3），BIM工程量作为进度管控、进度款批复和竣工结算的依据之一，对项目全生命周期工程造价控制实现全过程管控。

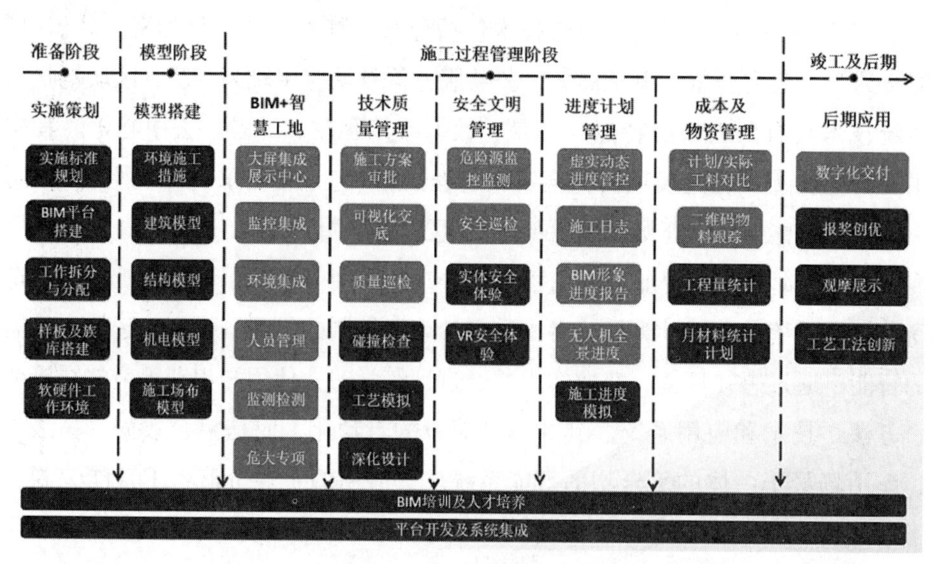

图13.1.2-2　系统应用架构

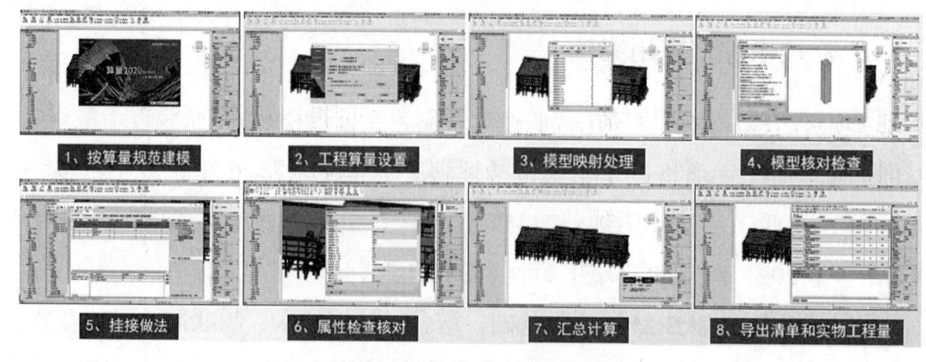

图13.1.2-3　招标工程算量自动计量计价

13.2 基于物联网的万物互联技术应用

时至今日，距离3Com公司创始人Robert Metcalfe 1999年提出的“万物互联”概念已有20年有余，尤其是在感知层方面实现了新的飞跃，简单来说，物联网是通过智能传感器、射频识别、定位系统、激光扫描、二维码等技术，实现“人”与“互联网”与“物”的数据交互与数据融合，实现智能监测与智能控制。对于建筑工程项目施工成本构成中，材料成本占比最高，人工成本其次，合计约占成本总量的70%以上。因此，应用物联网技术可以实现对于用工、材料、设备和机械用量的数据采集，通过精细化管理、劳动力替代为项目的提质增效提供了重要途径。由于其概念的广泛性，其涵盖内容较为宽泛，仅从数据采集（传感器与传感网络技术）、分析监控（智能识别、定位监控技术）、控制作业（建筑机器人、3D打印技术）三个角度分类进行阐述。

13.2.1 应用的形式与意义

（1）传感器与传感网络技术：通过RFID标签、二维码等对于材料物资的绑定，结合综合平台，进行系统化、精细化的物资管控。其应用的主要价值：①降低物资损耗；②实现精细化管理；③溯源提升质量。

（2）智能识别、定位监控技术：其中包含了自动识别技术、定位跟踪技术、视频监控技术等，通过视频监控、无人机、巡检机器人等监控管理作业区的物资、人员。该技术经常结合云平台、大数据、AI技术，对于识别信息进行分析处理、预警决策，其应用的主要价值：①图像识别、监控物资量；②有效管控作业人员，提升劳动生产效率；③作业过程进行预警决策。

（3）建筑机器人、3D打印技术：其主要是运用信息化手段利用机器人取代传统人作业方式。常见的建筑机器人有抹灰机器人、砌筑机器人、幕墙安装机器人、地坪涂料机器人、地面清洁机器人等。3D建筑打印机处于初期探索阶段，需要长时间的检验，其在技术上很大依赖伺服系统、传感/控制器、导航系统、图像识别、AI系统等，是信息系统的集成应用的体现。其应用的主要价值：①通过取代人工降低用工成本，实现作业标准化；②实现柔性制造，降低差异化生产成本；③易于成本策划与控制。

13.2.2 技术综合应用案例

(1) 项目名称：重庆电子工程职业学院实习实训大楼I施工阶段技术应用。

(2) 技术应用：基于BIM综合平台，应用物联网技术，将智能监控、无人机、云平台、AI技术系统集成，对于物资、人员进行综合管控，无人机、视频、传感器采集施工现场全景进度数据，对比分析物料使用、进出场情况，进行偏差分析、预警调控，实现多方远程对施工成本控制的动态管理和整体的有效把控（图13.2.2-1、图13.2.2-2）。

图13.2.2-1　无人机采集

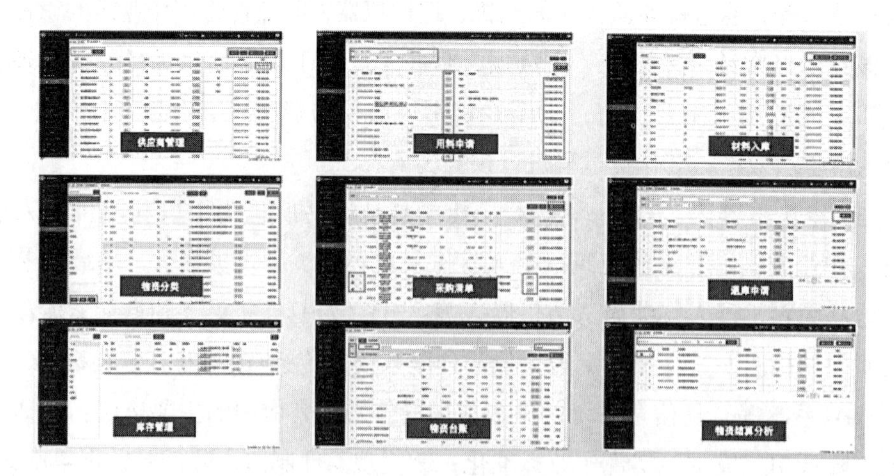

图13.2.2-2　物资管理平台

13.3　基于AR/VR技术的数字孪生、元宇宙应用展望

2022年Facebook改名Meta宣布转型元宇宙公司，国内相关企业跟随资本风口，元宇宙很快就展现出其影响力，一跃成为资本圈当之无愧的“头号玩家”，除了质疑声音之外的更多人认为它将成为未来消费、产业领域的新的增长点。从AR/VR技术到智慧城市建设，从数字孪生再到元宇宙等较为宏观的概念应用不再变得陌生，元宇宙的概念所覆盖的包括区块链、人机交互、电子游戏、人工智能、网络运算、数字孪生在内的六大底层技术，其发展衍生出的超过百余种上层建筑产品，其技术都还处于产品生命周期较早阶段，由于受到“通信速率、基础算力、设备入口、底层技术”等现实问题限制，元宇宙仍是一个不断发展、演变的概念，对于建筑业而言或许是一个对于未来“新维度”的挑战与机遇，是另一个空间的不同建筑体现，不同参与者以自己的方式不断丰富着它的内在含义。

13.4 小结

本章从BIM+系统集成、物联网、元宇宙展望三个方面进行阐述工程造价领域信息化发展趋势，说明了主要的信息技术的基本内涵与应用形式、应用价值，并列举工程案例，说明技术整合应用的价值。